수목의학

2차 수정판

수목의학

Arbormedicine

초판 1쇄 발행 2015년 8월 20일
초판 3쇄 발행 2017년 3월 1일
1차 수정판 1쇄 발행 2018년 7월 15일
1차 수정판 2쇄 발행 2019년 2월 10일
2차 수정판 1쇄 발행 2020년 2월 5일
2차 수정판 5쇄 발행 2025년 8월 20일

지은이 이경준

펴낸곳 서울대학교출판문화원
주소 08826 서울 관악구 관악로 1
도서주문 02-889-4424, 02-880-7995
홈페이지 www.snupress.com
페이스북 @snupress1947
인스타그램 @snupress
이메일 snubook@snu.ac.kr
출판등록 제15-3호

ISBN 978-89-521-2943-7 93520

2차 수정판

수목의학

이경준 지음

서울대학교 식물병원

서울대학교출판문화원

머리말

의학(醫學, medicine)은 기원전 4세기경 그리스 시대에 태동하여, 요즘 의과대학의 체계적인 교육과정을 통해 빠른 속도로 새로운 지식과 기술을 축적함으로써 대부분 질병을 치료할 수 있는 과학으로 발전하고 있다. 그만큼 인간의 질병은 매우 중요한 과제이므로 꾸준한 투자와 연구가 뒷받침되고 있는 것이다.

식물의학(植物醫學, phytomedicine)은 농작물과 원예식물의 건강을 증진하기 위한 학문이다. 식물병리학과 작물해충학을 바탕으로 발전해 왔으나, 의학과 수의학만큼 조직적인 교육 프로그램과 임상실습과정이 확립되어 있지 않다. 대신 정부가 설립한 농업 관련 연구소에서 식물의사(plant doctor)에 해당하는 전문가가 비영리로 진단업무를 수행하고 있어, 식물의학의 발전이 느린 편이다. 식물의사를 대량으로 양성하기 위해서는 사회적 요구가 증가되어야 하고 전문교육기관이 설립되어야 한다.

수목의학(樹木醫學, arbormedicine)은 수목의 건강을 증진하기 위해 병해충의 진단과 치료, 그리고 이를 예방하는 기술을 개발하는 식물의학의 한 분야이다. 과수는 오래전부터 원예학(horticultural science)에서 다루고 있으므로, 수목의학은 산림수목과 조경수(造景樹, landscape tree)를 대상으로 한 학문이라고 할 수 있다. 특히 목재 생산을 위한 산림수목보다 도시에 식재한 조경수를 더 중요하게 다루기 때문에 도시수목관리학(都市樹木管理學, arboriculture)의 특수 분야라고도 할 수 있다.

수목의학은 그 역사가 짧고 이에 대한 학문도 초보적인 수준이다. 의학, 수의학, 식물의학은 인간, 가축, 애완동물, 농작물과 같이 귀중하거나 규모가 큰 산업을 뒷받침하므로 오래전부터 발전해 온 반면, 조경수를 다루는 수목의학은 산업 규모가 작고 학문에 대한 사회적 요구도 많지 않아 학문적 발전이 늦고, 관련된 책이나 단행본도 거의 없다. 그러나 수목의학은 식물의학에는 없는 고유한 영역이 있다. 수목 고유의 전염성 병, 줄기 궤양, 수간 천공성 해충, 잦은 기상재해와 각종 인위적 피해, 이로 인한 비전염성 병의 진단과 치료, 전정(가지치기), 줄기 상처의 보호, 수간주사, 수간과 뿌리의 외과수술 등의 독특한 기술을 다룬다.

현재 국내에서 발행된 수목병리와 수목해충에 관한 책과 도감은 지금까지 해 오고 있는 산림보호 분야의 교육과 연구 추세에 따라 전염성 병과 해충을 위주로 서술하고 있다. 그러나 실제로 도시에 심은 조경수는 도시의 열악한 기상, 수목생장에 부적절한 토양, 대기오염, 제초제, 무리한 이식(移植, transplanting)을 포함한 인간에 의한 각종 피해 등의 비전염성 병(非傳染性病, non-infectious disease)에 더 많이 노출되어 있는 상황이다. 그럼에도 이에 대한 서술이 미흡한 실정이다.

이 책은 수목의 구조와 기능과의 연관성, 건강한 수목의 정상적 생장원리를 생리학적으로 설명하고 있으며, 이를 바탕으로 비정상적인 생장, 발병, 진단, 주요 전염성 병, 비전염성 병, 해충, 치료, 방제, 예방, 건강관리법 등을 제시하고 있다. 또한 수목 고유의 병해충 저항성에 대한 생리적 해석, 피해의 근본적인 원인분석, 병충해의 진단학, 전염성 병과 비전염성 병의 구별, 비전염성 병의 진단과 치료, 건강증진을 위한 생리학적 접근을 시도했다. 더불어 각종 병해충에 관한 482장의 컬러사진을 예시하고, 진단방법을 구체적으로 기술했으며, 내과적·외과적 치료법을 그림을 통해 설명했다.

이 책은 산림과학, 조경학, 원예학, 식물의학을 전공하는 학도들이 수목보호학과 수목의학 분야의 교육 교재로 이용할 수 있도록 편찬했다. 또한 정부의 새로운 '수목진료제도' 도입에 의해 설립된 산림청의 '국립나무병원', 지방자치단체의 '공립나무병원', 대학교의 '수목진단센터' 진료담당자와 전국의 골프장, 지방자치단체, 대학교의 조경담당자, 건설과 조경회사의 조경전문가도 참고할 수 있도록 서술했다. 그리고 최근 새로운 직종으로 각광을 받고 있는 나무병원을 개업할 수 있는 식물보호기사, 식물보호기술자, 수목보호기술자와 나무의사 자격증을 취득하고자 하는 수험생, 자격증을 보유하고 있는 전문가에게도 유익한 참고자료가 될 것이다.

이 책에는 필자 외의 전문가들이 찍은 사진들이 실려 있는데, 모두 허락을 받아 전재했다. 국립산림과학원 산림병해충연구과와 유전자원부, 나무종합병원 강전유 원장, 서울나무병원 이승제 원장, 한강나무병원 이상길 원장, 우리나무병원 문성철 원장, 미국 캘리포니아 대학교 Costello 교수에게 감사의 뜻을 전한다. 특히 평소에 전염성 병과 해충에 관하여 가르침을 주시고 사진을 전재하도록 허락하신 서울대학교 식물병원 나용준 명예교수와 우건석 명예교수께 감사의 마음을 전한다. 또한 필자를 서울대학교 식물병원 외래임상의로 임명하신 오연천 총장과 성낙인 총장, 이용환 병원장, 원고의 일부를 검토해 준 국립산림과학원 이승규 박사, 박지현 박사, 녹병에 관한 자료와 사진을 제공해 준 브레인트리생명공학연구소 대표이사 겸 서울대학교 연구교수 윤혜영 박사에게도 감사한다. 끝으로 이 책의 원고를 심사하여 출판을 허락해 주신 서울대학교출판문화원과 많은 사진과 그림을 정성껏 편집해 주신 편집담당자에게도 감사의 뜻을 표하며, 수년간 원고 집필을 독려하고 모든 사진을 포토샵으로 가다듬고 책의 삽화를 그려 준 필자의 내자, 이명희에게도 감사하는 마음을 전한다.

2015년 7월

저자 서울대학교 식물병원 외래임상의 이경준(李景俊)

차 례

제1장

수목의학의 역사

수목의학(樹木醫學, arbormedicine)은 그 뿌리가 식물의학이다. 식물의학은 인체의학과 비교할 때 그 구조와 기능에서 상당히 다르지만, 서로 연관되어 있다. 지구상의 모든 생물은 세포로 구성되어 있고, 모든 세포는 공통적인 생리현상이 있기 때문에, 인체의학과 동물학의 기본 원리가 식물학과 수목의학에도 일부 적용된다. 특히 호흡(呼吸, respiration)은 모든 생물에서 유사한 공통점을 가지고 있는데, 살아 있는 세포에서만 이루어지는 독특한 생명현상으로서, 산소를 소모하면서 포도당을 분해하여 에너지를 생산하는 과정이다. 박테리아와 곰팡이를 포함한 미생물, 하등 및 고등동물, 고등식물 등 지구상의 모든 생물은 똑같은 방법을 이용해 에너지를 생산하고 저장한다. 따라서 호흡에 영향을 주는 환경이나 물질은 동물과 식물에서 비슷한 반응을 불러일으킴으로써 같은 생리적 원리로 그 피해를 해석할 수 있다. 예를 들면 대기오염의 영향은 미생물, 동물, 식물에서 비슷한 결과를 가져오고, 이에 맞추어 비슷한 진단과 처방이 가능해진다. 즉 인체의학 기술이 수목의학 기술에 곧바로 응용된다는 뜻이다. 결국 수목의학은 인체의학과 뗄 수 없는 관계를 맺고 있음을 알 수 있다.

1-1 의학과 수의학

의학(醫學, medicine)은 진단, 치료, 예방 수단을 동원하여 약, 수술, 기구, 조종을 통해 인간의 건강을 회복시키고 유지하는 기술과 학문을 말한다. 의학은 해부학, 생리학, 생화학, 미생물학, 조직학, 유전학 등의 기초학문분야와 병리학, 진단학, 전염병학, 면역학, 영양학, 약리학 등의 주제학문분야로 나눈다. 전문분야로서 내과학, 외과학, 산부인과학, 소아과학, 안과학, 피부과학, 정신과학 등이 있다.

의학의 역사는 그리스 시대로 거슬러 올라간다. 서양의학의 아버지라고 불리는 히포크라테스(Hippocrates, BC 460?~BC 377?)는 인간의 병을 급성병, 만성병, 전염병, 풍토병으로 구분할 정도로 개척가적인 연구를 했다. 의학은 그 이후 눈부시게 발전해 이제는 거의 모든 병을 치료할 수 있는 과학으로 변신해 있다. 그만큼 인간의 질병은 매우 중요한 연구과제이므로 꾸준하고 많은 연구를 통해 발전해 왔다.

반면 수의학(獸醫學, veterinary medicine)은 1761년 프랑스 리옹에서 Claude Bourgelat가 당시 소의 우역(牛疫, cattle plague)이 만연할 때 수의학과를 창설함으로써 뒤늦게 시작되었다(Wikipedia, 2014). 그러나 인체의학의 이론과 기술을 가축과 애완동물에도 응용할 수 있기 때문에 빠른 속도로 발전해 왔다. 특히 인체의학에서 필요한 임상학적 지식을 동물실험을 통해 얻는 경우가 대부분이기에 인체의학과 수의학은 밀접하게 연관되어 동반 발전했다고 할 수 있다.

1-2 식물의학(植物醫學, phytomedicine)

식물의학은 식물에 피해를 주는 병, 해충, 잡초, 재해 등의 원인과 발생 경로를 연구하고 식물을 건강하게 생육시키는 방법을 개발하는 학문이다(황병국 등, 2000). 식물의학은 농작물의 생산성을 높이거나 원예식물의 건강을 증진하기 위해 발전한 학문이라고 할 수 있다. 가장 가까운 학문으로 식물병리학을 꼽을 수 있으며, 병원(病原)에 따라서 식물바이러스학, 식물세균학, 식물진균학, 식물선충학, 식물해충학, 잡초학, 농약학으로 분류한다. 그 밖에 식물생리학, 작물학, 원예학, 작물육종학, 토양학, 농업기상학 등은 식물의학을 뒷받침하는 기초학문이다(그림 1-1).

식물의학은 인체의학이나 수의학처럼 독립된 학문분야로 발전해 오지 못했다. 왜냐하면 의학과 수의학은 전문의사를 배출하는 교육기관이 설립되어 있고 전문직업으로서 수요가 많은 반면, 식물의학은 선진국에도 전문교육기관이 없으며, 정부가 설립한 농업 관련 연구기관에서 병리학과 곤충학을 전공하고 있는 학자들에 의해 농민의 민원 해결 차원에서 비영리로 운영되고 있으며, 사설 식물병원이 거의 없기 때문이다. 그러나 이들 전문가가 하고 있는 일은 식물의사(plant doctor)에 해당한다. 식물의사가 대량으로 양성되기 위해서는 사회적 요구가 증가해야 하고 전문교육기관이 설립되어야 한다. 그러나 21세기, 다른 산업에 비해 농업의 중요성과 경제성이 감소하고 있는 상황에서 쉬운 일이 아니다.

식물의학과 인체의학 간의 차이점은 또 있다. 인체의학과 수의학은 집단적인 예방과 위생도 중요하지만 개체별 환자의 질병에 대한 치료와 회복을 우선으로 시도한다. 반면, 식물의학은 농작물의 한 개체보다 집단적인 대규모 피해를 방지하기 위해 화학적, 물리적, 생물학적, 재배적 방법을 동원하여 병원균과 해충의 집단 방제에 중점을 두고 있으며, 이미 발생한 피해를 회복시키는

그림 1-1
수목의학은 수목의 피해에 대한 진단과 치료를 통해 건강을 증진하는 학문이다. 사철나무 점무늬병(갈반병)은 독특한 병징을 나타낸다.

수단이 없거나 경제성이 없어 개체별 치료를 포기하기도 한다.

1-3 수목의학(樹木醫學, arbormedicine)

수목의학은 수목의 건강을 증진하기 위해 생물학의 이론을 응용하여 병에 대한 진단과 치료, 그리고 예방 기술을 개발하는 학문이라고 정의할 수 있으며, 식물의학의 한 분야로서 교목과 관목을 연구대상으로 한다. 과수도 수목의학의 한 대상으로 취급할 수 있지만, 오래전부터 원예학에서 다루고 있어 수목의학은 주로 산림의 수목과 조경수를 대상으로 한 학문이라고 할 수 있다. 특히 목재를 생산하는 산림수목보다 도시의 환경을 개선하고 미적 분위기를 연출하는 가로수, 공원수, 녹음수, 화관목, 정원수 등의 경제적 가치가 더 큰 조경수(造景樹, landscape tree)를 대상으로 한다.

수목의학은 인체의학, 수의학, 식물의학만큼 잘 알려져 있지 않다. 이에 대한 학문도 매우 초보적인 수준이라고 할 수 있으며, 그 연구의 역사도 짧다. 이는 위의 세 학문은 인간, 가축과 애완동물, 농작물과 같이 귀중하거나 규모가 큰 산업의 대상이기 때문에 오래전부터 발전해 온 반면, 조경수를 다루는 수목의학은 그 귀중함도 덜하고 산업 규모도 작고 학문에 대한 사회적 요구도 적기 때문이다.

인체의학의 이론과 기술은 인간의 건강과 질병을 다루기 때문에 어떤 자연과학의 학문보다 우선으로 투자, 연구된다. 그리고 세계적으로 많은 우수한 연구자들이 끊임없이 연구와 토론을 거쳐 새로운 기술을 개발하고 상호교환하기 때문에 그 발전 속도도 매우 빠르다. 수의학도 이와 비슷한 수준이라고 할 수 있다. 반면에 식물의학은 식물생리학과 식물병리학에 기초를 두고 발전하고 있지만, 인체의학과 동물학에서 새로운 이론이 전개된 후 이를 식물학에서 확인하는 수준으

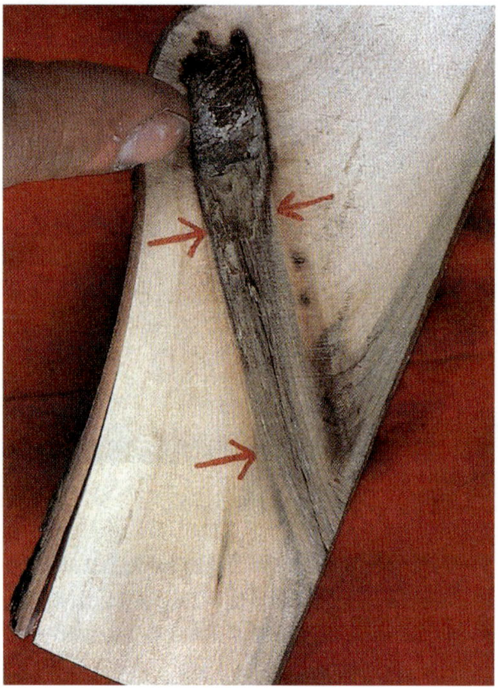

그림 1-2
수목이 상처의 구획화 과정을 통해 병원균의 확산을 막아 상처가 자연적으로 치유된 모양이다. 구획화 이론은 1970년대 미국 Shigo 박사에 의해 처음 알려졌다(사진: Shigo, 1989).

로 발전해 왔다. 예를 들면 항생제의 효능이 인체의학과 동물학에서 증명된 이후 식물의학으로 전수되었다고 할 수 있으며, 수목의학은 그다음 마지막 단계로 응용되고 있는 실정이다.

그러나 수목의학은 다른 학문, 특히 식물의학에 없는 고유한 영역도 가지고 있다. 수종별 전염성 병, 줄기 궤양, 수간 천공성 해충, 잦은 기상재해와 인위적 피해, 이로 인한 비전염성 병의 치료, 가지치기 이론과 실제, 줄기 상처의 보호와 방어, 수간주사, 수간의 외과수술 등의 기술은 독특한 영역이며, 이 책에서 자세히 다루게 된다(그림 1-2).

최근 국내에서 산림의학(山林醫學, forest medicine)이라는 새로운 학문이 탄생하고 있다. 산림의학은 의학, 보건학, 산림과학 분야의 학자들이 함께 연구하는 대표적인 학제간(multidisciplinary) 연구분야로서, 숲이 가지고 있는 고유한 기능 중에서 심신을 안정시키고 정신적 스트레스를 완화시키는 특성을 살려 면역능력을 활성화하고 심신의 질환을 치료하는 산림치유(山林治癒, forest therapy)를 연구하는 학문이다. 산림의학은 인간의 건강을 도모하기 위한 학문으로서 치료의 대상이 인간인 반면, 수목의학은 수목의 건강을 도모하는 학문으로서 치료의 대상이 수목이므로, 완전히 서로 다른 학문이다.

1-4 외국 수목의학의 발달 역사

수목의학의 여러 분야 중에서 줄기(수간)의 상처를 치료하는 외과수술(外科手術, stem surgery)에 대한 역사를 먼저 짚어보고자 한다. 최초의 기록을 17세기에 찾을 수 있다. 1640년 영국 Thomas Lawton은 상처로 생긴 나무의 구멍(공동, 空洞, cavity)을 따뜻한 모타르(mortar)로 메꾼다고 기록하고 있다. 1791년 영국 왕실정원사 W. Forsyth는 과수와 임목을 오랫동안 다룬 경험을 바탕으로 공동처리방법을 기술한 책에서 신선한 쇠똥, 묵은 석회, 숯, 모래를 섞어 공동을 메꾸어 좋은 결과를 얻었다고 적었다. 1914년 미국 J. F. Collins는 그 당시까지 사용했던 수목의 외과수술 방법을 집대성하면서 공동을 메꿀 때 썩은 부위는 물론 변색 부위도 완전히 제거하여 건전 부위를 노출시킨 다음 콘크리트 충전제로 메꾼다고 기술했다. 이 방법은 1960년대까지 외과수술의 표준방법으로 널리 보급되었다(나용준, 2012).

1960년대 이후 합성수지가 개발되면서 외과수술에 큰 변화가 왔다. 1962년 미국 May는 당시 사용했던 콘크리트 대신 폴리우레탄 폼(polyurethane foam)을 사용할 것을 제안했으며, 1970년 King 등은 이를 실용화하여 그 이후 콘크리트는 더 이상 사용되지 않는다(나용준, 2012). 콘크리트는 강도가 매우 높지만 수목과의 접촉이 불량하고, 유연성이 없어 쉽게 금이 가는 단점이 있으며, 우레탄폼은 접착성과 유연성이 좋고 공동의 구석까지 침투할 수 있는 장점이 있다.

1977년 미국 Shigo 박사는 수목이 상처를 받은 후 나타내는 반응에 관한 연구를 통해서 새로운 사실을 발견했다. 지금까지 생리적 기능이 거의 없이 죽어 있다고 알려진 목부조직이 상처 후 병원균의 확산을 막는 자체 방어능력을 발휘한다는 이론이었으며, 그는 이를 '수목 부후의 구획화(Compartmentalization of Decay in Trees)'라고 칭하고 CODIT로 명명했다. 이에 근거하여 그는 지금까지 관행적으로 가지터기를 길게 남겨 놓는 가지치기 방법이 크게 잘못되었음을 지적하고, 가지를 바짝 자르되 가지밑살을 남겨 놓는 새로운 전정법을 제시했다. 이 방법은 이제 세계적인 표준이 되었다. 더불어 공동 주변에서 변색이 된 목질부는 화학적 방어물질을 축적하고 있으므로 외과수술 시 건드리지 말라고 경고했다.

또한 Shigo 박사는 형성층의 건강도를 측정하는 기계인 Shigometer(샤이고미터)를 발명하기도 했다. 이 기계는 '수목혈압계'라고 해도 과언이 아니다. 형성층은 평생 세포분열을 하면서 직경생장을 도모하는 조직으로서 형성층이 죽으면 줄기가 죽게 된다. 형성층의 사활 여부와 활력도를 형성층 주변 세포의 수분 함량과 형성층전기저항(cambial electrical resistance, CER)으로 나타내는 기계이다. 전기저항치가 낮으면 건강하다는 증거이며, 건강이 좋지 않으면 저항치가 올라가서 마치 인체의 혈압을 연상케 한다. 이 기계를 이용해 이식한 소나무의 잎 색깔이 변하기 전에 건강상태를 쉽게 숫자로 확인할 수 있다(그림 1-3).

Shigometer와 흡사하지만 수간 내부의 활력과 부패 여부를 측정하는 기계로서 유럽에서 개발된 것을 Vitalometer라고 한다. 그 밖에 수간과 목재의 부패 정도를 측정하는 기계로 Resistograph가 있다. 이 기계는 1993년 Frank Rinn에 의해 발명되었는데, 수간에 가늘고 긴 드릴을 집어넣어 드릴이 안으로 들어가면서 전기소모량이 바뀌는 정도에 따라 목재의 부패 여부와 밀도, 그리고 나이테(생장량)의 위치를 찾아냄으로써 나무의 나이도 측정할 수 있다. 그 이외에도 부패한 목재가 건전한 목재보다 초음파를 더 천천히 통과시키는 원리를 이용한 음향측정장치(acoustic measurement device)가 있으며, X-ray, 열화상이미지(thermal imaging), 핵자기공명장치(nuclear magnetic resonance)도 있지만 아직 수목에 실용화되지는 않았다(이규화, 2012).

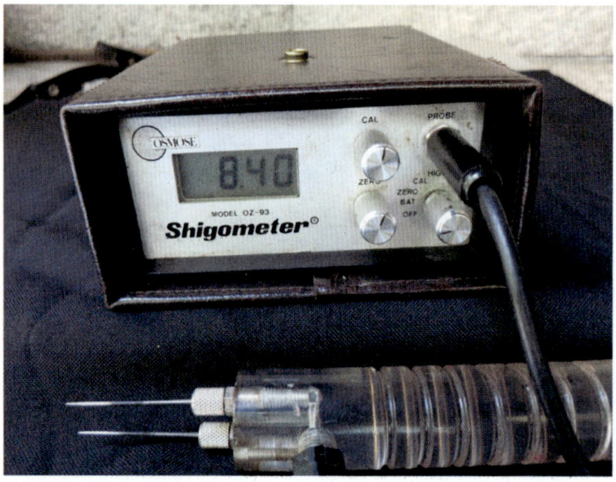

그림 1-3
미국 Shigo 박사가 발명한 샤이고미터는 수목혈압계에 해당한다.

수간주사(樹幹注射, trunk injection)는 500여 년 전에 유럽의 레오나르도 다빈치가 그 가능성을 언급한 이래, 1948년 미국의 Jim Mauget가 실용화 연구를 시작하여 1964년 제품을 개발했다. Mauget가 개발한 제품은 압력식 수간주사기(pressurized capsule)로서 수간에 구멍을 뚫고 농약이나 영양액을 넣으면 용기 내에서 자체적으로 생기는 압력에 의해 약제가 목부를 따라 잎까지 빠른 속도로 올라가게 된다. 이는 세계 최초로 압력에 의한 수간주사를 가능하게 한 것이다. 요즘 소나무와 같이 송진이 많이 분비되어 약액이 잘 들어가지 않는 수종에서 유효하게 쓰이고 있다.

1-5 국내 수목의학의 발달 역사

국내 수목의학의 역사는 1968년 서울대학교 나용준 교수가 대추나무 빗자루병을 치료하는 과정에서 중력식 수간주사기를 고안한 것이 최초라고 할 수 있다. 그는 테라마이신을 이용해 파이토플라스마(phytoplasma)에 의한 빗자루병을 치료하는 처방을 최초로 개발하면서 수간주사를 시도했다. 이 중력식 수간주사는 지금도 널리 사용되고 있다. 1970년대에는 미국의 Mauget식 수간주사기가 도입되어 쓰이기 시작했다. 당시 솔잎혹파리를 구제하면서 메타시스톡스(demeton-S-methyl) 살충제를 수간주입했는데, 너무 큰 구멍을 뚫으면 수간이 쉽게 부패하므로 구멍을 작게 뚫는 Mauget식 주사기를 도입하게 되었다. 1970년대 초 '자연농원'에서 삼성그룹 이병철 회장의 뜻에 따라 나용준 교수의 추천으로 대규모로 사용되었다.

외과수술은 서울대학교 이창복 교수가, 미국에서 공동충전에 우레탄폼을 쓰고 있는 것을 본 후, 국내에서 1970년대 초 천연기념물 노거수를 상대로 최초로 실시했다. 그 이전에는 콘크리트를 공동에 붓는 수준이었다. 1980년대 들어서 강전유 씨가 에폭시 수지(epoxy resin)를 이용해 우레탄

그림 1-4

국내에서 개발한 독특한 수목 외과수술은 인공수피를 입혀 상처를 보호하고 자연스럽게 보이게 한다.

폼 표면에 인공수피를 씌우는 방법을 개발했다. 부직포로 덮고 코르크를 섞어 좀 더 자연스럽고 튼튼한 인공수피로 변신하기도 했으며, 최근까지 쓰였다.

에폭시 수지로 만든 인공수피는 튼튼하지만 탄력이 거의 없어 충격에 금이 가고, 자외선에 의해 산화되는 문제점이 있었다. 이를 개선한 것이 나용준 교수가 개발한 실리콘 실런트(silicone sealant)에 코르크 가루를 섞는 방법이다. 건축에서 방수용으로 쓰는 실리콘 실런트는 접착력이 매우 우수하고, 탄력이 좋아 금이 가지 않으며, 산화되지 않아 반영구적으로 쓸 수 있다. 이는 매우 획기적인 외과수술법이며, 세계적으로 최초로 시도된 셈이다(그림 1-4).

샤이고미터는 발명자의 사후 더 이상 생산되지 않는다. 최근에 국내에서 이를 대체할 수 있는 기계를 박현준, 이경준, 나용준이 개발했는데, 준스미터(JunsMeter)로 칭한다(그림 1-5).

그림 1-5

더 이상 생산되지 않는 샤이고미터(Shigometer)를 대체하기 위해 국내에서 개발한 준스미터(JunsMeter). 8월에 측정한 백목련의 수치는 95.6점으로서 매우 건강함을 알 수 있다.

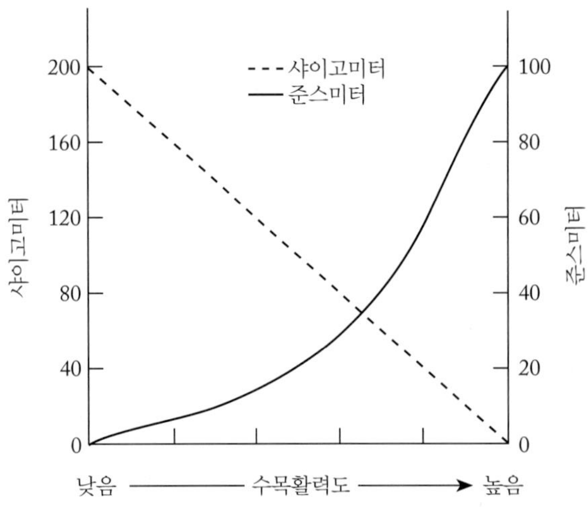

그림 1-6

샤이고미터와 준스미터의 형성층 전기 저항치(CER) 측정 원리 비교. 샤이고미터는 전기저항을 킬로옴(kΩ)으로 표시하지만, 준스미터는 단위가 없는 단순한 숫자(0점부터 100점 만점)이다.

이 기계는 형성층의 전기저항치를 근거로 하여 형성층이 최대의 건강상태를 보일 때 100점으로 하고, 형성층이 완전히 죽어 전기를 전혀 통하지 않을 때를 0점으로 하여 만든 것으로서 샤이고미터를 대신할 수 있다. 준스미터의 수치는 샤이고미터의 직선식을 역log의 곡선식으로 변환시킨 것이다. 이 기계를 활용하기 위해서는 샤이고미터도 마찬가지이지만, 표준 전기저항치(CER)를 수종별로 그리고 월별로 미리 조사하여 참고해야 하며, 측정 당시의 건강한 나무의 수치와 비교해야 한다. CER(형성층 전기저항)은 수종별로 그리고 계절별로 변화하기 때문이다(이경준 등, 1997). 비가 많이 오면 수피가 젖어서 전기저항이 낮아지므로, 수피가 마를 때까지 2~3일 정도 기다려야 한다.

제2장

수목의 구조

수목은 건강한 상태에 있을 때 정상적으로 자란다. 그러나 건강하지 못할 때에는 제대로 자라지 않거나 비정상적인 색깔이나 형태를 외부로 나타낸다. 이러한 증세는 수목이 정상적이 아니라는 것을 보여주는 중요한 단서가 된다. 이때 수목이 비정상적이라는 것을 확인하기 위해 수목의 정상적인 형태에 대해서 먼저 알아야 한다. 또한 비정상적인 상태를 초래한 근본적인 원인을 찾아내어 진단하기 위해 수목생리에 대한 지식도 필요하다.

수목생리에 대한 지식은 수목의 구조에 대한 지식을 바탕으로 하여 이해할 수 있기 때문에, 결국 수목의 구조와 생리에 대한 지식은 수목의학의 바탕이 된다고 할 수 있다. 이는 마치 의과대학에서 인체병리학을 가르치기에 앞서서 인체해부학과 인체생리학을 먼저 가르치는 것과 같다고 할 수 있다.

2-1 구조와 기능의 연관성

지구상에는 다양한 생물이 살고 있는데, 생물의 모양과 구조(構造, structure)는 서로 다르며, 매우 독특하다. 생물의 독특한 구조는 그 생물의 독특한 기능(機能, function)을 만들어내며, 이를 바탕으로 그 생물이 독특한 환경에 적응하면서 살아갈 수 있게 한다. 따라서 생물의 형태와 구조에 대한 지식은 그 기능과 생리를 이해하는 첫 단계가 된다.

동물 중에서 새의 경우를 예로 들어 보자. 제비는 빠른 속도로 날아다니며 곤충을 잡아먹고 살기 위해 몸이 작고, 지방층이 발달하지 않아서 가볍다. 반면 날아다닐 수 없는 펭귄은 추운 겨울을 견디기 위해 두꺼운 피하지방을 축적하여 육중한 체구를 가지고 있다. 따라서 새의 모양(구조)을 보고 그 새의 비상 능력(기능)을 알 수 있다. 인간의 경우에도 운동선수의 체격(구조)을 보면 그 선수가 어떤 종류의 운동(기능)을 하는 선수인지를 짐작할 수 있는 것과 같다. 마라톤 선수와 씨름 선수의 체격은 상당히 다름을 알 수 있다.

수목에서도 비슷한 예를 찾을 수 있다. 오동나무는 속성수로서 광합성을 많이 하고 왕성하게 자라지만, 잎이 크고 넓으면서 얇은 왁스층으로 덮여 있어 건조와 추위에 약하다. 반면 소나무는 천천히 자라지만, 잎이 바늘형으로 작으면서 두꺼운 왁스층으로 덮여 있어서 증산작용을 효과적으로 억제하여 건조에 잘 견디며 추위에도 강하다. 즉 잎의 모양을 보면 그 수목의 내건성과 내한성과 같은 생리현상을 짐작할 수 있다.

2-2 수목의 특성

2-2-1 동물과 식물의 차이

동물과 식물은 이동성, 정형성, 기관의 복잡성, 필요한 양분의 형태, 에너지 획득 방식, 세포의 구조에서 서로 다르다고 할 수 있다. 동물은 자신의 몸을 움직이는 이동성을 나타내며, 성숙하면 일정한 크기와 형태를 유지하면서 더 이상 성장하지 않으며, 수십 개의 복잡한 기관이 서로 유기적으로 기능을 발휘한다. 또한 유기물로 구성된 양분(먹이)을 필요로 하며, 이 유기물로부터 에너지를 얻는 종속영양자(從屬營養者, heterotrophic organism)이며, 세포에는 세포벽이 없어 조직이 부드럽다. 따라서 고등동물의 경우 자신의 몸을 지탱하기 위해 등뼈를 가지고 있다.

반면에 육상식물은 제자리에 뿌리를 내려 움직이지 않으며, 수목의 경우 크기가 계속해서 커지기 때문에 모양이 일정하지 않고, 6개의 기관만 가질 만큼 구조가 단순한 편이다. 또한 무기물 형태의 양분만을 필요로 하며, 광합성을 통해서 자체적으로 에너지를 생산하는 독립영양자(獨立營養者, autotrophic organism)이다. 세포에는 딱딱한 세포벽이 있으므로 조직이 딱딱해서 뼈가 따로 없으면서도 자신의 몸을 지탱하는 능력을 갖추고 있다.

2-2-2 초본식물과 목본식물의 구분

초본식물과 목본식물의 구분 기준은 형성층에 의해 직경이 굵어지는 현상의 유무이다. 대부분 초본식물(草本植物, herbaceous plant)은 줄기의 횡단면상에서 흩어진 유관속(維管束, vascular bundle, 관다발)을 가지고 있는 식물이다. 형성층이 없으며, 따라서 형성층에 의해 직경이 굵어지지 않는다(그림 2-1 A). 반면 목본식물(木本植物, woody plant)은 줄기의 유관속 내에서 생긴 형성층(形成層, cambium, 부름켜)이 원통형으로 바뀌어 목부(물관)와 사부(체관)를 생산하면서 나이테(연륜)를 만들

그림 2-1

초본식물과 목본식물의 차이점. A: 옥수수 줄기의 횡단면. 유관속(관다발, 화살표)이 흩어져 있고, 나이테가 없다. B: 대나무 줄기의 횡단면. 가운데가 비어 있고 유관속(관다발, 검은 점으로 보임)이 흩어져 있으며, 형성층(부름켜)과 나이테가 없어 초본식물의 특징을 가지고 있다. C: 코코넛 줄기의 횡단면으로서 형성층과 나이테가 없다. D: 낙엽송 줄기의 횡단면. 형성층(검은색 수피의 맨 안쪽, 화살표)과 나이테가 있어 목본식물의 특징을 가지고 있다.

어 직경이 굵어지는 식물을 뜻한다(그림 2-1 D). 형성층이 나이테를 만들면서 직경이 굵어지는 것을 2차 생장이라고 하며, 목본식물은 형성층에 의해 2차 생장을 하는 식물이라고 할 수 있다. 위와 같은 정의는 식물해부학적인 특성에 근거하여 내린 것으로서 이해하기가 쉽지 않다. 대신 좀 더 쉬운 구분 방법을 생태학에서 찾아볼 수 있다. 온대지방에서 식물의 지상부가 겨울철에 종자를 제외하고 모두 죽으면 초본식물에 해당하며, 지상부가 살아서 월동이 가능하면 목본식물(수목)에 해당한다. 대나무는 형성층이 없어 직경이 굵어지지 않지만 겨울에 지상부가 살아남아 목본식물로 간주된다(그림 2-1 B). 열대지방의 야자나무(코코넛 포함)도 나이테가 없지만 나무처럼 자란다(그림 2-1 C).

2-2-3 수목의 특징

수목은 초본류와 비교하여 몇 가지 독특한 특징을 가지고 있다. 첫 번째, 수목은 몸체가 크다. 지구상에서 가장 큰 생물은 수목이며, 이 중에서 미국 캘리포니아 지방에서 자라는 세쿼이아(*Sequoia sempervirens*)는 키가 최고 115m에 이른다. 직경이 가장 큰 나무는 멕시코의 오악사카 지방에서 자라는 낙우송류(*Taxodium mucronatum*)로서 근원직경이 15m에 달한다. 두 번째, 수목은 장수한다. 세쿼이아는 3000년 이상을 거뜬히 버티며, 가장 장수하는 수목은 미국 캘리포니아 지방의 고산지대에서 자라는 롱가에바 잣나무(*Pinus longaeva*)로서 5068년생이 2012년 발견되었다. 세 번째, 수목은 생식생장(개화와 결실)에 많은 에너지를 소비하지 않는다. 1년생 초본은 모든 에너지를 열매생산에 쏟아붓고 죽지만, 수목은 성숙할 때까지 수년간(너도밤나무의 경우 40년 정도) 종자생산을 보류하며, 월동과 다음 해의 생장을 위해서 에너지 일부만 열매생산에 배분한다. 네 번째, 수목은 오랜 세월을 살아가기 위해 환경에 대한 여러 가지 저항성을 가지고 있다. 특히 간헐적으로 나타나는 한발, 추위, 태풍, 병해충, 산불에 견디는 성질을 가진다. 예를 들면 세쿼이아는 수천 년을 살면서 수피가 50cm까지 두꺼워져 산불에 견딜 수 있다.

2-3 수목의 연령별 형태

수목의 형태는 수종에 따라서 다양하지만, 근본적으로는 비슷한 과정을 거쳐 생장하면서 성숙하고 늙어 간다. 수목은 종자로부터 독립된 일생을 시작하는 것이 원칙이며 유묘, 치수, 성숙목, 장령목, 노령목의 단계를 거치면서 단계별로 독특한 모양을 유지하고, 가지와 줄기가 쇠퇴하면서 일생을 마감한다.

1) 종자(種子, seed)

종자는 고등식물에서 새로운 세대를 탄생시키는 매개체의 역할을 하며, 포자를 생산하는 하등식물과 비교하여 더 효율적인 방법으로 다음 세대를 생존시킬 수 있는 수단이다. 종자는 배주(ovule)가 수정된 후 성숙하여 만들어진 것으로서 배(embryo), 저장물질(피자식물의 경우 배유, endosperm), 종피(seed coat)의 세 부분으로 되어 있다. 종피는 종자가 건조해지는 것을 방지하고 병원균의 침입을 막는 역할을 한다.

2) 유묘(幼苗, seedling)

종자에서 갓 나온 유묘의 모습은 수종 고유의 모습을 제대로 닮고 있지 않다. 종자 발아 시 맨 먼저 나오는 떡잎(자엽, cotyledon)의 숫자는 피자식물(활엽수) 중에서 단자엽식물의 경우 1개이며, 쌍자엽식물의 경우에 2개이다. 나자식물(침엽수)의 경우에는 서너 개로서 한 수종 내에서도 그 숫자가 일정하지 않다.

떡잎이 나온 다음에 나오는 본엽(本葉, foliage leaf)은, 활엽수의 경우에는 완전히 자란 성엽(mature leaf)의 모양을 어느 정도 닮은 축소판이지만, 침엽수의 경우에는 수종과 관계없이 대부분 바늘 모양의 1차엽(primary needle) 형태를 하고 있어 수종 간에 구분하기가 쉽지 않다. 생장이 느린 주목이나 가문비나무 같은 수종은 발아 후 2년까지도 1차엽만 만든다. 소나무는 1년차의 후기부터 성숙엽에 해당하는 2차엽(secondary needle)을 만들기 시작하여 2개의 잎이 엽속(葉束, fascicle)에 싸여 있는 모습을 한다.

3) 치수(稚樹, sapling)

치수는 조경수 관리 분야에서는 키가 3~4m 이하 혹은 흉고직경이 4cm 이하로서 옮겨 심기에 알맞은 크기의 나무를 지칭한다. 유묘에서 치수로 자라는 동안 대부분 수종은 줄기의 중앙에 자리 잡고 있는 주지(主枝, terminal leader)가 측면에 붙어 있는 측지(側枝, lateral branch)보다 더 빨리 자라서 위로 곧게 서기 때문에 원추형(excurrent form) 혹은 원주형(columnar form)의 수관 모양을 가지게 된다. 이러한 모양은 주지가 측지보다 빨리 자라는 정아(頂芽)우세현상(apical dominance) 때문에 가능하게 된다.

치수상태의 수목은 성숙목에 비해 뿌리가 멀리 뻗지 않아, 옮겨 심기 위해 뿌리를 굴취할 경우 뿌리 손실이 비교적 적어 지상부를 축소하지 않더라도 활착이 잘된다. 외국에서 기념식수를 하거나 수목을 이식할 때 거의 예외 없이 치수를 사용하는 이유가 여기에 있다.

4) 성숙목(成熟木, mature tree 혹은 adult tree)

성숙목은 크게 자란 수목으로서 개화가 이루어지는 개체를 뜻한다. 수목이 성숙하면 수피의 모양과 색깔, 수관의 형태 등에서 수종 고유의 특징이 나타난다. 활엽수의 경우 정아우세현상이 점점 약해지고 대신 측지의 발달이 왕성해져 둥근 형태인 구형(球型, decurrent form 혹은 spherical form)의 수관을 가지게 된다. 반면 침엽수는 추운 지방에서 자라는 수목일수록 정아우세현상을 유지하여 원추형의 수관을 계속해서 가지게 된다. 원추형의 수관은 눈이 많이 오는 지방에서 설해를 적게 받을 수 있는 형태로 진화한 결과이다.

5) 노령목(老齡木, old tree)

노령목은 수목이 장령기를 지나 노쇠하여 서서히 죽어 가는 개체를 의미한다. 수목의 수명은 수종에 따라서 상당히 차이가 있기 때문에 절대적인 수령으로는 수목의 노쇠 정도를 알 수 없다. 병해충과 수간 부패에 대한 저항성이 약한 수종은 100년 이내에 노령목이 되며, 세쿼이아처럼 이에 대한 저항성이 강해 장수하는 수종은 1000년이 지나도 노령목이라고 할 수 없다. 노령목의 특징은 엽량이 적어지며, 가지생장과 직경생장이 느리고, 수간과 수관의 일부가 오랜 세월 부패하여 죽어 있는 줄기가 살아 있는 줄기보다 더 많게 된다.

2-4 수목의 기본구조

2-4-1 세포-조직-기관

고등생물은 여러 개의 유사한 혹은 관련된 세포(細胞, cell)가 모여 특수기능을 가진 조직(組織, tissue)을 만들고, 여러 개의 조직이 모여 고유한 형태와 기능을 가진 기관(器官, organ)을 형성하는 공통점이 있다. 고등동물의 경우 수십 개의 기관이 서로 유기적으로 연결되어 복잡한 대사작용이 이루어지지만, 수목의 경우 6개의 기관만이 분화되어 있다. 표 2-1에 수목에서 발견되는 6개 기관의 종류와 관련되는 조직의 명칭을 표시했다. 종자식물은 잎, 줄기, 뿌리의 영양기관과 꽃, 종자, 열매의 생식기관을 가진다. 이러한 특징은, 동물이 호흡기관, 순환기관, 소화기관, 분비기관, 생식기관, 신경계통, 골격, 뇌 등 전문화된 구조를 가진 것에 반해 식물이 매우 단순한 구조로 되어 있다는 것을 말한다. 수목은 거대한 몸체에 비해 6개의 기관만 가지고 있지만, 독립적으로 오랫동안 살아가는 데 필요한 모든 구조와 기능을 갖추고 있는 셈이다.

수목은 위의 6개의 기관을 가지고 있으며, 각 기관에는 일반적 기능을 가진 조직과 특수기능을 가진 고유한 조직들이 모여 그 기관 고유의 역할을 하고 있다. 표 2-2에 수목의 여러 조직에서 수행하는 주요 기능을 여덟 가지로 분류해 놓았다. 수목의 기능 중 통도조직은 동물의 경우 순환

표 2-1 수목의 기관 종류

공통기관명	고유기관명	조직의 예
영양기관	잎	기공, 엽육조직, 책상조직, 해면조직, 표피, 엽맥, 1차 목부, 1차 사부, 유관속, 유관속초, 엽병, 엽신, 탁엽
	줄기	눈, 아린, 가시, 가지, 지륭, 지피융기선, 수피, 코르크 조직, 코르크 형성층, 피목, 형성층, 2차 목부, 2차 사부, 섬유조직, 수선
	뿌리	근관, 내피, 내초, 1차 목부, 1차 사부, 2차 목부, 2차 사부, 형성층, 수피, 코르크 조직, 코르크 형성층
생식기관	꽃	암술, 수술, 꽃잎, 꽃받침, 화피, 꽃대, 꽃자루, 포, 화분, 배주, 씨방
	열매	과육, 과피, 실편, 제, 봉선, 능선, 비후부
	종자	배, 배유, 종피, 유근, 유아, 유경, 하배축, 주공, 배병

표 2-2 수목의 기능별 조직의 분류와 해당하는 세포와 조직의 예

기능별 조직의 분류	조직의 기능	세포의 예	조직의 예
분열조직	세포분열을 통해서 세포의 숫자를 증가시킴	유세포	배, 눈, 생장점, 뿌리정단분열조직, 형성층, 수선, 유조직
보호조직	건조, 물리적 상처, 병해충의 침입을 방지함	유세포, 후각세포, 후막세포	표피, 하피, 각피, 종피, 수피, 코르크 조직, 근관
지지조직	딱딱한 세포벽을 가져 몸을 지탱함	섬유세포, 후각세포, 후막세포	목부, 피층, 엽맥, 엽병, 후각조직, 후막조직, 수피
통도조직	수분, 무기양분, 설탕의 장거리 이동을 담당함	도관, 가도관, 사관세포, 사세포, 반세포	1차 목부, 1차 사부, 유관속, 유관속초, 2차 목부, 2차 사부
동화조직	탄소동화작용을 함	유세포	책상조직, 해면조직, 엽육조직, 피층
저장조직	전분, 지방, 단백질 등을 저장함	유세포	유조직, 피층, 수선조직, 배유
통기조직	외부와의 가스교환을 함	유세포, 공변세포, 부세포	기공, 피목
분비조직	수지, 검, 수액 등을 분비함	표피세포, 피막세포, 섬모	수지구, 표피, 밀선, 배수조직, 유액분비조직

기관에 해당하며, 통기조직은 동물의 호흡기관과 유사하다. 식물에는 소화기관이 없으나, 식충식물의 경우는 동물의 사체를 분해시키는 물질을 밖으로 분비한다.

2-4-2 수목의 기본형

수목의 기본형은 수관, 수간, 근계로 되어 있다. 수관(樹冠, crown)은 잎과 가지로 구성되어 있는 지상부에서 햇빛을 향해 넓게 퍼진 윗부분을 뜻하며, 광합성과 증산작용을 한다. 수간(樹幹, stem)은 수관을 지탱하는 지상부 아랫부분의 굵은 원줄기를 의미하며, 뿌리에서 흡수한 수분을 수관으로 보내고, 잎에서 만들어진 설탕을 뿌리로 내려보내는 기능을 담당한다. 교목(喬木, tree)은 키가 4m 이상 자라는 수종으로서 1개의 수간을 형성하며, 관목(灌木, shrub)은 수고가 4m 이하로 자라며, 여러 개의 수간으로 갈라진다. 근계(根系, root system)는 지하부에 있는 뿌리 부분이며, 밑으로 깊게 그리고 옆으로 넓게 퍼져 수목이 쓰러지지 않게 지탱하면서 수분과 무기양분을 흡수한다(그림 2-2).

수목의 수관형은 원추형(excurrent form), 구형(decurrent form), 원주형(columnar form), 수양형(drooping form), 포복형(prostrate form)으로 나눌 수 있다.

그림 2-2

수목 중 교목의 기본형. A: 수관, 수간, 근계를 가지고 있다. B: 곧게 원추형으로 기하학적으로 자라는 열대지방의 *Araucaria*(이경준과 이승제, 2011)

2-4-3 잎(엽, 葉, leaf)

잎은 수목에서 광합성 작용, 증산작용, 산소와 이산화탄소의 가스교환, 외부 환경변화의 감지 등의 가장 중요한 기능을 담당하는 기관이다. 이와 같은 기능은 활력이 있는 살아 있는 세포에서만 수행되는데, 이러한 기능을 수행할 수 있는 세포는 세포막과 원형질을 가지고 있는 유세포(柔細胞, parenchyma cell)뿐이다. 유세포는 수목에서 살아 있는 세포를 상징하는 대표적인 세포이다. 잎은 이러한 기능을 수행하기 위해 대사와 관련된 효소를 대량으로 함유하고 있어 호흡작용을 가장 왕성하게 하는 기관이며, 수목 전체에서 대사활동이 가장 왕성하다고 할 수 있다.

활엽수와 침엽수의 잎은 그 구조가 서로 다르지만 광합성, 증산작용, 가스교환을 위한 기능을 수행하는 데는 차이가 없다. 광합성을 하는 엽록체를 가진 엽육조직과 가스교환을 하는 기공, 유관속 안에 수분 이동을 위한 (1차)목부와 설탕 이동을 위한 (1차)사부를 가진 점은 같다고 할 수 있다.

잎의 유관속(관다발)은 활엽수의 경우 엽맥(葉脈, leaf vein) 안에 존재한다. 유관속 안에 있는 목부와 사부는 각각 1차 목부(1次木部, primary xylem)와 1차 사부(1次篩部, primary phloem)라고 부르는데, 초본식물과 목본식물 간에 형태적으로 차이가 없다(그림 2-3). 반면에 목본식물은 줄기(수간)에 초본식물에 없는 형성층이 있고, 줄기의 형성층이 만든 목부와 사부를 각각 2차 목부와 2차 사부로 구분하여 부른다.

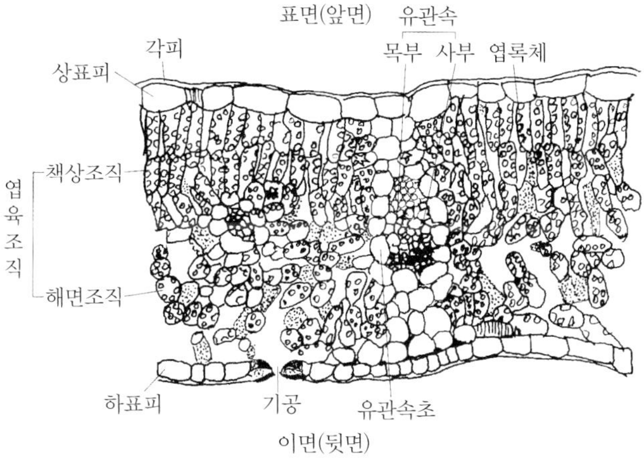

그림 2-3
피자식물(배나무) 잎의 횡단면. (1차)목부와 (1차)사부는 유관속(관다발) 안에 있다(이경준, 2011).

잎은 표피조직으로부터 수분의 증발을 막기 위해 왁스층(큐티클층)을 가지고 있는데, 수종에 따라서 그리고 생육환경에 따라서 왁스층의 두께가 다르다. 건조한 곳과 강한 햇빛에서 자라는 개체일수록 왁스층의 두께가 두꺼워진다. 왁스층은 미생물의 침투를 억제하기도 한다.

잎은 수목 전체에서 가장 예민하게 생리적 반응을 나타내는 곳이기도 하다. 따라서 수목의 건강상태가 나빠질 때 병의 증세가 가장 먼저 나타나는 곳이 잎이다. 잎에 직접적인 피해가 있거나 줄기 혹은 뿌리에 피해가 있는 경우에도 이후에 잎에 피해가 나타나므로 잎은 수목의 피해진단에서 가장 먼저 점검해야 하는 곳이다.

2-4-4 기공(氣孔, stoma)

기공(숨구멍)은 표피조직 중에서 2개의 특수한 공변세포(孔邊細胞, guard cells)에 의해 만들어지는 구멍이다. 기공은 낮에 비치는 햇빛의 양에 따라 열리기도 하고 닫히기도 하면서 잎의 증산작용을 조절한다. 또한 광합성을 하기 위해 이산화탄소를 흡수하고 산소를 방출하는 곳이기도 하다.

기공의 크기, 분포, 밀도, 모양은 수종에 따라서 많은 차이가 있다. 대부분 활엽수의 경우 기공은 잎의 뒷면에만 분포한다. 포플러의 경우 양면에 모두 존재하지만, 뒷면에 있는 기공의 숫자가 앞면보다 훨씬 더 많다. 표 2-3에 여러 수목의 기공 크기와 분포밀도(단위 면적당 기공의 수)를 나타내었다. 기공의 크기는 매우 작은 편인데, 가장 작은 단풍나무의 경우 길이가 17.3μm이며, 제일 큰 은행나무의 경우도 56.3μm밖에 안 된다. 분포밀도는 붉나무의 경우 제일 많아 1mm^{2}당 634개에 달한다. 건강한 사람의 모발의 직경이 70μm 정도 되므로 은행나무 기공의 크기는 이보다 약간 작은 편이다.

기공의 크기와 분포밀도는 서로 반비례하는 경향이 있어서 어떤 수종에서 기공이 크면 밀도

표 2-3 목본식물의 기공 크기와 분포밀도(Davies 등, 1973)

수종명	학명	기공길이(μm)	분포밀도(개/mm^2)
은단풍	*Acer saccharinum*	17.3	419
사탕단풍	*Acer saccharum*	19.3	463
개오동속	*Catalpa bignonioides*	23.2	329
미국물푸레나무	*Fraxinus americana*	24.8	257
버드나무속	*Salix fragilis*	25.5	215
미국피나무	*Tilia americana*	27.2	279
포도	*Vitis vinifera*	29.7	121
미루나무	*Populus deltoides*	30.4	163
산사나무속	*Crataegus* sp.	37.4	221
은행나무	*Ginkgo biloba*	56.3	103

가 줄어들고, 기공이 작으면 밀도가 늘어난다. 결국 증산량에서는 수종 간에 차이가 줄어들게 됨을 알 수 있다. 기공의 구멍이 차지하는 면적은 잎 표면적의 1%가량밖에 되지 않지만, 잎의 증산량은 자유수면에서 증발량의 절반 정도가 될 만큼 많다. 이는 기공의 크기, 밀도, 분포가 이산화탄소의 가장 효율적인 확산을 도모할 수 있도록 만들어져 있기 때문이다.

2-4-5 눈(아, 芽, bud)

눈은 아직 자라지 않은 잎, 가지 혹은 꽃의 원기(原基, primordium)를 가지고 있는 압축된 조직이며, 가지 끝에서 왕성하게 세포분열을 하는 조직이어서 정단(頂端)분열조직(apical meristem)이라고 부른다. 눈은 위치, 함유조직, 형성시기에 따라서 분류된다.

정아(頂芽, terminal bud)는 가지 끝의 중앙에 자리 잡고 있는 눈으로서 후에 자라서 주지(主枝, terminal leader)가 되며, 옆에 있는 측아(側芽, lateral bud)보다 빨리 자랄 경우에는 정아우세현상을 나타내어 어린 수목이 원추형으로 위로 빨리 자라게 하는 역할을 한다. 액아(腋芽, axillary bud)는 대와 잎 사이의 엽액(葉腋, leaf axil), 즉 겨드랑이에서 생기는 눈으로서 여름철에 만들어진 후 가을이 되면 동아(冬芽, winter bud)의 역할을 한다(그림 2-4, 표 2-4).

잠아(潛芽, dormant bud)는 눈 중에서 겉으로 튀어나오지 않고 수피 밑에서 계속 휴면상태로 남아 있는 눈을 의미한다. 처음에는 줄기에서 액아로 만들어졌다가 나이테가 추가되어 직경이 굵어지면 속에 파묻히지만, 수피 밑까지 계속해서 따라오면서 남아 있게 된다. 외부로부터 자극을 받아 줄기에서 튀어나오는 맹아지(萌芽枝, sprout)는 잠아에서 유래한다. 어린줄기에는 많은 수의 잠

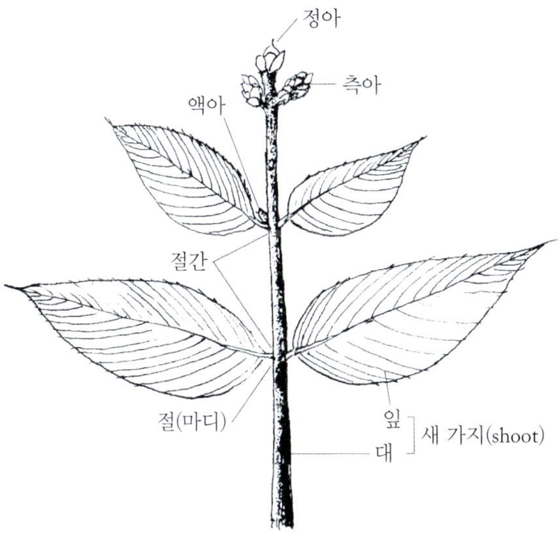

그림 2-4

눈의 종류와 마디. 잎과 대를 합쳐 새 가지(shoot)라고 부른다(이경준과 이승제, 2011).

그림 2-5

잠아와 맹아. A: 잠아(총 9개)는 수피 밑에 숨어 있는데, 나이테가 추가되면 이에 맞춰 방사방향으로 밖으로 자라 나오다가 죽기도 한다(에키나타소나무)(사진: Little과 Somes, 1956). B: 벼룩바구미 피해로 심하게 잎이 훼손된 팽나무 줄기에서 잠아가 튀어나와 맹아로 무수히 자란 모습이다.

아가 살아 있어서 자극을 주면 맹아가 쉽게 나오지만, 나이를 먹으면서 대부분 잠아가 죽기 때문에 굵은 줄기에서는 맹아가 잘 나오지 않게 된다(그림 2-5).

정아 혹은 측아가 자라 나오면 새 가지(shoot)가 되는데, 새 가지는 잎(leaf)과 이를 지탱하고 있는 어린가지(twig)로 구성된다. 새 가지는 자라면서 새로운 잎 혹은 꽃을 생산하며 길게 자란다. 이때 대(stem)에 잎이나 꽃이 달린 부분을 마디(node)라고 하며, 마디와 마디 사이를 절간(internode)이라

표 2-4 수목의 눈의 분류

분류 기준	눈의 명칭	해설
함유된 조직	엽아	잎과 대의 원기를 가진 눈
	화아	꽃의 원기를 가진 눈
	혼합아	잎과 꽃의 원기를 함께 가진 눈
가지에서 눈의 위치	정아	가지 끝의 중앙에 있는 눈. 자라서 주지가 됨
	측아	가지의 측면에 있는 눈. 자라서 측지가 됨
	액아	대와 잎 사이의 엽액(겨드랑이)에 생긴 눈. 가을에 동아가 되거나 후에 잠아로 남아 있음
눈의 형성 시기	잠아	액아가 수피 밑에 처음부터 숨어 있는 눈. 나이테가 추가될 때마다 수피 밑까지 매년 자라 나옴. 나중에 맹아지, 도장지 혹은 주맹아지로 튀어나옴
	부정아	눈이 없는 곳에서 유상조직, 조직배양 혹은 뿌리 삽목(근삽) 시 형성되는 눈
수목 전체에서의 위치	주맹아	지상부 그루터기에 잠아의 형태로 숨어 있다가 튀어나오는 눈
	근맹아	지하부 뿌리 삽목 시 형성되는 부정아의 일종인 눈

고 부른다. 마디와 마디가 길어지는 것을 절간생장(節間生長, internodal growth)이라고 한다.

2-4-6 줄기(수간, 樹幹, stem)

줄기는 초본식물에서 잎을 지탱하는 대에 불과하지만, 수목에서는 특수한 구조를 가지기 때문에 수목의 독특한 특징으로 간주되며, 초본식물과 구별하는 기준이 되기도 한다. 수목의 줄기는 형성층에 의해 직경이 굵어지면서 딱딱해진다. 수목이 1개의 굵은 줄기를 가질 때 수간(trunk)이라고 부르며, 이것을 목재(wood)로 이용한다. 수간은 윗부분의 수관을 지탱하고, 뿌리에서 흡수한 수분과 무기양분을 위쪽의 수관으로 이동시키며, 잎에서 만든 탄수화물을 저장하거나 뿌리로 이동시

표 2-5 원통형인 수간의 맨 바깥쪽에서 안쪽으로 분포하는 조직의 배열 순서와 특징

조직의 명칭	통합 명칭		특징과 기능
조피	외수피	수피	수피의 맨 바깥 부분으로 완전히 죽어 있는 딱딱한 조직이며, 코르크 조직, 사부와 형성층을 보호함
코르크 조직			코르크를 만들어 수피를 두껍게 하여 사부와 형성층을 보호함. 자체적으로 코르크를 만드는 코르크 형성층을 가지고 있음
(2차)사부	내수피		잎에서 만든 설탕을 뿌리로 운반하는 통도조직임. 형성층에 의해 매년 새롭게 만들어짐
형성층			수목의 일생 동안 쉼 없이 목부와 사부를 생산하는 분열조직임. 안쪽으로 1년에 1개씩의 나이테를 만듦

표 2-5 계속

조직의 명칭	통합 명칭	특징과 기능
변재	(2차)목부(목재)	살아 있는 부분이 있으며, 옅은 색을 띰. 뿌리로부터 수관 쪽으로 수분을 운반하는 통도조직임
심재		예전 변재시절에는 수분 운반 기능을 수행했지만, 현재는 대부분 죽어 있는 조직으로 구성되어 있으며, 여러 가지 물질이 축적되어 짙은 색을 띰. 지지역할만 함
수		종자에서 발아 직후 유묘시절에 만들어진 저장조직이며, 더 이상 기능이 없음

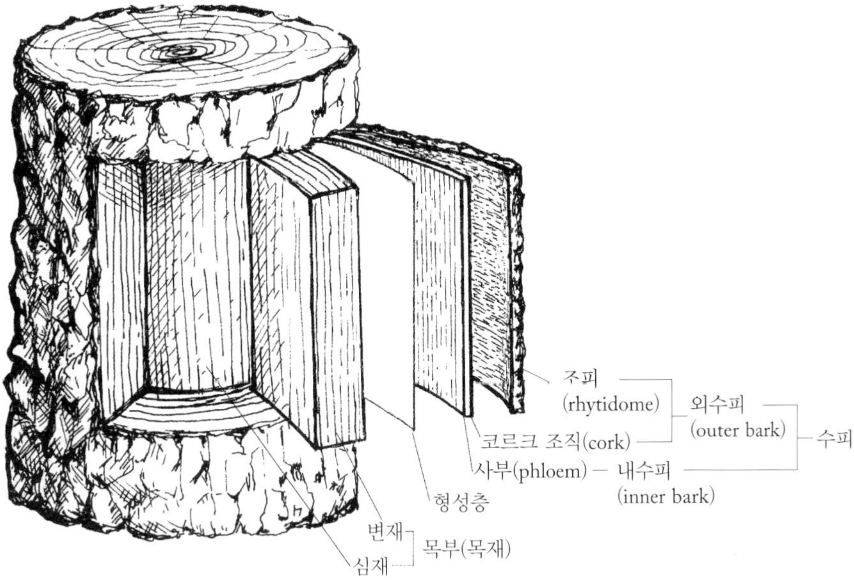

그림 2-6

수간의 기본구조. 형성층(부름켜)은 목부와 사부를 만드는 가장 중요한 분열조직으로서 직경생장을 담당한다(이경준과 이승제, 2011).

키는 기능을 가지고 있다.

수간의 맨 바깥쪽에는 수피가 있어 수간을 보호하며, 수피 안쪽에는 형성층과 목부조직이 있다(그림 2-6, 표 2-5).

1. 수피(樹皮, bark)

수피는 나무껍질에 해당하며, 형성층보다 바깥쪽에 있는 모든 조직을 일컫는다. 수피를 구성하는 조직에는, 맨 바깥쪽부터 안쪽으로 나열하면 조피, 코르크 조직, 사부조직이 있다. 따라서 수피의 기능은 형성층을 보호하고, 잎에서 만들어진 설탕을 뿌리 쪽으로 내려보내는 것이다.

외수피(外樹皮, outer bark)는 수피의 맨 바깥 조직으로 딱딱하게 죽어 있으며, 나이를 먹으면 깊게 골이 파이기도 한다. 코르크 조직은 주피(周皮)라고도 부르며, 외수피의 일부이다. 코르크 조직은 다시 세 부분으로 나눌 수 있다. 즉 맨 안쪽이 코르크 피층(phelloderm), 중간 위치가 코르크를 만드는 코르크 형성층(cork cambium 혹은 phellogen), 그리고 바깥쪽이 코르크가 누적된 코르크층(cork 혹은 phellem)이다.

1년생 어린가지는 녹색을 띠면서 광합성을 하기도 하는데, 이것은 코르크 피층에 있는 엽록소 때문이며, 여기에 전분을 저장하고 있어 야생동물들이 즐겨 먹기도 한다. 코르크 형성층은 방수성이 강한 코르크(cork)를 생산하기 위한 독자적인 분열조직이다. 굴참나무의 경우 코르크층의

그림 2-7

수피의 다양한 모습. A: 매년 벗겨지는 모과나무의 얇은 수피, B: 계속해서 누적되는 굴참나무의 두꺼운 수피, C: 느티나무의 피목, D: 벚나무의 피목

발달이 왕성하여 상업적으로 이용이 가능하며, 굴참나무가 장수하는 데 도움을 준다. 이로 인해 참나무류 중에서 굴참나무가 장수하는 수가 가장 많다.

수목이 독특한 모양과 색깔의 수피를 가지게 되는 이유는, 처음 생기는 코르크 조직의 상대적인 위치와 깊이, 추후에 생기는 코르크의 형태, 사부세포, 사부섬유의 구성과 배열 상태에 따라서 수피의 모양과 색깔이 달라지기 때문이다(그림 2-7 A와 B). 이와 더불어 수피 표면에서 숨을 쉬는 조직인 피목(皮目, lenticel)의 형태도 수종별로 다르다(그림 2-7 C와 D).

사부(phloem)조직은 코르크 조직보다 안쪽에, 그리고 형성층보다 바깥쪽에 위치한다. 해부학적으로는 2차 사부(잎의 유관속 안에 있는 사부는 1차 사부로 불림)에 해당하는데, 그 안쪽에 있는 형성층에 의해 매년 새로 만들어진다. 사부의 기능은 설탕을 뿌리로 내려보내는 것인데, 새로 만들어진 사부조직의 기능은 1년 정도밖에 지속되지 않는다. 사부는 죽으면 코르크 조직과 함께 밖으로 밀려나 수피의 형태로 벗겨져 없어지기 때문에 목부조직과는 달리 수목의 직경을 굵게 하는 데 기여하지 못한다. 사부조직은 내수피(inner bark)라고도 부른다.

2. 형성층(形成層, cambium)

형성층(부름켜)은 수목의 줄기와 뿌리의 직경을 굵게 만들어 주는 조직이다. 형성층은 수피 바로 안쪽에 원통형으로 모든 가지와 줄기를 둘러싸고 있으며, 두께는 몇 개의 세포층으로 이루어져 있을 만큼 아주 얇다.

수목에서 세포분열을 왕성하게 하는 분열조직(分裂組織, meristem)을 위치에 따라서 두 가지로 나누는데 새로운 잎과 가지, 그리고 뿌리를 만드는 분열조직은 수목의 가지와 뿌리의 끝부분에 있다고 하여 정단(頂端)분열조직(apical meristem)이라고 부른다. 형성층처럼 일생 동안 쉼 없이 세포분열을 하면서 나무의 직경을 증가시키는 조직은 옆 방향에 있다고 하여 측생(側生)분열조직(lateral meristem)이라고 부른다.

형성층의 가장 중요한 기능은 세포분열을 통해 자신의 바깥쪽으로 (2차)사부를 만들고, 안쪽으로 (2차)목부를 만들어 직경을 굵게 하는 것이다(그림 2-8). 자신의 안쪽으로 목부를 만들어 1년에 나이테를 1개씩 추가하면 직경이 굵어지면서 형성층 자체는 나이테 두께만큼 밖으로 밀려 나오지만, 자신의 바깥쪽으로 최근에 만든 사부와의 사이에 항상 위치하게 된다. 따라서 형성층의 위치는 직경의 굵기와 관계없이 항상 수피의 맨 안쪽과 나이테의 맨 바깥쪽이 된다.

형성층의 두 번째 기능은 외부로부터 충격을 받아서 수피가 벗겨질 경우 형성층 주변의 세포가 유상조직(癒傷組織, callus)을 생성하면서 수피를 재생시키는 것이다. 이렇게 만들어진 유상조직은 미생물의 침입에 저항하는 강력한 방어벽 역할을 한다.

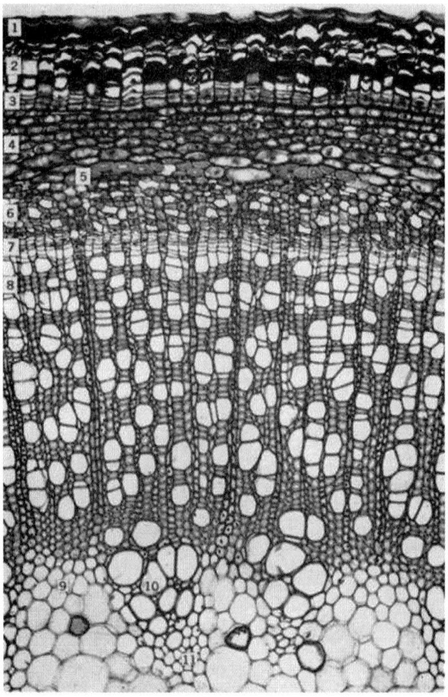

그림 2-8

딱총나무 줄기 횡단면상 여러 조직의 배열상태. 형성층(7)이 안쪽으로 2차 목부(8)와 바깥쪽으로 2차 사부(6)를 만들어 직경을 굵게 한다. 맨 밖으로부터 코르크층(2), 코르크 형성층(3), 사부섬유(5), 2차 사부(6), 형성층(7), 2차 목부(8), 수(9, 10)의 순으로 배열한다. 사부섬유(5)는 인피섬유로도 불리며, 닥나무에 많아 예로부터 한지를 만드는 원료로 쓰였다(사진: Esau, 1965).

3. 목부(木部, xylem)(변재와 심재)

수간에서 형성층의 안쪽에 있는 모든 조직을 목부라고 칭하며 목재(木材, wood)라고도 부르는데, 그 이유는 목부를 목재로 사용하기 때문이다. 수간에 있는 목부는 형성층에 의해 만들어지기 때문에 해부학적으로는 2차 목부(secondary xylem)라고 부르며, 목본식물에만 존재한다. 반면 1차 목부는 잎의 유관속 안에 있는 목부를 의미하며, 초본식물과 목본식물에 모두 존재한다. 1차 목부와 2차 목부는 수분을 이동시키는 똑같은 기능을 가지고 있으며, 사부와 함께 통도조직을 구성한다.

굵은 나무의 줄기를 횡단면으로 잘랐을 때 수피 바로 안쪽에 비교적 옅은 색을 가진 부분이 있는데 이를 변재(邊材, sapwood)라고 한다(그림 2-1 D). 변재는 형성층이 비교적 최근에 생산한 목부조직으로서 수분을 많이 함유하고 있다. 변재의 구성요소는 도관, 가도관, 목부섬유와 같이 죽어 있는 세포가 대부분을 차지하지만, 이 중에서 도관과 가도관은 뿌리로부터 수분을 위쪽으로 이동시키는 중요한 역할을 담당한다. 변재의 두께는 수종에 따라 다양한데, 아까시나무처럼 최근 2~3년 전에 만들어진 목부만이 변재인 경우와 벚나무, 소나무처럼 10년 전에 생산된 목부가 변재로 남아 있는 경우가 있다. 그리고 버드나무, 포플러, 피나무처럼 구별이 어려운 경우도 있다.

변재의 안쪽, 즉 목부의 중앙 부위에 짙게 착색된 부분이 있는데, 이것을 심재(心材, heartwood)라고 부른다(그림 2-1 D). 심재는 형성층이 오래전에 생산한 목부조직으로서 시간이 경과함에 따라 세포가 죽어 버리고 대신 기름, 검, 송진, 타닌, 페놀 등의 물질이 축적되어 짙은 색을 나타낸다. 심재는 대부분 죽어 있는 조직으로서 생리적 역할이 없으며, 도관과 가도관의 형태도 시간이 경과하면서 변해 수분 이동의 역할도 하지 못한다. 단지 수목을 기계적으로 지탱해 주는 역할만 담당한다. 심재는 죽어 있어 방어능력이 약하므로 미생물에 의해 쉽게 부패한다. 나무가 고목이 되면 심재 부위가 썩어 가운데가 움푹 들어가는 공동(空洞, cavity)현상이 나타나지만, 살아가는 데 큰 지장은 없다.

목부의 횡단면에서, 중앙(수라고 부름)에서 방사 방향으로 뻗는 가느다란 줄 모양의 조직을 수선조직(髓線組織, ray)이라고 부르는데, 수선유세포(髓線柔細胞, ray parenchyma)로 구성되어 있다. 수선유세포는 목부조직 중 살아 있는 세포로서 탄수화물을 전분의 형태로 저장하는 기능을 가지고 있으며, 목재부후균이 목부로 침입할 때 더 이상의 침투를 막는 구획화(CODIT) 기작을 작동시키는 조직이기도 하다.

4. 나이테(연륜, 年輪, annual ring)

온대지방에서 자라는 수종에서 봄철에 형성된 목부조직을 춘재(春材, springwood)라고 하는데, 식물호르몬이 풍부한 봄에 만들어지기 때문에 세포의 지름이 크고 세포벽이 얇아서 비중이 낮다. 반면 여름과 가을에 만들어진 목부조직은 추재(秋材, summerwood)라고 하는데, 호르몬이 적은 시기에 만들어지기 때문에 세포의 지름이 작고 세포벽이 두꺼워서 비중이 높다. 따라서 전년도 추재에서 당년도 춘재로 바뀌는 곳에 뚜렷한 경계선(나이테에 해당)이 형성되며, 1년에 1개씩 만들어져 나무의 나이를 알 수 있게 한다(그림 2-1 D 참조).

나이테는 1년에 1개씩 만들어지는 것이 정상이지만 배나무는 예외이며, 여름철에 극심한 가뭄이 들거나 곤충이 잎을 갉아 먹으면 생장이 정지되어 생육기간 중간에 또 하나의 나이테가 생기게 된다. 이러한 나이테를 위연륜(僞年輪, false annual ring)이라고 한다. 열대지방에서 보면 수목이 연중 자랄 때에는 나이테가 생기지 않지만, 티크(teak)와 같이 건기로 인해 낙엽이 지거나 고무나무와 같이 일정한 주기로 새순이 나오는 수종에서는 희미한 나이테를 볼 수 있다.

5. 침엽수와 활엽수의 목재조직 차이

침엽수를 포함하는 나자식물은 활엽수를 포함하는 피자식물보다 지구상에 먼저 나타나 진화가 제대로 되지 않은 상태에서 현재까지 살아남았다. 이러한 증거는 꽃의 구조뿐만 아니라 목부조직의 구조에서도 찾을 수 있다. 나자식물의 목부는 가도관과 수선유세포의 두 가지 종류의 세포로 되어 있어 매우 단순한 구조를 가진 반면(그림 2-9 A), 피자식물의 목부는 도관, 가도관, 수선유세포, 목부섬유의 네 가지 종류의 세포로 구성되어 훨씬 더 복잡한 구조를 가진다. 피자식물에서 도관의 크기와 분포, 그리고 목부섬유의 과다는 수종별로 매우 성질이 다른 목재를 만들어낸다. 특히 목부섬유가 많이 들어 있는 목재(예: 참나무류와 음나무)는 매우 단단하며 비중이 크다.

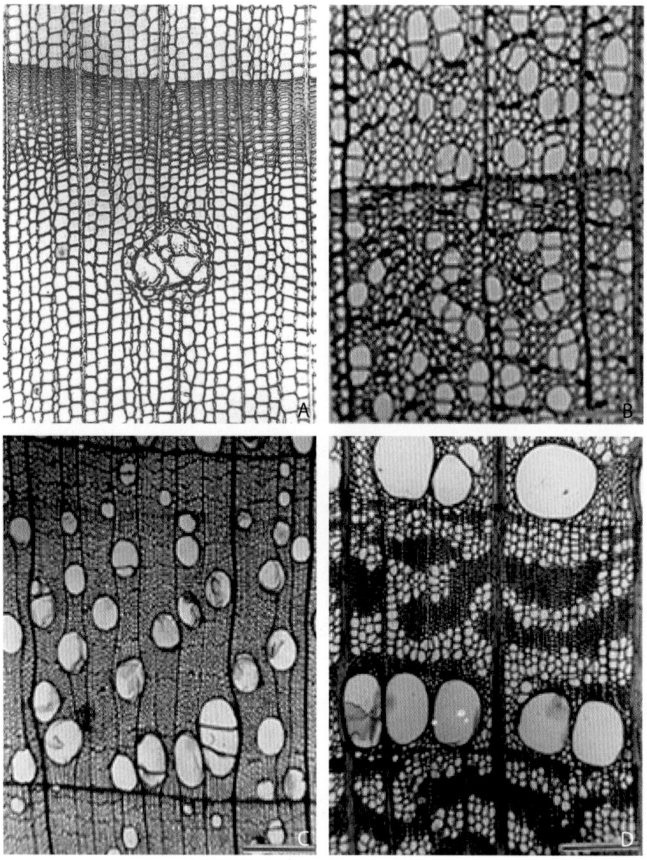

그림 2-9

침엽수재(A)와 활엽수재(B~D)의 비교. 침엽수재는 가도관, 활엽수재는 도관, 가도관, 목섬유로 구성되어 있다. A: 침엽수재(소나무), B: 산공재(피나무), C: 반환공재(가래나무), D: 환공재(음나무)(사진: 이필우)

피자식물의 목부조직은 횡단면(cross section 혹은 transverse section)상으로 본 도관의 크기와 배열에 따라 크게 세 가지로 나눈다. 참나무류, 느티나무, 팽나무, 회화나무, 이팝나무와 같이 춘재 도관의 지름이 추재 도관의 지름보다 훨씬 더 커서, 지름이 큰 도관이 춘재에만 집중해서 환상으로 배열하는 목재를 환공재(環孔材, ring-porous wood)라고 한다(그림 2-9 D). 단풍나무, 피나무, 벚나무, 버즘나무와 같이 춘재 도관의 지름이 추재 도관의 지름과 같아서, 같은 크기의 도관이 나이테 전체에 골고루 산재해 있는 목재를 산공재(散孔材, diffuse-porous wood)라고 한다(그림 2-9 B). 가래나무, 호두나무는 환공재와 산공재의 중간 형태로서 춘재에서 추재로 바뀌면서 도관의 직경이 점진적으로 작아지는데, 이를 반환공재(半環孔材, semi-ring-porous wood)라고 한다(그림 2-9 C).

6. 가도관과 도관의 진화적 차이

수분의 이동 역할을 하는 세포는 침엽수에서는 가도관이며, 활엽수에서는 도관이다. 이들은 모두 죽어 있는 세포로서 세포내용물 없이 가운데가 비어 있다. 그러나 이들 세포 내 공간을 이용해 수분이 위쪽으로 이동할 수 있게 된다. 또한 이들 세포가 물이 이동하는 방향이면서 나무의 키가 자라는 수직방향인 종축방향(longitudinal direction)으로 배열되어 있어 더 신속하게 수분을 이동할 수 있다.

가도관과 도관은 똑같이 수분 이동의 역할을 하지만, 가도관이 도관보다 더 원시적인 구조이므로 가도관의 수분 이동 속도가 느리다. 가도관(假導管, tracheid)은 직경이 20~30μm로서 폭이 좁은 편이며, 길이가 2~3mm로서 폭보다 약 100배 정도 더 긴 세포인데 끝부분이 막혀 있어 수분 이동이 되지 않고, 대신 세포벽에 만들어진 아주 작은 구멍에 해당하는 막공(膜孔, pit)을 통해 겨우 올라간다. 반면에 도관(導管, vessel)은 직경이 30~500μm로서 가도관보다 폭이 훨씬 더 넓다. 또한 이웃한 도관끼리 수 미터까지 수직방향으로 연결되어 있으며, 연결된 부분이 뚫려 있어 마치 파이프 형태이므로 수분이 쉽게 그리고 더 빠르게 이동할 수 있다. 따라서 활엽수의 도관은 좀 더 진화된 형태를 보여주고 있다.

2-4-7 뿌리(root)

뿌리는 한 곳에 식물을 고정시키고, 지상부를 지탱하는 역할을 하며, 토양으로부터 수분과 무기양분을 흡수하고, 탄수화물을 저장하는 기능을 가지고 있다. 이러한 중요한 역할에도 불구하고 뿌리에 대한 연구는 매우 미흡한 편이다. 그 이유는 뿌리가 지하에 묻혀 있어 쉽게 볼 수 없으며, 본래의 유전적인 수종 고유의 모양을 유지하기보다는 토양의 환경에 따라서 뿌리의 형태와 발달 정도가 크게 달라지기 때문이다. 따라서 뿌리의 형태는 수목 분류에서 거의 사용되지 않고 있다. 그러나 어린뿌리의 굵기, 색깔, 갈라지는 형태, 토양 미생물과의 공생 상태, 수피의 색깔과 질감, 근계의 수평적 및 수직적 발달 양식은 수종 고유의 특성으로서 여러 가지 종류의 뿌리가 섞여 있을 때 구별해 내는 기준이 된다.

1. 근계(根系, root system)의 분류

근계는 유묘시절에는 수종에 따라서 유전적으로 형태와 발달 양상이 독특하다. 종자로부터 유래한 유근(幼根, radicle)은 수직방향으로 곧게 내려가면서 굵은 직근(直根, taproot)으로 발달하며, 후에 옆방향으로 넓게 퍼지는 측근(側根, lateral root)이 생겨나는데, 수종에 따라서 두 종류의 근계가 발달하는 정도에 차이가 있다. 참나무류는 첫해에 직근만 가지는 것으로 유명하다.

나이를 먹으면서 수목의 뿌리생장은 환경조건의 영향을 더 많이 받기 때문에 고유의 모양이 점점 모호해진다. 배수가 잘되고 건조한 토양에서는 직근이 발달하면서 뿌리가 깊이 내려가는 심근성(deep root)과 뿌리가 넓게 발달하는 광근성(wide root)을 함께 나타낸다. 반면 습기가 많거나 배수가 불량한 토양에서는 측근이 얕게 퍼지는 천근성(shallow root)과 뿌리가 널리 퍼지지 못하는 협근성(narrow root)을 보인다. 그러나 일반적인 토양에서 심근성과 천근성은 수종 고유의 특성으로

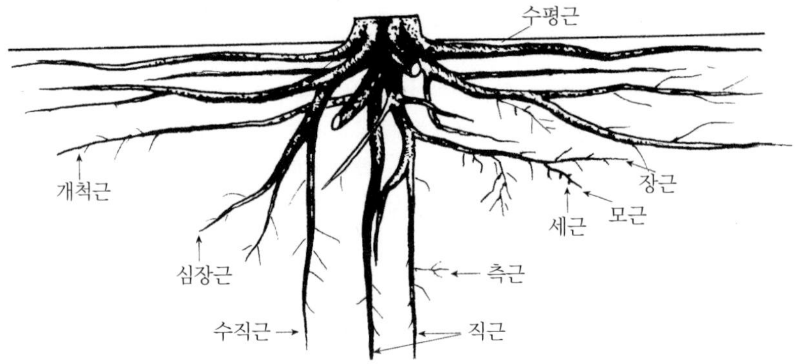

그림 2-10

수목 근계의 발달과 명칭. 직근은 종자에서 처음 발달한 굵은 뿌리이다(이경준과 이승제, 2011).

알려져 있다.

그 밖에 뿌리를 길이에 따라서 장근(長根, long root, 계속 길게 자라는 뿌리)과 단근(短根 혹은 세근, 細根, short root, 더 이상 자라지 않고, 1년 정도 살면서 수분과 무기양분을 흡수하는 짧은 뿌리)으로 구별하며, 장근은 다시 수평근(水平根, horizontal root, 수평방향으로 주로 뻗는 뿌리), 개척근(開拓根, pioneer root, 새로운 지역으로 뻗어 나가는 비교적 굵은 뿌리), 모근(母根, mother root, 여러 개로 갈라져서 토양 접촉 면적을 확대하는 비교적 가는 뿌리)으로 분류한다(그림 2–10).

2. 뿌리의 구조와 성숙 단계

뿌리는 줄기에서와같이 뿌리의 굵기에 따라서 단계적으로 다른 구조를 가지고 있다. 어린뿌리(young root)는 아직 성숙하지 않은 상태로서 표피(epidermis)가 부드럽고 딱딱한 수피가 생기기 전이기 때문에, 수분과 무기양분을 쉽게 흡수하는 뿌리이다. 대신 공기에 노출되면 쉽게 말라 죽을 수 있다. 식물이 흡수하는 토양 중의 수분과 양분 대부분은 이렇게 부드러운 어린뿌리를 통해 흡수된다. 어린뿌리는 흡수한 수분과 무기양분을 지상부로 올려보내는 통도조직으로서 1차 목부와 1차 사부만 가지고 있어 형성층이 없는 것은 잎의 경우와 흡사하다.

어린뿌리의 끝은 계속해서 세포분열을 하는 정단분열조직의 일종으로서, 새로운 뿌리를 만들어내면서 앞으로 전진해 간다. 이러한 어린뿌리의 맨 앞부분에는 뿌리골무(근관, 根冠, root cap)가 있어 분열조직을 보호하고, 탄수화물의 일종인 무시겔(mucigel)을 분비하여 토양을 뚫고 나가는 데 윤활제 역할을 한다. 뿌리골무는 그 밖에 중력의 방향을 감지하여 뿌리가 햇빛의 반대방향으로 굽게 하는 굴지성(屈地性, geotropism)을 유도하는 기능도 있다.

어린뿌리가 굵어지기 시작하면 부드러운 표피에 수베린(suberin)이 축적되어 목전화(suberization)가 진행되므로 수분의 통과가 약간 어려워지지만, 아직 수분 흡수 기능은 지속된다. 그 후 뿌리의 내초(內鞘, pericycle)에서 코르크 형성층이 만들어지면서 수피가 형성된다(그림 4–9 참조). 수피가 형성되면 수분 흡수가 더 어려워지지만, 이쯤 되면 이 뿌리는 형성층에 의해 직경이 굵어지기 시작하여 수분 흡수보다는 수간 지탱 기능이 더 중요해진다.

어린뿌리가 형성층에 의해 2차 목부와 2차 사부를 생산하면서 직경이 굵어지기 시작하면, 뿌리의 구조는 근본적으로 수간의 구조와 흡사해지며, 수간과 같은 원리에 의해 목부조직을 추가하여 직경이 굵어진다. 단지 수간과 비교하여 다른 점은 뿌리의 수피는 좀 더 부드럽고, 목부조직에 유세포의 비율이 높아져 탄수화물을 지상부보다 더 많이 저장하게 되고, 나이테가 뚜렷하게 생기지 않는다는 것이다.

2-4-8 살아 있는 조직과 죽어 있는 조직

수목 중에서 교목(tree)은 세월이 지나면서 거대한 크기로 자란다. 동물은 몸체가 커지면 이를 유지하기 위해 많은 에너지를 소모하게 된다. 동물 중에서 몸이 가장 큰 고래가 쉬지 않고 먹이 사냥을 한다는 것은 잘 알려진 사실이다. 수목은 이러한 에너지 문제를 해결하기 위해 에너지를 적게 소모하는 방향으로 진화해 왔다.

식물에서 에너지를 소모하는 부분은 살아 있는 세포가 모여 있는 조직인데, 초본식물은 대부분 조직이 살아 있는 세포로 구성되어 있는 반면 수목은 살아 있는 조직의 비율이 낮다. 수목은 효율적으로 에너지를 적게 소모하면서 살아가기 위해, 에너지를 소모하는 살아 있는 조직의 비율을 몸이 커질수록 낮추고, 대신 에너지를 소모하지 않는 죽은 조직의 비율을 높인다. 즉 살아 있는 조직을 꼭 필요한 부분에만 유지하는 전략을 취하고 있다.

표 2-2에 기능별로 수목의 조직을 분류해 놓았다. 여덟 가지 조직 중에서 지지조직, 보호조직, 통도조직을 구성하는 세포는 대부분 죽어 있는 세포로 되어 있다. 수목에서 지지조직은 목부조직을 의미하는데, 나무의 크기가 커질수록 죽어 있는 목부조직의 비율이 커지며, 결과적으로 죽은 세포의 비율이 높아지게 된다. 따라서 살아 있는 조직의 비율이 적은 수목에서 에너지 소모는 최소한으로 줄어들게 된다. 특히 노령목의 경우에는 직경이 굵어지더라도 죽어 있는 목부조직의 비율이 커지지 때문에 적은 잎의 양(엽량)으로도 생존할 수 있게 된다.

식물에서 생명현상을 나타내는 부분은 모두 살아 있는 세포로 구성되어 있다. 생명현상이란 세포분열, 세포신장, 세포분화, 광합성, 호흡, 기공개폐, 물질저장, 분비 등의 기능을 의미한다. 그런데 이러한 생명현상은 모두 살아 있는 유세포(柔細胞, parenchyma cell)에서만 나타난다(그림 2-11). 그 이유는 유세포에만 위의 현상을 가능하게 하는 관련 효소(酵素, enzyme), 원형질(原形質, protoplasm), 세포막(細胞膜, cell membrane)이 존재하기 때문이다.

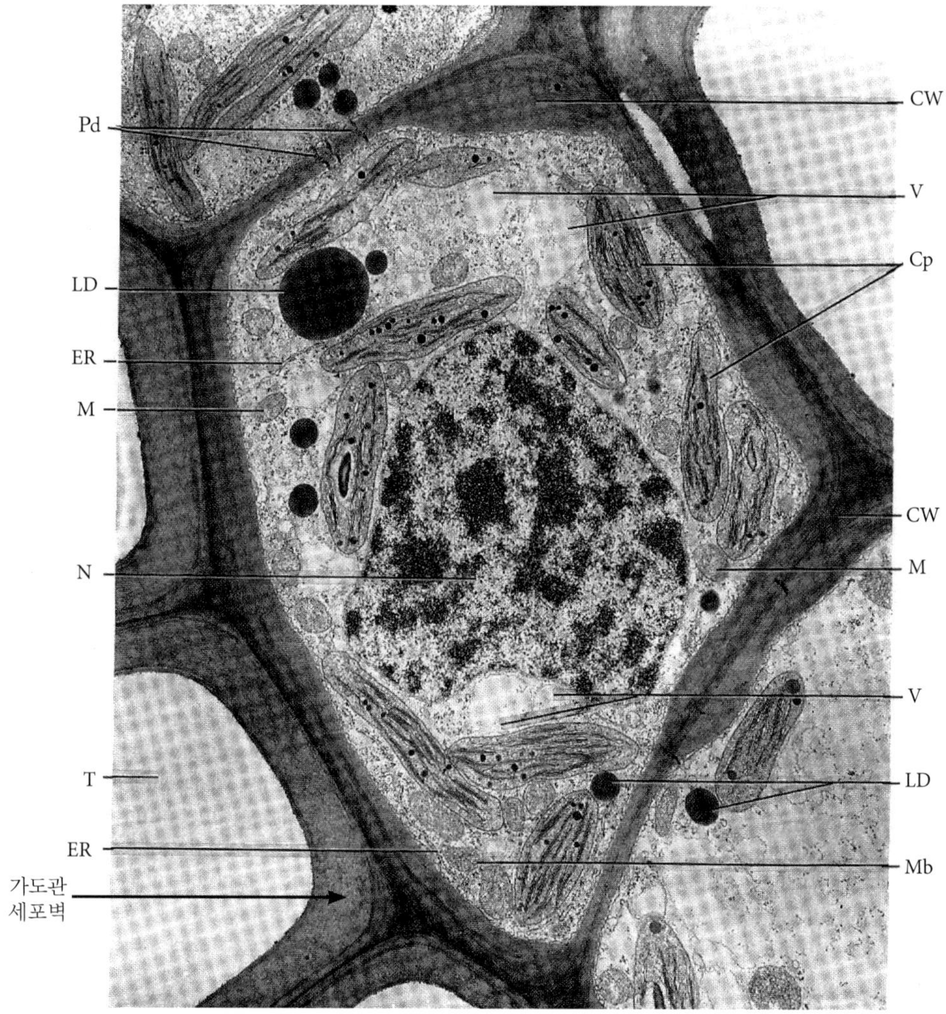

그림 2-11

소나무 (2차)목부 중 수선조직을 구성하는 유세포의 전자현미경 사진. 죽은 세포(가도관, 도관, 목섬유)가 대부분을 차지하는 목본식물에서 살아 있는 세포의 대표적인 예이며, 원형질로 꽉 차 있다. N: nucleus(핵), Cp: chloroplast(엽록체), M: mitochondrion(미토콘드리아), V: vacuole(액포), LD: lipid droplet(지질방울), ER:endoplasmic reticulum(소포체), Mb: microbody(미소체), Pd: plasmodesmata(원형질연락사), T: tracheid(가도관), CW: cell wall(세포벽)(사진: Kozlowski와 Pallardy, 1997)

제3장

수목의 생장

살아 있는 생물은 그대로 있지 않고 자라는 성질이 있다. 생물학에서 생장(生長, growth)이란 일반적으로 몸의 크기가 커지거나 몸이 무거워지는 것을 의미한다. 단순하게 생물의 색깔이나 형태가 일시적으로 변하는 현상은 생장이란 표현을 쓰지 않고 대신 환경변화에 대해 반응하거나 적응하는 경우로 해석한다.

생장은 생물의 기본적 구성단위인 세포수준에서 설명할 수 있으며, 다음의 세 단계를 거쳐 이루어진다. 첫 단계는 세포의 숫자가 늘어나는 세포분열(cell division)이며, 두 번째 단계는 분열한 각각의 세포 크기가 커지는 세포신장(cell elongation), 세 번째 단계는 신장한 각각의 세포가 전문화되고 구조가 복잡해지는 세포분화(cell differentiation)이다.

3-1 수목의 생장점(生長點, growing point)

식물에서 생장점이란 생장이 이루어지고 있는 특수 부위를 말한다. 생장이 세포의 분열, 신장, 분화로 이루어지기 때문에, 생장점은 세포분열이 지속해서 일어나는 특수 부위를 의미하게 되며, 가지 끝에 있는 눈이 대표적인 예이다.

동물은 자라는 동안 신체 각 부위 간에 일정한 비율을 유지하면서 전신이 함께 커지고, 성숙하면 생장을 정지한다. 즉 세포의 절대숫자가 많이 늘어나지 않고 크기가 비례적으로 커지는 특성이 있어서, 세포분열보다는 세포신장과 세포분화로 생장이 이루어진다.

반면 식물은 왕성한 세포분열로 새로운 조직을 만들면서 커진다. 즉 식물은 어릴 때의 모습이 비례적으로 커지지 않고 대신 특수한 부위(예: 눈)에서만 생장이 이루어지면서 조직이 추가되기 때문에 성숙하면서 모양이 바뀌게 된다. 이때 세포분열을 왕성하게 하면서 새로운 조직을 추가하는 특수 부위를 생장점이라고 부른다.

식물에서 마디와 마디 사이가 길게 자라는 현상을 절간생장(節間生長, internodal growth)이라고 부르는데, 수목의 절간생장은 새 가지(shoot)가 나오는 첫해에 한정되어 이루어지며, 다음 해부터는 줄기의 직경만 굵어지고 마디 사이의 길이(절간)는 더 이상 길어지지 않는다.

수목의 생장점은 분열조직(分裂組織, meristem)의 한 종류로서 크게 세 부위로 나눈다. 키가 위로 자라게 하는 생장점은 가지 끝에 있는 눈(bud)이며, 뿌리를 밑으로 길게 자라게 하는 생장점은 뿌리끝(근단, 根端, root tip)이다. 그리고 줄기의 직경이 굵어지게 하는 생장점은 형성층(부름켜, cambium)이다. 이 중에서 눈과 뿌리끝은 줄기와 뿌리의 끝부분에 위치하면서 종축방향(수직방향)으로 자라게 하는 분열조직이기 때문에 정단분열조직(頂端分裂組織, apical meristem)이라고 부른다. 반면 형성층은 수피의 안쪽에 위치하면서 수평방향 혹은 측면으로 직경이 굵어지게 하기 때문에 측생분열조직(側生分裂組織, lateral meristem)이라고 부른다.

3-2 수고생장과 수고생장형

수고생장(樹高生長, height growth)은 새 가지(shoot)가 자라서 수목의 키가 커지는 현상을 말한다. 수목의 키는 가지 끝에 있는 눈이 자라서 새로운 가지를 만든 만큼만 커지는데, 이러한 방식은, 초본식물 중 풀(grass)의 경우 마디를 둘러싸고 있는 잎의 밑부분(엽초, fascicle)에 생장점이 있고, 밑부분이 자라 올라와서 키가 커지는 방식과 대조적이다.

온대지방의 수목에서 눈이 자라 새 가지가 나오면서 키가 크는 시기와 속도는 수종에 따라 다양하지만, 유전적으로 결정되어 있는 수종 고유의 특성이며, 어떤 수종이 속성수인지 혹은 비속성수인지를 결정하는 요인이 된다. 수고생장의 양상은 다음의 두 가지 수고생장형(shoot growth type)으로 나누어 설명할 수 있다.

3-2-1 고정생장(固定生長, fixed growth)

고정생장은 생장이 느린 수종에서 볼 수 있는 현상으로서, 봄 일찍 새 가지가 자라 올라온 후 여름 이후에는 키가 자라지 않는 수고생장형이다. 이러한 수종은 전년도 겨울눈(동아, winter bud) 속에 당년에 자랄 모든 새 가지의 원기(原基, primordium)가 이미 만들어져 있다가, 봄에 겨울눈이 트면서 새 가지가 한 번에 자라 올라온 후 여름 일찍 생장을 정지하고 곧 겨울눈을 만들어 월동 준비를 한다. 따라서 봄잎만 생산한다.

따라서 이렇게 고정생장을 하는 수종은 봄(4~6월)에만 키가 크고 그 이후에는 키가 자라지 않으며, 결국 수고생장이 느리게 된다. 이러한 수종은 주로 북반구의 추운 곳에서 자라는 수종인 경우가 많으며, 북구지역에서 한여름에 나타나기도 하는 첫서리의 피해를 보지 않기 위해 일찍 생장을 정지하면서 진화한 수종으로 판단된다. 가장 대표적인 수종은 소나무, 잣나무, 전나무, 가문비나무, 일부 참나무류(상수리나무 제외), 목련, 너도밤나무 등이다(그림 3-1 A와 B). 난대수종 중에도 고정생장을 하는 수종이 있으며, 대표적인 예는 동백나무이다.

3-2-2 자유생장(自由生長, free growth)

자유생장은 생장이 빠른 속성수(速成樹)에서 볼 수 있는 현상인데, 봄 일찍 새 가지가 자라 올라온 후 여름과 가을까지 계속해서 키가 자라는 수고생장형이다. 자유생장을 하는 수종도 고정생장

그림 3-1

두 가지 수고생장형의 비교. A: 고정생장(잣나무). 봄에만 키가 크며, 줄기가 1년에 한 마디씩 자람. B: 고정생장(스트로브잣나무). C: 자유생장(느티나무). 봄잎(짙은 녹색)과 여름잎(연녹색)을 생산하면서 가을까지 자람. D: 자유생장(아까시나무). 여름잎(연녹색 새순)

을 하는 수종과 마찬가지로 전년도 겨울눈 속에 봄에 자랄 새 가지의 원기가 만들어져 있다가, 봄에 겨울눈이 트면서 새 가지가 나와 봄잎(춘엽, early leaf)을 만들면서 자라는 것은 같다. 그러나 곧 이어서 새로운 눈(원기)을 만들어 여름 내내 여름잎(하엽, late leaf)을 생산하면서 가을까지 계속해서 새 가지가 자라 올라온다. 이러한 수종은 가을 늦게까지 자라다가 겨울눈을 미처 만들지 못해 새 가지 끝이 얼어 죽는 경우가 많지만, 죽은 가지 밑에서 측아 혹은 숨어 있던 잠아가 다음 해 나와서 다시 자라기 때문에 생장이나 수형에 큰 지장을 받지 않는다.

가장 대표적인 수종은 은행나무, 낙엽송과 같은 침엽수와 포플러, 상수리나무, 자작나무, 플라타너스, 버드나무, 아까시나무, 느티나무 등과 같이 빨리 자라는 활엽수이다(그림 3-1 C와 D). 특히 플라타너스는 도시에 가로수로 심을 경우, 도시의 따뜻한 환경으로 인해 11월 초까지 새순이 나오는 것을 볼 수 있다. 그 밖에 사철나무, 회양목, 개나리, 쥐똥나무, 조팝나무, 영산홍과 같은 관목과 주목도 여기에 속한다. 이러한 수종은 새 가지가 연중 자라기 때문에 전정작업(pruning)을 6월, 8월 혹은 10월에 다시 실시하여 나무의 모양을 잡아 주어야 한다.

3-2-3 수고생장형의 변화

위에서 설명한 수고생장형은 수종 고유의 성질이지만, 절대적인 개념을 가지고 있지 않다. 즉 기본적인 수고생장형은 수종별로 정해져 있지만, 나무의 나이와 환경에 따라서 바뀔 수 있기 때문이다. 고정생장을 하는 수종이라도 어릴 때에는 양묘장에서 왕성하게 자라면서 자유생장을 하는 경우를 볼 수 있다. 자유생장을 하는 수종도 옮겨 심거나 환경스트레스를 받거나 장년기 이후 늙으면 고정생장을 한다.

한 개체 내에서도 수고생장형의 변화가 생겨 고정생장과 자유생장을 하는 가지가 섞여 있는 경우를 자주 볼 수 있다. 즉 어떤 가지는 고정생장을 하고 다른 가지는 자유생장을 하는 경우가 있는데, 이것은 여름철 강우 혹은 온도 변화로 인해 유발되는 것으로 해석된다. 자유생장을 하는 수종일수록 나이를 먹으면서 다양한 양상을 보인다. 따라서 한 개체 내에 불규칙하게 고정생장과 자유생장을 하는 가지가 섞여 있어 수형(tree form)이 불규칙하게 된다. 느티나무는 기본적으로 자유생장을 하지만, 성숙하면 고정생장을 하는 가지의 비율이 늘어나서 수형이 불규칙해진다. 일부 단풍나무도 자유생장을 하지만, 일부 가지에서만 자유생장을 하여 수형이 균형을 잃어버린다.

3-2-4 수목의 계속 자라는 특성

온대지방에서 자라는 초본식물은 다년생이라도 열매를 맺으면 지상부가 겨울에 얼어 죽기 때문에 키가 더 이상 자라지 못한다. 반면에 수목은 지상부가 겨울철에 살아남기 때문에 지상부의 크기가

그림 3-2

장수하는 수종들. A: 2000년 동안 지속적으로 115.3m까지 자라는 미국 캘리포니아 지역의 해안세쿼이아(*Sequoia sempervirens*). B: 5000년 이상 자라는 *Pinus longaeva* 잣나무(사진 B: Lewington과 Parker, 1999)

초본식물보다 크다. 수목의 가지 끝에는 생장점에 해당하는 눈이 있으며, 눈이 자라서 새 가지를 만들고, 수목의 키는 새 가지가 만들어진 만큼 매년 커진다. 온대지방에서 자라는 수목은 살아 있는 한 매년 가을에 겨울눈(동아)을 만들고, 다음 해 봄에 겨울눈이 자라서 키가 커지는 현상을 반복하게 된다. 따라서 살아 있는 나무는 계속해서 자라는 특성이 있으며, 자라지 않는 수목은 죽은 것이나 마찬가지라고 할 수 있다.

수목의 계속 자라는 특성은 수간이 튼튼하고 환경이 적당할 경우 그 키가 상당히 커질 수 있음을 암시한다. 실제로 지구상에 현재 생존해 있는 수목 중에서 가장 키가 큰 수종은 미국 서부 지방의 해안세쿼이아(*Sequoia sempervirens*)로서 수고가 115.3m에 이른다. 이 수종은 2000년 이상 살아남을 수 있는 능력이 있으며, 두꺼운 수피로 무장하여 미국 캘리포니아 지방의 잦은 산불을 견디어낸다(그림 3-2 A). 두 번째로 키가 크게 자라는 수종은 유칼리 종류(*Eucalyptus*)로서 수고가 90m까지 자란다.

수목의 계속해서 자라는 특성은 수명(壽命, longevity)과도 연관되어 있다. 나무가 지속해서 자라면서 몸과 키가 너무 커지면 결국 바람에 견디지 못하고 쓰러진다. 나무는 동물과 달리 진정한 수명이 없는 셈이다. 매년 새로운 가지와 잎을 만들어내기 때문에 이론적으로 노화현상이 없으며, 단지 수간(변재 부위의 목부와 수피 안쪽의 사부)이 썩어서 수분과 탄수화물 이동이 중지되면 비로소 나무는 죽는다. 현재 지구상에서 가장 장수하는 수종은 *Pinus longaeva*로서 잣나무의 일종인데, 키는 10m 내외이고 100년에 직경이 2~3cm 정도 늘어날 만큼 천천히 자란다(그림 3-2 B). 미국 네바다 주 화이트마운틴의 해발 3,500m 고산지대 북향의 열악한 환경에 분포하는데, 2012년에 5068년 된 개체를 발견하여, 나이테로 증명된 가장 장수하는 수종으로 인정받고 있다.

3-2-5 수고생장의 한계

현재 지구상에서 가장 키가 큰 세쿼이아 나무의 수고가 115.3m라면, 수목의 키가 자랄 수 있는 한계는 실제로 얼마나 될까? 목재의 강도(인장강도, 전단강도, 휨강도)는 상당히 크기 때문에 목재의

그림 3-3

A: 미국 캘리포니아 Calraveras State Park의 세쿼이아(근원경이 10m 정도 됨), B: 세쿼이아 잎의 수고별(m로 표시) 형태적 차이. 112m에서는 물이 올라오지 못해 수분 부족으로 잎이 더 이상 자라지 못한다(사진: Koch 등, 2004).

강도를 근거로 하여 나무가 자랄 수 있는 한계를 계산한다면, 수목은 수백 미터까지도 자랄 수 있다는 결론에 이른다.

실제로 수목의 키가 자랄 수 있는 한계를 결정짓는 가장 중요한 요인은 수분(水分)으로 알려져 있다. 수목은 뿌리를 통해 토양 속에 있는 수분을 흡수하여 나무 꼭대기까지 올려보내야 살아갈 수 있다. 이때 나무 꼭대기까지 수분이 올라가는 것은 중력을 역행하는 것이며, 물분자의 응집력과 도관의 장력에 의한 물리적인 현상이다.

그러나 수목의 키가 100m를 넘게 되면 중력(重力, gravity)을 역행하여 수분을 수관 꼭대기까지 끌어올리는 것이 매우 어려워지게 된다. 따라서 수목이 자랄 수 있는 한계는 물이 중력에 반하여 끊어지지 않고 올라갈 수 있는 한계에 의해 결정된다는 수압한계설(hydraulic limitation hypothesis)이 가장 유력한 학설이다(Koch 등, 2004). 실제로 미국 캘리포니아 주의 해안세쿼이아(*Sequoia sempervirens*) 나무 중에서 키가 110m에 가까운 개체들을 조사한 결과에 의하면, 수관 꼭대기에 있는 잎은 정상적인 깃털 모양의 잎과 다르게 아주 작고 뒤틀린 기형적인 모양을 하고 있었는데, 이것은 수분이 절대적으로 부족하여 잎이 제대로 자라지 못했기 때문이다(그림 3-3 B). 즉 수목의 키가 커질수록 중력에 반해 수분이 올라가는 것에 대한 저항이 크기 때문에 수관의 꼭대기까지 수분이 제대로 운반되지 못한다. 따라서 100m 이상 되는 나무 꼭대기는 심한 바람과 함께 마치 건조한 사막과 같이 수분이 절대적으로 부족한 환경이 되는 셈이다.

지표면 가까이 있는 정상적인 잎과 수관 꼭대기에 있는 기형적인 잎의 크기 차이, 그리고 수분 부족 정도(경사)를 근거로 하여 회귀곡신으로 계산하면, 수목이 자랄 수 있는 한계는 120~130m라고 한다. 즉 지구상에서 수목이 자랄 수 있는 한계는 어떤 환경에서도 130m를 넘을 수 없다는 뜻이 된다. 실제로 캐나다 서부지역에서 키가 125m 되는 미송이 관찰되었다는 기록이 있다.

3-3 직경생장(直徑生長, diameter growth)

목본식물은 수피의 바로 안쪽에 줄기를 둘러싸고 있는 원통형의 형성층(부름켜)을 가지고 있다. 이 형성층이 세포분열을 통해 안쪽으로 (2차)목부조직을 생산하여 줄기의 직경이 굵어지는 현상을 직경생장이라고 한다. 원통형의 형성층은 목본식물에만 있기 때문에 직경생장은 목본식물에서만 관찰된다. 초본식물(대나무류와 야자류 포함)은 줄기의 횡단면상에 1차 목부만을 가지고 있고, 원통형의 형성층이 없기 때문에 2차 목부를 생산하지 못하고 직경도 더 이상 굵어지지 않는다.

목본식물에는 목부를 생산하는 형성층 이외에 코르크를 생산하는 코르크 형성층이 있어서 수피를 만든다. 수피는 나이를 먹으면서 그 두께가 조금씩 두꺼워지지만, 직경생장에 기여하는 정도는 그렇게 크지 않다.

3-3-1 목부와 사부의 생산

형성층(形成層, cambium)은 세포분열을 통해 자신보다 안쪽으로 (2차)목부를 추가하고, 바깥쪽으로 (2차)사부를 추가하면서 자신은 계속해서 분열조직으로 남아 있게 된다. 이 중에서 목부는 나이테의 형태로 남아서 축적되기 때문에 직경이 굵어지는 데 기여하지만, 사부는 1년 정도 살아서 탄수화물(설탕의 형태로 이동)을 운반하는 기능을 담당하다가 죽어서 없어진다. 따라서 사부는 직경이 굵어지는 데 기여하지 못한다.

형성층이 생산하는 목부와 사부의 비율은 일정하지 않으나 어느 수종이건 어떤 환경이건 간에 목부의 생산량이 사부의 생산량보다 훨씬 더 많으며, 일반적으로 목부 생산량이 사부 생산량의 10~20배 된다. 특히 목부 생산량이 사부 생산량보다 환경변화에 더 예민하게 반응을 보인다. 가뭄이나 그늘 등으로 환경이 불리해지면 그 비율이 서양측백나무의 경우 15:1에서 2:1까지 줄어들어 직경생장이 급격히 감소한다. 이러한 이유로 가뭄과 나이테 폭과의 관계를 연구하는 연륜기후학(年輪氣候學, dendrochronology)의 학문이 가능하다.

온대지방에서는 봄에 형성층이 세포분열을 재개할 때 사부조직이 목부조직보다 먼저 만들어진다. 그 이유는 월동하는 과정에서 전년도에 만들어진 사부조직에 설탕의 이동을 방해하는 물질이 축적되어 있기 때문이다. 생리적으로 체내의 식물호르몬 중에서 옥신의 함량이 높고 지베렐린의 농도가 낮으면 목부를 생산하고, 그 반대일 경우에는 사부를 생산한다.

3-3-2 형성층의 세포분열 방식

형성층은 수간의 횡단면상에서 수피 바로 안쪽에 접선방향으로 얇은 세포층이 원통형을 이루면서 배열한 조직으로서 여러 층(5~10층 이내)의 세포로 구성되어 있다. 형성층은 두 가지 세포분열 방식에 의해 그 기능을 유지한다. 수간의 횡단면상에서 볼 때 형성층 세포가 접선방향으로 새로운 세포벽을 형성하면 방사 방향으로 나열된 새로운 목부와 사부가 생산된다. 이러한 세포분열을 병층분열(竝層分裂, periclinal division)이라고 하며, 수목의 직경이 굵어지는 현상은 형성층의 병층분열로 가능하다.

형성층의 안쪽으로 나이테가 계속해서 추가되면, 원통형의 밴드를 이루고 있는 형성층은 밖으로 밀려나면서 직경이 늘어난다. 따라서 형성층 자체의 세포수가 모자라게 된다. 이때 형성층 자체의 시원세포(cambial initials)의 숫자를 늘리기 위해 방사 방향으로 새로운 세포벽을 만드는 세포분열을 수층분열(垂層分裂, anticlinal division)이라고 하며, 접선방향으로 새로운 형성층 시원세포가 만들어진다(그림 3-4).

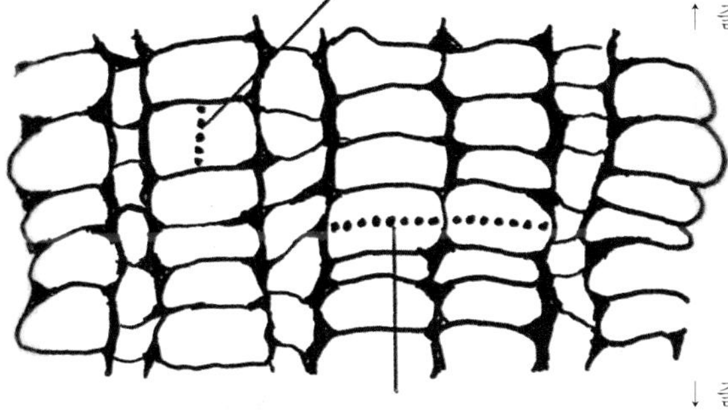

그림 3-4

줄기(수간)의 횡단면 상에서 본 형성층(시원세포)의 두 가지 세포분열 방식. 병층분열은 목부와 사부세포를 생산하고, 수층분열은 직경이 커짐에 따라 형성층 세포의 숫자를 늘린다.

3-3-3 형성층에서 만들어진 세포의 분화

형성층에 의해 안쪽으로 추가된 세포는 목부조직이 되는데, 현미경으로 관찰하면 세포분화 과정을 자세히 볼 수 있다. 어린 세포는 다음의 네 가지 세포, 즉 도관, 가도관, 섬유, 유세포 중 하나로 분화된다. 도관, 가도관, 섬유는 분화하면서 길이가 길어지고 2차벽이 두꺼워진 후 원형질을 잃어버려 죽은 세포가 된다. 그러나 도관과 가도관은 통도조직이므로 죽어서 가운데가 비어 있어야 수분이 통과할 수 있기 때문에 죽은 후에야 제 기능을 발휘하는 세포라고 할 수 있다.

도관은 분화과정에서 위쪽과 아래쪽 끝에 천공판(穿孔板, perforation plates, 구멍이 크게 뚫린 판)이 생겨서 수분의 이동을 가도관보다 더 용이하게 만든다. 섬유는 죽어서 딱딱해진 후 지지역할만 하기 때문에 구태여 원형질을 가지고 있지 않아도 된다. 수선조직(ray)을 만드는 유세포는 분화과정에서 모양이 크게 변하지 않으며, 세포내용물인 원형질을 그대로 가지고 살아 있는 세포로 남는데, 원형질을 가지고 있기 때문에 후에 여러 가지 대사(예: 호흡, 세포분열, 전분저장, 물질생산, 분비, 등)를 직접 수행할 수 있는 능력이 있다. 즉 수선 유세포는 목부조직 중에서 유일하게 살아 있는 세포에 해당한다.

각 세포의 분화는 수 주간에 걸쳐서 일어나는데, 2차 새포벽이 형성되는 기간은 소나무의 경우 봄에 3~4주 정도 걸리며, 가을에는 8~10주 정도 소요된다. 분화과정에서 세포의 크기는 다음의 세 가지 방향으로 입체적인 형태로 확장된다. 방사방향(放射方向, radial direction)은 목재의 중앙에서 수평방향으로 외곽을 향해 우산살과 같이 퍼지는 방향이며, 종축방향(縱軸方向, longitudinal direction)은 수목의 키가 크는 상·하의 수직방향을 하나의 축으로 볼 때 축을 따라서 자라는 방향이다. 그리고 접선방향(接線方向, tangential direction)은 나이테의 접선에 해당하는 원둘레 방향이라

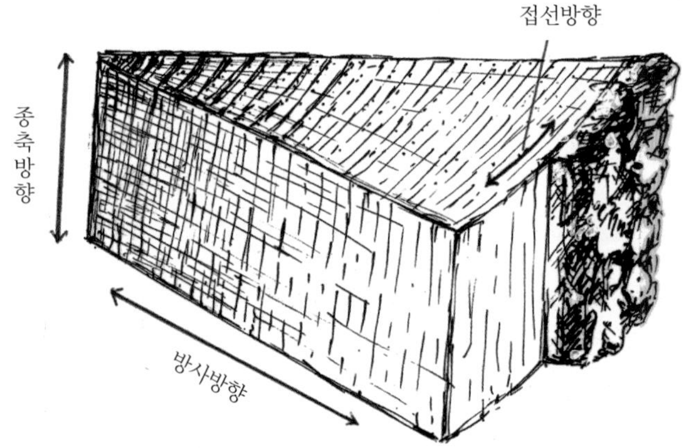

그림 3-5
수목에서 목재(2차 목부)를 생산하는 형성층 세포분열의 세 가지 방향

고 할 수 있다. 가도관과 섬유는 성숙하면서 주로 종축방향으로 길게 자라서 폭보다 길이가 수십 배 더 긴 가느다란 실(섬유) 같은 모양을 하게 된다(그림 3-5).

3-3-4 형성층의 계절적 생장

형성층의 계절적 생장(세포분열)기간은 상록수의 경우 낙엽수보다 더 오래 지속되며, 숲 속에서 서로 경쟁이 심할 경우에는 햇빛을 많이 받는 우세목이 그늘에 있는 피압목보다 더 오래 지속되어 직경생장이 촉진된다.

형성층의 생장은 겨울에 중단되었다가 봄에 수고생장이 시작될 때 함께 시작하여 여름에 수고생장이 정지한 다음에도 가을까지 지속되는 경향이 있다(그림 3-6). 형성층의 세포분열은 식물호르몬인 옥신(auxin)에 의해 좌우된다. 이른 봄에 눈에서 만들어진 옥신이 밑으로 이동하면서 휴면상태에 있는 형성층을 자극하여 세포분열을 유도하므로 형성층의 생장은 나무 꼭대기와 눈 바로 아래의 가지에서 가장 먼저 시작된다. 그리고 그 여파가 밑으로 전달되므로 나무 밑동 부근에서 가장 늦게 시작된다. 가을이 되어 잎에서 옥신 생산이 줄어들기 시작하면, 밑으로 공급되는 옥신의 양이 감소하여 가장 먼저 나무 밑동 부근에서 형성층의 세포분열이 중단되며, 그 여파가 점점 위로 전달되므로 나무 꼭대기에서는 가장 늦게까지 형성층의 생장이 지속된다.

이와 같이 옥신의 영향은 형성층이 추재(latewood)를 형성하기 시작하는 기작과 동일하다. 즉 여름에 추재를 만들기 시작하는 시기는 잎에서 옥신의 생산량이 줄어드는 시기와 일치하며, 나무 밑동에서부터 추재 생산이 시작되어 그 여파가 수간 위로 전달된다.

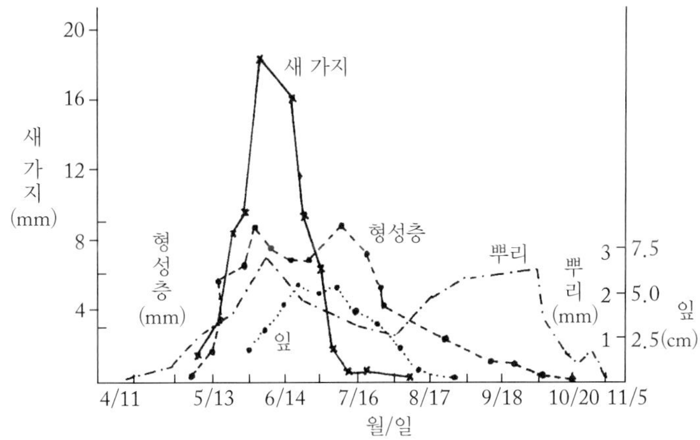

그림 3-6

형성층의 계절적 생장(세포분열)기간은 봄(겨울눈이 트기 전)부터 가을(낙엽시기)까지 지속된다(스트로브잣나무)(Young, 1982).

3-4 뿌리생장(root growth)

근계(根系, root system)는 배(胚)의 유근(幼根)에서 시작된 직근(直根)이 주근(主根)을 형성하면서, 주근에서 측근(側根)이 생기고, 다시 갈라지면서 엄청난 수의 가는 뿌리(세근, 細根)를 만든다. 뿌리는 장근과 단근, 굵은 뿌리와 가는 뿌리로 나누기도 한다. 성숙한 참나무는 최소한 5억 개 이상의 살아 있는 가는 뿌리를 가지고 있다. 사과나무 유묘의 경우 1년에 총 230m의 뿌리가 자라며, 일곱 차례 이상 갈라져 뿌리의 수가 약 4만 개에 달하며, 방대한 근계를 만든다.

뿌리털(근모, 根毛, root hairs)은 뿌리의 표면적을 확대하기 위해 표피가 변형되어 길게 밖으로 자란 형태로서, 뿌리끝 신장생장하는 부분의 바로 뒤에 위치하고 있다. 토양 중에 수분과 양분이 약간 부족할 때 뿌리와 뿌리털의 발달이 더 왕성해진다. 그러나 소나무류나 참나무류는 외생균근을 형성하면 뿌리털을 만들지 않는다.

3-4-1 뿌리의 분포

뿌리의 토양 내 분포는 수직적 분포와 수평적 분포로 나누어 생각할 수 있다. 뿌리가 깊게 뻗는 정도를 나타내는 수직적 분포는 수종 고유의 특성으로서 내건성과 바람에 잘 견디는 정도를 결정한다. 소나무와 참나무류는 깊게 뿌리를 내리는 심근성을 가지고 있어 건조에 강하며, 버드나무와 밤나무는 얕게 퍼지는 천근성을 보여 건조에 약하다(표 3-1).

그러나 수종 고유의 수직적 분포 특성은 토양의 건조한 정도와 토성에 따라서 크게 영향을 받

표 3-1 심근성과 천근성 수종의 예

구분	침엽수	활엽수
심근성	곰솔, 비자나무, 소나무, 은행나무, 전나무, 주목	가시나무류, 구실잣밤나무, 굴거리나무, 녹나무, 느티나무, 단풍나무류, 동백나무, 마가목, 모과나무, 목련류, 벽오동, 생달나무, 소귀나무, 수양벚나무, 참나무류, 참식나무, 칠엽수, 튤립나무, 팽나무, 호두나무, 회화나무, 후박나무
천근성	가문비나무, 낙엽송, 솔송나무, 편백	매화나무, 밤나무, 버드나무, 아까시나무, 자작나무, 포플러류, 푸조나무

는다. 건조한 지역에서 자라는 수목일수록 지상부보다 지하부의 발달이 촉진되어 뿌리가 깊게 자라는 경향이 있다. 예를 들면 호주에서, 모래토양으로 된 건조한 지역에서 자라는 유칼리나무는 지하 15m까지 내려가서 수분을 흡수한다. 사과나무도 통기성이 좋을 때에는 뿌리가 지하 10m까지 내려간다. 그러나 일반 토양에서 뿌리는 2m 정도까지 내려간다.

토성(土性, soil texture)은 토양 입자 중에서 직경이 서로 다른 진흙, 미사, 모래의 상대적인 혼합 비율을 의미하는데, 뿌리의 호흡에 큰 영향을 미치는 통기성(通氣性, aeration)을 결정하는 중요한 토양의 물리적 성질이다. 점질토양에서는 통기성이 나빠서 뿌리가 숨을 쉴 수 없으므로 깊게 내려가지 못해 천근성으로 되며, 사질토양에서는 통기성이 좋아서 뿌리가 깊게 내려가서 심근성으로 된다.

뿌리의 수직적 분포에서 유념해야 할 것은, 무기양분과 수분을 가장 왕성하게 흡수하는 세근(細根, fine root)은 표토(겉흙, surface soil) 가까이에만 분포한다는 사실이다. 그 이유는 표토는 통기성이 좋아서 뿌리 호흡에 유리하며, 낙엽층 바로 밑이라서 무기양분의 함량이 높으며, 적은 강우

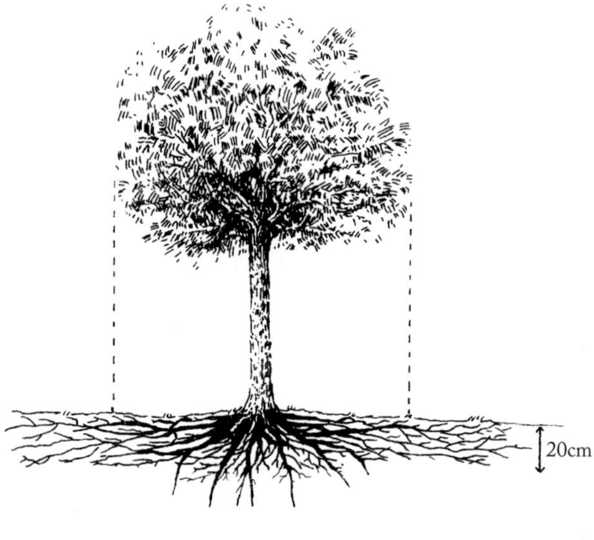

그림 3-7

뿌리의 수평적 및 수직적 분포. 가는 뿌리는 산소를 이용한 호흡을 하기 위해 표토 20cm 이내에 90% 이상 분포한다. 뿌리의 수평적 분포는 수관 폭의 2~3배까지 밖으로 나간다(이경준과 이승제, 2011).

량에도 곧 수분을 이용할 수 있기 때문이다. 참나무류와 소나무 숲의 경우 표토 20cm 내에 전체 세근의 90%가 존재할 만큼 세근이 표토에 집중되어 있다(그림 3-7).

뿌리는 수평방향으로도 넓게 퍼진다. 일반적으로 수관폭보다 더 넓게 옆으로 퍼지며, 토양에 따라서 크게 달라진다. 과수의 경우 모래 토양에서는 뿌리가 수관폭보다 3배까지 넓게 퍼지며, 양토의 경우 2배까지, 그리고 점질토의 경우에는 1.5배까지 퍼진다.

3-4-2 토양 내 산소공급의 중요성

토양 입자의 크기는 보통 진흙의 경우 0.002mm보다 작고, 모래의 경우 2mm보다 작아 매우 다양하다. 토양의 입자와 입자 사이에는 공극(孔隙, pore space)이 있어서 이 공극을 수분과 공기가 상호 보완적으로 채우고 있다. 즉 많은 비가 온 직후에는 토양 공극이 모두 수분으로 채워져 있다가 공극에서 수분이 없어진 만큼 공기로 대신 채워진다. 식물 뿌리는 수분과 산소를 동시에 필요로 하므로 공극이 적당한 비율의 수분과 산소로 채워져 있을 때 뿌리생장이 유리해진다.

뿌리 중에서 세근은 수명이 짧아 세포분열을 통해 쉬지 않고 새로 만들어지며, 세포분열을 위해 호흡을 왕성하게 하기 때문에 산소가 많이 필요하다. 그런데 토양 중에 산소공급이 원활하지 못하면 뿌리가 호흡을 제대로 하지 못해 뿌리의 활력이 떨어지고 결국 죽어 버린다. 이와 같은 현상은 지상부에 있는 잎이 호흡을 왕성하게 하는 것과 마찬가지로 뿌리도 호흡을 왕성하게 한다는 사실을 말해 준다.

표토 근처에서는 산소를 쉽게 얻을 수 있어 세근은 표토 근처에 집중적으로 모여 있게 된다. 따라서 토양의 산소공급, 즉 통기성은 세근의 발달에 가장 중요한 조건이 되며, 토양 중에 산소의 함량을 적게 만드는 환경이 되면, 즉 수분이 과다하게 많거나(과습), 토양이 굳게 다져져 있거나(답압), 뿌리가 깊게 묻혀 있으면(복토와 도로포장) 산소가 부족하여 세근이 서서히 죽어 나무의 수세(tree vigor)가 나빠진다.

3-4-3 뿌리의 신장 속도

뿌리가 자라는 속도는 수종에 따라서, 그리고 계절에 따라서 많이 다르다. 연중 가장 왕성하게 뿌리가 자랄 때 신장 속도는 하루에 1mm에서 수 cm까지 다양하다. 남쪽의 따뜻한 지방에서 자라는 남부소나무의 뿌리는 가장 왕성할 때 하루에 2~3cm가량 자라며, 포플러의 일부 뿌리는 5월 중순 하루에 5cm까지 자란다. 사과나무와 벚나무의 장근은 일주일에 4~8cm가량 자라는 것이 보통이다.

온도가 내려가면 뿌리의 신장 속도가 급속히 낮아지는데, 테다소나무 묘목의 경우 온실 내에서 토양 온도가 25℃일 때 하루에 5mm 자라지만, 온도가 5℃로 떨어지면 0.2mm밖에 자라지 않는다.

3-4-4 뿌리의 수명

목본식물의 근계는 오랫동안 살면서 형성층에 의해 직경이 굵어지는 다년생근(perennial roots) 혹은 장근(long roots)과 짧은 기간만 살아 있는 세근(fine roots) 혹은 단근(short roots)으로 나눌 수 있다. 세근의 수명은 수종에 따라서 다양한 편이다. 사과나무의 세근은 생장이 왕성한 계절에 일주일 정도 생존한다. 반면, 가문비나무의 뿌리는 외생균근을 형성하여 3년까지도 살아 있다. 온대지방의 세근은 대개 1년 정도 살아남는 것이 보통인데, 세근이 죽는 시기는 주로 겨울철이다. 영국에서는 호두나무의 세근이 월동하는 동안 90%가량이 죽는다고 한다.

3-4-5 뿌리의 계절적 생장

온대지방에서 뿌리의 생장은 같은 나무 내에서 관찰할 때, 이른 봄에 수고생장보다 먼저 시작하여 수고생장이 정지하는 시기와 관계없이 가을까지 지속된다. 고정생장형을 가진 소나무의 경우 수고생장이 여름에 정지하더라도 뿌리는 가을까지 자란다. 그림 3-6과 같이 스트로브잣나무의 경우 봄에 뿌리생장은 수고생장보다 2주 정도 먼저 시작했으며, 수고생장이 7월 말에 정지했으나 뿌리는 11월 초까지 자랐다.

자유생장형인 자작나무는 수고생장이 9월까지 계속되며, 뿌리생장은 11월까지 지속된다. 뿌리의 생장이 수고의 생장 정지 시기와 관계없이 가을 늦게까지 지속되는 이유는 수고생장이 정지되어도 잎이 붙어 있는 한 광합성이 계속되어 탄수화물이 뿌리로 이동하면서 뿌리가 자라기 때문이다. 또한 기온이 낮아져 수고생장이 정지되어도 토양의 온도는 기온만큼 낮아지지 않기 때문이다.

계절에 따른 뿌리의 생장을 보면, 온대지방에서 뿌리는 봄에 수고생장이 시작되기 전에 먼저 자라기 시작하여 왕성하게 자란다. 여름에는 생장속도가 감소했다가 가을에 다시 생장이 왕성해지며, 겨울에 토양온도가 낮아지면 생장을 정지한다. 뿌리가 자라고 있는 계절이라도 한 나무 내에서 모든 뿌리가 동시에 자라는 것이 아니고, 일부 뿌리는 전혀 자라지 않기도 한다. 일반적으로 뿌리의 생장은 지상부에 있는 줄기의 생장과 무관하게 시작되고 정지한다고 할 수 있다.

한국에서 식목일은 아직도 4월 5일로 고정되어 있다. 그러나 지구온난화로 인해 도시의 기온이 높아져 나무의 싹이 식목일보다 먼저 트는 경향이 있다. 이 경우 뿌리는 3월 초순~중순부터 생장을 개시하기 때문에 수목 이식시기를 식목일보다 2~3주 정도 앞당길 필요가 있다. 식목시기는 지역과 관계없이 겨울눈이 트기 2~3주 전으로 하면 된다.

3-5 생식생장(生殖生長, reproductive growth)

수목이 잎, 줄기, 뿌리와 같은 영양기관을 생산하면서 몸을 크게 확장하는 과정을 영양생장(營養生長, vegetative growth)이라고 하며, 꽃, 종자, 열매와 같은 생식기관을 생산하면서 다음 세대의 번식을 도모하는 과정을 생식생장이라고 한다.

3-5-1 유형기(幼形期, juvenile period)

수목이 영양생장만 하면서 어린 형태로서 개화하지 않는 상태에 있는 모습을 유형(幼形, juvenility)이라고 하는데, 유형을 유지하면서 개화하지 않는 시기를 유형기라고 한다. 수목의 유형기는 수종에 따라서 혹은 환경에 따라서 큰 차이가 있다. 관목 혹은 수명이 짧거나 빨리 자라는 수목은 유형기가 짧은 편이지만, 수명이 길어 장수하거나 천천히 자라는 교목 수종은 유형기가 길다.

소나무류 중에서도 변이가 큰 편인데, 방크스소나무와 리기다소나무는 발아 후 보통 3년이면 개화가 시작되지만, (한국)소나무, 유럽소나무는 5년 정도 경과해야 한다. 자작나무는 약 5년으로서 짧은 편이며, 단풍나무, 물푸레나무, 낙엽송, 잣나무는 약 15년으로서 중간 정도가 된다. 참나무, 가문비나무, 전나무는 보통 20~25년 후에 개화하여 늦은 편이며, 가장 늦게 꽃이 피는 수종은 너도밤나무로서 보통 30~40년이 걸린다.

수목의 유형기가 길어지는 이유는, 이 기간에는 에너지를 영양생장에만 투입함으로써 수고생장을 빨리 도모하여 숲 속에서 경쟁할 때 햇빛을 더 많이 받으려는 생존전략이 있기 때문이다. 이러한 특성은, 목재생산을 주목적으로 하는 임업경영에서는 종자생산에 에너지를 낭비하지 않아도 되는 긍정적인 측면으로 작용한다. 그러나 유형기는 유전적 요인과 환경의 영향에 의해 기간이 변화한다. 꽃이 피는 성숙목에서 가지를 채취하여 접목과 삽목으로 번식시키면 개화를 촉진시킬 수 있다.

3-5-2 유형의 특징

유형기에 있는 수목은 성숙목과 비교하면 다음과 같이 여러 가지 형태적 혹은 생리적 차이를 나타낸다.

1. 잎의 모양: 가장 흔히 볼 수 있는 예로서 담쟁이덩굴의 유엽(juvenile leaf)은 잎이 셋으로 갈라진 삼출엽(三出葉)의 모양을 하는 반면, 성엽(adult leaf)은 하나로 되어 있다(그림 3-8 A). 향나무의 유엽은 바늘처럼 뾰족한 바늘잎 혹은 침엽(針葉, needle-like leaf) 형태를 가지는 반면(그림 3-8 B), 성엽은 비늘처럼 생긴 비늘잎 혹은 인엽(鱗葉, scale-like leaf)을 가진다(그림 3-8 C). 소나무류의 경우에는 종자에서 발아한 첫해에 1차엽(primary needles)을 만드는데, 엽속(葉束)에 들어 있지 않은 낱개로

그림 3-8

어린잎과 성숙잎의 형태 비교. 담쟁이덩굴(A)의 어린잎(좌측)과 성숙잎(우측). 향나무의 바늘형 어린잎(B)과 비늘형 성숙잎(C), 성숙목의 가지치기 후 발생한 맹아의 어린잎으로의 회귀(D)

된 바늘 형태의 잎이다. 이러한 1차엽은 유형의 상징으로 알려져 있지만, 아열대성인 카나리안소나무(*Pinus canariensis*)는 성목이 된 이후에도 수간에서 맹아지가 나올 때에는 1차엽이 발생하기도 한다.

2. 가시의 발달(thorniness): 귤나무와 아까시나무의 경우 유형기에는 어린가지에서 가시가 왕성하게 발생한다.

3. 엽서: 엽서(葉序, phyllotaxy)는 새로 나오는 줄기에, 위로 올라가면서 잎이 배열되는 순서와 각도를 의미하는데, 새로 나오는 잎이 아래쪽에 있는 오래된 잎과 서로 햇빛을 방해하지 않기 위해 어긋나게 배치되는 현상이다. 유칼리나무의 경우 엽서가 성숙하면서 변화한다.

4. 삽목의 용이성: 유형기에는 삽목을 실시할 경우 발근이 잘되며, 나이에 비례하여 발근율이 저하된다. 소나무의 경우 1년생 묘목으로부터 삽목을 실시하면 성공률이 80%가량 되며, 5년생 묘목이 되면 성공률이 10% 이하로 급속히 저하된다.

5. 곧게 선 가지: 낙엽송의 경우 유형기에는 가지가 왕성하게 곧게 자라는 경향이 있다.

6. 낙엽의 지연성: 참나무류의 경우 어린나무에서는 가을에 낙엽이 지연된다.

7. 수간의 해부학적 특성: 활엽수의 경우 환공재의 특성이 어릴 때에는 잘 나타나지 않으며, 침엽수에서는 춘재에서 추재로의 전이가 점진적으로 나타나며, 추재의 밀도가 비교적 낮다.

3-5-3 수목의 꽃과 수목 분류

꽃은 종자식물(seed plants)이 다음 세대를 이어갈 수 있는 후손(종자)을 생산하기 위한 수단으로 만든 생식기관이다. 꽃의 본래의 뜻은 피자식물(활엽수 포함)처럼 꽃받침(sepals), 꽃잎(petals), 수술(stamen), 암술(carpel)이 꽃턱(receptacle)에 부착된 구조를 가진 것을 의미한다. 이 4개 기관을 모두 가지고 있으면 완전화(完全花, complete flower)라고 하며, 대표적인 예로 장미과의 벚나무를 들 수 있다. 4개 기관 중 하나라도 없으면 불완전화(不完全花, incomplete flower)라고 하며, 대표적인 예로 꽃잎이 없는 포플러가 있다.

암술과 수술을 동시에 가지고 있는 꽃을 양성화(兩性花, bisexual flower, hermaphrodite)라고 하며, 둘 중에 하나만 가지고 있는 꽃을 단성화(單性花, monosexual flower)라고 한다. 단성화일 경우 암꽃과 수꽃이 한 그루에 달리면 일가화(一家花, monoecious)라고 하며, 대표적인 예로 참나무와 소나무를 들 수 있다(그림 3-9). 암꽃과 수꽃이 각각 다른 그루에 달리면 이가화(二家花, dioecious)라고 하며, 물푸레나무와 은행나무가 좋은 예이다. 드물기는 하지만 양성화와 단성화가 한 그루에 달리는 경우가 있으며, 이를 잡성화(雜性花, polygamous)라고 하며, 단풍나무와 물푸레나무에서 볼 수 있다.

유관속(維管束, vascular bundle)을 가진 고등식물(高等植物, higher plant)은 꽃과 열매의 구조에 의해 분류되며, 크게 두 그룹으로 나눈다. 나자식물(裸子植物, gymnosperm)은 종자가 자방(子房, 씨방, ovary) 속에 감추어져 있지 않고 노출되어 있는 식물이며, 보통 침엽수라고 쉽게 부른다. 피자식물(被子植物, angiosperm)은 종자가 자방 속에 감추어져 있는 식물이며, 보통 활엽수라고 쉽게 부른다.

나자식물의 꽃은 피자식물에서 볼 수 있는 꽃의 기본구조인 꽃잎, 꽃받침, 암술, 수술을 가지고 있지 않아 진정한 꽃이 아니다. 그러나 생식세포를 만들어내면서 꽃의 모든 기능을 수행하기 때문에 넓은 의미에서 꽃의 범주에 넣기도 한다. 즉 매우 원시적인 구조로 되어 있어 복잡한 피자식물의 꽃만큼 진화가 제대로 되지 않았음을 시사하고 있다(그림 3-9).

표 3-2에 꽃과 열매의 구조에 근거하여 한국에서 자라는 목본식물의 분류를 표시했다. 이 표에서 보면 임업에서 중요한 목재를 생산하는 수종은 주로 나자식물이거나, 피자식물 중에서도 꽃잎이 없는 불완전화(예: 꼬리화서군과 무판화군)를 가진 것을 알 수 있다. 즉 곧게 자라서 목재를 생산하는 대부분 수종은 단순하고 아름답지 않은 꽃을 생산한다. 피자식물 중에서 이판화군과 합판화군에 속하는 수종은 아름다운 꽃을 가지고 있으며 또한 예쁜 열매를 맺기 때문에 관상수 혹은 조경수로 각광을 받고 있다.

그림 3-9

소나무 암꽃(A)과 수꽃(B). 소나무의 꽃은 단성화이면서 일가화이며, 서로 다른 가지에 달린다.

표 3-2 꽃과 열매의 구조에 따른 한국 목본식물의 분류

배주 특성	분류군	과	특징	꽃종류	수목의 예
나자식물	소철목	소철과	꽃잎, 꽃받침, 수술, 암술이 없어 진정한 꽃이 아님. 그러나 피자식물의 꽃 기능을 다하므로 꽃으로 간주함. 배주가 노출되어 있음. 양성화가 없고, 모두 단성화임	단성화 이가화	소철
	은행목	은행과		단성화 이가화	은행나무
	주목목	주목과		단성화 일가화 이가화	주목, 비자나무, 개비자나무
	구과목	소나무과		단성화 일가화	소나무, 전나무, 가문비나무, 솔송나무, 낙엽송
		낙우송과			낙우송
		측백나무과			측백나무, 편백, 화백, 향나무, 노간주나무, 메타세쿼이아
피자식물 (쌍자엽식물)	유이화서군 (꼬리화서군)	버드나무과	꽃잎이 없고(불완전화), 수꽃대가 길게 처짐. 버드나무는 꽃받침이 없음	이가화	버드나무, 포플러
		자작나무과		일가화	자작나무, 오리나무, 서어나무, 개암나무
		참나무과			참나무류, 밤나무
		가래나무과			가래나무, 호두나무
	무판화군	느릅나무과	꽃잎이 없음	불완전화 일가화	느릅나무, 느티나무
	이판화군	목련과, 장미과, 콩과, 아욱과	꽃잎이 서로 분리되어 있음	완전화 양성화 (일부 이가화, 잡성화)	목련, 녹나무, 벚나무, 자귀나무, 단풍나무, 무궁화
	합판화군	진달래과, 현삼과	꽃잎이 붙어 있음 (통꽃으로 불림)		진달래, 철쭉, 물푸레나무, 오동나무
피자식물 (단자엽식물)		벼과	다년생 목본식물로서 나이테가 없음	일가화	대나무류
		백합과		완전화	청미래덩굴, 청가시덩굴

3-5-4 개화 결실 소요기간

수목에서 일반적으로 화아원기가 형성되는 시기는 여름철이다. 봄에 왕성하게 영양생장이 이루어진 후 수목은 수종에 따라서 차이가 있지만, 여름철 잠깐 생장이 정지되는 시기(6~7월)를 거친 후에 화아원기(花芽原基, floral primordium)를 형성한다. 이 화아는 겨울을 지나면서 저온처리(低溫處理, chilling treatment)가 되어 이듬해 봄에 개화(開花, flowering and anthesis)가 이루어진다. 꽃이 핀 직후 꽃가루(화분, 花粉)가 날리는 화분비산(pollination)이 이루어지고, 수정(受精, fertilization)이 되며, 종자가 성숙한다.

수목은 다년생식물이기 때문에 개화생리가 1년생 식물과 비교하여 매우 복잡한 편이다. 온대지방의 수목에서 화아(꽃눈)의 원기가 형성되는 시기부터 종자가 성숙할 때까지 소요되는 연수는 1년부터 4년까지 다양하며, 1년형, 2년형, 3년형, 4년형으로 분류한다. 꽃이 여름에 피는 수종은 대개 당년에 모든 생식생장을 마무리하며, 봄에 일찍 혹은 가을에 피는 수목은 대개 2년 혹은 3년에 걸쳐 생식생장을 끝낸다(표 3-3).

한여름에 꽃이 피는 장미, 배롱나무, 무궁화의 경우에는 화아원기 형성이 5월경에 이루어지고, 종자가 가을에 성숙하여 일련의 모든 생식과정이 당년에 완성되어 1년형으로 분류된다.

봄에 일찍 꽃이 피는 수종은 전년도 여름에 화아원기가 형성되고 이듬해 봄에 꽃이 피며, 이어서 같은 해 가을에 종자가 익는 2년형이 대부분이다. 온대지방에서 대부분의 수목은 2년형에 해당되며, 배나무를 대표적인 예로 들 수 있다. 소나무과에 속하는 수종(전나무, 가문비나무, 솔송나무, 낙엽송, 미송, 히말라야시다)도 대부분 2년형이다. 히말라야시다는 2년형이지만, 화아원기가 여름에 만들어지고, 같은 해 10월에 꽃이 피고, 그다음 해 가을에 종자가 익기 때문에 2년형의 변형에 해당된다.

소나무과 중에서 소나무속(*Pinus*)에 속하는 수종(소나무, 리기다소나무, 잣나무, 백송 등)은 전년도 여름에 화아원기가 형성되고, 이듬해 봄에 개화하는 것은 다른 소나무과의 수종과 동일하다. 그러나 수분이 이루어진 어린 솔방울(conelet)이 그 상태로 월동하여 그다음 해 여름에 수정이 되면서 가을에 종자가 익기 때문에 3년형이다(그림 3-10). 향나무류는 나자식물 중에서 진화가 더 이루어진 수종이지만, 종자 성숙 기간이 매우 불규칙하여 2년형, 3년형, 4년형이 모두 있다.

이와 같이 복잡하고 독특한 개화생리가 그 수목에 어떤 이점을 주는지는 잘 알려져 있지 않다. 꽃의 구조에서는 침엽수(나자식물)가 활엽수(피자식물)보다 더 원시적이어서 진화가 덜된 상태라고 알려져 있고, 이는 실제로 꽃이 피고 종자를 생산하여 번식하는 과정에서 소나무가 불리한 점이 되는 셈이다. 즉 3년에 걸쳐 생식생장을 하다 보니, 3년 중 어느 한 해라도 기상조건이 나빠지면 종자생산이 부실할 수 있기 때문이다. 반면 활엽수의 생식생장은 좀 더 단기화, 효율화, 그리고 전문화가 이루어졌다고 할 수 있다.

그림 3-10

소나무 개화 후 14개월째인 6월 하순 암꽃이 거의 성숙한 솔방울로 자랐지만 아직 수정되지 않은 상태이다.

표 3-3 온대지방 목본식물의 화아원기 형성, 개화 및 결실에 소요되는 기간에 따른 분류

개화 결실 분류	수종	화아원기 형성시기	개화개시 시기	개화-수정 소요기간	개화-종자 성숙 소요기간
1년형	장미	5월	6월		3개월
	배롱나무	6월	7월		3개월
	무궁화	5월	7월		3개월
2년형	회양목		3월		3개월
	배나무	6월 중순~하순	4월	2일	5개월
	갈참나무, 졸참나무, 신갈나무, 떡갈나무(white oak), 가시나무, 개가시나무, 종가시나무		4월	5주	5개월
	가문비나무	7월 말~8월	5월	3~5일	5개월
	히말라야시다		10월		12개월
	연필향나무, 서양향나무(*J. occidentalis*)		4월		5개월
3년형	소나무류	수 7월, 암 8월	5월	13개월	17개월
	상수리나무, 굴참나무(black oak), 붉가시나무, 참가시나무	수 6월, 암 7월	5월	13개월	17개월
	향나무(*J. chinensis*)		4월		17개월
4년형	미국향나무(*J. communis*)		4월		17개월 혹은 29개월

제4장
수목의 생리

수목의 생리는 수목이 어떻게 자라는가 하는 기본원리를 설명해 준다. 수목의 햇빛과 온도에 대한 반응, 에너지 생산, 무기물과 수분의 흡수와 대사, 유기물질의 합성, 이동, 배분 등에 관한 지식은 수목이 환경변화에 적응하며 살아가는 원리를 설명해 준다. 정상적이고 건강한 수목의 생리에 관한 지식을 먼저 이해하는 것은 수목의 비정상적인 상태와 병원균의 침입에 대항하는 수목 병리를 이해하고, 피해의 원인을 진단하는 데 기초가 된다.

수목 생리는 식물 생리의 연장선에서 이해된다고 할 수 있다. 그러나 수목은 다년생 식물로서 예측하기 어려운 환경변화에 대처하기 위해 초본류와 다른 생존전략을 가지기 때문에, 식물 생리의 기본 원리를 수목에 적용하더라도, 수목의 특수성을 고려하는 수목 생리의 고유영역을 추가로 이해할 필요가 있다.

4-1 햇빛에 대한 생리적 반응

수목은 햇빛이 있어야만 광합성을 할 수 있기 때문에 햇빛은 수목의 생장에 절대적으로 필요하다. 또한 광합성 외에도 햇빛이 수목에 주는 영향은 매우 크다. 즉 햇빛은 종자의 발아, 잎의 모양과 배열, 줄기의 생장과 굵기, 줄기와 뿌리의 비율 등 수목의 형태를 결정하고, 눈의 휴면타파, 개화, 낙엽시기, 증산작용, 환경변화, 추위와 병해충에 대한 저항성 등 생리적인 현상에 큰 영향을 끼친다. 또한 태양복사량은 위도, 해발고, 계절, 낮과 밤에 따라 변화하여 생태학적으로 식물분포를 결정하며, 공기와 토양의 온도, 강우, 바람 등 환경요인에도 영향을 끼쳐 수목생장에 영향을 주는 여러 환경요인 중에서 가장 중요하다고 할 수 있다.

4-1-1 광주기(光週期, photoperiod)

광주기는 일장(日長, day length)이라고도 하며, 낮과 밤의 상대적인 길이를 의미하는데, 온대지방에서 자라는 식물은 낮의 길이가 바뀌는 것을 통해서 계절의 변화를 감지한다. 가을철에는 기상이 불규칙하여 온도의 변화가 심하기 때문에 수목은 온도의 변화로 가을을 감지하지 않고, 대신 규칙적으로 낮의 길이가 줄어드는 광주기에 의존하여 겨울 준비를 한다.

온대지방에서 장일(長日, long day) 조건은 수고생장과 직경생장을 촉진하며, 낙엽과 휴면을 지연시키거나 억제한다. 단일(短日, short day) 조건은 수고생장을 정지시키고 동아의 형성을 유도함으로써 월동 준비를 촉진한다.

초본식물은 일반적으로 광주기에 반응하여 개화가 이루어지지만, 목본식물의 개화는 광주기에 반응을 나타내지 않는다. 예외가 있다면, 무궁화는 5월 말 낮시간이 점점 길어지는 장일 하에서 그리고 진달래는 8월 중 낮시간이 단축되는 단일 하에서 꽃눈이 분화한다. 그 밖에 측백나무과에 속하는 수목은 장일처리를 하면 개화가 촉진된다.

4-1-2 광질(光質, light quality)

태양광선(solar radiation)은 파장이 다른 여러 가지 전자기파로 구성되어 있다. 광질은 빛의 스펙트럼이 어떤 파장으로 구성되어 있는가를 의미하는데, 햇빛은 태양광선 중에서 가시광선 부분을 일컫는다. 광질은 광합성, 종자 발아와 휴면, 개화, 형태 변화, 주광성 등에 영향을 미친다.

녹색식물은 여러 가지 색소를 가지고 있는데, 엽록소는 파장 350~700nm 부근의 가시광선(可視光線, visible light)을 흡수하여 광합성을 한다. 이 중에서 파장 660~730nm의 적색광선을 흡수하는 색소를 피토크롬(phytochrome)이라고 한다. 이 색소는 식물체 내 대부분 기관에 존재하는데, 뿌리를 포함하여 생정점 근처에 가장 많으며, 각종 광주기 현상, 종자 발아와 휴면, 그리고 광 형태 변화를 지배한다.

굴광성(屈光性, phototropism)은 식물이 햇빛을 향해 자라는 현상을 의미하는데, 파장이 320~450nm 되는 청색과 보라색을 띤 광선에 의해 유도된다. 이 광선을 흡수하여 굴광성을 유도하는 색소를 포토트로핀(청색광수용체, phototropin)이라고 하며, 이 색소는 flavoprotein의 일종으로서 원형질막에 붙어 있다.

4-1-3 광도(光度, light intensity)

광도는 햇빛의 밝기를 의미하는데, 광합성량에 직접적인 영향을 미친다. 암흑에서부터 광도가 서

표 4-1 다양한 식물의 광보상점과 광포화점 비교(Larcher, 1980)(단위: 1,000 lux)

식물학적 구분	광합성 특성	관련 식물	광도 적응 구분	광보상점	광포화점
초본식물	C4	열대성 초본		1~3	80 이상
	C3	재배식물		1~2	30~80
		야생식물	양지식물	1~2	50~80
			음지식물	0.2~0.5	5~10
목본식물	C3	낙엽활엽수	양엽	1~1.5	25~50
			음엽	0.3~0.6	10~15
		상록활엽수, 침엽수	양엽	0.5~1.5	20~50
			음엽	0.1~0.3	5~10
		특수 향나무		0.1~0.4	2~8
선태류 등		이끼류, 지의류		0.4~2	10~20

서히 증가하여 식물이 호흡으로 방출하는 이산화탄소(CO_2)와 광합성으로 흡수하는 CO_2의 양이 일치할 때의 광도를 광보상점(光補償點, light compensation point)이라고 한다. 광보상점은 식물이 생존할 수 있는 최소한의 광도에 해당하며, 수목의 종류에 따라서 차이가 있지만, 전광(全光, 약 10만 lux)의 약 2%인 2,000럭스(lux) 혹은 37마이크로아인쉬타인($uE/m^2/sec$) 정도 된다(표 4-1).

광합성량은 다른 환경조건이 적절할 때 광도에 비례하여 증가하는데, 광도를 증가시켜도 광합성량이 더 이상 증가하지 않는 포화상태에 이를 때의 광도를 광포화점(光飽和點, light saturation point)이라고 한다. 광포화점은 수목에 따라서 차이가 크지만, 양수의 경우 전광의 40~50% 정도되며, 음수의 경우 20~25% 정도로서 양수가 음수보다 더 많은 햇빛을 요구한다.

4-1-4 양수와 음수

어떤 수종은 그늘에서 제대로 자리지 못하는 반면, 다른 수종은 그늘에서도 자라는 성질을 가지고 있다. 그늘에서 자라지 못하는 수종을 양수(陽樹, shade intolerant tree)라고 하고, 그늘에서도 자랄 수 있는 수종을 음수(陰樹, shade tolerant tree)라고 한다. 양수와 음수는 햇빛을 좋아하는 정도에 따라 구분하는 것이 아니라, 그늘에서 견딜 수 있는 내음성(耐陰性, shade tolerance)의 정도에 따라 구분한다(표 4-2). 음수도 어릴 때에만 그늘을 선호하며, 유묘 시기를 지나면 햇빛에서 더 잘 자란다. 따라서 국내 모든 수목은 발아 후 수년이 경과하면 햇빛을 좋아한다고 할 수 있다(그림 4-1).

생리학적으로 볼 때, 양수는 음수보다 광포화점이 높다(표 4-1). 따라서 광도가 높은 환경에서는 양수가 햇빛을 효율적으로 이용하여 광합성을 더 많이 함으로써 음수보다 생장속도가 빠르지만, 낮은 광도에서는 음수보다 광합성량이 저조하다. 반대로 음수는 광포화점이 낮기 때문에 높

그림 4-1

양수인 향나무의 양지(A)와 음지(B)에서 자라는 모습과 음수인 주목의 양지(C)와 음지(D)에서 자라는 모습 비교. 음수도 양지에서 더 잘 자란다.

표 4-2 여러 가지 수종의 내음성 비교(전광이란 햇빛이 최대로 비칠 때의 광도임)

분류	기준	침엽수	활엽수
극음수	전광의 1~3%에서 생존 가능	개비자나무, 금송, 나한백, 주목	굴거리나무, 백량금, 사철나무, 식나무, 자금우, 호랑가시나무, 황칠나무, 회양목
음수	전광의 3~10%에서 생존 가능	가문비나무류, 솔송나무, 전나무류	너도밤나무, 녹나무, 단풍나무류, 서어나무류, 송악, 칠엽수, 함박꽃나무
중성수	전광의 10~30%에서 생존 가능	잣나무류, 편백, 화백	개나리, 노각나무, 느릅나무류, 때죽나무, 동백나무, 마가목, 목련류, 물푸레나무류, 산사나무, 산초나무, 산딸나무, 생강나무, 수국, 은단풍, 참나무류, 채진목, 철쭉류, 탱자나무, 피나무, 회화나무
양수	전광의 30~60%에서 생존 가능	낙우송, 메타세쿼이아, 삼나무, 소나무류, 은행나무, 측백나무, 향나무류, 히말라야시다	가죽나무, 과수류, 느티나무, 라일락, 모감주나무, 무궁화, 밤나무, 배롱나무, 백합나무, 벚나무류, 산수유, 아까시나무, 오동나무, 오리나무, 위성류, 이팝나무, 자귀나무, 주엽나무, 쥐똥나무, 백합나무, 층층나무, 플라타나스
극양수	전광의 60% 이상에서 생존 가능	낙엽송, 대왕송, 방크스소나무, 연필향나무	두릅나무, 버드나무, 붉나무, 예덕나무, 자작나무, 포플러류

은 광도에서는 광합성 효율이 양수보다 낮다. 그러나 낮은 광도에서는 광합성을 효율적으로 실시함과 동시에 광보상점도 낮고 호흡량이 적기 때문에 그늘에서의 경쟁력이 양수보다 높다.

4-1-5 양엽과 음엽

수목이 크게 자라면 잎들이 서로 그늘을 만들어 다른 잎의 광합성에 영향을 주기 때문에, 개개의 잎을 상대로 한 광포화점을 수목 전체에 적용할 수 없다. 즉 개개의 잎이 전광의 25~50% 수준에서 광포화점에 도달한다 하더라도, 수목 전체로 보면 광포화점이 높아지거나 전광에서도 포화점에 도달하지 못한다.

고립목을 놓고 보면, 수관의 여러 부위에 따라 광도가 다르게 마련이다. 햇빛을 가장 잘 받는 남쪽의 양지 쪽에 위치한 잎은 양엽으로서 광합성에 유리하지만, 수관 깊숙이 그늘 속에 있는 잎은 음엽으로서 항상 햇빛이 부족하다. 양엽(陽葉, sun leaf)은 높은 광도에서 광합성을 효율적으로 하도록 적응한 잎으로서 광포화점이 높고, 책상조직이 빽빽하게 배열되어 있으며, 증산작용을 억제하기 위해 큐티클층(cuticle층, 왁스층)과 잎의 두께가 두껍다.

음엽(陰葉, shade leaf)은 낮은 광도에서 광합성을 효율적으로 하도록 적응한 잎으로서 광포화점이 낮고, 책상조직이 엉성하게 발달하고, 잎이 양엽보다 넓으며, 큐티클층과 잎의 두께가 얇다. 그늘에서 자라던 수목이 별안간 높은 광도에 노출되면 피해를 보는 경우(예: 벤자민)가 있는데, 이것은 잎들이 음엽으로 적응해 있었기 때문이다(그림 4-2와 그림 4-3).

양엽과 음엽의 개념은 양수와 음수의 개념과 흡사한 듯하지만 다르다. 수목이 햇빛에서 자랄 경우 양수 혹은 음수와 관계없이 양엽과 음엽을 모두 만들어 광합성을 최대로 도모하는 전략을 가지고 있다. 양수와 음수의 구별은 타고난 유전적인 특성이며 오랜 세월의 진화 과정에서 생긴 특징이지만, 양엽과 음엽의 분화는 눈이 만들어지면서 햇빛의 양에 적응하여 생긴 후천적인 현상이

그림 4-2

담쟁이덩굴 양엽(우측)과 음엽(좌측)의 형태적 차이(사진: Costello 등, 2003)

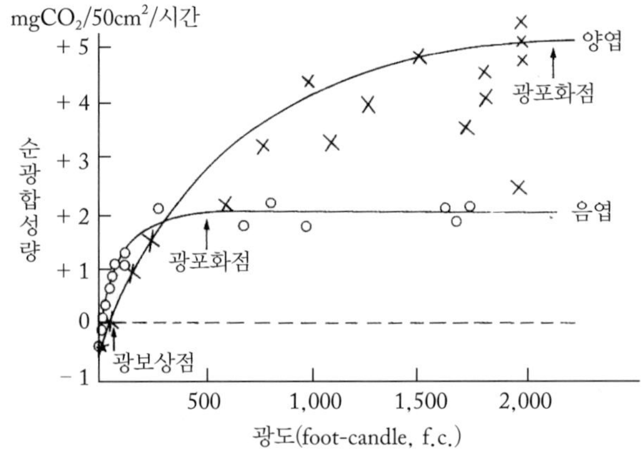

그림 4-3

너도밤나무의 양엽과 음엽의 광합성량 및 광포화점 비교(Boysen과 Jensen, 1932)

표 4-3 양수와 음수, 그리고 양엽과 음엽의 광합성량 및 호흡량 비교(Loach, 1967)(단위: mg CO_2/dm^2/시간)

생리적 특성	음수		양수	
	양엽	음엽	양엽	음엽
최대광합성량	7.0	6.4	18.0	12.2
그늘에서의 광합성량 (광도 2,700lux)	0.9	2.0	0.3	1.4
호흡량(암흑)	1.2	1.0	2.5	3.2

다. 표 4-3에서 보듯이 광도가 높을 때에는 양수의 양엽이 가장 광합성(최대 광합성량)을 많이 하며, 반대로 그늘에서는 음수의 음엽의 광합성량이 가장 많다.

4-2 에너지 대사(energy metabolism)

생물은 에너지가 있어야 살아갈 수 있다. 살아간다는 뜻은 체내에서 세포분열, 물질의 합성, 이동, 분비 등 각종 대사작용을 한다는 것을 의미하며, 이러한 대사를 수행하기 위해 생물은 에너지를 필요로 한다. 녹색식물(綠色植物, green plants)은 태양에너지를 이용하여 자신이 필요로 하는 에너지, 즉 탄수화물을 스스로 합성하는데, 이 과정을 광합성이라고 한다. 호흡은 저장한 탄수화물을 산화시켜 여러 대사에 필요한 에너지를 공급하는 과정이다. 이 두 과정은 수목이 필요로 하는 에너지를 합성하고 소모하는 생리적 현상으로서 에너지 수급의 핵심을 이룬다.

4-2-1 광합성(光合成, photosynthesis)

광합성은 엽록체(葉綠體, chloroplast)가 햇빛 에너지를 모아서 이산화탄소(CO_2)와 물(H_2O)을 원료로 하여 여러 효소의 작용으로 탄수화물을 합성하는 과정을 의미하며, 탄소동화작용(炭素同化作用, carbon assimilation)이라고도 칭한다. 이때 부산물로 산소(O_2)가 발생한다. 태양에너지 중에서 가시광선의 에너지만 엽록체(소기관, organelle에 해당함)에 의하여 이용된다. 태양에너지는 엽록체 내에 함유되어 있는 엽록소(葉綠素, chlorophyll)에 의해 모여 ATP(농축된 에너지를 함유하고 있는 조효소의 한 종류)의 형태로 일시적으로 저장되어 있다가 포도당을 만드는 데 쓰인다. 결과적으로 광합성은 전자기파로 되어 있는 태양에너지가 녹색식물에 의해 포도당과 같은 유기물의 형태로 전환되는 과정이라고 할 수 있다. 따라서 광합성 현상은 지구생태계에서 생물이 필요로 하는 에너지를 유기물의 행태로 만들어내는 근원이 된다. 녹색식물은 태양과 물만으로 필요한 에너지를 스스로 만들기 때문에 독립영양자(獨立營養者, autotroph)로 부르며, 기타 생물은 녹색식물에 의존하여 에너지를 얻기 때문에 종속영양자(從屬營養者, heterotroph)로 부른다.

광합성은 일련의 반응을 거쳐 이산화탄소(CO_2)를 환원시켜 포도당을 만드는 생화학적 과정인데, 단계별로 관련되는 효소(酵素, enzyme, 단백질의 일종으로서 화학반응을 촉진함)가 반응을 촉진한다. 이 중에서 CO_2(탄소를 1개 가짐) 가스를 5탄당(탄소를 5개 가진 당류)의 일종인 ribulose에 결합시켜 포도당(탄소를 6개 가진 당류)으로 만드는 역할을 담당하는 효소를 rubisco라고 약칭한다. Rubisco 효소는 광합성을 하는 녹색식물의 엽록체에 들어 있으며, 잎에 존재하는 총 단백질의 1/8~1/4가량이 이 효소로 구성되어 있어 지구상에서 가장 흔한 단백질에 해당한다. 초식동물은 이 효소를 주요 단백질원으로 섭취하기 때문에 동물의 영양에서 중요한 역할을 담당한다.

4-2-2 수목의 광합성에 영향을 주는 요인

1. 광량

광합성은 광량(光量)에 비례하여 증가하다가, 광포화점에서는 광량이 증가해도 더 이상 증가하지 않는다. 광포화점은 실험기기의 크기 제한으로 인해서 낱개의 잎을 대상으로 측정한다. 그런데 수목이 크게 자라면서 잎의 숫자가 많아지면 서로 그늘을 만들기 때문에, 광량이 낱개의 잎에서 적용하는 광포화점에 도달하더라도 수목 전체로는 광포화점에 도달하지 못한다. 따라서 큰 나무 혹은 숲을 이루고 자라는 수목들은 더 많은 광량을 요구한다. 예를 들면 소나무 같은 양수의 경우 낱개의 잎은 전광(全光, full sunlight)의 40% 정도에서 광포화점에 도달하지만, 수목 전체는 전광의 80%에서 광포화점에 이른다. 즉 소나무는 크게 자라면 광량이 충분해야 정상적으로 자랄 수 있다는 뜻이 되며, 반대로 그늘에서 제대로 자라지 못해 양수(陽樹)로 분류되고 있다.

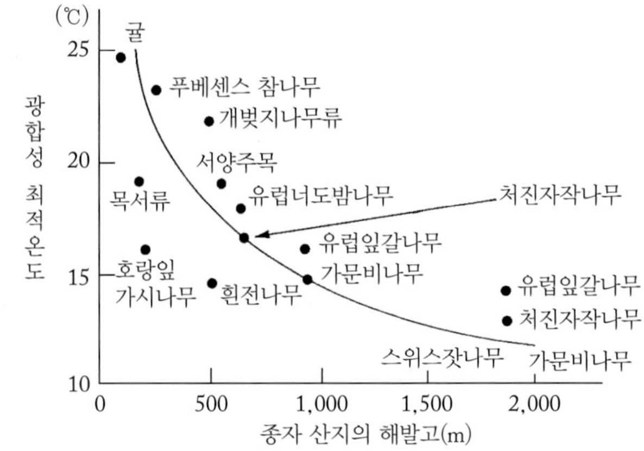

그림 4-4

종자 산지의 해발고 증가에 따른 광합성 최적온도의 변화.

광량이 부족하면 광합성을 제대로 하지 못해 포도당(탄수화물의 일종)의 생산량이 적어진다. 수목의 잎을 포함한 모든 조직은 탄수화물의 일종인 섬유소(纖維素, cellulose)로 구성되어 있기 때문에 포도당이 부족하면 새로운 잎을 만들 수 없게 된다. 따라서 그늘에서 자란 수목은 엽량(葉量, 잎의 양)이 적어 수관의 발달이 엉성하고 직경생장이 저조하여 가느다란 줄기를 가진 연약하고 볼품없는 형태를 보이게 된다. 또한 그늘에서 자란 수목은 에너지 부족으로 인해 병해충과 추위에 대한 저항성도 낮아지게 된다.

2. 온도

생물의 체내 대사는 효소에 의해 진행되는데, 효소는 단백질로 구성되어 있고, 단백질은 온도에 따라서 3차원적인 구조가 변화하면서 온도의 영향을 많이 받는다. 광합성도 효소가 촉매 역할을 하여 진행되기 때문에 온도에 따라서 광합성 속도가 달라진다.

목본식물의 광합성은 0~40℃ 사이에서 일어난다고 할 수 있으며, 온대지방에서 자라는 수목은 대개 15~25℃ 사이에서 최대의 광합성을 수행한다. 햇빛에 노출되어 있는 양엽은 25℃가 적온이며, 그늘 속의 음엽은 20℃가 적온이다. 고산수종은 −5℃에서도 광합성이 가능하며, 15℃가 최적온도이다. 열대식물의 경우 30~35℃에서 광합성 최대치를 볼 수 있고, 사막의 관목은 30℃이다(그림 4−4).

3. 수분

수분이 과다하게 많거나 부족하면 광합성에 큰 영향을 끼친다. 수분 부족은 단기적으로 기공을 폐쇄시켜 광합성이 불가능해지고, 심하면 세포 내에서 원형질 분리를 일으킬 수도 있으며, 장기적으로는 엽면적을 감소시켜 생장이 저조해진다. 건조에 비교적 약한 중생식물(中生植物, mesophyte)은 약간의 수분 부족에도 광합성이 감소하지만, 이 상태에서는 회복이 가능하다. 그러나 한 번 심한 한발에 노출되면, 외형상 잎이 회복하더라도 광합성률이 회복되는 데 수 일 혹은 수 주일이 걸리거나 전혀 예전 수준으로 회복되지 않는 경우가 많다. 이것은 한발로 인해 엽록체, 기공 혹은 뿌리끝 부분에 영구적인 손상이 왔기 때문이다.

4. 일일 혹은 계절적 요인

맑고 따뜻한 날 하루 중 광합성량의 주기적 변화에 대해서는 광도, 온도, 수분 관계를 함께 생각해야 한다. 해가 뜨면 수목은 광합성을 시작하는데, 수분 관계가 하루 중 가장 유리함에도 불구하고, 낮은 광도와 온도로 인해 광합성량이 적다. 오전 12시가 가까워질 때 수목은 하루 중 가장 왕성한 광합성을 수행하는데, 이것은 위의 세 가지 조건이 가장 적합한 시기이기 때문이다. 오전 동안 수목이 수분을 어느 정도 잃어버리면 일시적인 수분 부족 현상으로 기공을 닫게 되며, 광합성의 일중침체(日中沈滯, midday drop) 현상이 나타나다가 수분상태가 회복되면 오후 늦게 다시 회복세를 보인다(그림 4-5).

광합성의 계절적 변화는 수종에 따라서 큰 차이가 있다. 활엽수의 경우는 수고생장형에 따라서 달라진다. 고정생장을 하는 수종은 봄에 빠른 속도로 새 가지가 자라서 엽면적이 최대치에 달하기 때문에 광합성량도 초여름에 최대치에 도달한다. 하지만 자유생장을 하는 수종은 새로운 잎이 여름 내내 형성되기 때문에 광합성 최대치가 여름 늦게 나타난다. 따라서 활엽수의 광합성량은 계절적으로 변화하는 엽면적 합계와 밀접하게 연관되어 있으며, 가을에 잎이 변색하면 급속히

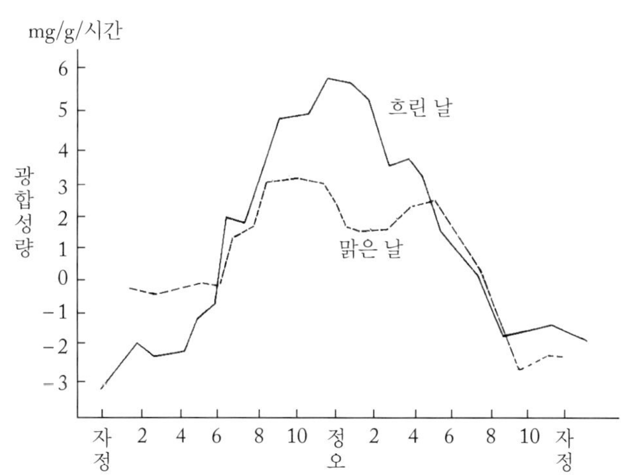

그림 4-5

하루 중 전나무(*Abies procera*)의 광합성량의 변화(Hodges, 1967)

줄어든다.

침엽수는 대부분 상록성이므로 연중 광합성을 수행하며, 봄에 점진적으로 증가하다가 새로운 잎이 추가되는 7~8월에 최대치를 나타내고, 가을에 점진적으로 감소한다. 따라서 침엽수는 활엽수보다 완만한 계절적 변화를 나타낸다. 한겨울 빙점 전후에서도 광합성을 수행하며, 독일가문비나무의 경우 낮 기온이 −5℃로 내려갈 때까지 광합성을 한다.

5. 이산화탄소(CO_2)

공기 중의 이산화탄소의 농도는 2023년 기준으로 420ppm으로 알려져 있는데, 대부분 녹색식물에서 CO_2의 농도가 증가하면 광합성량이 증가한다. 이를 근거로 한다면 평소에 광량과 온도가 적합할 때, 광합성에 제한요소가 되는 것은 CO_2라고 할 수 있다. 그 이유는 공기 중의 CO_2는 산소나 질소에 비해 농도가 훨씬 낮으며, CO_2가 HCO_3^-의 형태로 잎의 엽육조직 세포질에 녹아서 흡수되는 과정에 상당한 물리적 저항이 있기 때문이다.

수목이 숲을 이루고 있을 경우 평소에 광합성에 제한 요소가 되는 것은 햇빛과 CO_2라고 할 수 있다. 그늘 속에서 자라는 음엽은 항상 햇빛이 부족한 편이며, 반대로 햇빛을 잘 받는 양엽은 대신 CO_2가 부족하다고 할 수 있다. 특히 숲 속에 바람이 적은 날에는 CO_2가 잘 이동하지 않아 광합성을 왕성하게 하는 대낮에 CO_2의 농도가 1/4가량 감소할 수 있다.

공기 중 CO_2의 농도를 인위적으로 증가시키면 식물의 생장을 촉진시킬 수 있다. 작물의 경우 CO_2를 1,000ppm까지 상승시켜 생장량을 2배까지 촉진시킨 예가 있으며, 목본식물의 경우 500ppm과 690ppm에서 건중량을 각각 59%(소나무류)와 85%(참나무류) 증가시킨 예가 있다.

6. 수종과 품종

수목의 광합성 능력은 수종 간에, 같은 종 내에서는 품종 간에, 그리고 산지(産地, provenance) 간에 큰 차이를 보인다. 수종의 예로 광합성 능력이 큰 활엽수 중에서 포플러와 유칼리를 들 수 있고, 침엽수로는 미송, 낙엽송, 메타세쿼이아를 들 수 있다. 단위 엽면적당 광합성량을 비교하면 미송이 잣나무보다, 그리고 잣나무는 독일가문비나무보다 더 많아 더 빨리 자란다. 과수 중에는 사과나무가 배나무보다 광합성을 많이 하며, 이 두 수종의 단위 엽면적당 광합성량은 귤나무보다 3배가량 높다.

여러 수종의 광합성 능력은 대개 생장이 빠른 수종일수록 크며, 생장이 느린 수종일수록 작다. 포플러 내에서 비교하면, 생장이 우수한 수종, 특히 잡종강세(雜種强勢, heterosis)를 보이는 수종의 광합성률이 생장이 저조한 수종보다 크며, 같은 종 내에서도 생장이 빠른 품종 혹은 클론(clone, 영양계)이 느린 품종보다 광합성량이 많다. 품종 간 광합성 능력의 차이는 수관의 발달 모양이 다르기 때문이며, 다음과 같이 해부학적 또는 생리적 차이로 설명할 수 있다.

1) 단위 엽면적당 기공수: 까치밥나무의 경우 2배체가 4배체보다 기공수가 45%가량 더 많아 광합성률이 높다.
2) 개체당 엽량: 유럽소나무의 경우 서부독일산이 터키산보다 엽량이 많아 광합성률이 높다.
3) 생육기간: 위도가 다른 지역으로 어떤 수종을 옮겨 심을 경우, 북쪽 산지(産地)는 봄에 동아가 늦게 싹이 트고 가을에 일찍 생장을 정지하여 생육기간이 짧으며, 남쪽 산지는 이와 반대로 봄에 일찍 싹이 트고 가을 늦게까지 생장하여 생육기간이 길어져 총 광합성량이 더 많다.

4-2-3 호흡(呼吸, respiration)

생물은 계속적인 에너지(energy)의 공급이 있어야 살아서 제 기능을 발휘할 수 있다. 식물의 생명현상은 6개의 분야로 분류할 수 있는데, 각각의 현상을 유지하기 위해 에너지가 필요하다. 분야는 1) 세포의 분열, 신장, 분화, 2) 무기양분의 흡수, 3) 탄수화물의 이동과 저장, 4) 대사물질의 합성, 분해 및 분비, 5) 주기적 운동과 기공의 개폐, 6) 세포질 유동 등이다. 에너지의 이용 측면에서 동물과 식물의 차이점은 식물은 근육운동이나 체온 유지를 위해 에너지를 소모하지 않는다는 사실이다.

호흡은 에너지를 가지고 있는 물질(예: 포도당)을 산소를 이용해 산화시켜서 에너지를 발생시키는 과정을 의미하며, 이 과정에서 부산물로 이산화탄소가 생긴다. 산소를 이용해 포도당을 산화시키는 호흡과정을 호기성 호흡(aerobic respiration)이라고 부르는데, 이 호흡은 단세포생물인 박테리아로부터 고등동물과 고등식물에 이르기까지 똑같은 생화학적 단계를 거쳐 수행된다는 것이 흥미롭다. 이를 근거로 하여 진화론은 원시적인 박테리아가 진화하여 고등동식물이 되었다고 주장한다.

호흡으로 에너지를 발생하는 과정은 생화학적으로 볼 때 광합성의 역반응에 해당한다. 호흡작용이 일어나는 곳은 세포의 세포질 내에 있는 소기관(organelle)의 일종인 미토콘드리아(mitochondria)인데, 포도당을 분해하여 에너지를 만드는 데 필요한 효소들을 가지고 있다. 이때 발생한 에너지는 광합성의 경우와 마찬가지로 ATP(농축된 에너지를 가진 조효소)의 형태로 일시적으로 저장되었다가 여러 가지 대사과정에 쓰인다. 즉 세포벽의 주성분인 섬유소(cellulose), 효소의 주성분인 단백질(protein), 세포막의 주성분인 지방(lipid)을 합성하는 데 ATP가 필요하며, ATP는 호흡작용에서 만들어진다.

4-2-4 수목의 호흡에 영향을 주는 요인

1. 온도

식물은 냉혈동물과 마찬가지로 체온을 조절할 수 없기 때문에 주변의 온도변화에 따라서 호흡량

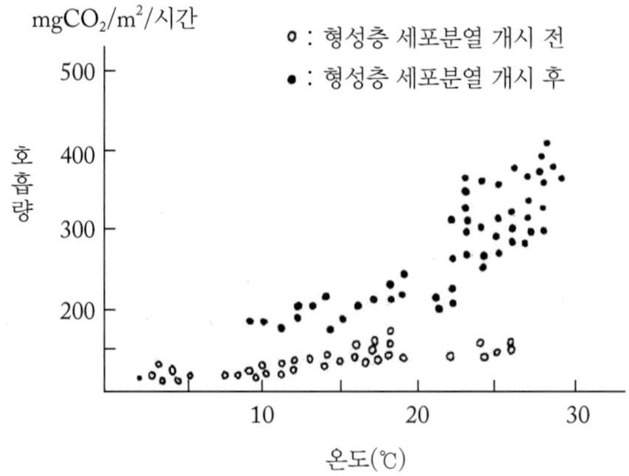

그림 4-6

테다소나무 수간의 온도변화에 따른 호흡량의 변화(Kinerson, 1975)

이 크게 달라진다. 온도의 변화에 따른 호흡량의 변화를 보통 Q_{10}이라는 숫자로 표시하는데, 온도가 10℃ 상승함에 따라 나타나는 호흡량의 증가율을 의미한다. 대부분 식물은 5~25℃에서 Q_{10}의 값이 2.0~2.5이다. 즉 이 온도 구간에서는 온도가 10℃ 상승함에 따라 호흡량이 2배 내지 2.5배가량 증가한다는 뜻이다(그림 4-6).

온대지방에서 자라는 수목의 광합성은 호흡에 비해 더 낮은 온도에서 최고치에 도달하기 때문에 수목의 생장에 적합한 최적온도(optimum temperature)는 대개 25℃ 전후라고 할 수 있다. 예를 들면 과수의 경우 이른 가을에 기온이 서늘해지면 광합성량은 여름 수준을 유지하면서 호흡량이 급격히 감소한다. 따라서 순광합성량이 높아지므로 탄수화물이 축적되어 과일이 커지고 당도가 높아진다.

수목은 야간에 광합성을 중단하고 호흡만을 수행하는데, 야간 온도가 주간보다 낮아야 수목이 정상적으로 자랄 수 있다. 이러한 현상을 온도주기(溫度週期, thermoperiodism)라고 하며, 온대와 냉온대 지방의 수목에서 중요하다. 이는 야간의 호흡작용을 최소로 억제함으로써 광합성으로 얻은 탄수화물을 생장에 최대한 이용하기 위함이다. 주·야간 온도의 차이는 5~10℃가 수목생장에 적합하다.

2. 수목의 나이와 임분의 밀도

왕성하게 자라는 녹색식물의 일반적인 호흡량은 광합성량의 30~40%에 해당한다. 수목의 경우에는 나이를 먹으면서 호흡량의 비율이 빠르게 증가하는 경향을 보인다. 8년생 사과나무의 경우 광합성량의 1/3가량이 호흡으로 사용되고, 나머지 2/3를 이용해서 빠른 속도로 건중량이 증가한다. 85년생 유럽너도밤나무는 호흡량이 광합성량의 50%로 증가하여 생장이 약간 둔화되고, 450년생 미송은 93%로 급속히 증가하여 생장이 거의 이루어지지 않음을 시사하고 있다.

임분의 밀도도 호흡량에 영향을 미친다. 밀식된 임분은 개체수가 더 많으면서 작은 줄기직경을 가지고 있기 때문에 호흡하는 형성층의 표면적과 잎의 양이 더 많아 호흡량이 많아진다. 따라서 밀식된 임분은 그늘로 인한 저조한 광합성과 많은 호흡으로 인해 생장량이 감소하게 된다. 솎아베기(간벌)와 밑가지제거는 광량을 증가시키고 호흡을 감소시킴으로써 생장촉진을 가져온다.

3. 수목의 부위: 지상부

수목의 호흡량은 부위에 따라 생리적인 활동상태가 다르기 때문에 크게 차이가 난다. 호흡은 원형질을 가지고 있는 살아 있는 세포, 즉 유세포(柔細胞, parenchyma cells)에서만 일어나기 때문에 유세포가 집중적으로 모여 있는 부위에서 높게 일어나며, 죽은 세포로 구성된 부위에서는 거의 일어나지 않는다.

잎은 수목의 전체 중량 중에서 적은 부분을 차지하지만, 다른 부위에 비해 살아 있는 유세포가 많기 때문에, 수목의 여러 부위 중에서 호흡활동이 가장 왕성하다. 잎의 호흡량은 어린 테다소나무의 경우 수목 전체 호흡량의 32%를 차지하며, 60년 너도밤나무의 경우 50%를 차지한다. 눈의 호흡은 휴면기에는 최저를 유지하다가 봄철의 개엽시기에 급격히 증가하면서 새순이 나온다. 굵은 가지나 수간의 호흡은 수피와 형성층 주변 조직에서 일어나는데, 새로 만들어진 사부조직과 몇 년 이내에 만들어진 변재 부위의 목부조직에서 주로 일어난다. 방사조직은 살아 있는 유세포로 되어 있으나, 그 숫자가 적어 호흡량이 적고, 심재 부위의 세포는 대부분 죽어 있어 호흡을 거의 하지 않는다.

4. 수목의 부위: 지하부

뿌리는 공기 중에 노출되어 있지 않지만 산소호흡을 한다. 뿌리의 호흡량은 보통 수목 전체 호흡량의 8%가량 되어 그 비율은 작은 편이지만, 호흡이 방해를 받으면 뿌리가 죽어 버린다. 뿌리 중에서 어린뿌리와 세근은 살아 있는 유세포로 구성되어 있으며 세포분열을 왕성하게 하고, 무기염을 흡수하는 데 ATP를 소모하기 때문에 호흡량이 많다.

굵은 뿌리, 특히 직근(tap root)은 호흡을 별로 하지 않아 땅속 깊숙이 뻗지만, 세근은 왕성하게 호흡하기 위해 산소공급이 양호한 지표면 근처에 집중적으로 모여 있다. 즉 세근의 90% 정도가 표토 20cm 깊이 이내에 모여 있을 만큼 세근은 산소를 절대적으로 요구한다. 이미 자라고 있는 수목의 뿌리 주변을 흙으로 두껍게 덮는 복토(覆土, filled soil)는 산소공급을 막아 뿌리 호흡에 치명적인 피해를 주므로 어떠한 경우에도 절대로 실시해서는 안 된다.

토양이 침수되거나 과습상태에 있으면 토양공극이 산소 대신 물로 채워져 뿌리가 산소 부족으로 호흡불능 상태에 빠져 서서히 죽게 된다(그림 4-7). 과습상태에서 견디는 능력은 수종에 따라

그림 4-7
과습한 토양에서 산소 부족에 의한 호흡불량으로 뿌리가 검게 썩고 껍질이 벗겨진 잣나무 묘목

서 차이가 있는데, 낙우송이나 버드나무는 줄기에서 뿌리로 산소를 확산시키는 능력이 뛰어나고, 뿌리가 혐기성 호흡 상태에서 잘 견딘다.

4-3 물질이동과 배분

수목에서 살아 있는 세포의 세포질에는 다양한 무기 혹은 유기 물질이 존재하는데, 이 중 먼 거리를 이동하는 물질은 수분, 무기양분, 탄수화물(주로 설탕), 그리고 식물호르몬의 네 가지로 정리할 수 있다. 목부를 이용한 무기양분의 이동과 사부를 이용한 설탕의 이동에 대해서 설명하고자 한다. 이에 속하지 않는 물질, 예를 들면 단백질, 지방, 비타민, 분비물질 등은 먼 거리로 수송되지 않고 필요한 곳에서 직접 만들어지며, 생합성에서 설명하고자 한다.

4-3-1 무기양분의 흡수와 이동

1. 토양 내 무기양분의 이온화

식물은 토양으로부터 필요한 무기양분을 흡수한다. 무기양분(mineral nutrient)은 일반 금속의 경우와 마찬가지로 단독으로 존재하지 않고 다른 화합물과 결합하여 무기염(無機鹽, mineral salt)의 형태로 존재한다. 무기염은 극히 적은 일부가 물에 녹아서 수용성 상태, 즉 양전기 혹은 음전기를 띤 이온(ion)의 형태가 될 때 비로소 식물이 이용할 수 있게 된다(그림 4-8). 식물의 뿌리는 무기양분만 별도로 흡수하는 것이 아니라, 물을 빨아들일 때 물에 녹아 있는 이온 형태의 무기양분을 함께 흡수하기 때문이다. 따라서 수용성으로 이온화하지 않은 무기양분은 토양 중에 아무리 많아도 식물

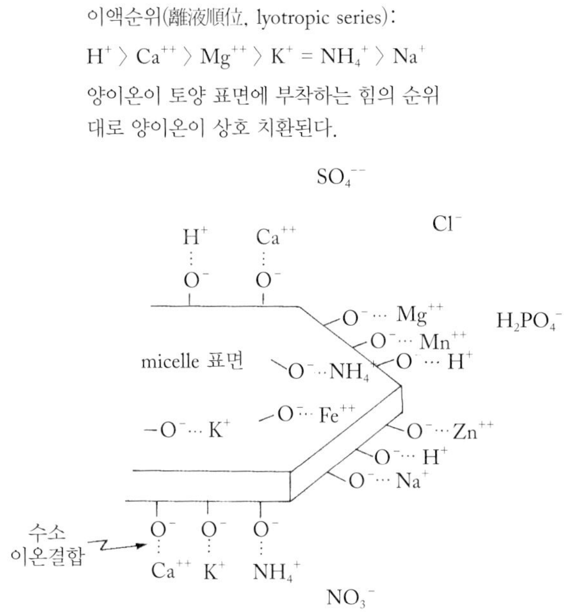

그림 4-8

토양 내 무기양분의 이온화와 토양 입자 표면에 흡착된 상태. 양전기를 띤 무기양분(예: Ca^{++}, Mg^{++}, NH_4^+)은 음전기를 띤 토양 입자 표면에 잘 흡착되어 저장되고, 음전기를 띤 양분(예: $H_2PO_4^-$, NO_3^-)은 토양 표면에 흡착되지 못해 쉽게 유실된다(이경준, 2011).

에 도움이 되지 않는다.

2. 무기양분의 수동적 및 능동적 흡수

무기양분이 뿌리 속으로 들어오는 기작은, 어린뿌리 혹은 가는 뿌리가 물을 흡수할 때 함께 세포벽을 통과해서 뿌리 속으로 들어온다. 세포벽은 큰 분자량을 가진 섬유소가 엉성하게 얼기설기 엮여 있어 틈새가 많고, 세포와 세포 사이 서로 떨어져 있는 세포간극(intercellular space)에도 틈새가 많아, 직경이 작은 물분자나 무기염이 자유롭게 드나들 수 있는 자유공간(free space)에 해당한다. 이와 같이 무기양분이 무기염의 형태로 자유공간을 따라서 뿌리 속으로 자유롭게 이동하는 것을 세포벽이동(apoplastic movement)이라고 한다. 세포벽이동으로 무기양분이 뿌리 속의 피층(皮層, cortex)까지 들어오는 현상은 물과 함께 자유롭게 들어오기 때문에 수동적 흡수(passive absorption)에 해당한다.

식물의 가는 뿌리는 피층 안쪽에 내피(內皮, endodermis)를 가지고 있다. 내피세포는 피층과는 달리 서로 치밀하게 연결되어 있는데, 그 세포벽은 물과 이온이 통과할 수 없는 목전질(suberin)로 된 카스파리대(帶)(Casparian strip)로 한 바퀴 둘러쳐져 있어 무기양분의 자유로운 침투를 차단하고 있다. 따라서 카스파리대의 기능은 내피에서부터 자유공간을 없앰으로써 무기양분이 더 이상 자유롭게 뿌리 속으로, 횡적 방향으로 이동할 수 없도록 막아 주는 것이다.

이 지점부터 무기양분이 원형질막을 반드시 통과하도록 함으로써 원형질막상에서 식물이 필요로 하는 무기양분을 선택적으로 흡수(selective absorption)할 수 있게 만든다. 원형질막은 단백질로

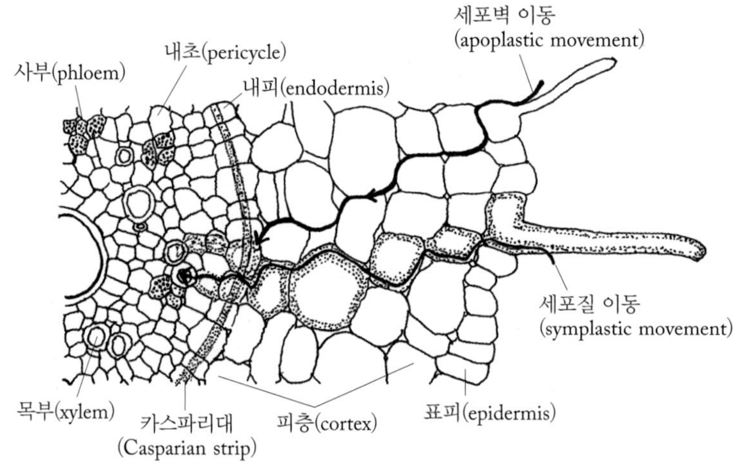

그림 4-9

가는 뿌리의 횡단면상에서 토양 내 무기염의 두 가지 흡수방식(세포벽 이동과 세포질 이동). 세포벽 이동은 무기염이 다시 빠져나갈 수 있다(Salisbury와 Ross, 1992).

된 운반체(運搬體, carrier)를 가지고 있어 운반체가 각종 이온을 선택적으로 붙잡아 세포 속으로 들여보낸다. 이러한 무기양분의 이동을 세포질이동(symplastic movement)이라고 하며, 거름장치를 통과한 능동적 흡수(active absorption)에 해당한다. 카스파리대는 식물이 필요로 하는 무기양분만 골라서 필요한 만큼 흡수하게 하는 매우 중요한 장치이며, 이것이 없다면 식물은 토양 중에 과다하게 존재하는 각종 무기염 혹은 중금속의 침투를 막을 수 없게 된다(그림 4-9).

3. 무기양분의 지상부 이동

어린뿌리의 내피를 통과한 무기양분은 물과 함께 뿌리의 중앙에 위치한 (1차)목부에 도달하게 된다. 목부조직은 활엽수의 경우 도관 그리고 침엽수의 경우 가도관으로 되어 있는데, 도관은 마치 속이 비어 있는 파이프 모양을 하고 있어 물의 이동이 쉽다. 일단 (1차)목부조직에 물과 함께 무기양분이 도달하면, 위로 올라가면서 굵은 뿌리의 (2차)목부에 연결되어 상승하는데, 이때 잎의 증산작용의 도움으로 수액(xylem sap)을 따라서 위로 수관까지 올라가게 된다.

4-3-2 탄수화물(주로 설탕)의 이동

녹색식물은 광합성을 통해 태양에너지를 화학에너지인 탄수화물로 바꾼다. 엽록체를 가진 잎에서 합성된 탄수화물(주로 과당과 포도당)은 식물의 다른 부위로 이동되기 위해 먼저 설탕(사탕, sucrose)의 형태로 바뀐다. 수목의 잎에서부터 뿌리까지 주로 아래 방향으로 이루어지는 설탕의 먼 거리 이동은 뿌리에서부터 수관까지 위 방향으로 이루어지는 무기양분의 이동과 더불어 수목에서 가장 중요한 두 가지 물질 이동에 해당된다.

1. 관련 조직

설탕의 이동은 잎에 있는 1차 사부와 가지와 수간에 있는 2차 사부조직을 이용해서 이루어진다. 사부조직의 구조는 활엽수와 침엽수 간에 차이가 있다. 활엽수의 사관세포(sieve tube member)는 종축방향(수직방향)으로 길게 자라면서 위쪽과 아래쪽에 인접한 사관세포끼리 서로 사판(篩板, sieve plate)으로 연결되어 있으며 파이프 형태이다. 사판에는 지름 2μm 내외의 구멍인 사공(篩孔, sieve pore)이 뚫려 있어서 이 사공을 통해 설탕이 상하방향으로 쉽게 이동하는데, 인접한 반세포(伴細胞, companion cell)가 보조 역할을 하며, 사부섬유(phloem fiber)가 조직을 단단하게 지탱한다. 닥나무, 삼지닥나무, 뽕나무의 사부섬유는 그 양이 많아서 예전에 종이(한지)를 만들 때 껍질을 벗겨 사용했으며, 인피섬유로 알려져 있다.

침엽수 사부조직은 그 구조가 활엽수와 비교하면 매우 원시적이다. 사관세포 대신 사세포(sieve cell)로 구성되어 있는데, 사판이 없고, 대신 사공보다 아주 작은 사부막공(sieve area)을 통해 설탕이 이동하므로 비효율적이며, 반세포 대신 알부민세포(albuminous cell)가 보조 역할을 한다.

2. 운반 물질의 성분

사부조직을 통해 운반되는 탄수화물의 성분은 수목에 따라서 큰 차이가 있으나, 근본적으로 비환원당(非還元糖, non-reducing sugar)만으로 구성되어 있는 공통점이 있다. 비환원당이란 다른 물질을 환원시킬 수 없는 당류를 말하는데, 단당류(예: 과당, 포도당)는 다른 물질을 환원시킬 수 있는 환원당이며, 어느 식물의 사부조직에서도 발견되지 않는다. 이동하는 탄수화물이 모두 비환원당이라는 점은, 비환원당이 효소에 의해 잘 분해되지 않고, 다른 물질과 화학반응을 잘 일으키지 않는 안정된 화합물이므로 먼 거리까지 수송이 쉽도록 하기 위한 수단이라고 해석한다.

가장 농도가 높고 모든 수목에서 발견되는 것은 비환원당인 설탕(sucrose)이다. 그다음이 역시 비환원당으로 올리고당인 라피노즈(raffinose, 3당류)와 스타키오즈(stachyose, 4당류)이며, 버베스코즈(verbascose, 5당류)가 목본식물에서 소량으로 발견된다. 장미과 식물(예: 사과나무, 배나무, 벚나무)의 사부에는 설탕보다 당알코올의 일종인 소비톨(sorbitol)의 함량이 많은 것이 특이하다(표 4-4).

사부수액(phloem sap)에는 당류가 보통 20%가량 들어 있어 상당히 짙은 설탕물이라고 할 수 있으며, 진딧물과 같은 흡즙성 곤충의 좋은 먹이가 된다. 그 밖에 아미노산, 칼륨, 마그네슘, 칼슘, 철 등이 포함되어 있어 증산작용을 별로 하지 않는 조직, 즉 과실이나 눈에 무기양분을 공급하는 중요한 수단이 된다.

표 4-4 목본식물의 사부로 운반되는 탄수화물의 종류(Zimmermann과 Ziegler, 1975)

(+ 표시가 많을수록 함량이 증가함을 나타냄)

종류	단풍나무과	자작나무과	노박덩굴과	참나무과	뽕나무과	장미과
sucrose	++++	++++	+++	++++	++++	+++
raffinose	미량	++	++	미량	+	미량
stachyose	미량	++	+++	미량	++	미량
verbascose		+	미량	미량	미량	
sorbitol						++++
dulcitol			+++			
myoinositol	미량	미량	미량	+	+	미량

3. 운반 속도와 방향

사부를 통한 설탕의 이동은 상당히 빠른 편이다. 대부분 식물에서 운반속도는 1시간에 50~150cm 가량 되며, 물푸레나무에서 30~70cm로 측정되었다. 이러한 속도로 운반되기 위해서는 0.5mm 길이의 사관세포를 2초에 통과해야 하는데, 20%의 설탕 농도를 감안하면 매우 빠른 편이다.

설탕의 운반 방향은 설탕을 생산하는 공급원(供給源, source)에서 설탕을 요구하는 수용부(收用部, sink)로 이루어진다. 공급원은 잎이며, 수용부는 어린잎, 줄기 끝의 분열조직, 열매, 형성층, 뿌리이다. 그러나 공급원과 수용부의 위치는 고정되어 있지 않고 잎의 나이와 열매의 유무에 따라 계속해서 바뀐다. 소나무의 경우 봄에 새로 나온 잎은 주변의 성숙한 잎으로부터 설탕을 공급받는 수용부이지만, 8월부터는 설탕을 수출하는 공급원으로 바뀐다.

수목의 여러 부위 중에서 성숙한 잎을 제외하고 모든 부위가 설탕을 요구하는 수용부라고 할 수 있는데, 요구의 강약에는 다음과 같이 큰 차이가 있다. 열매에서 생산되는 식물호르몬은 열매를 가장 강력한 수용부로 만들며, 형성층과 뿌리는 비교적 약한 수용부라고 할 수 있다. 특히 그늘에서 자라는 수목은 광합성이 부족해서 설탕을 제대로 공급하지 못해 직경생장이 현저히 줄어들고 뿌리 발달이 빈약해진다.

수목의 저장조직(세포)은 가장 약한 수용부로서 영양생장과 생식생장에 필요한 탄수화물을 모두 충족시킨 후 여분이 있을 때에만 비로소 전분(澱粉, starch)의 형태로 세포 속에 저장된다. 수목의 이러한 특성은 감자나 고구마와 비교할 때 매우 다른 생리라고 할 수 있다. 따라서 수목의 경우 가을철 세포 속에 저장되어 있는 전분의 양을 조사하면 그 수목이 생육기간 동안 광합성을 얼마나 충실히 수행했는가를 판단할 수 있다.

열매, 종자 〉 눈, 어린잎 〉 성숙한 잎 〉 형성층 〉 뿌리 〉 저장조직(세포)

4. 운반 원리

사부에서 설탕이 운반되는 원리에 관한 설명 중에 1930년 독일의 과학자, Munch가 주장한 압력 유동설(壓力流動說, pressure flow hypothesis)이 있다. 이 학설은 높은 설탕 농도를 가진 잎(공급원)에서 설탕을 소모하는 낮은 농도를 가진 곳(수용부)으로 설탕이 운반되는 것은, 두 장소 간의 삼투압(osmosis) 차이에서 생기는 압력에 의해 수동적으로 설탕이 밀려가기 때문이라고 한다. 이 학설은,

1) 삼투압을 유발하는 반투과성막이 있어야 하는데, 세포막이 그 역할을 하고 있으며,

2) 두 장소 간에 실제로 삼투압에 차이가 있음이 증명되었으며,

3) 최근에 추가로 보완되긴 했으나, 공급원의 적재(loading) 기작과 수용부의 하적(unloading) 기작이 에너지를 소모하는 능동적인 생리적 현상으로 밝혀져 지금까지 가장 신빙성이 있는 학설로 인정받고 있다.

4-4 수분 생리

4-4-1 수분 흡수(water absorption)

1. 장소

수목에서 수분 흡수는 내부분 뿌리를 통해 이루어진다. 공중 습도가 높을 때에는 잎의 기공, 잎이 붙어 있던 엽흔과 수피의 피목을 통해서도 가능하지만, 그 양이 매우 적다. 수목의 근계는 지름이 1mm 이하인 가느다랗고 어린 세근으로부터 지름이 수 센티미터 이상이고 두꺼운 수피를 가진 굵은 다년생 뿌리까지 다양하게 구성되어 있다. 수분 흡수는 부드러운 어린뿌리(세근) 표면에서 주로 이루어지지만, 표면이 수베린(suberin)화되어 친수성이 적어진 굵은 뿌리에서도 가능하다. 수목 뿌리가 수분을 흡수하는 과정과 원리는 수동적 흡수와 능동적 흡수로 나눌 수 있다.

2. 수분의 수동적 흡수

수분의 수동적 흡수는 낮에 수목이 증산작용을 하는 동안 뿌리 속으로 수동적으로 수분이 빨려 들어오는 현상을 말한다. 꼭대기 잎이 증산작용으로 수분을 잃어버리면 그 아래 가지와 줄기의 도관 내에 있는 수분이 위로 끌려 올라가면서 도관 내에 장력이 생긴다. 이 장력은 밑에 있는 뿌리끝까지 전달된다. 즉 미세한 물기둥이 잎에서부터 뿌리끝까지 서로 연결되어 있으므로 줄기의 도관 내 장력이 뿌리끝까지 전달되어 뿌리 주변의 수분이 뿌리 안으로 빨려 들어오게 된다. 이때 토양 입자 사이에서 작동하는 모세관(毛細管)현상은 물이 뿌리 주변으로 모여드는 것을 돕는다. 증산작용을 하는 수목은 이런 수동적인 방법으로 필요한 수분을 흡수하게 되며, 이 과정에서 수목은 에너

지를 소모하지 않는다.

3. 수분의 능동적 흡수

수분의 능동적 흡수는 증산작용을 하고 있지 않은 상태에서 토양 내 수분이 뿌리 안으로 들어오는 현상을 의미하며, 뿌리가 삼투압을 높여 수분을 능동적으로 흡수하는 경우이다. 목본식물의 경우 낙엽수가 겨울철에 그리고 초본식물의 경우 야간에 수분을 흡수하는 경우에 해당한다. 초본식물은 야간에 뿌리 내로 무기염을 흡수하여 삼투압이 높아져 토양수분을 흡수하게 되며, 이로 인해 뿌리는 물로 팽만해져 근압(根壓, root pressure)이 생긴다. 초본식물은 이 근압을 해소하기 위해 야간에 일액현상(溢液現象, guttation, 풀잎의 끝에 물방울이 맺히는 현상)을 만든다. 근압은 목본식물에서도 관찰되는데, 자작나무와 포도나무의 경우 겨울철 줄기에 상처를 받으면 수액이 밖으로 흘러나오는 현상을 보이는데 이는 근압 때문이다.

고로쇠나무와 설탕단풍나무에서 이른 봄 수액을 채취하는 원리는 근압이 아니라 수간압이다. 수간압(樹幹壓, stem pressure)은 낮에 기온이 올라 공기가 팽창하여 수간의 세포간극에 축적되어 압력이 증가하면 상처를 통해 수액이 밖으로 흘러나오고, 밤에 공기가 수축하여 압력이 감소하면 뿌리에서 수분을 흡수하여 다시 압력이 생긴다(그림 4-10).

그림 4-10
고로쇠나무의 수간에 구멍을 뚫으면 수간압에 의해 수액이 유출되고 뿌리에서 수분 흡수가 이루어진다.

4-4-2 증산작용(蒸散作用, transpiration)

1. 증산작용의 기능

증산작용은 식물의 표면으로부터 수분이 수증기의 형태로 방출되는 것을 의미하며, 증발의 한 변형이다. 증산작용은 주로 기공을 통해 이루어지는데, 이산화탄소를 흡수하기 위해 기공이 열리면 부수적으로 수분을 잃게 된다. 따라서 식물은 증산작용을 피할 수 없게 되어 말라 죽기도 하지만,

증산작용은 식물에 최소한 두 가지 혜택을 준다.

첫째, 무기염의 흡수와 이동이 증산작용으로 촉진되며, 무기염은 도관을 타고 수분과 함께 위쪽으로 올라간다. 즉 식물은 뿌리에서 흡수한 무기염만 별도로 잎까지 보내는 방법이 없기 때문에 증산작용을 반드시 해야 한다. 둘째, 잎 온도를 낮추어 준다. 여름철 햇빛에 의해 잎 온도가 올라갈 때 기공에서 나오는 수증기의 높은 기화열로 인해 잎 온도가 내려가서 잎이 타 죽는 엽소(葉燒) 현상을 방지한다.

2. 기공(氣孔, stoma)의 개폐 기작

기공은 2개의 공변세포(孔邊細胞, guard cell)에 의해 생기는 구멍인데, 공변세포 안쪽의 세포벽이 바깥쪽보다 더 두꺼워서 공변세포가 수분을 흡수하여 팽창할 때 바깥쪽 세포벽이 더 늘어나면서 가운데 구멍을 형성한다.

공변세포가 햇빛을 받으면 수분을 흡수하는 이유는 삼투압이 높아지기 때문이다. 공변세포 안에서는 그림 4-11과 같은 화학반응이 일어난다. 햇빛을 받으면 H^+-ATPase 효소가 활성화되어 H^+를 밖으로 방출하면 이때 전하의 불균형을 해소하기 위해 주변에서 공변세포 안으로 K^+가 대량으로 들어온다. 동시에 공변세포의 전분이 분해되어 OAA(oxaloacetic acid)가 되고, 이산화탄소를 흡수하여 말산으로 변하면서 해리되어 말산염(malate)이 된다. 결국 말산염과 K^+가 삼투압을 높여 주변세포에서 물을 흡수할 수 있게 된다. 즉 기공이 열리는 것은 칼륨이 대량으로 공변세포로 모여듦으로써 가능하게 되며, 이러한 현상을 칼륨 펌프(potassium pump)라고 한다. 해가 지면 앞에서 말한 화학반응이 거꾸로 진행되어 수분이 빠져나가면서 기공이 닫히게 된다. 그러나 수분 부족으로 기공이 닫히는 경우도 있다. 식물호르몬인 아브시스산이 잎이나 뿌리에서 만들어져 공변세포로 이동, 칼륨을 밖으로 나가도록 유도하는데 이는 삼투압을 감소시켜 기공을 닫히게 한다.

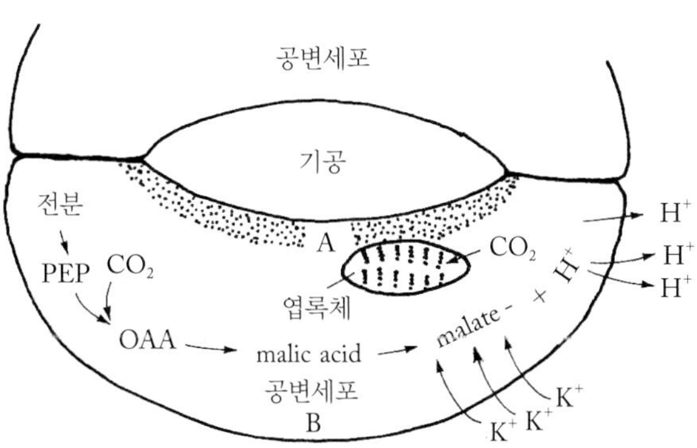

그림 4-11

기공이 열릴 때 공변세포의 화학적 변화. 수소이온(H^+)이 밖으로 나가고 대신 칼륨이온(K^+)이 안으로 들어오고, 전분이 분해되어 말산으로 되면 삼투압이 증가하면서 수분을 흡수하여 기공이 열린다(이경준, 2011).

3. 증산량

수목의 증산량은 햇빛, 이산화탄소 농도, 기온과 같은 환경요인에 따라 변화한다. 광도가 높을수록 기공이 크게 열려 증산량이 증가하며, 공기 중에 이산화탄소의 농도가 낮아져도 기공이 열리는 경향이 있다. 기온이 30℃ 이상으로 높아지면 수분 부족으로 인해 증산량이 감소한다. 그 밖에 증산량은 잎의 영향도 받는다. 엽면적 합계에 비례하여 증산량이 증가하며, 잎의 크기가 크면 온도가 쉽게 상승하여 증산작용이 증가한다. 커다란 단엽(單葉)보다는 작은 여러 개의 소엽으로 된 복엽(複葉)과 가느다란 침엽(針葉)이 증산작용을 줄이는 데 유리하다. 그 밖에 잎에 두꺼운 각피층이 있거나(예: 곰솔) 잎 표면에서 광선 반사가 잘되거나(예: 동백나무) 털이 많으면(예: 떡갈나무) 증산량이 줄어든다(그림 4-12).

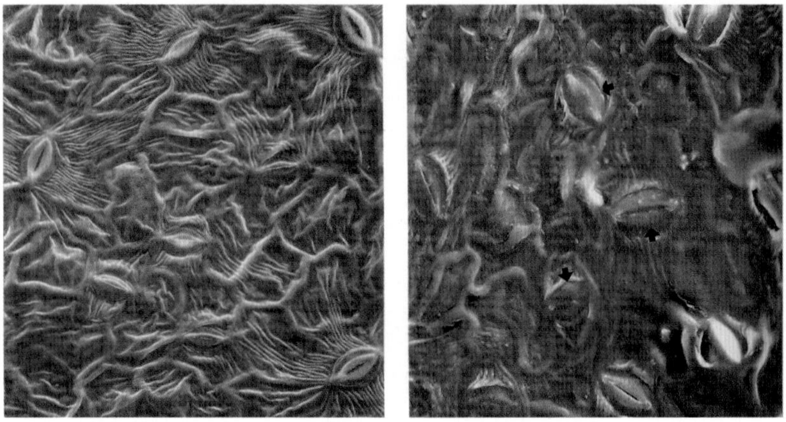

그림 4-12

인공배양실(좌측)과 야외(우측)에서 자란 포플러 잎에서 기공 표면에 발달한 왁스층의 차이. 야외에서 자란 잎은 기공(화살표)이 왁스로 완전히 덮여 있다(사진: Pallardy와 Kozlowski, 1980).

4-4-3 수액 상승

1. 관련 조직

수액(樹液, sap)은 가지와 줄기의 도관(혹은 가도관) 안에 있는 수분으로서 수피의 바로 안쪽에 있는 (2차)목부조직을 따라서 뿌리에서 잎까지 위쪽으로 이동하는 목부수액(xylem sap)을 말한다. 식물에서 수분과 탄수화물의 이동을 담당하는 조직을 통도조직(通道組織)이라고 부르며, 동물의 순환계와 같다. 수목은 증산작용을 통해 많은 수분을 잃어버리며, 뿌리에서 잎까지 매일 많은 수액을 이동시킨다. 수목은 수분 이동에 대한 저항이 가장 적은 세포들이 모여 있는 조직을 이용해 수액을 이동시키는데, 이것이 곧 목부조직이다. 목부조직은 침엽수의 경우 가도관, 활엽수의 경우 도관을 가지고 있다. 가도관과 도관은 세포내용물(원형질)이 없는 죽어 있는 세포로서 세포벽만을 가지고 있기 때문에, 가운데가 비어 있어 파이프 역할을 하면서 물을 이동시킨다.

침엽수류의 가도관(假導管, tracheid)은 원시적인 구조로 되어 있다. 직경이 30μm, 길이가 최고 5mm에 이르는 작은 세포로서, 끝이 막혀 있어 세포벽에 있는 작은 막공(膜孔, pit)을 통해 이웃한 가도관으로 수분이 이동한다. 반면 활엽수의 도관(導管, vessel)은 직경이 30~800μm, 길이가 수 센티미터에서 수 미터에 이르기도 한다. 도관의 상하 끝 벽이 뚫려 있어 수분이 쉽게 이동할 수 있어 더 진화된 모양을 갖추고 있다.

수간의 횡단면상에서 수액의 상승작용에 직접 기여하는 조직의 범위는 수종에 따라서 차이가 크다. 한복판에 있는 심재는 생리적 기능이 거의 없고, 변재 중에서도 일부만 수액이동에 관여한다. 환공재(예: 참나무류)의 경우 가장 최근에 만들어진 마지막 나이테 한두 개만 사용한다. 산공재(예: 단풍나무)의 경우 마지막 나이테 3개를, 그리고 침엽수는 마지막 나이테 서너 개를 이용해 수액을 올려보낸다. 도관과 가도관의 수분이동 기능이 몇 년밖에 지속되지 않는 이유는 도관 속이 전충체(塡充體, tylose, 주변 유세포의 원형질)로 채워지거나, 가도관의 막공이 막혀 물이 더 이상 이동할 수 없기 때문이다.

2. 수액의 성분

목본식물의 수액은 엄격한 의미에서 목부와 사부에 모두 있다고 할 수 있다. 목부수액(xylem sap)은 지금까지 설명한 가도관과 도관을 따라 위쪽으로만 이동하는 물을 의미한다. 사부수액(phloem sap)은 사부를 따라서 주로 밑으로 이동하는 탄수화물(주로 설탕)로 이루어진 액체를 의미하며, 진딧물과 같은 흡즙성 해충이 빨아먹는 수액(설탕물)이 해당된다. 수목생리학에서는 일반적으로 목부수액을 수액(sap)이라고 부른다.

목부수액은 물 이외에 무기염(예: 칼륨, 마그네슘)이 주성분이지만, 그 밖에 질소화합물, 탄수화

표 4-5 가을철(10월 10일) 물푸레나무의 목부수액과 사부수액의 성분 비교(von Die와 Willemse, 1975)

성분	목부수액(mg/ml)	사부수액(mg/ml)
건중량	1.4	220
설탕(sucrose)	0.128	140
칼륨(K)	0.177	2.1
마그네슘(Mg)	0.0115	0.077
나트륨(Na)	0.004	0.037
칼슘(Ca)	0.018	0.049
인(P)	0.005	0.052
산도(pH)	4.5~5.0	7.5

물, 효소, 식물호르몬 등이 아주 적은 양 들어 있는 묽은 용액이며, 산성을 띤다. 질소화합물 중에는 아미노산이 소량으로 발견되며, 글루타민(glutamine)과 아지닌(arginine)이 많다. 사부수액은 설탕이 주성분이며, 목부수액보다 매우 진한 용액(설탕 농도가 1,000배 더 많음)으로서 약한 알칼리성을 띤다(표 4-5).

3. 수액의 상승 속도와 각도

수액의 상승속도는 수종에 따라서 매우 다르며, 통도조직이 어떤 세포로 구성되어 있는가에 따라서 결정된다. 가도관을 가진 침엽수의 경우 수액 이동이 매우 느리다. 증산작용을 활발하게 하는 대낮에 상승 속도는 소나무의 경우 1시간당 최고 0.8m 수준이며, 낙엽송의 경우 0.5m 정도 된다. 도관을 가진 활엽수의 수액 이동은 침엽수보다 빠르다. 작은 직경의 도관으로 구성된 산공재를 가진 활엽수(예: 단풍나무)는 1시간당 1~5m가량이며, 직경이 큰 도관으로 구성된 환공재를 가진 활엽수는 1시간당 10~20m 정도로 매우 빠른데, 참나무류의 경우 도관의 직경이 매우 커서 1시간에 40m까지도 올라간다. 수액이 올라가는 속도는 증산작용이 둔화되는 야간에는 낮아져 낙엽송의 경우 1시간에 겨우 1.7cm 올라가기도 한다.

수액의 상승은 수직방향으로 곧게 올라가지 않고 약간 돌면서 올라가는 경향이 있는데, 수종에 따라서 다르다. 상승 각도는 활엽수에서는 작고, 침엽수에서는 크다. 침엽수의 경우 나선상 목

그림 4-13

침엽수 수간에서 수액이 돌면서 상승한다는 사실이 수간에 구멍을 뚫고 제초제를 넣어 피해를 받은 곰솔(해송)에서 증명되었다.

리(spiral grain)를 가지면 더 많이 회전하면서 수분이 올라간다. 소나무의 경우 일반적으로 5m 올라가면서 한 바퀴 도는 것으로 알려져 있다(그림 4-13). 줄기에 수간주사를 놓을 때 회전하는 정도가 수종에 따라서 차이가 있으므로, 약액이 수관에 골고루 퍼지게 하기 위해서는 수간의 양쪽에 꽂는 것을 권장한다.

4. 수액 상승 원리: 응집력설(凝集力說, cohesion theory)

공기가 짓누르는 1기압 하에서 수은주는 진공 대롱 안에서 77cm, 물기둥은 10m까지 올라갈 수 있다. 그 이상 물이 올라가려면 중력에 역행해야 가능하다. 키가 100m 이상 되는 나무 꼭대기까지 수액이 올라가는 원리는 물분자 간의 응집력으로 설명하고 있으며, 이를 응집력설이라고 한다. 물분자 간의 응집력은 상상 외로 크다. 응집(凝集, cohesion)이란 같은 성분의 분자끼리 서로 잡아당기는 성질을 의미하는데, 물분자끼리의 응집력은 물분자(수소와 산소) 간의 수소이온결합에 의해 생긴다.

증산작용을 왕성하게 하는 수목의 도관 혹은 가도관 내에서는, 물을 위에서 잡아당기면서 생기는 장력(張力)이 발생하는데, 이 장력을 견디지 못하면 물기둥이 중간에서 끊어지게 된다. 다행히 물분자의 인장강도(tensile strength)는 매우 커서 장력을 충분히 견딜 수 있다. 물분자 간의 응집력은 파이프(이 경우 도관과 가도관)의 직경이 작아질수록 커진다. 인간의 건강한 머리카락의 굵기는 평균 70μm(0.07mm) 정도 된다고 한다. 이보다 더 가는 도관(30~100μm)과 가도관(30μm)은 이런 환경을 만들어 응집력을 더 크게 해 준다. 지구상에서 가장 키가 큰 나무가 침엽수(세쿼이아의 115.3m)라는 사실은 우연이 아니다. 침엽수는 직경이 작은 가도관을 가지고 있기 때문에 물기둥이 끊어지지 않고 더 높이 올라갈 수 있다고 해석한다. 특히 겨울철 수간이 얼었다가 녹을 때 기포가 발생하는데, 가도관의 기포는 매우 작아 쉽게 제거할 수 있으므로 연속된 물기둥을 다시 복구할 수 있다고 한다.

4-5 유기물 대사

수목은 태양에너지를 화학에너지로 바꾸는 수단인 광합성을 통해 필요한 에너지를 전분의 형태로 체내에 저장한다. 일단 저장된 전분은 수목이 필요한 모든 물질을 합성하는 데 쓰인다. 모든 물질이란 뿌리에서 흡수하는 물과 무기물을 제외한 모든 화합물(유기물에 해당함)을 의미하며, 탄수화물, 지방, 단백질, 비타민, 효소 등을 포함한다. 즉 식물은 필요한 모든 유기물을 직접 만들기 때문에, 외부 유기물(먹이)로부터 필요한 에너지를 얻어야 하는 동물에 비해 혼자 살아갈 수 있는 능력이 있어 독립영양자(獨立營養者)로 분류된다. 수목 체내에서 발견되는 유기물은 생합성에 의해 만들어지며, 다른 화합물로 전환되기도 하고, 이런 합성과 전환의 단계마다 효소가 관여하여 진행 속도를 높여 준다.

4-5-1 탄수화물의 기능과 전환

1. 탄수화물의 종류와 기능

탄수화물은 수목 건중량의 75% 이상을 차지하므로 수목에서 가장 흔한 물질로서 탄소, 수소, 산소로 구성되어 있으며, 그 구성 비율이 1:2:1 혹은 CnH_2nOn이다. 탄수화물은 가장 단순한 구조를 가진 단당류(單糖類)의 경우 탄소의 숫자에 따라 3탄당, 4탄당, 5탄당 등으로 분류된다. 포도당(glucose)은 탄소를 6개 가지고 있는 6탄당으로서 광합성 과정에서 제일 먼저 만들어지는 화합물이며, 이를 기초로 하여 다른 단당류(5탄당, 6탄당, 7탄당)를 합성한다. 탄수화물이 다른 곳으로 운반될 때에는 다른 화합물과 화학반응을 일으키지 않는 설탕(sucrose)으로 바뀌며, 그곳에 저장될 때에는 전분으로 바뀐다. 위에 열거한 탄수화물은 수용성 탄수화물로 분류된다.

전분(澱粉, starch)은 여러 개의 포도당이 긴 사슬 모양으로 결합한 다당류(多糖類)로서, 대부분 식물에서 가장 중요한 저장 탄수화물인데, 잎에서는 광합성에 의해 엽록체 속에 직접 축적되고, 뿌리와 줄기에 있는 저장조직으로 운반되면 전분체(amyloplast)에 축적된다. 저장된 전분은 식물이 필요할 때 다시 분해되어 포도당을 만들어 호흡작용에 사용하거나 다른 물질을 합성할 때 쓴다(표 4-6).

세포벽은 수목에서 건중량의 대부분을 차지하는데, 주성분은 섬유소(셀룰로스, cellulose), 헤미셀룰로스(hemicellulose), 펙틴(pectin) 같은 탄수화물이다. 포도당이 길게 사슬 모양으로 결합하면 셀룰로스가 된다. 셀룰로스는 인장강도와 압축강도가 매우 커서 식물 고유의 딱딱한 세포벽을 만들고, 수목이 바람에 쓰러지지 않고 크게 자랄 수 있게 해 준다. 위에 열거한 세포벽의 성분으로

표 4-6 10월 중 18년생 사과나무 여러 부위의 탄수화물과 질소의 분포(Murneek, 1942)(단위: 건중량에 대한 %)

종류	지상부								지하부		
	잎	0~1년지	2~3년지	4~6년지	7~10년지	11~18년지	수간	평균	1~6년근	7~13년근	평균
전분(A)	2.80	5.87	6.08	2.85	3.60	3.96	9.00	4.63	15.93	17.63	13.14
당류(B)	6.61	5.05	3.91	2.51	2.21	1.92	2.10	2.67	4.44	6.88	4.87
총 탄수화물 (A+B)	9.41	10.92	9.99	5.36	5.81	5.88	11.10	7.29	20.37	24.51	18.01
질소	1.23	0.98	0.61	0.35	0.27	0.16	0.14	0.33	1.24	0.60	0.40
총 건중량 (kg)	13.43	7.13	10.93	19.88	65.48	62.93	30.75	총계 210.5	2.45	13.30	총계 59.45

바뀐 세 종류 탄수화물은 전분과 달리 식물이 분해하여 이용할 수 없으며, 영구적으로 식물의 골격 역할을 하며, 불용성 탄수화물로 분류된다.

탄수화물은 식물 대사과정에서도 가장 핵심이 되는 물질로서 세포벽의 구성성분, 에너지 저장, 삼투압의 증가, 호흡 에너지 제공 등의 기능을 가지고 있다. 또한 탄수화물은 지방이나 단백질과 같은 다른 화합물을 합성하기 위한 기본 물질이며, 출발점이 되는 화합물은 포도당이다(표 4-7).

표 4-7 테다소나무 어린 가지의 화학적 구성성분(Chung과 Barnes, 1980)(단위: 건중량에 대한 %)

그룹	성분	전체에 대한 백분비(%)	각 그룹에 대한 백분비(%)
질소화합물	소계	8.4	100
	아미노산	0.6	7.2
	단백질	7.6	90.7
	핵산	0.2	2.1
탄수화물	소계	38.0	100
	환원당	1.9	5.1
	설탕	3.1	8.2
	cellulose	21.3	56.0
	hemicellulose	9.8	25.7
	pectin	1.9	5.0
지질	소계	5.3	100
	지방산과 레진산	4.0	74.8
	글리세롤	0.3	6.0
	비검화물	1.0	19.2
lignin		23.3	
유기산	소계	3.5	100
	shikimic acid	1.7	48.7
	quinic acid	1.8	51.3
phenols		20.0	
무기염류		1.5	

2. 탄수화물의 계절적 변화

목본식물에서 수용성 탄수화물(세포벽의 구성성분인 셀룰로스와 펙틴을 제외한 것)의 계절적 변화는 낙엽수의 경우 계절에 따라 큰 폭으로 나타나고, 상록수의 경우 그 변화폭이 작다. 낙엽수는 가을에

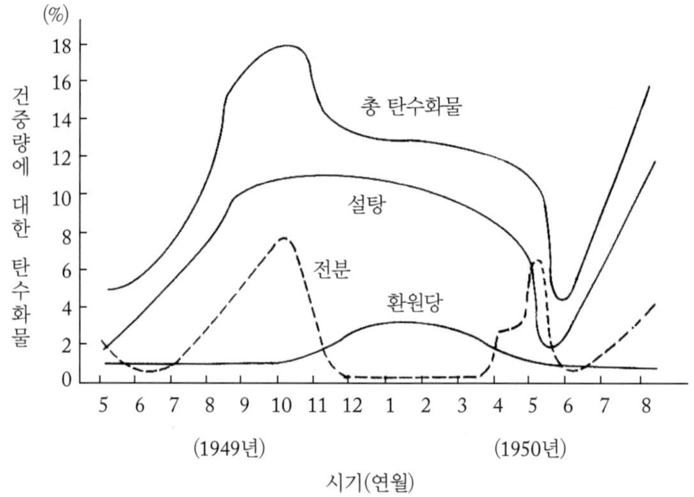

그림 4-14
아까시나무 내수피(사부조직)의 탄수화물의 계절적 변화(Siminovitch와 Briggs, 1953)

낙엽이 질 때, 줄기의 탄수화물의 농도가 최고치에 도달하여 겨울철 추위에 대한 내한성을 증가시키고, 겨울철 호흡에 필요한 에너지로 사용되며, 봄철에는 저장된 탄수화물(주로 전분)을 이용하여 새로운 잎과 가지를 생산하기 때문에 최저치에 도달한다. 그리고 새로운 잎과 가지가 나온 후 탄수화물의 농도는 여름과 가을 동안 계속하여 증가한다(그림 4-14). 상록수의 경우 탄수화물의 계절적 변화는 낙엽수에 비하여 훨씬 적은 편이다. 뮤고소나무의 경우 설탕 함량은 1월에 최고치를 기록했다가 4~7월 사이 새순이 자라는 동안 최저치를 보인다.

설탕의 체내 이동에 대한 관련 조직, 운반 물질의 성분, 운반 속도와 방향, 그리고 운반 원리는 4-3-2에서 이미 설명했다.

4-5-2 지질의 분포와 기능

지질(lipid)은 주로 탄소(C)와 수소(H)로 구성되어 있으며, 극성(極性, polarity, 수소이온 결합을 나타내는 성질)을 유발하는 산소(O) 분자를 극히 적게 혹은 전혀 가지고 있지 않아 물에 잘 녹지 않는 화합물이다. 구조는 긴 사슬 모양(지방, 납, 고무), 가지를 친 모양(인지질), 고리 모양(phenol) 등으로 다양하다. 체내 함량은 건중량의 1% 미만으로서 매우 낮다. 지질은 세포의 구성성분(세포막의 인지질), 저장물질(종자와 과일), 보호층 형성(잎, 줄기, 종자의 각피층), 저항성 증진(수지와 송진), 2차 산물(고무, 타닌, 알칼로이드)의 기능이 있다.

수목에서 지질은 다양한 형태로 존재한다. 납(wax)과 큐틴(cutin)은 표피의 각피층을 형성하며, 목전질(木栓質, suberin)은 수피와 코르크층에서 보호와 방수역할을 한다. 인지질(phospholipid)은 세포막의 구성성분으로서 세포막의 선택적 물질 흡수에서 중요한 역할을 한다. 정유(精油, essential oil)는 독특한 향기를 가진 휘발성 물질로서 소나무과, 녹나무과, 운향과의 목본식물에서 발견되며, 산림욕(山林浴, forest bath)의 효과로 알려진 피톤치드(phytoncide)의 주성분이다. 카로티노이드(carotenoid)는 광합성에서 엽록소를 보조하는데, 단풍의 색깔을 만들기도 한다.

수지(樹脂, resin)는 침엽수에 많이 존재하며 곤충의 침입을 막고 목재의 부패를 방지한다. 리그닌(lignin)은 목본식물 건중량의 15~25%가량을 차지할 만큼 많으며, 세포벽의 구성성분으로서 압축강도를 높여 준다. 타닌(tannin)은 미생물의 침입을 억제하며 초식동물로부터 보호하는 기능도 있다. 플라보노이드(flavonoid)는 잎, 줄기, 꽃과 열매에서 다양한 색깔을 나타내며, 단풍에서 붉은색을 나타내는 안토시아닌(anthocyanin) 색소를 만든다.

지질은 세포막의 구성성분이기 때문에 살아 있는 세포에서만 발견되며, 그 함량은 계절에 따라서 크게 변화한다. 월동기간에는 에너지를 저장하고 내한성(耐寒性)을 높이기 위해 함량이 높아지고, 봄과 여름에는 소모되어 낮아진다. 지질은 탄수화물보다 발열량이 높아서 작은 종자(예: 잣나무)에 에너지를 집중적으로 저장하는 수단으로 쓰인다.

지방(fat)은 다양한 구조를 가진 지질 중에서 수목 체내에 에너지의 저장수단으로 쓰일 수 있는 화합물을 의미하며, 쉽게 분해된다. 지방을 에너지가 필요한 다른 곳으로 이동시키려면 수용성이 아니어서 이동이 곤란하므로 일단 분해되어 설탕으로 전환되어야 한다. 지방이 분해되는 과정은 탄수화물의 분해와 마찬가지로 산소를 소모하는 호흡작용의 한 종류이다. 지방은 탄소가 긴 사슬 모양으로 연결되어 있는데, 사슬의 끝부분에서부터 탄소를 2개씩 끊어 내는 방식으로 단계적으로 분해되어 에너지를 방출한다.

4-5-3 단백질과 질소 대사

동물의 몸은 많은 부분이 단백질로 구성되어 있지만, 식물의 몸은 탄수화물이 주성분이다. 식물은 동물에 없는 세포벽이 모든 세포를 둘러싸고 있으며, 세포벽의 주성분인 셀룰로스가 탄수화물의 일종이다. 따라서 식물에서는 단백질의 함량이 극히 적은 편이지만, 단백질의 생리적 기능은 동물처럼 중요하고 또한 매우 흡사하다. 단백질은 아미노산으로 구성되어 있고, 아미노산은 질소를 가지고 있어, 수목 생리에서는 뿌리에서 흡수한 질소가 아미노산으로 바뀌는 질소대사를 연구한다.

1. 아미노산(amino acid)

아미노산은 단백질의 구성성분으로서 알칼리성을 띤 아미노기($-NH_2$)와 산성을 띤 카르복실기($-COOH$)가 같은 탄소에 부착되어 있는 유기물을 의미하며, 극성을 띠기 때문에 물에 잘 녹는다.

단백질을 합성하는 데는 보통 20종류의 아미노산이 필요하다. 인간의 경우 20종류 중에 9종류의 아미노산을 체내에서 합성할 수 없어 반드시 음식에서 섭취해야 하므로 필수아미노산이라고 부른다. 식물의 경우 모든 아미노산을 자체적으로 생산할 수 있으며, 뿌리에서 흡수한 질산태 질소(NO_3^-)를 원료로 하여 이를 합성한다. 식물이 독립영양자로 불리는 것도 이런 이유에서이다.

수목에서 검출되는 아미노산의 종류는 수종에 따라서 특색이 있는데, 사과나무의 경우 여름철에 aspartic acid와 glutamine이 주종을 이루고, 가을에는 arginine이 증가한다. 느티나무에서는 총 21종의 아미노산이 검출되며, 소나무류의 경우 유기태 질소의 73~88%가 citrulline과 glutamine으로 되어 있다.

2, 단백질(蛋白質, protein)

단백질은 여러 개의 아미노산이 연결되어 있는 화합물이다. 식물 단백질은 그 크기와 모양이 다양한데, 분자량은 최소 40,000Dalton(1Dalton은 탄소원자 하나의 무게) 이상이 되며, 주요 기능은 원형질과 효소의 구성성분, 저장물질, 전자전달 매개체의 역할을 한다.

단백질은 원형질 중에서 세포막에 존재하여 세포막이 선택적 흡수를 할 수 있게 하며, 엽록소가 단백질에 붙어 있어 광에너지를 효율적으로 모은다. 녹색 잎에 들어 있는 단백질의 12~25%는 광합성에서 CO_2를 붙잡는 역할을 하며 엽록체 내에 있는 rubisco 효소로서 지구상에서 가장 흔한 단백질이라고 할 수 있다. 그 밖에 광합성을 수행하는 엽록체와 호흡작용을 담당하는 mitochondria는 많은 효소를 함유하고 있어 단백질 함량이 높다. 모든 효소(enzyme)는 단백질로 구성되어 있는데, 크기가 다양하며, 화학반응을 촉진하는 역할을 한다. 식물체에는 저장물질로서 단백질이 있는데, 특히 종자 속에서 많이 발견된다. 전자전달 매개체의 역할을 하는 단백질로서는 cytochrome이 있는데, 광합성과 호흡에서 전자를 전달한다.

3. 질소대사(窒素代謝, nitrogen metabolism)

식물은 필요한 모든 아미노산을 자체적으로 합성할 수 있지만, 아미노산의 구성물질인 질소가 있어야 가능하다. 식물은 뿌리에서 흡수한 무기질소를 유기질소로 바꾸는 능력이 있으며, 이 과정을 질소대사라고 한다. 작물과 대부분 식물은 토양으로부터 질산태(nitrate, NO_3^-)의 형태로 질소를 흡수한다. 그러나 식생천이가 극상에 도달하여 토양이 산성화된 산림 토양(예: 침엽수림과 초원)의 경우에는 질산화 박테리아의 활동이 둔화되어 토양 중에 암모늄태(ammonium, NH_4^+) 질소가 축적되며, 수목 뿌리는 균근(菌根, mycorrhiza)의 도움을 받아 암모늄태 질소를 직접 흡수하기도 한다(그림 4-15).

뿌리에서 흡수한 질산태 질소(NO_3^-)가 암모늄태 질소(NH_4^+)로 바뀌는 과정을 질산 환원(nitrate reduction)이라고 하는데, 질산 환원이 이루어지는 장소는 산성토양에서 자라는 소나무류와 진달래

그림 4-15

산성토양에서 암모늄(NH_4^+) 태 질소를 흡수하여 수목생장을 촉진하는 소나무 뿌리에 형성된 균근의 전형적인 모습. A: 끝이 뭉툭하게 Y-자로 갈라진 균근, B: 뿌리 표면에 많은 균사가 부착되어 있는 균근

류는 뿌리이며, 나머지 수종은 잎이다. 암모늄태로 바뀐 질소는 글루타민산(glutamic acid)과 결합하여 glutamine이 되어 아미노산의 일부가 된다.

4. 질소의 체내 분포와 변화

수목 체내 질소의 함량은 조직의 종류, 계절에 따라 큰 차이가 있다. 식물의 경우 질소는 동물처럼 몸의 구성성분(단백질)이 아니고, 여러 대사작용에 직접 관여하기 때문에 주로 활발하게 생장하고 있는 부위에 질소가 집중적으로 모여 있다. 즉 광합성 기관인 잎, 분열조직인 눈과 뿌리끝, 형성층과 같이 왕성하게 세포분열을 하는 살아 있는 조직에는 질소 함량이 높고, 지지역할을 하는 2차 목부에 해당하는 수간의 중앙 부위에는 질소 함량이 극히 적다. 따라서 수목은 제한된 질소를 효율적으로 활용하기 위해 오래된 조직에서 새로운 조직으로 재분배한다는 것을 알 수 있다(표 4-8).

표 4-6에 18년생 사과나무의 여러 부위의 질소 함량을 연령별로 나타냈는데, 잎, 어린가지와 어린뿌리에 질소의 농도가 높은 것을 알 수 있다. 10월 중에 총 질소의 75%가 지상부에 있고, 20%는 잎 속에 존재한다. 귤나무의 경우에는 전체 질소의 50%가 잎에 함유되기도 한다. 16년생 테다소나무의 경우 전체 질소 함량의 25.2%가 잎에서 발견되며, 80%가 지상부에 존재한다(표 4-8).

수간의 질소 함량은 비교적 낮은 편이며, 특히 심재는 질소 함량이 극히 낮다. 루브라참나무의 경우 심재의 질소 함량은 0.01% 미만으로서 잎의 1/200 정도에 해당하고, 변재는 0.1~0.35% 정도로서 형성층에 가까울수록 증가한다. 반면 내수피는 살아 있는 사부조직으로 구성되어 있어서 잎과 비슷한 2.0%의 질소 함량을 보인다. 따라서 수피는 야생동물의 먹이로 이용되기도 한다.

질소 함량의 계절적 변화는 가을과 겨울에 가장 높고, 봄철에 줄기생장이 개시되면 저장된 질소를 이용하므로 감소하기 시작하다가 여름철 생장이 정지되면 다시 증가한다. 질소의 저장

표 4-8 16년생 테다소나무 조림지에서 질소의 체내 분포(Wells 등, 1975)

수목 부위	질소(kg/ha)	전체에 대한 비율(%)
당년생 잎	55	17.1
잎 전체	82	25.2
살아 있는 가지	34	10.6
죽은 가지	26	8.0
수간(목부)	79	24.6
수간(수피)	36	11.2
지상부 합계	257	80.0
근계	64	19.9
총계	321	

과 이동에는 여러 가지 아미노산이 관여하는데, 그중에서 가장 중요한 역할을 하는 아미노산은 arginine으로 알려져 있으며, arginine의 변화는 질소 함량의 변화와 비슷한 양상을 보인다. 이러한 질소의 계절적 변화는 탄수화물의 변화와 흡사하다고 할 수 있다.

4-6 무기영양(無機營養, mineral nutrition)

동물은 탄수화물, 지방, 단백질, 비타민과 같은 유기물을 외부에서 먹이(food)의 형태로 얻기 때문에 유기영양이 중요하다. 반면 식물은 이러한 유기물을 자체적으로 합성하기 때문에 유기영양의 개념이 없고, 대신 토양으로부터 무기물을 흡수하는 무기영양(mineral nutrition)이 중요하다.

4-6-1 무기양분의 종류와 역할

식물 체내에서는 60여 종의 원소가 검출되는데, 이 중에서 식물에 필요한 원소, 즉 종자에서부터 시작하여 싹이 트고 꽃이 피어 종자를 맺는 단계까지 생활사(life cycle)를 완성하는 데 반드시 필요한 원소를 필수원소(必須元素, essential element)라고 한다. 지금까지 알려진 필수원소에는 17가지가 있으며, 체내 함량에 따라 두 그룹으로 나눈다. 식물조직에 건중량의 0.1%(1,000ppm) 이상 함유되어 있는 원소를 대량원소(大量元素, macronutrient, major element)라고 하고, 0.1% 미만으로 존재하는 원소를 미량원소(微量元素, micronutrient, minor element)라고 부른다(표 4-9). 그 밖에 코발트(Co)는 질소를 고정하는 식물(목본식물 포함)에서만 필요한 원소이며, 동물이 필요한 비타민 B_{12}의 구성성분이기도 하다.

무기양분(mineral nutrient)은 수목 체내에서 여러 가지 기능이 있는데, 다음과 같이 다섯 가지로 요약할 수 있다.

1) 식물조직의 구성성분: 칼슘은 세포벽, 마그네슘은 엽록소, 질소와 황은 아미노산, 인은 인지질과 핵산의 구성성분이다.

2) 효소의 활성제 역할: 칼륨은 광합성과 호흡에 관여하는 효소의 활성제, 칼슘은 amylase 효소의 활성제, 마그네슘은 광합성, 호흡, 핵산 합성에 관여하는 효소의 활성제 역할을 한다.

표 4-9 수목의 생장에 필요한 17가지 필수원소의 종류, 평균함량, 식물 흡수 형태, 주요 기능

원소 명칭	영명	화학기호	조직 내 함량	식물 흡수 형태	기능
대량원소			%		
탄소	carbon	C	45	CO_2	광합성용 CO_2 가스, 모든 유기물의 기본 골격을 형성함
산소	oxygen	O	45	O_2, H_2O	O_2 가스, H_2O, 산화반응에 관여
수소	hydrogen	H	6	H_2O	H_2O, 전자전달과 환원반응에 관여
질소	nitrogen	N	1.5	NO_3^-, NH_4^+	아미노산, 단백질, 효소, 엽록소의 구성성분
칼륨	potassium	K	1.0	K^+	기공의 개폐, 광합성과 호흡 효소의 활성제, 전분과 단백질 합성
칼슘	calcium	Ca	0.5	Ca^{++}	세포벽 중 중엽층의 성분, amylase 효소의 활성제
인	phosphorus	P	0.2	$H_2PO_4^-$, HPO_4^{--}	핵산과 원형질막의 인지질의 구성성분, 당류와 결합하여 광합성과 호흡에 관여
마그네슘	magnesium	Mg	0.2	Mg^{++}	엽록소의 구성성분, 핵산 합성 효소의 활성제
황	sulfur	S	0.1	SO_4^{--}	아미노산, 비타민 B_1, biotin, coenzyme A의 구성성분
미량원소			ppm		
철	iron	Fe	100	Fe^{++}, Fe^{+++}	전자전달 단백질(cytochrome, ferredoxin)과 효소의 구성성분, 엽록소 합성에 관여
염소	chlorine	Cl	100	Cl^-	광합성에서 H_2O의 광분해 촉진, auxin 구성성분, 삼투압 조절
망간	manganese	Mn	50	Mn^{++}	엽록소 합성에 필수적이며, 효소의 활성제, H_2O의 광분해 촉진
붕소	boron	B	20	$H_2BO_3^-$	화분관의 생장촉진, 핵산의 합성에 관여
아연	zinc	Zn	20	Zn^{++}	아미노산 tryptophan의 생산에 관여, auxin 생산에 관여
구리	copper	Cu	6	Cu^{++}, Cu^+	산화-환원 효소의 구성성분, 엽록체 단백질 plastocyanin의 구성성분
몰리브덴	molybdenum	Mo	0.1	MoO_4^{--}	질산환원 효소의 구성성분
니켈	nickel	Ni	?	Ni^{++}	urease 효소의 구성성분

3) 삼투압 조절제 역할: 칼륨은 공변세포의 삼투압을 높여 기공의 개폐에 직접적으로 관여하며, 염소와 나트륨은 염생식물에서 세포의 삼투압을 높이는 데 관여한다.

4) 세포질의 완충제 역할(예: 인).

5) 세포막의 투과성 조절제 역할(예: 칼슘).

4-6-2 무기양분의 분포

수목은 초본류와 달리 살아 있는 부분과 죽어 있는 부분의 구별이 뚜렷하고, 죽어 있는 부분의 비율이 많은 편이다. 수목 내 무기양분은 살아 있는 조직에서 함량이 높고, 죽어 있는 조직에서는 낮다. 즉 잎은 수목의 어느 부위보다 대사작용이 왕성하기 때문에 양분의 함량이 가장 높고, 수간 중에서 (2차)목부조직은 대부분 죽어 있는 조직이므로 함량이 가장 낮다. 그림 4-16에 몇 가지 수종의 부위별 질소와 인의 함량을 표시했다. 작은 가지(측지)는 큰 가지(주지)의 양분 함량보다 많지만, 잎보다 적고, 수간보다 많아 살아 있는 조직의 비율에 비례하여 양분의 함량이 많아짐을 알 수 있다.

백합나무 잎의 여러 가지 필수원소의 함량을 표 4-10에 표시했는데, 생장이 양호한 지역의 함량은 표 4-9에 나타나 있는 일반 식물의 함량과 비슷한 수치를 보인다. 그러나 생장이 불량한 지역의 양분 함량은 대부분 필수원소에서 양호한 지역에 비교하면 적게 나타났는데, 그중에서도 질소와 인의 함량이 현저하게 적게 나타나 불량한 생장의 원인이 됨을 시사하고 있다.

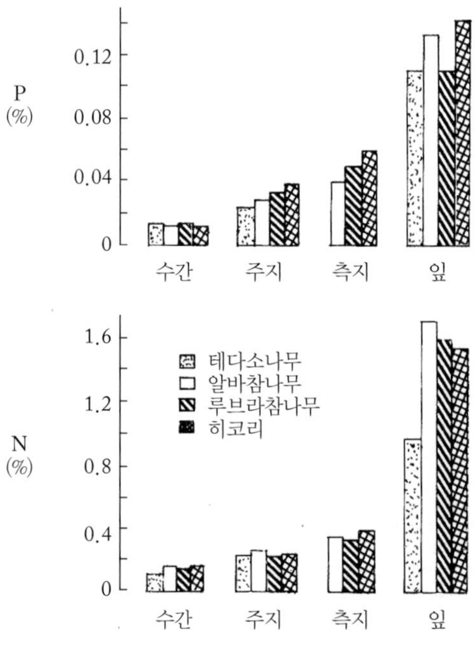

그림 4-16

몇 가지 수종의 지상 부위별 질소(N)와 인(P)의 함량(건중량에 대한 비율)(Ralston과 Prince, 1965)

표 4-10 생장이 양호한 지역과 불량한 지역의 백합나무 잎의 여러 가지 무기양분의 함량(Schomaker와 Rudolph, 1964)
(단위: 잎의 건중량에 대한 비율)

원소명	한글명	생장 양호 지역	생장 불량 지역	비고
N	질소	1.75%	0.95%	대량원소
P	인	0.20	0.10	
K	칼륨	0.89	0.67	
Ca	칼슘	3.18	2.76	
Mg	마그네슘	0.32	0.29	
Mn	망간	471ppm	345ppm	미량원소
Fe	철	122	87	
Cu	구리	10	8	
B	붕소	72	73	
Zn	아연	32	27	
Mo	몰리브덴	12	10	
Al	알루미늄	402	437	필수원소가 아님
수고생장		17.4m	8.1m	
직경생장		18.7cm	10.1cm	

4-6-3 무기양분의 계절적 변화

수목 내 무기양분의 함량은 계절별로 큰 차이가 있다. 특히 잎은 대사작용이 왕성한 만큼 수명도 짧아 가장 변화의 폭이 크다. 그림 4-17에서 사과나무(품종 Delicious)의 경우 꽃이 피고 난 후 잎에서 무기양분의 변화를 보면 질소, 인, 칼륨의 함량(건중량에 대한 %)은 어린잎에서 제일 높고, 그 후 계속 감소하는데, 특히 가을에 접어들면서 질소와 인의 함량이 급격히 감소하고, 칼륨도 감소한다. 반면에 칼슘의 함량은 낙엽 전까지 계속해서 증가한다. 마그네슘의 함량은 비슷한 수준을 유지한다. 이와 같은 현상은 낙엽 전에 양분의 재분배를 통해 N, P, K는 수피로 회수하여 저장하고, Ca은 노폐물과 함께 밖으로 배출하기 위한 수단이다. 엽분석으로 수목의 영양상태를 진단하고자 할 때에는 변화의 폭이 비교적 적은 7월 초순(개화 후 80일경)이 적기임을 알 수 있다.

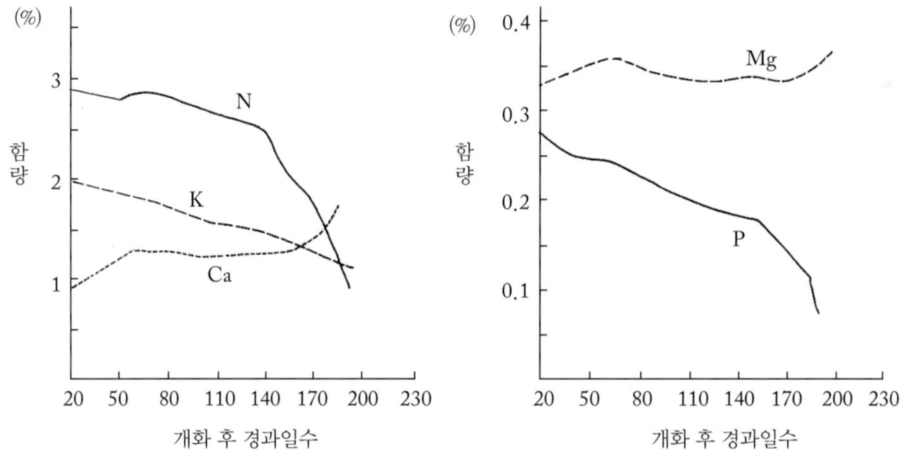

그림 4-17

사과나무 개화 후 가을까지 잎의 무기양분 변화. N(질소), K(칼륨), Ca(칼슘), Mg(마그네슘), P(인) (Rogers 등, 1953)

4-6-4 수종에 따른 무기양분의 요구

농작물에서 다수확 품종은 육종을 통해 육성되는데, 생장이 빠르고 많은 열매를 맺기 때문에 비옥한 토양을 요구한다. 반면 산림에서 자라는 수목이나 조경수는 작물보다 생장이 느려서 비옥한 토양을 요구하지 않는다. 수목 간에도 양분요구량이 서로 다른데, 활엽수는 침엽수보다 더 많은 양분을 요구하며, 침엽수 중에서도 소나무류는 가장 적은 양을 요구하여 척박한 토양에서도 자란다. 즉 생장속도에 비례하여 더 많은 양분을 요구함을 알 수 있다. 양분요구량은 다음 순서대로 적어진다.

농작물(비옥한 토양) 〉 활엽수 〉 침엽수 〉 소나무류(척박한 토양)

소나무류는 척박한 토양에서 자라지만, 실제로는 척박한 토양을 더 선호하는 것이 아니다. 소나무는 활엽수보다 생장이 느리기 때문에 수분과 양분이 많은 계곡에서는 생장이 빠른 활엽수에 밀려날 수밖에 없다. 대신 경쟁이 상대적으로 적은 산 위의 건조하고 척박한 토양을 점령한다고 해석해야 한다. 소나무는 양수(陽樹, 그늘에서 살 수 없는 수종)로서 숲이 훼손되어 토양이 척박할 때 개척수종으로 다른 종보다 먼저 나타나서 숲이 우거지면 다음 세대가 자라지 못해 결국 쇠퇴하게 된다.

4-7 식물호르몬 생리

식물호르몬(plant hormone, phytohormone)은 일반적으로 식물생장물질(plant growth substance)이라고 하는데, 식물의 생장, 분화 및 생리적 현상에 영향을 끼치는 물질로서 동물에서의 호르몬과 비슷한 개념이다. 단지 동물과는 달리 생산하는 장소 혹은 기관이 뚜렷하게 분화되어 있지 않은 것이 다른 점이며, 호르몬이라는 용어를 쓰지 않는 학자도 있다. 인공적으로 합성하여 식물호르몬의 특성을 나타내는 물질은 식물생장조절제(plant growth regulator)라는 이름으로 부르기도 한다.

4-7-1 식물호르몬의 정의

식물호르몬은 1) 유기물로서, 2) 한 곳에서 생산되어, 3) 다른 곳으로 이동하여, 4) 이동된 곳에서 생리적 반응을 나타내고, 5) 아주 낮은 농도에서 작용하면서 이 다섯 가지를 만족시켜 주는 화합물을 말한다. 한 가지 예외적인 경우는 식물호르몬 중에서 에틸렌 가스로서, 생산된 곳에서 생리적 작용을 나타내기도 한다. 식물호르몬은 극히 낮은 농도에서 생리적 작용을 나타내는 것이 다른 유기물과 대조적이다. 즉 식물생장에 필요한 당류, 아미노산, 유기산 등은 보통 1~50mM의 농도로 존재하지만, 식물호르몬은 보통 1μM 단위로 존재하며, 이 농도는 비타민의 1/100 정도로 매우 낮은 농도이다.

4-7-2 식물호르몬의 종류와 역할

식물호르몬은 식물의 생장에 어떤 영향을 주는가에 따라 분류한다. 식물의 생장을 촉진하는 경향이 있는 것을 생장촉진제(growth promoter)라고 하며, 옥신, 지베렐린, 시토키닌이 여기에 속하며, 역사적으로 먼저 발견되었다. 그 이후 생장을 억제하거나 노쇠를 촉진하는 것을 발견했는데, 이를 생장억제제(growth inhibitor)라고 부르며, 아브시스산과 에틸렌이 있다.

1. 옥신(auxin)

옥신은 귀리의 자엽초나 완두콩의 상배축을 늘어나게 하는 페닐기(phenyl)를 가진 화합물을 총칭한다. 천연으로 존재하는 것에는 IAA(indole-acetic acid), 4-chloro IAA(4-chloro-indoleacetic acid), PAA(phenylacetic acid), IBA(indole-butyric acid)의 네 가지가 있다. 인공적으로 합성한 것에는 NAA(α-naphthalene acetic acid), 2,4-D(2-4-dichlorophenoxyacetic acid), MCPA(2-methyl-4-chlorophenoxy acetic acid)이 있으며, 호르몬 대신 식물생장조절제라고 부른다(그림 4-18).

옥신은 어린 조직, 즉 줄기 끝의 분열조직(눈), 어린잎과 열매에서 주로 만들어진다. 체내에서

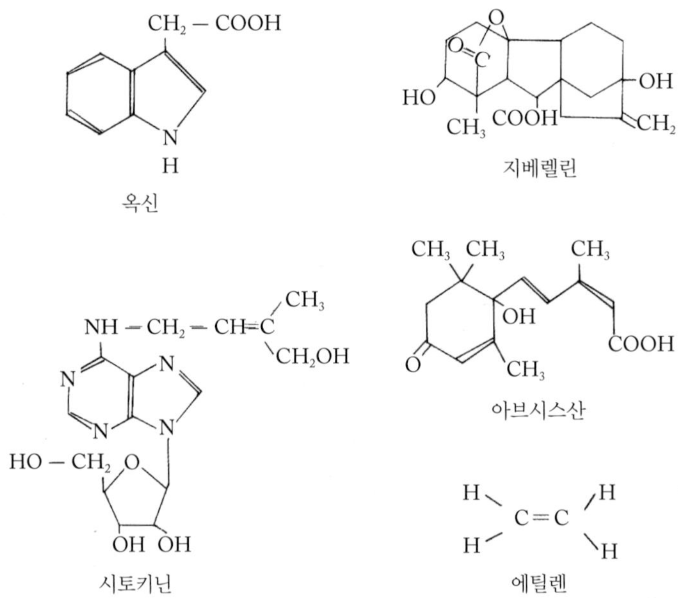

그림 4-18

대표적인 식물호르몬의 화학적 구조: 옥신(IAA), 지베렐린(GA_3), 시토키닌(zeatin), 아브시스산(ABA), 에틸렌(C_2H_4) (이경준, 2011)

의 운반은 목부나 사부를 통해서 이동하지 않고, 유관속 근처에 있는 유세포를 이용한다. 1시간에 1cm 정도 이동할 만큼 매우 느리며, 위에서 아래 방향으로만 이동한다.

옥신의 생리적 기능은 목본식물에서 굴광성(屈光性, 잎과 줄기가 햇빛을 향하는 성질), 굴지성(屈地性, 뿌리가 땅속으로 들어가는 현상), 정아우세(頂芽優勢, 끝눈이 옆 눈보다 더 빨리 자라는 성질) 현상을 만들고, 뿌리의 생장과 부정근의 형성을 촉진하여 발근촉진제로 쓰인다. 인공적인 옥신(예: 2,4-D, MCPA)은 높은 농도로 처리하면 식물의 대사작용을 혼란시켜 제초제 혹은 고엽제(枯葉劑)의 역할을 한다.

2. 지베렐린(gibberellin)

지베렐린은 gibbane의 구조를 가진 diterpene의 일종인 화합물을 총칭하는데, 최근까지 총 135종이 발견되었다. 지베렐린은 미성숙 종자에 높은 농도로 존재하며, 종자에서 많이 생산된다. 그 밖에 어린잎과 뿌리끝에서 생산되며, 목부조직과 사부조직을 통해 위아래로 이동한다.

생리적인 기능은 잎의 신장, 줄기의 마디생장을 촉진하여 키가 커지게 하며, 종자 발아를 촉진한다. 나자식물의 개화를 촉진하며, 일부 과수에서 단위결과(parthenocarpy)를 유도한다. 그 밖에 봄철에 목본식물의 어린잎에서 생산되어 휴면 상태에 있는 형성층의 세포분열을 촉진하며, 봄철 휴면상태의 뿌리에서 생산되어 줄기의 생장을 자극한다. 종자에서 생산되는 지베렐린은 효소의 생산을 촉진하여 저장 전분을 분해하는 역할을 한다. 생장억제제로 상업적으로 개발된 Amo-1618, CCC(Cycocel)는 지베렐린의 합성을 방해하여 줄기의 마디 생장을 억제하는 효과가 있다.

3. 시토키닌(cytokinin)

시토키닌은 식물의 세포분열을 촉진하고 잎의 노쇠를 지연시키는 adenine 화합물의 총칭이다. 천연으로 발견된 것에는 zeatin, zeatin riboside 등이 있다. 합성된 것에는 kinetin, benzyladenine(BA 혹은 BAP)이 있다. 시토키닌은 어린 기관에 해당하는 종자, 열매, 잎, 뿌리끝에서 생산된다. 뿌리끝에서 생산된 시토키닌은 목부조직을 통해 줄기로 이동한다.

생리적인 기능은 세포분열을 촉진하고 기관 형성을 유도한다. 실험실에서 조직배양(tissue culture)을 할 때 옥신을 추가하면 세포가 커지며, 시토키닌을 추가하면 세포분열이 촉진된다. 유상조직(callus)을 배양할 때, 시토키닌과 옥신의 비율은 유상조직의 분화에 영향을 미친다. 시토키닌의 함량이 높으면 유상조직이 줄기로 분화하고, 옥신의 함량이 높으면 뿌리로 분화한다.

시토키닌의 생리적 기능 중에는 엽록체의 발달 촉진, 종자의 휴면타파와 노쇠지연이 있다. 잎을 질라서 삽목(엽삽)을 실시하면 뿌리가 나오면서 잎의 노쇠가 지연된다. 사탕단풍나무의 경우 봄철 새로 나온 뿌리가 시토키닌을 생산하여 줄기의 눈으로 보내 눈의 세포분열을 촉진한다. 뿌리가 생육에 불리한 환경에 놓이면 목부의 시토키닌이 감소하여 줄기의 생장이 감소한다.

4. 아브시스산(abscisic acid, ABA)

아브시스산은 15개의 탄소를 가진 sesquiterpene의 일종으로서 식물에 휴면을 유도하는 화합물이며, 생장억제제에 해당한다. 고농도로 관찰되는 곳은 잎, 눈, 열매, 종자이며 뿌리에서도 관찰된다. 생합성이 일어나는 장소는 색소체를 가지고 있는 식물의 여러 기관이다. ABA의 체내 이동은 목부와 사부를 통해 멀리 쉽게 이루어진다.

ABA의 생리적 기능은 휴면 유도, 낙엽 촉진, 스트레스 감지 등으로 생장을 정지시키는 기능이다. ABA는 목본식물에서 눈과 종자의 휴면과 관련이 있다고 알려져 있다. 버즘단풍나무에서 늦여름 일장이 짧아지면 생장을 정지하면서 잎과 눈에서 그 농도가 증가하면서 아휴면(bud dormancy)을 유도한다. ABA는 종자 휴면을 유도하는 역할을 한다. 종자에서 ABA가 생산되어 종자가 생리적 휴면에 들어간다. 휴면상태의 종자에 저온처리를 하거나 광선을 노출시켜 휴면을 타파시키면 ABA의 함량이 감소한다.

ABA의 다른 기능은 잎, 꽃, 열매의 탈리현상(脫離現象, abscission)을 촉진하는 것이다. ABA를 처리하면 조기노쇠현상이 생기면서 에틸렌 가스가 생산되어 탈리현상을 촉진한다. ABA는 스트레스를 감지하는 기능도 있다. 식물이 수분 부족(스트레스)을 받으면 잎의 ABA가 급격히 증가하여 기공이 닫힌다. 뿌리에서 합성된 ABA가 목부를 통해 잎으로 운반된 후 기공을 폐쇄시키는 것으로 알려져 있다. 수분스트레스 이외에 고온, 침수, 무기양분 부족 등의 스트레스를 받으면 ABA의 양이 증가하여 생장이 정지된다.

그 밖에 ABA는 종자가 모체의 열매 속에 있을 때 싹이 나지 않게 하는 기능도 있다. 이 경우 종자가 성숙하는 동안 ABA 함량이 증가하여 배의 발아를 억제하기 때문이다. 그러나 태생종자(胎生種子, vivipary)는 모체에서 싹이 난다.

5. 에틸렌(ethylene)

에틸렌은 2개의 탄소가 이중결합으로 연결된 기체(CH_2=CH_2)이다. 단순한 구조를 가진 가스가 식물호르몬으로 인정되는 것은 예외적인 경우지만, 식물호르몬의 범주에 들어오기 때문이다. 에틸렌은 종자식물의 살아 있는 모든 조직에서 생산된다고 할 수 있다. 유럽소나무의 경우 생육기간 동안 변재의 에틸렌 함량은 4~7ppm 정도 되며, 심재는 2ppm 이하로 낮았다. 유묘의 경우 줄기 끝에서 주로 생산되며, 잎과 꽃에서는 노쇠하기 전까지, 과일의 경우 수확한 직후 대량으로 발생한다. 에틸렌은 가스이기 때문에 체내에서 쉽게 이동하며, 목부와 사부조직보다는 세포간극이나 공간을 통해 확산된다.

에틸렌은 식물이 각종 스트레스를 받을 때 발생한다. 조직을 문지르거나 압력을 가하거나 상처를 입을 때, 미생물과 곤충의 공격을 받을 때, 한발 피해를 볼 때, 저온이나 대기오염에 노출될 때에도 생산되어 스트레스 에틸렌(stress ethylene)이라고 부른다. 식물의 뿌리가 침수되면 에틸렌이

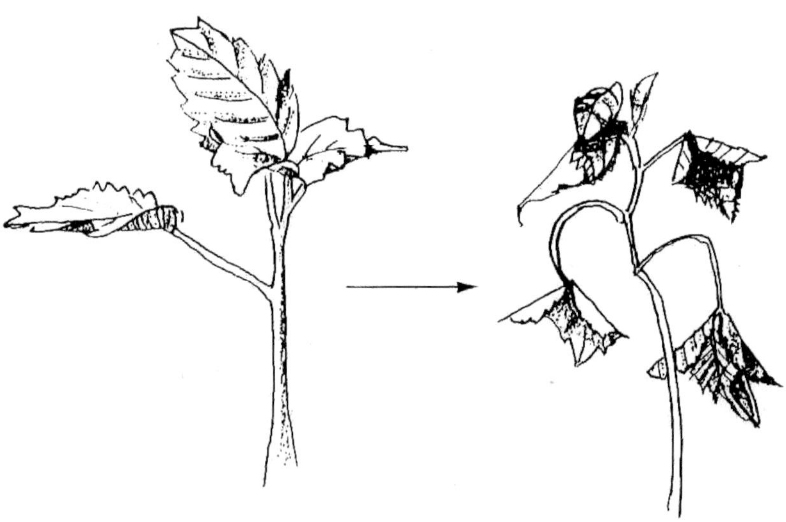

그림 4-19

침수된 식물에서 생산된 에틸렌 가스로 인한 잎의 상편생장현상(이경준, 2011)

생산되면서 줄기로 이동하여 잎의 황화현상, 줄기의 비대생장, 잎의 상편생장(上片生長, epinasty)으로 엽병의 위쪽이 더 빨리 자라 잎이 아래쪽으로 말려 들어가고, 잎이 시들면서 탈리현상이 생긴다(그림 4-19). 식물에 옥신을 대량으로 처리하면 에틸렌의 생산이 수백 배 이상 촉진되기도 한다.

에틸렌은 과일의 성숙을 촉진한다. 사과와 배에서 과일이 성숙할 때 호흡량이 급격히 증가하는 시점에서 에틸렌이 생산된다. 따라서 과일을 밀폐된 공간에 보관하면 저장기간이 단축된다. 그 밖에 에틸렌은 피자식물에서 줄기, 엽병, 뿌리의 신장생장을 억제한다. 이런 현상은 쌍자엽식물의 종자가 땅속에 발아하여 떡잎이 올라올 때 어린줄기가 갈고리 모양으로 휘는데, 에틸렌이 갈고리의 안쪽 세포의 신장을 억제함으로써 형성되며, 떡잎이 안전하게 흙을 밀어 올리게 된다. 에틸렌은 대부분 식물에서 개화를 억제하지만, 바나나와 파인애플에서는 개화를 촉진한다.

4-7-3 식물호르몬의 내적 생장 조절

목본식물의 줄기생장은 온대지방에서 계절적 차이가 있으며, 이 차이에 따라 호르몬의 존재 및 관련 정도가 비슷한 양상을 보인다. 독일가문비나무의 경우 줄기의 옥신 함량은 줄기의 신장 속도와 상관관계가 있으며, 사과나무와 복숭아나무의 경우 봄에 줄기생장에 비례하여 옥신의 함량이 증가하며, 줄기생장이 느려지면 옥신의 함량이 감소한다. 지베렐린도 비슷한 현상을 보여 어린잎에서 생산된 지베렐린은 밑의 줄기의 신장생장을 촉진한다. 사과나무의 경우 어린잎을 제거하거나 아브시스산을 처리하면 절간생장이 정지하며, 지베렐린을 처리하면 다시 회복된다. 소나무류에서 봄에 동아가 자라기 시작하면 지베렐린의 함량이 증가한다.

수목의 직경생장은 형성층에 의해 이루어지는데, 여러 가지 호르몬이 형성층의 생장 개시, 춘재-추재 형성, 그리고 생장정지 등의 생리적 현상을 결정한다. 눈과 잎에서 생산되는 지베렐린과 뿌리에서 생산되는 시토키닌의 상호작용에 의해 형성층의 생장이 결정된다. 봄철 형성층의 생장 개시는 눈에서 생산된 옥신에 의해 시작되며, 어린잎에서 지베렐린이 생산되어 형성층의 세포분열을 자극하는데, 두 호르몬의 작용은 상승효과(上昇效果, synergy)가 있다. 형성층의 생장개시는 수관의 윗부분에서 시작하여 아랫부분으로 점진적으로 전달되는데, 이것은 수관에서 생산된 옥신이 아래로 이동하면서 형성층에 자극을 주기 때문이다. 그리고 소나무의 경우 줄기가 생장하고 있는 동안 옥신이 생산되며, 이 기간에는 춘재가 만들어진다. 여름철 줄기의 생장이 정지하면 옥신의 생산량이 감소하면서 추재의 형성이 촉진된다. 즉 여름철에 수관으로부터 옥신의 공급량이 감소하면 아래쪽으로 이동하는 옥신의 양이 감소하여 추재의 형성이 나무 밑동에서 제일 먼저 시작하여 점진적으로 위쪽으로 전파된다(그림 4-20).

뿌리는 지상부로부터 탄수화물(설탕)이 계속하여 공급되어야 생장할 수 있는데, 이때 식물호르몬의 공급도 동시에 이루어진다. 특히 수간에서 뿌리로 이동하는 옥신에 의해 뿌리의 형성층이

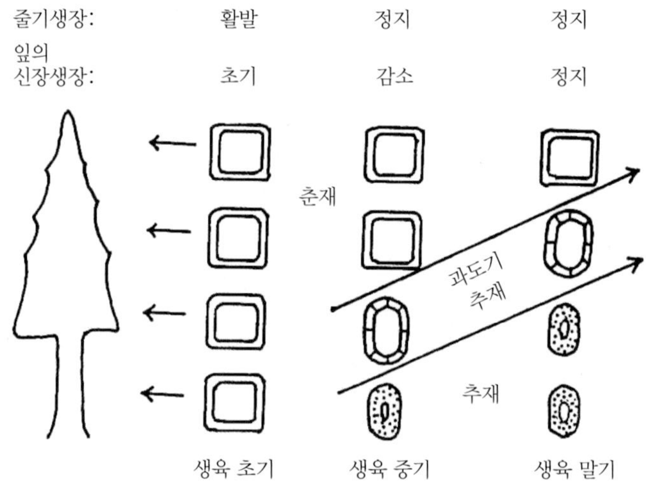

그림 4-20

미국 적송의 춘재(사각형 세포)에서 추재(동그란 세포) 생산으로의 전환시기와 수간 높이에 따른 차이(Larson, 1969)

분열을 시작한다. 사과나무의 경우 뿌리의 탄수화물이 부족하지 않더라도 지상부로부터 식물호르몬의 공급이 감소하면 뿌리의 생장이 정지한다.

4-8 개화 생리

4-8-1 생식생장과 영양생장의 관계

생식생장과 영양생장은 상반되는 경우가 대부분이다. 그러나 둘 사이에 정의 관계가 나타나는 경우도 있다. 비료를 투여했을 때 영양생장과 생식생장을 동시에 촉진하는 것을 예로 들 수 있는데, 자주 관찰되는 것은 아니다. 자라고 있는 열매는 영양분을 독점적으로 이용하는 강력한 수용부(sink)에 해당하기 때문에 줄기, 뿌리, 그리고 형성층의 생장을 억제하는 경향이 있다. 따라서 생식생장은 영양생장을 억제한다고 할 수 있다.

생식생장이 영양생장을 억제하는 경우는 과수에서 흔히 볼 수 있는데, 사과나무의 경우 개화한 직후 모든 꽃을 제거하면 새 가지, 줄기, 뿌리의 생장이 촉진되며, 잎의 크기가 커진다. 자작나무(*Betula papyrifera*)는 간혹 열매가 대풍년(birch mast)을 이루는 경우가 있는데, 이때 열매가 양분을 독점하기 때문에 영양생장이 치명적으로 영향을 받아 열매가 집중적으로 달린 수관에는 잎이 작아지거나 없어지며, 정아가 발달하다가 죽어 버려 수관이 쇠퇴한다. 수고생장과 직경생장도 급격히 감소하며, 그 영향은 개화하는 당년과 그다음 해에까지 미친다.

느티나무의 경우에는, 봄에 열매가 달린 가지의 잎은 잎의 생장이 거의 정지되어 여름 내내 열매가 달리지 않은 가지의 잎보다 훨씬 작은 잎(왜소엽, 矮小葉, dwarf leaf)을 가지게 된다. 미송(美松, *Pseudotsuga menziesii*)의 경우에도 종자가 많이 달린 해에는 수고생장과 직경생장이 현저히 감소하는 경향이 있으며, 유럽너도밤나무(*Fagus sylvatica*)는 종자가 풍년인 해의 연륜 폭은 보통 때의 절반으로 줄어들며, 그 영향이 2년 후까지 나타난다.

4-8-2 결실 주기

생식생장은 영양생장에서 필요한 양분과 에너지를 빼앗아가기 때문에 열매를 많이 맺으면 수목 내에서 영양분의 불균형이 오는 경우가 있다. 그 결과는 불규칙결실(irregular bearing)로 나타난다. 사과나무의 경우 격년결실(biennial bearing, alternate bearing)이 뚜렷하여 2년에 한 번씩 풍작을 이룬다. 소나무류 중에서 소나무는 매년 종자를 생산하지만, 잣나무와 낙엽송은 3~5년마다 풍년이 오기 때문에 양묘 계획을 세울 때 고려해야 한다. 물푸레나무와 백합나무도 종자결실이 불규칙하며, 너도밤나무는 평균 7년에 한 번씩 풍작이 된다.

불규칙한 결실의 원인은 주로 화아원기(floral primordium)가 제대로 형성되지 않기 때문이다. 그러나 화아(꽃눈)의 원기가 형성되더라도 정상적으로 발달하지 못하면 개화량이 적어진다. 화아원기가 정상적으로 발달하지 못하는 이유에 대해서는 탄수화물의 부족현상과 식물호르몬으로 설명한다. 과수의 경우 풍년이 들면 자라고 있는 열매가 탄수화물을 고갈시키기 때문에 수간, 가지, 뿌리에 탄수화물의 함량이 낮아지며, 이로 인해 풍년에 형성된 화아는 제대로 발달하지 못해 다음 해에 흉년을 초래한다. 흉년이 든 해는 거꾸로 탄수화물이 축적되어 화아의 발달을 도모함으로써 다음 해에 풍년을 가져온다. 자작나무의 경우에도 열매의 과다한 양분 소비로 인해 풍년이 온 해에는 화아의 형성이 금지된다.

불규칙결실의 두 번째 설명은 식물호르몬 관계이다. 성장하는 사과나무 과실의 종자는 지베렐린을 생산하여 화아가 생성되는 것을 억제하며, 올리브나무의 과실 내 종자는 옥신을 생산하여 화아 형성을 억제한다고 알려져 있다.

원예에서는 과수로부터 매년 일정한 양의 과실을 생산하는 것이 바람직하다. 불규칙결실 혹은 격년결실은 매년 개화 후에 적과(摘果)를 실시하여 과도하게 열매가 달리는 것을 조절하고, 적절한 가지치기와 충분한 시비루 영양생장과 생식생장이 동시에 건실하게 이루어지도록 유도함으로써 극복할 수 있다. 조경에서는 아름다운 꽃과 열매를 매년 감상하기 위해 접목과 삽목으로 번식시킨 확실한 우수한 품종을 우선으로 구입하고, 이웃 나무와 충분한 간격을 유지하면서 햇빛이 잘 드는 곳에 식재하여 광합성을 충분히 하도록 유도하여 건강한 상태에서 개화와 결실을 촉진해야 한다.

4-8-3 성결정

임업과 조경에서 중요한 위치를 차지하고 있는 많은 활엽수종과 모든 침엽수종은 양성화(bisexual flower, 암술과 수술이 한 꽃에 모여 있는 꽃)가 아니고, 1가화(monoecious flower, 암꽃과 수꽃이 같은 개체에 있는 꽃) 혹은 2가화(dioecious flower, 암꽃과 수꽃이 다른 개체에 있는 꽃)이기 때문에 성결정(sexuality)에 관심이 크다.

소나무과에 속하는 수목(특히 잣나무와 전나무)에서 암꽃과 수꽃은 수관에서 서로 다른 위치에 자리 잡고 있는데, 일반적으로 수관의 상부에 있는 활력(vigor)이 큰 가지에는 암꽃이 달리고, 수관의 하부에 활력이 작은 가지에는 수꽃이 달리는 경향이 있다. 수관 상부에 있는 가지는 햇빛을 많이 받기 때문에 암꽃의 생산은 높은 광합성에 의해 촉진된다고 추측된다. 또한 숲 속에서 햇빛을 많이 받는 개체는 암꽃을 생산하고, 그늘에 있는 개체는 수꽃을 생산하는 경향이 있다. 그러나 실제로 암꽃을 생산하는 가지에서 탄수화물의 함량이 높다는 것이 증명되지는 않았다.

그 밖에 성결정에는 수관 상부의 수분 관계, 무기양분 혹은 식물호르몬 관계 등이 관련된다고 믿어지지만 확실한 근거가 없다. 특히 무기 영양상태가 성결정에 영향을 주는 것은 확실하다. 토양이 척박하거나 수목의 영양상태가 악화되어 결핍현상을 나타낼 정도가 되면 수꽃이 생기는 경향이 있으나, 그 반대의 경향도 관측된 예가 있어서 해석이 쉽지 않다. 식물호르몬 중에서 옥신과 지베렐린이 수목의 성결정과 관련이 있다고 알려져 있지만, 몇몇 수종에서만 그 생리와 효과가 알

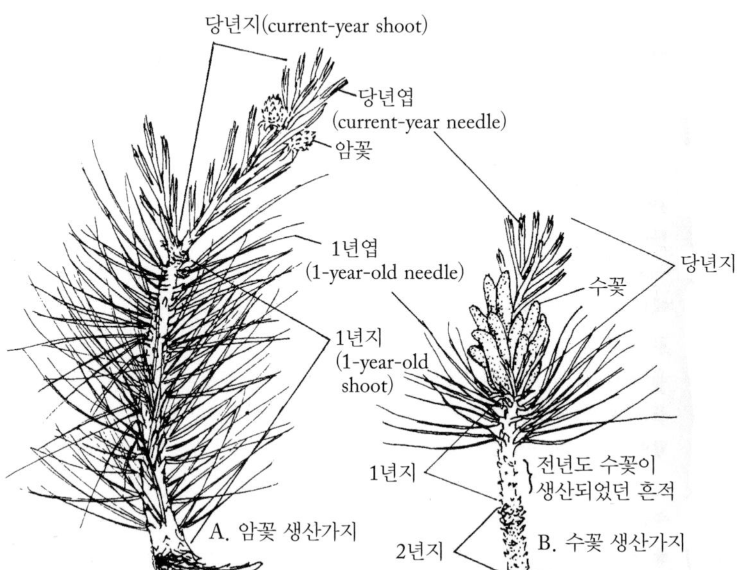

그림 4-21

소나무류의 암꽃 생산가지(A)와 수꽃 생산가지(B)의 형태적 차이(리기다소나무)(이경준, 2011)

려져 있고 일반화하기가 어렵다.

소나무류(*Pinus*)의 경우 성결정은 가지의 활력과 연관되어 있는 것이 확실하다. 암꽃은 후에 자랄 종자가 많은 에너지를 요구하기 때문에 잎의 숫자가 많고 세력이 왕성한 가지(활력지)의 위쪽 끝에 달린다. 반대로 수꽃은 봄에 새로 나온 가지의 아래쪽(기부)에 달리는데, 수꽃의 숫자만큼 잎의 숫자(엽량)가 없어지기 때문에 수꽃이 많이 달린 가지(쇠약지)는 엽량이 적어지고 활력이 감소한다. 수꽃은 적은 에너지를 요구하고 곧 없어지기 때문에 잎의 숫자가 적은 가지에 달려도 된다. 특히 전년도에 수꽃이 달린 가지는 수꽃의 숫자만큼 잎의 숫자가 이미 감소했기 때문에 가지의 세력이 약화되어 계속해서 수꽃만을 생산하는 열세의 가지로 전환된다. 이렇게 한 번 활력이 떨어진 가지에는 암꽃이 달리지 않는다(그림 4-21).

4-8-4 기후와 생식생장과의 관계

목본식물의 생식생장은 화아원기 형성에서 개화, 그리고 종자성숙까지 2년 혹은 3년에 걸쳐 이루어지기 때문에 이 기간에 기후의 영향을 많이 받는다. 한 지역에서 자라는 여러 수종의 종자 생산량을 장기적으로 관찰하면, 어떤 수종의 종자 풍흉이 한 지역의 모든 개체에서 동시에 똑같은 반응을 보이면서 주기성을 나타내는 점으로 미루어 보아 기후는 수목의 개화에 절대적인 영향을 미친다고 할 수 있다.

여러 가지 기후 인자 중에서 수목의 개화에 영향을 크게 미치는 것은 햇빛과 강우량이다(그림 4-22). 개화가 많이 이루어지기 위해서는 전년도 생육기간에 태양복사량이 많고, 봄부터 이른 여름

그림 4-22
개화촉진에 가장 효과적인 것은 햇빛이다. 넓게 심어 고립목으로 자라는 백목련이 충분한 광합성으로 꽃눈을 많이 만들었다.

까지 강우량이 풍부하고, 한여름에는 온도가 높으면서 강우량이 적어야 한다. 이러한 조건에서는 봄부터 이른 여름까지 왕성한 영양생장이 이루어진 다음, 화아의 원기가 형성되는 한여름에 수분스트레스를 유도함으로써 영양생장을 억제하고 생식생장으로 전환하게 된다.

특히 너도밤나무의 경우 덥고 건조한 여름을 지내면 다음 해에 종자 풍년이 드는 것을 관찰할 수 있다. 여름 한발은 미송(*Pseudotsuga*), 귤나무, 열대지방의 *Shorea*에서도 개화를 촉진하며, 어리고 작은 미송에 인공적으로 수분스트레스를 가하면 개화가 촉진되기도 한다. 반면 생육기간 중, 특히 여름에 인공적으로 관수하여 수분스트레스를 줄여 주면, 소나무류에서는 개화량 특히 암꽃의 생산이 줄어든다.

제5장

수목의 발병

수목이 정상적으로 자라기 위해서는 적절한 햇빛, 공기, 토양수분, 그리고 무기양분이 있어야 한다. 이런 환경조건 중에서 한 가지라도 부적절하면 수목은 정상적으로 자랄 수 없다. 수목은 오랜 세월 살아가면서 다양하고 급격한 환경변화에 노출된다. 이런 과정에서 적합하지 않은 환경이 생리적 스트레스를 유발하거나 병해충에 의해 대사작용에 균형이 깨지면 수목은 비정상적인 상태에서 병(病)에 걸리며, 병징(symptom)을 나타난다. 수목의 병(病, disease)은 수목생장에 불리한 영향을 주는 환경요인과 병원체가 수목의 형태와 기능에 비정상적인 변화를 초래하여 나타나는 반응이라고 정의할 수 있다

5-1 수목의 병

수목 병(tree disease)은 수목이 비정상적인 상태에 있을 때 나타난다. 수목 병을 이해하기 위해서는 수목의 정상적인 상태와 비정상적인 상태(피해)를 먼저 이해할 필요가 있다.

5-1-1 수목의 정상적인 상태

1. 엽색

나무의 전형적인 엽색(葉色)은 녹색이지만 수종, 품종, 나이, 계절에 따라서 녹색이 아닌 경우가 많다. 대표적인 예가 단풍나무와 홍가시나무의 어린잎이 붉은색을 띠는 경우이며, 유전적 특색으로서 관상적 가치를 높여 준다. 품종의 특징으로 황금색 잎을 가진 경우는 황금측백나무에서 볼 수 있다. 얼룩 잎(variegated leaf)을 가진 품종도 있으며, 사철나무와 향나무에서 자주 볼 수 있다(그

림 5-1 A). 온대지방에서 가을철 단풍으로 인한 황화현상은 정상적인 잎의 변색이다.

2. 잎의 모양

유엽(juvenile leaf)과 성엽(adult leaf)의 모양이 완전히 다른 예가 가끔 있으며, 담쟁이덩굴의 경우 유엽은 갈라져 삼출엽을 만들고, 성엽은 하나의 둥근 모양을 가진다. 향나무의 경우 유엽은 바늘형(침엽)으로 끝이 뾰족하고, 성엽은 비늘형(인엽)으로 바뀐다(그림 3-8 참조). 느티나무의 경우 종자가 달린 가지의 잎은 작아 왜소엽(dwarf leaf)으로 되고, 종자가 없는 가지의 잎은 정상적으로 크게 자란다(그림 9-33 A 참조). 활엽수의 경우 도장지(徒長枝)에 달리는 잎은 비정상적으로 크거나 본래 그 수종의 모양이 아니지만, 정상적인 생장으로 간주한다.

3. 잎의 수명과 낙엽

잎의 수명(壽命, longevity)은 몇 달에서 몇 년까지 다양하다. 활엽낙엽수는 보통 4~6개월 내에 낙엽이 지며, 나무가 건강할수록 잎의 수명이 길어지고, 수분 부족이나 영양결핍이 오면 수명이 짧아진다. 느티나무의 경우 종자를 달고 있는 가지의 작은 잎(왜소엽)은 가을에 단풍이 먼저 든다. 상록수의 경우 잎의 수명은 수종에 따라서 매우 다양하다. 사철나무의 잎은 수명이 짧아서 봄 일찍 나온 잎은 가을 전에 떨어지고, 늦여름에 나온 잎은 다음 해 봄에 새싹이 나온 다음 곧바로 떨어진다. 소나무류의 경우 잎의 수명이 다양한 편이다. 스트로브잣나무는 2년, 한국소나무는 3년, 잣나무는 4년간 잎이 살아 있다. 전나무, 가문비나무, 주목의 잎은 보통 5~6년 정도 살아 있다. 알프스산맥의 고산지대 전나무의 잎은 20년 이상 살아 있고, 미국 네바다 주 해발 3,500m에서 자라는 롱가에바잣나무(*Pinus longaeva*)는 5000년생으로서 지구상에서 가장 장수하는 수종인데, 잎이 30년 동안 살아 있다. 소나무, 스트로브잣나무, 섬잣나무의 경우 2년생 잎이 가을에 한꺼번에 낙엽이 지므로 병으로 오인되는 경우가 자주 있다.

4. 수피의 모양과 벗겨짐

어린나무의 수피는 평활하지만, 나이를 먹으면 수피가 갈라지면서 깊게 수직방향으로 골이 파이기도 한다. 자작나무는 얇게 벗겨지고, 아까시나무, 버드나무, 소나무는 깊게 갈라진다. 자작나무와 느티나무의 수피는 나이를 먹으면서 조각으로 벗겨지는데, 색깔과 크기가 불규칙하여 마치 건강이 좋지 않은 것처럼 보이지만 정상적인 현상이다(그림 5-1 B).

5. 옹이와 혹 형성

줄기나 가지에 혹(gall) 또는 옹두리가 생기는 경우가 있는데, 병원균이나 해충에 의해 생기는 것이 아닌 경우도 많다. 벚나무, 느릅나무, 자작나무, 왕버들, 단풍나무, 참나무, 가문비나무에서 볼 수

그림 5-1

수목의 정상적인 상태. A: 돌연변이로 생긴 황금측백나무 품종, B: 수피가 얇게 벗겨지는 백자작나무, C: 가문비나무의 잎은 5년 간 살아 있어야 정상임, D: 많은 맹아 발생으로 생긴 리기다소나무 줄기 혹

있다. 이유를 잘 모르는 경우도 있으나 잠아나 부정아가 대량으로 모여서 혹을 만드는데, 나무 생장에는 지장을 주지 않는다.

6. 대화현상

대화현상(帶化現象, fasciation)은 가지가 납작하게 자라는 현상을 의미하며, 세포의 돌연변이(mutation)로 생기는 것으로 알려져 있다. 사철나무, 돈나무, 물푸레나무에서 볼 수 있다. 비정상적인 생장이지만 병으로 취급되지 않고 전염되지 않는다(그림 9-36 F 참조).

7. 착생식물 발생

바위옷(지의류, lichen), 이끼, 녹조류 등은 수피 표면에서 자라며, 착생식물(着生植物, epiphytes)이라고 한다. 이들은 돌, 바위, 수피를 물리적인 정착지로 이용할 뿐 나무에 아무런 피해를 주지 않는다. 그러나 녹조류(綠藻類, algae)가 잎 표면에서 자라면 흰말병에 해당한다.

5-1-2 수목의 비정상적인 상태

1. 잎의 황화현상과 반점 형성

황화현상(黃化現象, chlorosis)은 잎에서 엽록소가 파괴되어 노랗게 색이 변하는 것을 의미한다. 잎 전체의 황화, 얼룩 반점(斑點, mottling), 점각(點刻, stippling), 엽맥 사이 조직 황화(interveinal chlorosis) 등으로 나타난다. 황화현상은 전염성 병, 해충, 토양의 과다한 수분, 추운 날씨, 대기와 토양 오염, 토양의 과다한 무기염, 양분 결핍, 복토, 제초제 피해로 생긴다. 성엽이 먼저 노래지면 질소와 인의 결핍을, 유엽이 먼저 노래지면 칼슘, 철분, 붕소의 결핍을 의심할 수 있다.

2. 잎의 괴사

괴사(壞死, necrosis)는 잎의 끝, 가장자리, 엽맥 사이 조직이 부분적으로 검게 죽는 것을 말하며, 죽은 부분이 갈색으로 변하면서 타서 죽은 것처럼 보인다. 주요 원인은 병원균, 수분 부족, 광량의 급격한 증가, 온도 상승, 동토, 건조한 바람 등이며, 토양의 수분 부족이나 과다한 증산작용으로 유발된다. 칼륨 결핍, 대기오염, 붕소와 염분 과다의 경우에도 생긴다.

3. 잎의 시들음

시들음(wilting) 혹은 위조(萎凋)현상은 수분이 부족할 때 잎이 아래로 처지면서 생긴다. 병원균, 건조한 토양, 뿌리의 손실, 토양의 높은 염분함량, 토양 선충, 침수, 고온, 환상박피, 흡즙성 해충으로 유발된다. 제초제에 의한 잎의 말림현상(그림 9-26 D 참조)은 수분 부족으로 인한 시들음(그림 9-13 A 참조)과 병징이 약간 다르기 때문에 서로 구별할 수 있다.

4. 비대현상과 혹 형성

잎의 비대(肥大)와 혹(gall), 그리고 가지의 혹 형성은 대개 비정상적인 현상이다. 철쭉류의 떡병은 잎 일부가 비대하여 찰떡처럼 커지며, 진딧물과 응애는 잎에 혹을 만든다. 회화나무 녹병은 가지에 혹을 형성한다.

5. 낙엽과 조기단풍

낙엽(落葉, defoliation)은 가을이 아닌 시기에 잎이 떨어지는 현상을 말한다. 병원균, 수분 부족, 뿌리 손실, 토양의 중금속과 부적절한 환경, 고온과 저온 등으로 생긴다. 낙엽의 속도(점진적 혹은 급진적), 떨어진 잎의 나이, 수관에서 낙엽의 위치, 낙엽 이전의 병징 등을 고려하여 진단한다. 급속적인 낙엽은 저온, 제초제, 어린나무의 수간주사 후유증 등으로 생기며, 점진적인 낙엽은 수분 부족, 수분 과다, 토양 산소 부족, 만성적 대기오염 등으로 생긴다. 가을철 조기낙엽은 만성적인 수

그림 5-2

수목의 비정상적인 상태. A: 동백나무 이식 후 수분 부족으로 인한 잎의 괴사, B: 천공성 해충 피해로 조기단풍(단풍나무), C: 느티나무 이식 후유증으로 가지끝 고사, D: 잣나무 송진 흐름

분 부족과 뿌리가 손실된 수목의 특징이다. 조기단풍은 수분 부족, 영양 부족, 가지에 생긴 물리적 상처, 이식 후유증 등으로 생긴다.

6. 가지끝 고사

가지 고사(枯死, dieback)는 수관의 맨 꼭대기부터 가지가 점진적으로 죽어 내려오는 현상을 말한다. 병원균, 저온, 천공성 해충으로 유발되기도 하지만, 주로 뿌리에 피해를 주는 환경, 즉 토양 건조, 배수와 통기 불량, 중금속 독성, 복토, 심식, 심한 답압 등으로 뿌리 손실이 있을 때 나타나는 전형적인 증상이다. 큰 나무를 이식할 때 뿌리를 과다하게 제거하여 수분 부족으로 생기는 가장 전형적인 이식 후유증이다. 가지가 죽기 이전의 초기증상을 먼저 관찰해야 한다.

7. 쇠퇴현상

쇠퇴현상(衰退現象, decline)은 수목에 복합적으로 여러 가지 증상이 동시에 나타나는 현상을 말하며, 여러 가지 요인의 상호작용으로 생긴다. 수목 전체의 활력(vigor) 및 생장량 감소, 가지 고사, 잎의 왜소화와 퇴색, 맹아지 발생을 예로 들 수 있다. 장기적인 산성비와 만성적인 대기오염이 있을 때 발생한다. 큰 나무를 옮길 때 분의 크기가 작고 제대로 관수하지 않으면 나타나며, 결국 나무가 죽거나 수관 일부가 파괴된다.

8. 맹아지 발생

맹아지(萌芽枝, epicormic shoot)는 수목의 건강이 악화될 때 발생한다. 위쪽 굵은 가지에서 무수히 많은 짧은 맹아지가 발생하는데, 잎이 작은 것이 특징이다. 식엽성 해충으로 인해 잎이 심하게 피해를 받거나, 과도하게 가지치기를 하거나, 비전염성 원인으로 뿌리가 점진적으로 죽을 때 나타난다.

9. 수피이탈

수피이탈(樹皮離脫, exfoliation)은 수피가 벗겨지는 것을 말한다. 외수피만 얇게 벗겨지는 것은 직경이 굵어지면서 나타나는 자연적인 현상이지만, 내수피까지 깊게 몽땅 벗겨지면 가지와 줄기가 죽는다. 강한 여름 햇빛에 의한 피소(sunburn), 수분 부족, 번개, 병원균과 해충 피해, 물리적 충격으로 생긴다.

10. 수액유출

수액유출(樹液流出, bleeding, gumming)은 상처를 통해 수액이 밖으로 나오는 것을 말한다. 수분 부족, 상처, 병원균, 천공성 해충에 의해 생기며, 병이 아닌 경우도 있다. 소나무류는 송진을, 벚나무류는 검을 배출한다.

11. 목재 부패

수피의 상처, 가지치기의 후유증, 천공성 해충의 피해, 태풍으로 인한 가지 부러짐이 발생하면 줄기가 썩으면서 목질부가 부패하게 된다.

5-1-3 수목 병에 의한 생리적 변화

병에 의한 수목의 생장과 생리적 변화는 어떤 부위의 세포와 조직이 병의 영향을 받았는가에 따라서 결정된다. 병원균(곰팡이, 세균, 선충), 해충, 부적절한 토양환경으로 인해 뿌리가 감염되면 뿌리가 썩고 수분과 무기양분의 흡수가 방해를 받는다. 유관속 시들음병과 궤양병에 의해 줄기의 목부 조직이 감염되면 수분과 무기양분이 위쪽 수관으로 이동하지 못한다. 반점병, 녹병, 흰가루병, 모자이크병균에 의한 잎의 감염은 광합성을 방해한다. 녹병, 흰가루병, 궤양병, 바이러스병, 파이토플라스마에 의한 잎과 수피의 사부조직 감염은 광합성 산물(예: 전분과 설탕)의 아래쪽 이동을 방해한다. 병원균과 해충에 의해 꽃과 열매가 감염되면 종자를 생산하는 생식생장에 이상이 생긴다.

식물이 병균에 감염되면 기주의 호흡작용이 크게 증가한다. 이런 현상은 감염된 조직이 저장 탄수화물을 소모하기 때문이다. 감염 직후 기주의 호흡이 증가하면서 눈에 보이는 병징이 나타나며, 병균이 증식하면서 포자를 형성한다. 그 이후 호흡은 정상수준으로 되돌아오거나 건강한 식물보다 더 감소한다. 저항성 품종의 경우에는 기주세포가 저항성 물질을 합성하기 위해 호흡이 더 가파르게 증가하는 경향을 보인다. 반면 감수성 품종의 경우에는 감염 후 호흡이 서서히 증가하며 더 오랫동안 증가된 상태를 유지한다.

감염된 대부분 세포는 대사활동이 위축되지만, 근두암종과 같은 병은 오히려 기주세포를 활성화시켜 세포분열촉진(hyperplasia)과 양분 집중으로 인한 양분과다(hypertrophy)현상을 불러일으킴으로써 부정형의 비대한 혹(tumor)을 만들기도 한다. 위와 같은 생리적인 변화는 병원체가 효소, 독소, 생장호르몬, 기타 물질을 생산하면서 기주식물로부터 탄수화물 에너지를 빼앗아감으로써 기주세포의 정상적인 대사를 방해하기 때문에 생긴다.

5-2 수목 병의 원인 분류

수목의 피해(damage, injury) 혹은 병(disease)의 원인은 표 5-1과 같이 분류할 수 있다. 자연적인 원인에 의한 분류는 자연환경에 근거하여 분류하며, 병리적 분류는 병리학적 배경에 근거하여 분류한다. 자연적 원인 분류 중에서 인위적 원인은 인간도 동물이므로 생물적 원인의 한 부분이지만, 조경수의 경우 인간에 의한 피해가 다른 어떤 원인보다 많고 치명적인 경우가 많아 따로 분류하는 것이 관행이다. 피해원인을 병리학적인 측면에서 강조할 경우에는, 전염성 병, 비전염성 병(생리병), 충해의 세 가지로 나눈다.

인간의 간섭 없이 산과 들에서 천연으로 자라는 수목은 오랜 세월 적응과 도태 과정을 통해 선발되었기 때문에 극단적인 기후변화가 없는 한 제대로 자란다. 그러나 조경수의 경우에는 인간의 간섭으로 수목을 부적절하게 선정하여, 부적절한 곳에 심고, 부적절하게 관리하는 예가 많아서 기상적, 토양적, 인위적, 생물적 원인에 모두 취약하다. 특히 각 수종의 특성과 생리를 이해하지 못한 상태에서 부실하게 관리하면, 여러 가지 인위적 원인에 의한 피해가 자주 관찰되고 그 피해도 커지게 된다. 표 5-1에 열거한 원인 중에서 기상적, 토양적, 인위적 원인을 합쳐서 비생물적(non-biotic) 혹은 무생물적(abiotic) 원인이라고 칭한다.

표 5-1 국내 수목에 병을 일으키는 원인의 분류

자연적 원인 분류	병리적 근거 분류		
	비전염성 병	전염성 병	충해
기상적 원인	일조량 부족, 고온, 저온, 바람, 한발, 홍수, 폭설, 낙뢰, 화산폭발		
토양적 원인	불리한 물리적 성질(수분 부족, 배수불량, 투수불량, 통기불량, 답압)과 화학적 성질(영양결핍, 극단적인 산도, 중금속 오염)		
인위적 원인	대기오염, 토양오염, 약제, 기계, 답압, 불, 도로포장, 복토, 절토, 심식, 무리한 이식, 휘감는 뿌리, 잘못된 가지치기, 햇빛 차단, 접목불화합성		
생물적 원인	야생동물, 만경식물, 착생식물	병원균(바이러스, 파이토플라스마, 세균, 곰팡이), 선충, 녹조류, 기생식물	곤충, 응애

5-3 병해충 발생에 영향을 주는 요인

전염성 병(傳染性病, infectious disease)이 발생할 때에는 세 가지 구성요인이 상호작용을 한다. 병을 일으키는 주체가 되는 병원체(pathogen)가 전염성(virulence)을 가지고 있어야 하며 주인(主因, essential agency)이 된다. 기주식물(host)은 병에 걸리기 쉬운 감수성(susceptibility) 상태의 소질이 있어야 하며 소인(素因, predisposing agency)이 된다. 병원체와 기주가 접촉하더라도 발병하기 적절한 환경(environment, 병원체에 유리하고 기주에 불리한 환경)이 형성되어 발병을 유도해야 하며 유인(誘因, promoting agency)이 된다. 이와 같이 세 가지 요인이 상호작용을 통해 발병하며, 전염성 병의 심한 정도와 확산이 결정되므로 이를 병삼각형(病三角形, disease triangle)이라고 부른다(그림 5-3). 비전염성 병(생리병 혹은 생리적 피해)은 병원체가 없는 대신 정상적인 생장을 방해하는 부적절한 환경이 조성될 때 생장 장해(障害, injury)가 나타나며(예: 온도 장해), 수목이 생리적 스트레스(physiological

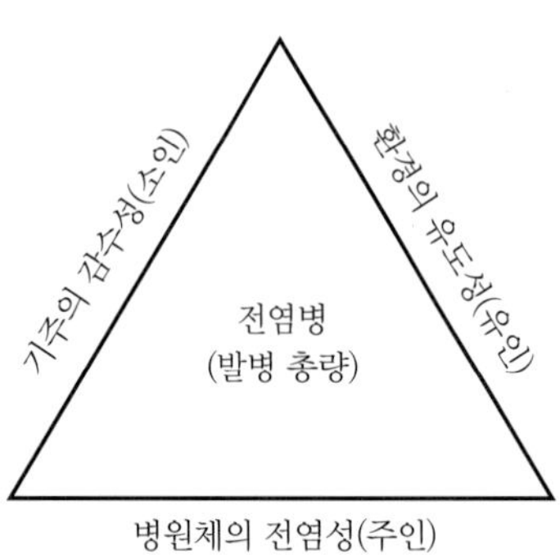

그림 5-3
(전염성)병의 삼각형. 어느 한쪽 변이 커지면 병이 크게 발생한다.

그림 5-4

기주의 감수성은 발병에 큰 영향을 준다. 배나무는 붉은별무늬병에 대한 감수성이 높은 수종으로서 병에 잘 걸린다.

stress)를 받는다고 표현한다.

병원체는 균주의 전염성(virulence)이 어느 정도 강력한가에 따라서 발병에 큰 영향을 미친다. 전염병의 대발생은 주로 전염성이 강한 균주(菌株, strain)가 나타날 때 볼 수 있다. 병원체의 밀도(포자가 생산되기 좋은 환경이 조성될 때 증가함)와 휴면상태, 침입 당시의 기상상태(수막 형성 등), 매개제(나무좀, 하늘소)의 과다에 따라서 영향을 받는다.

기주는 수종, 품종, 나이에 따라서 병에 대한 감수성과 저항성이 크게 차이가 난다(그림 5-4). 내병성 품종을 육성하면 전염병에 대한 저항성이 크게 증가한다. 수목의 생장 단계에서 어린나무(예: 입고병에 취약함)와 성숙한 나무(예: 추위에 대한 내한성이 증가함)는 병에 대한 저항성이 크게 달라진다.

환경은 병의 발생을 유도하거나 억제하기도 한다(표 5-2). 환경변화로 기주의 감수성이 증가(저항성이 감소)하면서 동시에 병원균의 발생과 전파가 쉬워지면 병은 대량으로 발생한다. 비가 자주 와서 높은 습도로 인해 곰팡이의 번식이 촉진되는 반면, 기주는 광합성 저하로 저항물질(allelochem)의 생산이 감소하면 병이 쉽게 발생한다. 통풍이 잘 되지 않으면 공중 습도가 높아지고 곰팡이의 생장에 유리해지므로 병(예: 흰가루병)의 발생이 증가한다.

해충의 발생도 환경의 영향을 많이 받는다. 여름철 건조하고 더운 환경이 지속되면 흡즙성 해충(예: 진딧물, 응애)의 번식에 유리해져 피해가 커지며, 비가 자주 오면 해충의 생장과 번식에 불리해져 해충의 밀도가 감소한다. 토양이 건조한 상태에 있으면 수목의 생장과 활력이 떨어지면서 2차적으로 천공성 해충의 피해가 증가한다. 비료 중에서 질소비료를 시비하면 기주의 생장이 촉진되는 반면에 전염병과 해충에 대한 저항성을 높이는 화합물의 합성이 둔화되어 피해가 커진다. 특히 생장촉진으로 조직이 부드러워져 병원균의 침입이 쉬워지고, 흡즙성 해충이 더욱 선호하게 되는데, 이는 병원균과 해충에 대한 저항성 물질(예: phenols)의 생산보다 생장에 더 치중하기 때문으로 알려져 있다.

광량이 바뀔 때도 수목에 스트레스를 주어 병충해가 증가한다. 햇빛에서 자라던 수목을 그늘로 옮기면 광합성 감소로 저항성 물질의 생산이 감소하여 병해충(예: 곰팡이병과 나무좀)에 대한 저항성이 감소한다. 이와 흡사하게 그늘에서 자라던 수목을 햇빛으로 옮기면 수분 부족으로 인해 천공성 해충의 피해가 증가한다.

비전염성 병(생리적 피해)의 경우에는 수목의 전반적인 건강증진이 환경변화에 대한 저항성을 높여 준다. 특히 수목의 겨울철 내한성(耐寒性, cold hardness)은 생육기간의 광합성량에 비례하여 증가하기 때문에 어떤 이유(예: 이식, 대기오염, 해충에 의한 엽량의 감소, 과도한 가지치기 등)로 수목이 광합성을 제대로 하지 못하면 내한성이 약해진다. 내한성은 체내에 빙점을 낮추어 주는 물질(예: 설탕, 수용성 인지질, 수용성 당단백질)을 축적해야 생기는데, 광합성 부족으로 이런 물질을 합성하지 못하면 추운 겨울에 형성층이 얼어 죽을 가능성이 커진다(표 5-2).

표 5-2 병을 유발하는 다양한 환경요인(유인, 誘因)에 의해 생기는 전염성 병의 예시(鈴木和夫, 1999)(일본의 경우)

유인의 종류	세부 항목	병명
기상	동해, 서리 피해	삼나무 흑립엽고병, 소나무 잎떨림병, 동고성 병해, *Pestalotia* 병
	강풍	낙엽송 선고병, *Pestalotia* 병, 탄저병, 녹음수 엽고성 병해
	고온, 토양 건조	소나무 재선충병, 동고성 병해, *Fusarium* 근부병, 삼나무. 편백 암색지고병
	높은 공중 습도와 많은 강우량	침엽수 유묘 입고병, 녹음수 탄저병, 회색곰팡이병
	많은 적설	전나무 지고병
	적은 강우량	녹음수 흰가루병
대기오염		소나무 그을음엽고병
토양	토양 과습 또는 극단적 건조	침엽수 *Armillaria* 뿌리썩음병
	토양 과습	침엽수 근주심부병
	딱딱한 토양	소나무 잎떨림병, 적반엽고병, 동고성 병해, 백문우병
	칼륨 부족	낙엽송 낙엽병, 녹음수 엽고성 병해
	비옥한 토양	편백 호리병
	다량의 썩지 않은 유기물	자문우병
	해빙기 과습	침엽수 설부병
	모닥불 및 토양 산성화	소나무, 낙엽송 *Rhizina* 뿌리썩음병
재배환경	음습한 환경	삼나무 흑점지고병, 녹음수 그을음병, 낙엽송 낙엽병, 편백 수지동고병
	벌근 등에 의한 균밀도 증가	*Armillaria* 뿌리썩음병, 침엽수 근주심부병
곤충 피해	곤충에 의한 식해	*Pestalotia* 병, 동고성 병해
	곤충에 의한 흡즙	고약병, 그을음병

5-4 발병기작

발병기작은 전염성 병에서 구체적으로 알려져 있으며, 단계별로 설명할 수 있다. 발병 단계는 접종과 포자 발아, 기주 부착, 기주 인식, 침입, 물질 분비, 기주 내 파급으로 나눌 수 있다.

5-4-1 접종과 포자 발아

병원체가 식물로 침입하기 위해서는 우선 기주 표면에 접촉(contact)을 통한 접종(接種, inoculation)이 이루어져야 한다. 접종된 병원체를 접종원(接種原, inoculum)이라고 부르며, 포자, 균핵(균사 덩어리, sclerotia), 균사가 접종원이 된다. 포자의 발아에는 여러 가지 환경조건이 적절해야 하지만, 온도와 습도가 가장 중요하다. 포자가 발아하기 가장 좋은 온도는 22~25℃이지만, 이보다 더 낮거나(5℃) 높은 온도(34℃)에서 발아하는 것도 있다. 포자 발아에 적합한 습도는 90~95%이지만, 더 낮은 75~80%(예: 흰가루병균)에서도 발아한다(황병국 등, 2001). 포자가 발아하면 발아관(germ tube)을 만들어 침입한다.

5-4-2 기주 부착과 인식

포자는 기주에 침입하기 전에 먼저 기주 표면에 부착(附着, attachment)해야 한다. 포자가 가장 쉽게 효율적으로 부착할 수 있는 곳은 잎의 표면으로서 각피층(cuticle)이다. 포자와 발아관은 다당체, 당단백질, 섬유질로 구성된 점질성 물질을 분비해 각피층에 접착(adhesion)을 쉽게 한다. 병원체와 기주가 상대를 서로 어떻게 인식(認識, recognition)하는지에 대해서는 상세히 모르지만, 병원체의 유인체(誘引體, elicitor)와 기주의 특이적 인식신호 화합물에 대해서는 알려져 있다. 유인체가 기주의 방어작용(defense reaction)을 유도하거나 기주의 인식신호(recognition signal)가 병원체에 불리하게 작용하면 병은 발병하지 않는다. 그 반대 상황이 생기면 균사의 생장과 발육이 양호해져 병이 유도된다.

5-4-3 침입과 물질 분비

병원균은 기공과 피목을 통해 들어가는 경우도 있지만, 대부분의 경우 상처를 통해 들어간다. 병원균이 기주로 침입(penetration)하기 위해서는 각피층과 표피세포의 세포벽을 뚫고 들어가야 한다. 기주는 병원균의 침입을 방해하는 물질을 생산하여 이에 저항한다. 병원균은 기주의 대사에 영향을 주는 물질을 분비하여 이를 극복하고자 한다. 병원균이 분비하는 물질은 효소, 독소, 생장

조절물질, 다당체로 구성되어 있다. 우선 병원균은 각피층의 cutin을 분해하는 효소인 cutinase, pectin을 분해하는 pectinase, 섬유소(cellulose)를 분해하는 cellulase, 헤미셀룰로스를 분해하는 hemicellulase를 분비하여 세포벽을 뚫고 들어간다. 백색부후균의 경우에는 lignin을 분해하는 ligninase를 분비한다. 이때 발아관의 끝은 뭉툭하게 굵어진 부착기(附着器, appressorium)를 형성하여 침입한다.

독소(toxin)는 곰팡이와 세균이 생산하는데, 식물의 질서정연한 생화학적 대사과정을 교란시키는 물질이며, 두 가지로 나눌 수 있다. 기주비특이성(non-host-specific) 독소는 많은 종류의 식물에게 독성을 나타내는 것으로서, 세균이 생산하는 tabtoxin과 phaseolotoxin, 그리고 곰팡이가 생산하는 tentoxin을 예로 들 수 있다. 기주특이성(host-specific) 독소는 특수 식물에만 독성을 보이는 것으로서, 곰팡이가 생산하는 victorin과 AM-toxin을 예로 들 수 있다. 이 중에서 AM-toxin은 사과나무의 *Alternaria* 잎얼룩병에서 발견된다. 독소의 작용기작은 기주세포의 세포막 투과성에 영향을 미쳐 전해질(電解質, electrolyte)이 새어 나가게 하거나, 효소의 활동을 방해하거나, 필수생장요소의 결핍을 초래하여 기주에 피해를 준다(Agrios, 2005).

병균이 생산한 생장조절물질은 옥신, 지베렐린, 시토키닌, 에틸렌 같은 식물호르몬으로서 기주의 비정상적인 생장을 유도하며, 왜소화, 비대생장, 과도한 측근생성, 변칙적인 잎의 뒤틀림, 혹, 도장, 낙엽, 눈의 생장 억제, 빗자루 모양 등의 병징을 초래한다. 다당체(polysaccharide)는 곰팡이, 세균, 선충 같은 병원체가 몸 밖으로 내보내는 점액상의 물질(mucilaginous substance)로서 병균의 몸을 감싸고 주변 환경과의 연결(interface)을 도모하여 병균의 군락 형성과 생존을 돕고, 병징을 유도한다. 특히 유관속 시들음병에서는 다당체가 도관을 폐쇄시켜 수목 전체의 시들음을 유도한다.

5-4-4 병원체의 기주 내 파급

많은 병원체는 기주식물에 침입한 후 감염 부위에 국부적으로 병징을 나타내지만, 어떤 병원체는 기부의 여러 곳으로 파급되어 먼 곳에서 병징을 나타내거나 전신에 퍼져 기주를 죽이기도 한다. 살아 있는 세포에만 번식하는 것은 절대기생균(絕對寄生菌)이며, 세포의 사활과 관계없이 기생하는 것은 임의기생균(任意寄生菌)이라고 한다.

병원체가 식물의 도관이나 가도관을 감염시켜 전신에 퍼지면 식물이 말라 죽는 시들음병을 유발한다. 소나무 재선충병과 참나무 시들음병을 예로 들 수 있다. 병원체가 식물에 감염된 후 기주 내에서 파급되어 병징이 나타날 때까지는 시간이 걸리는데, 이 기간을 잠복기(潛伏期, latent period)라고 한다.

5-5 환경 영향과 발병

(전염성)병의 삼각형(그림 5-3)에서 이미 언급한 대로 병이 발생하기 위해서는 감수성인 기주, 감염성인 병원체, 적절한 환경이 함께 결합해야 한다. 이 중에서 기주의 감수성과 병원체의 감염성은 오랜 기간 크게 변하지 않는 경향이 있지만, 환경조건은 수시로 격변하는 경우가 자주 있다. 이런 환경변화는 이미 시작된 병의 진전을 크게 확대시키고 새로운 병의 발생을 촉진한다. 따라서 발병의 빈도와 병의 심각한 정도는 환경조건의 변화 정도에 달려 있다.

5-5-1 온도

기주식물과 병원체는 자라기 위한 최소한 온도가 있다. 기온이 낮은 늦가을, 겨울, 이른 봄은 병원체의 생장에 적합하지 않아 병의 발생이 거의 없거나 기존의 병도 정지 상태에 있다. 봄에 온도가 올라가면 병원체의 활동이 활발해져 병이 다시 발생한다. 그러나 병원체에 따라서 선호하는 온도범위가 서로 다른 편이며, 가지마름병을 일으키는 *Fusarium* 곰팡이는 서늘한 기후를 좋아하며, 핵과(stone fruit)식물에 균핵병(brown rot)을 일으키는 *Monilinia* 균과 탄저병을 일으키는 *Colletotrichum* 균은 높은 기온을 선호하여 여름 장마철에 심해진다. 특히 수목에서 리지나뿌리썩음병(*Rhizina* root rot)을 일으키는 병균(파상땅해파리, *Rhizina undulata*)은 높은 온도(산불이 발생한 장소)에서 발아하는 것으로 잘 알려져 있다.

겨울철 수피에 동해를 입으면 봄부터 가지마름병(지고병)과 줄기마름병(동고병)에 잘 걸린다. 특히 수피가 얇은 배롱나무, 모과나무, 단풍나무, 목련, 밤나무, 백합나무에서 자주 볼 수 있다.

5-5-2 습기, 강우량과 건조

습기는 강우, 관수, 대기 중의 상대습도, 이슬, 안개로 존재한다. 습기는 포자의 발아와 발아관에 의한 기주 침투에 반드시 필요하다. 그리고 곰팡이, 세균, 선충이 기주를 감염시키는 과정에도 꼭 있어야 한다. 그 밖에 튀는 빗방울과 흐르는 물은 병원체의 전파에서 중요한 역할을 하며, 습기는 기주식물을 연하게 만들어 병원균에 대한 감수성을 높여 준다.

강수량은 병의 발생과 밀접한 관계를 맺고 있다. 강수량과 강수빈도가 높은 지역에서 병이 더 많이 발생하며, 생육기간에 강수량이 증가하고 습도가 높으면 발병이 증가한다. 특히 불마름병(fire blight)에서 이런 현상을 볼 수 있다.

곰팡이병에서 기주의 표면에 얇은 막 형태로 있는 습기는 포자 형성을 쉽게 하며, 포자 수명을 길게 하며, 포자 발아를 촉진한다. 향나무 녹병의 경우 겨울포자 비산 기간인 4월 중에 충분한

그림 5-5

기상과 발병과의 관계. A: 건조 피해를 받으면 잣나무에 *Cenangium* 가지마름병이 발생한다(사진: 나용준), B: 태풍으로 잎에 상처가 생기면 리기다소나무에 *Fusarium* 가지마름병이 확산된다.

강수량이 있으면 장미과 식물(사과나무, 배나무, 모과나무, 명자꽃)에서 성공적으로 발병하여 붉은별무늬병(적성병)이 매우 심해진다. 반면 4월과 5월 중에 비가 전혀 오지 않는 해에는 적성병의 발생이 현저하게 줄어든다. *Pythium* 균에 의한 모잘록병(묘입고병, damping-off)은, 토양수분이 포화상태에 이를 때까지, 토양 습기가 많을수록 더 심하게 발생한다.

건조 피해가 심하면 발생하는 병이 있다. *Cenangium* 가지마름병은 침엽수에서 가을과 겨울철 가뭄이 지속되어 나무가 말라 죽을 때 발생하는데, *Cenangium* 균은 내생균으로서 체내에 있다가 가뭄 피해를 받은 소나무와 잣나무에서 봄철 대량으로 번식한다. 하지만 전염성은 거의 없다. 최근 지구온난화현상으로 인해, 겨울철 이상난동과 가뭄이 함께 찾아올 때, 조림지와 이식한 상록수(특히 소나무와 잣나무)가 봄철에 말라 죽는 사례가 급증하고 있으며, 죽은 가지에서 *Cenangium* 균이 검출되지만, 고사의 원인은 가뭄이다(그림 5-5).

5-5-3 바람

바람은 병원체의 전파를 촉진하고, 기주식물에 많은 상처를 만들어 전염성 병의 발병을 증가시킨다. 곰팡이, 세균, 바이러스는 바람에 의해 널리 퍼지며, 이들 병원체를 운반하는 매개충도 바람에 의해 멀리 날아갈 수 있기 때문이다. 강우를 동반한 바람은 발병을 더 유도한다. 비바람은 포자의 방출을 촉진하며, 포자가 젖은 식물의 표면에 정착하여 쉽게 발아하는 여건을 만들어 준다. 태풍이 오면 잎에 상처가 많이 생겨 은행나무에 페스탈로티아잎마름병(엽고병)이 잘 나타난다. 리기다소나무에 발생하는 푸사리움(*Fusarium*) 가지마름병은 바람이 많이 부는 바닷가에서 상처를 통해 침입하여, 내륙지방보다 더 많이 발생한다. 그러나 바람은 식물의 표면을 건조하게 하여 포자의 발아를 억제하고, 이미 발아했으나 아직 침투하지 못한 발아관을 말라 죽게도 한다.

5-5-4 햇빛

농작물의 경우 햇빛이 발병에 미치는 영향은 온도나 습기에 비해 낮은 편이다. 그러나 산림 수목과 조경수의 경우 이웃 개체 간에 햇빛 경쟁이 치열하기 때문에 햇빛을 많이 받을수록 광합성을 많이 수행하며, 저장한 탄수화물을 이용해 병(추위에 견디는 능력과 대기오염과 같은 비전염성 병 포함)에 저항하는 물질을 더 많이 합성할 수 있다. 따라서 조경수의 내병성은 햇빛의 영향을 많이 받는다고 할 수 있다.

농작물에서 햇빛의 강도와 기간은 기주식물의 감수성을 증가 혹은 감소시키는 것으로 알려져 있다. 햇빛 부족으로 황화현상이 오면 기주의 감수성이 증가하는 경우와 감소하는 경우가 모두 잘 알려져 있다. 그러나 광도를 줄이면 바이러스 감염에 대한 감수성은 증가하는 경향을 보인다. 바이러스 감염 전에 기주를 암흑에 놓아두면 기주의 발병률이 높아진다. 감염 이후의 암흑 처리는 발병률에 영향을 미치지 않지만, 광도를 줄이면 병징이 제대로 나타나지 않는다. 대신 정상적인 햇빛에 노출시키면 병징이 심하게 나타난다.

5-5-5 기주의 영양상태

식물의 무기영양상태는 식물의 생장속도에 영향을 주며, 동시에 병원체에 대한 기주의 방어 준비상태에 영향을 미친다. 질소(N, nitrogen) 과다는 여린 생장, 개화 지연, 성숙 지연을 가져옴으로써 여린 식물을 선호하는 병원균에 대한 감수성이 높아진다. *Erwinia* 균에 의한 배나무의 불마름병은 과다한 질소비료로 촉진되는 것으로 알려져 있다. 반면에 질소 부족은 빈약하고 느린 생장과 빠른 성숙을 선호하는 병원균(예: *Pythium*에 의한 모잘록병)에 대한 감수성이 높아진다.

질소를 제외한 나머지 무기원소는 예외도 있지만 일반적으로 작물에서 발병을 감소시키는 경향을 보인다. 인(P, phosphorus)은 발병을 감소시키는 경향이 있는데, 인이 양분 간의 균형을 개선하고 기주의 성숙을 촉진하여 어린 조직을 선호하는 병균에 대한 저항성을 높이기 때문이다. 칼륨(K, potassium)도 인과 같이 발병을 감소시키는 경향을 보이는데, 상처치유를 촉진하고 서리에 대한 저항성을 증가시키기 때문으로 해석된다. 칼슘(Ca, calcium)도 위의 경우와 같이 발병을 감소시키는데, 세포벽의 구성을 튼튼하게 하여 줄기와 뿌리에 발병하는 병원체의 침투를 억제한다. 미량원소도 발병을 감소시키는 경향이 있다. 철분의 엽면시비는 과수에서 잎의 은색화 현상을 감소시키며, 구리의 토양 처리도 맥각병을 감소시키는 효과를 가져온다.

수목의 관리 상태가 나쁘면 수세(樹勢, tree vigor)가 약화되고 건강상태가 나빠져 각종 질병에 약해진다. 배수가 불량하여 과습한 토양에서는 잎마름병(엽고병)이 잘 나타난다. 흡즙성 해충, 가뭄, 그리고 뿌리 기능 약화(예: 수목 이식)로 인해 수세가 나빠지면, 가지마름병(지고병)에 잘 걸린다. 특히 소나무 피목지고병은 가장 대표적인 예이다. 수분스트레스를 받거나 대기오염 피해를 만성적으로 받거나 제엽(除葉, 해충의 피해 혹은 기타 이유로 인해 잎이 없어짐)으로 수세가 약해지면, 뽕나무 뿌리썩음병이 크게 번진다.

5-6 수목 피해의 결과: 죽은 부분과 산 부분의 분리

동물의 경우 신체의 일부가 죽거나 썩으면, 세균감염의 여파가 전신에 퍼져 후유증이 심각하다(예: 패혈증). 수목의 경우는 동물과 매우 다른 생리를 가지고 있어 죽은 부분이 일부 있더라도 나머지 부분에 큰 영향을 미치지 않는다. 한복판(심재)이 썩었는데도 고목이 쓰러지지 않고 잘 자라는 것으로 알 수 있다. 즉 수목은 동물의 순환계와 흡사한 통도조직(목부와 사부 조직)이 있지만, 이 통도조직을 이용해 병원균이 나무 전체에 쉽게 퍼지지는 않는다.

제2장 '수목의 구조'에서 이미 설명한 대로 수목은 동물이나 초본식물과 달리 죽어 있는 조직

그림 5-6

A: 상처치유 능력이 부족하고 죽은 조직과 산 조직의 분리와 방어가 미약하여 심하게 줄기가 썩은 벚나무, B: 상처치유 능력이 우수하여 1400년 동안 큰 상처 없이 자란 주목(강원도 정선군 사북면 두위봉, 천연기념물 제433호)

이 상당히 많다. 즉 수간의 가운데를 차지하고 있는 (2차)목부조직은 나이테의 형태로 축적되는데, 대부분 가도관, 도관 혹은 목부섬유로 만들어진 죽어 있는 세포로 구성되어 있다. 가도관과 도관은 뿌리에서 흡수한 수분을 잎까지 효율적으로 올려보내기 위해 세포내용물을 모두 제거하여 자신이 죽은 상태에서 빈 파이프를 만들어 제 기능을 수행한다. 성숙목의 경우 죽은 세포가 수간 전체 세포의 90% 이상을 점유하고 있다.

이러한 특성은 수목 일부가 병으로 피해를 받더라도, 피해로 죽은 부위를 쉽게 포기하고 나머지 살아 있는 조직으로 살 수 있다는 뜻으로 해석된다. 병으로 피해를 받아 일부분이 죽으면, 수목은 방어벽을 만들어 죽은 부분을 살아 있는 부분으로부터 분리시켜 살아 있는 부분이 더 이상 감염되거나 피해를 받지 않도록 보호한다. 이런 분리과정을 목재부후의 구획화(CODIT)라고 부른다. 결국 죽은 가지를 떨어트리고, 수관을 축소하여 살아남는다. 장수하는 수종일수록 방어벽 형성과 상처치유 능력이 뛰어나다. 향나무, 주목, 소나무, 은행나무, 느티나무, 팽나무, 회화나무, 왕버들에서 그 예를 찾아볼 수 있으며, 국내에서는 천연기념물(天然記念物) 노거수(老巨樹)로 지정된 나무들의 주종을 이룬다. 속성수(예: 포플러, 버드나무, 오동나무)와 벚나무는 상처(가지치기에 의한 상처 포함)를 통해 부후균이 쉽게 침투하여, 주위 조직이 조금씩 썩어들어감으로써 수명이 짧은 편이다(그림 5-6).

그림 5-7

이식한 살구나무에서 윗가지가 대량으로 죽어 있다. 나무가 살아남기 위해서 죽은 부분을 분리시켜 몸을 축소시킨 경우이다. 전형적인 수분 부족으로 인한 '이식 후유증'이다.

제6장

수목의 병해충 진단

진단(診斷, diagnosis)은 수목이 잎의 반점, 괴사 혹은 가지마름과 같은 어떤 병징(病徵, symptom)을 보일 때 병징의 특성과 발병 환경을 조사하여 병의 원인을 구명하는 과정이다. 정확한 진단은 수목 치료에서 매우 중요하다. 병의 원인을 잘못 찾아 오진(誤診)이 될 경우, 근본적인 치료가 될 수 없다. 인체의학의 경우 복통이 심할 때 진통제를 처방하면 일시적으로 통증을 감소시킬 수 있지만, 근본적인 원인을 찾아내지 못하면 치료가 되지 않는다. 수목의 경우에도, 정확한 진단 없이, 우선 엽면시비나 수간주사로 영양상태를 개선할 수 있지만, 정확한 진단에 근거하여 근본 원인에 대한 치료가 동반되지 않으면 건강 회복이 되지 않는다.

정확한 진단은 건강한 수목의 기본적인 특성을 먼저 이해해야 가능해진다. 건강하고 정상적으로 자라고 있는 수목의 구조, 생장, 그리고 생리에 대한 지식은 수목이 비정상적인 현상(병징)을 보일 때 이를 해석할 수 있는 능력을 갖게 해 준다.

6-1 인체 진단의학과 수목 진단의학

인체 진단의학은 2000년 이상의 오랜 역사를 가지고 있다. 현대의학은 그동안 누적된 모든 의학 지식, 최첨단 기술과 장비를 동원해 진단과 치료를 수행한다. 인체의 병에 대한 진단은 여러 가지 과학적인 정보를 바탕으로 이루어진다. 환자의 가장 불편한 점에 대한 주소(主訴) 문답, 혈압, 체온, 맥박 등 기본대사에 관한 정보, 오감(五感)을 동원하여 증후를 분석하는 이학적 검사(시진, 청진, 촉진, 타진, 후진), 그리고 소변, 대변, 혈액, X-ray 등의 검사실 검사 자료를 모아 종합적인 분석에 의한 진단이 가능하다.

이에 비해 수목 진단의학은 그 역사가 미천하여 초보적인 수준이라고 할 수 있다. 수목의 구조와 생장에 관한 지식은 식물학 발달에 힘입어 상당히 축적되어 있는 편이지만, 수목 생리에 대한 연구는 연구비 부족으로 주요 작물의 생리보다 훨씬 뒤져 있다. 경제작물에서 새로운 생리 이론이 개발되면 그 이론을 수목에 적용해 보는 수준에서 그치고 있다.

수목 진단에서 활용할 수 있는 정보는 매우 제한적이다. 조직검사(엽분석)나 토양검사와 같은 기본 자료도 재정적 어려움과 시간이 너무 소요되는 이유로 제대로 확보할 수 없는 상황이다. 더구나 수목 진단학은 사회적 요구가 적기 때문에 학문적인 매력이 적어 발전하는 데 한계점이 있다. 그러나 현장경험이 풍부한 전문가(수목의, 樹木醫)는 병징과 발병 당시의 주변 환경에 근거하여 비교적 정확하게 수목을 진단할 수 있다. 인류의 질병이 수천 가지에 달하여 진단의 어려움이 있다면, 수목의 경우 다행히 어떤 지역에서 특정 수종의 병해충 종류는 매우 제한되어 있으므로 그 지역에서, 기존에 알려진 병해충에 관한 전문적인 정보만으로도 수목 진단이 가능해진다. 더구나 비전염성 병은 대개 생리적 피해이기 때문에 세계적으로 수종 및 지역과 관계없이 비슷한 병징을 나타내어 외국에서의 경험도 활용할 수 있다.

6-2 진단전문가의 자세

우수한 수목 진단가가 되기 위해서는 전문가 교육, 현장경험, 문제해결능력을 갖추어야 한다. 의과대학에서 수년간 이론교육과 실습을 통해 진단기술을 익히는 것과 같다고 할 수 있다.

1. 전문지식 습득

이론교육과 현장경험이 병행될 때 전문가가 될 수 있다. 진단가는 그 지역에서 자라는 수종과 품종을 구별할 수 있어야 하며, 그 수종의 생장 특성과 정상적인 형태, 생물학에 대한 지식을 가져야 한다. 식물학, 수목생리학, 수목병리학, 곤충학, 토양학, 농약학, 원예학, 잡초학, 생태학, 기상학, 수문학 등에 대한 지식을 의미한다. 그 수종의 정상적인 생장 특성을 알고 있는 것은 정확한 진단에 필수적이다. 어떤 수종이나 품종의 특징이 마치 비정상적으로 자라는 것처럼 오해될 수 있기 때문이다.

2. 수목관리에 대한 넓은 지식

진단가는 조경수의 관리법과 이에 따른 부수적인 사항을 자세히 알고 있어야 한다. 예를 들면 관수를 제대로 하지 않아 토양이 너무 건조하거나 너무 습기가 많으면 여러 가지 비전염성 병과 전염성 병을 초래한다. 건조한 토양에서는 수목의 생장이 둔화되고 활력이 떨어지며, 2차적인 피해로 천공성 해충이 증가한다. 염분이 많은 토양에서 자라는 수목의 병징(잎끝의 갈변)은 건조 피해 및 제초제 피해와 매우 유사하게 나타나기 때문에, 그 지역 토양의 특성을 파악하는 것이 선행되어야 하며, 이는 진단가의 몫이다.

3. 문답의 중요성

병원에 가면 의사가 여러 가지 질문을 하며, 이에 올바르게 응답해야 진단에 도움이 된다. 수목 진단에서도 문답은 매우 중요하다. 2개 이상의 원인이 복합적으로 작용하고 있거나 피해의 원인이 오래전에 이미 발생한 경우에는 여러 가지 정보를 수집해야 한다. 관리자와의 문답을 통해서 필요한 모든 정보를 다양하게 수집한다(그림 6-1). 예를 들면 뿌리를 절단하면 그 피해가 수개월 후에 가지 고사로 나타나는데, 뿌리 절단 사실을 알지 못하면 진단이 어려워진다. 따라서 관리자에게 적절한 질문을 하는 것이 매우 중요하다. 그러나 수목관리에 대한 지식이 적은 사람에게서 잘못된 정보를 얻는 경우도 많기 때문에 조심해야 한다. 뿌리 절단의 중요성을 모르는 관리인은 자발적으로 이 사실을 먼저 언급하지 않기 때문이다. 제초제 피해는 관리인이 언급하기 꺼리는 사항 중의 하나로 정확한 정보를 얻기 힘들 때도 있다.

그림 6-1

전나무의 우박 피해. 이 지역에 몇 주 전에 우박이 떨어졌다는 정보 없이는 진단이 어려운 경우이다. 과수의 경우에는 잔가지의 윗부분만 껍질이 벗겨져 하늘에서 떨어진 물체에 의해 상처가 생겼음을 짐작할 수 있다.

4. 선입견 배제

선입견을 배제하는 마음은 수목 진단에서 매우 중요하다. 문제 해결 과정에서 초기에 잘못된 첫인상이나 잘못된 정보로 인해 진단이 엉뚱한 방향으로 가는 경우가 많다. 이럴 경우 진단가는 열린 마음으로 전문 지식을 총동원해서 가능한 모든 정보를 최대한으로 수집해야 한다. 정보가 많을수록 더 정확한 진단이 가능하며, 그렇지 않을 경우 오진(誤診)의 가능성이 높아진다.

2개 이상의 원인이 동시에 작용하고 있을 때 열린 마음을 가져야 주요 원인(1차 원인)을 찾아낼 수 있다. 예를 들면 수세가 약해진 수목에서는 천공성 해충이 대량으로 나타나는데, 이를 쉽게 진단할 수 있다. 이 경우 천공성 해충은 2차적인 원인인 경우가 많다. 만성적인 가뭄으로 토양수분이 부족하면 수목의 생장이 둔화되어 수세가 약해지며, 후에 천공성 해충이 들어온다. 만성적인 가뭄이 1차 원인임에도 이를 찾아내기가 어려워, 2차 원인을 강조하여 해충 구제를 해결 수단이라고 진단하면 오진이라고 할 수 있다.

최근 국내에서, 이상난동과 겨울가뭄으로 인해 봄철에 상록수인 소나무와 잣나무의 집단 고사가 관찰되고 있다. 이 경우 이미 존재하고 있던 내생균(內生菌, endophytic fungi)에 의한 가지마름병이 대량으로 발생하지만, 집단 고사의 1차 원인은 기후변화로 인한 겨울가뭄이다. 따라서 전염성이 있어 가지마름병을 구제해야 한다는 병리학적인 판단은 열린 마음이 아니다.

6-3 피해발생상황 조사(정보수집)

정확한 진단을 위해서는 수목의 현재 상태에 대한 생물학적 자료뿐 아니라 수목이 자라고 있는 곳의 환경과 관리 역사에 대한 자료도 필요하다. 이러한 자료는 수목의 구조와 기본 생리에 대한 지식을 바탕으로 원인과 결과에 대한 해석을 시도하고, 지상부와 지하부의 상호관계를 분석하는 데

표 6-1 수목 피해발생상황 조사 항목(수목 진단에 필요한 정보)

분류	조사 항목
병징	가. 비정상적인 상황 기술 — 부위, 고사조직 유무, 전반적 상황 기술 나. 잎과 눈의 모양, 색깔, 크기 — 시들음, 괴사, 반점, 황화현상, 비틀림, 낙엽, 구멍, 죽은 잎의 부착 여부 등을 기술 다. 가지 — 변색 및 고사, 균열, 부풀어 오른 곳, 동절기에 겨울눈이 건강한 상태로 붙어 있는가? 곤충의 배설물, 쉽게 부러지는가? 라. 수관 내 발병 부위 — 수관 전체 혹은 일부, 위쪽 혹은 아래쪽, 균일하게 혹은 불규칙하게 분포하는가? 마. 수간 — 수직으로 금이 가 있는가(방위 포함)? 공동(크기, 상태), 수피에서 수액이 흘러나오는가? 부풀어 오른 곳, 혹, 버섯 발생, 작은 구멍(천공충이 들어간 곳)와 구멍 주변의 배설물, 기계적 상처(위치와 크기), 지제부 근처 수피의 건강상태 바. 뿌리 — 굵은 뿌리의 색깔과 부패, 세근의 상태(마르거나 검은색으로 괴사), 뿌리에서 맹아 발생(왕성하게 발생했으면 뿌리가 건전하다는 증거임), 지제부 밑의 뿌리 수피 안쪽 목질부의 색깔, 지제부가 삼각형으로 넓어져 있는가? 뿌리 전체가 흔들리는지 여부 사. 곤충(응애 포함) — 잎을 가해한 흔적, 잎에 서식 중인 곤충, 잎을 가해한 정도, 가해 패턴, 배설물 아. 발병시기 — 피해의 진전 속도(만성 혹은 급성 피해), 발병 초기의 기상조건

표 6-1 계속

분류	조사 항목
피해목	가. 수종명, 수령, 크기(수고, 흉고직경), 접목 여부 나. 과거 3년간 가지의 생장량, 현재 잎의 크기와 모양 다. 이웃 나무의 발병 상황 — 같은 수종의 다른 나무에 발병 여부, 발병 개체수, 다른 수종(같은 속 혹은 다른 속)의 피해 여부와 정도, 피해목의 밀집 정도, 특별한 위치(방위, 경사, 바람 방향)에만 발생 여부 라. 주변목 피해 패턴(양상): 독특한 양상을 만들고 있는지 여부
관리 역사	가. 식재년도 나. 지난 1주간 특별한 작업 내용 — 약제 살포, 수간주사 등 다. 지난 1년간 특별한 작업 내용 — 가지치기, 시비, 토양 굴착 여부 라. 지난 3년간 특별한 작업 내용 — 주변에서 건축공사, 하수도 공사 여부 마. 지난 5년간 특별한 작업 내용 — 수관 밑에 복토(20cm 이상)나 절토 여부
환경	가. 채광 정도: 양지, 음지, 차광 상태 나. 식재 위치(도로변, 정원, 공원, 주차장 등) 다. 식재 간격 라. 대기오염의 상태 마. 주변에 하수도, 천연가스 배관 여부 바. 통풍의 정도 — 주변이 장애물로 막혀 있는가? 사. 낮은 지역인가? — 서리 혹은 배수불량 가능성 짐김
토양	가. 토성, 답압의 정도, 투수성, 견밀도 나. 표토의 포장, 멀칭 여부 다. 배수상태 — 큰비가 온 후 즉시 배수되는가? 현재 물이 고여 있는가? 지표에 이끼가 자라고 있는가? 라. 현재 흙이 말라 있는가 혹은 젖어 있는가? 마. 정상적 색깔인가? 냄새 여부 바. 복토나 설토 여부
기상	가. 지난 겨울 추위의 정도(예년보다 월등히 최저기온이 더 낮았는지 여부)와 건조한 상태 나. 최근 한발과 강우 상태(과건과 과습의 가능성) 다. 최근 비정상적 기상상태 — 늦서리와 첫서리가 온 시기, 태풍

활용된다. 표 6-1에 수목 진단에 필요한 정보를 나열했다. 관리자와의 문답을 통해 관리역사와 그 지역의 토양, 최근의 비정상적인 기상상태에 관한 모든 자료를 얻는다.

6-4 수목 진단 기구

수목 진단에는 몇 가지 기구가 필요하다. 표 6-2에 현장에서 필요한 기구의 명단을 나열했다. 이 중에서 가장 긴요한 것은 확대경, 주머니칼, 삽, 전정가위, 끌, 카메라 등이다. 응애 피해는 자주 관찰되는데, 매우 작기 때문에 맨눈으로 보이지 않으며, 대신 확대경(magnifier)으로 보아야 확인할 수 있다. 곰팡이에 의한 병 중에서 포자퇴 등의 표징이 식물 표면 밖으로 노출되는 경우 확대경이 필요하며, 최소 20배 정도 확대할 수 있어야 한다. 주머니칼은 가지, 줄기, 수간에서 죽은 조직과 산 조직을 검사하는 데 유용하다. 삽은 뿌리의 건강을 확인할 때 쓰며, 끌은 형성층 조직이 살아

표 6-2 수목 진단 현장에서 필요한 기구 명단

조사항목	기구명
기록과 표식용	조사야장, 필기도구, 메모지, 카메라, 유성펜, 분필, 라벨, 표식용 테이프, 표식용 페인트, 손전등
일반 조사	GPS 수신기, 무전기
수목 조사	직경측정자(caliper), 수고측정기(Hypsometer), 생장추(increment borer), 망원경(binocular), 확대경(magnifier, hand lens, 20X), 전정가위(hand pruner, pruning shear), 고절기(pole pruner), 톱(saw), 휴대용 엽록소 측정기, 사다리, 드릴, 핀셋, 끌(chisel), 고무망치(mallet), 주머니칼(pocket knife), 등목기구(tree climbing equipment)
해충 조사	확대경(hand lens), 포충망(insect net), 독병(alcohol vial), 유산지(oil paper), 삼각통, 곤충포집기(beating trap), 솔(brush)
생육환경 조사	나침반, 줄자(50m)
토양 및 수질 조사	삽, 손갈퀴, 검토장(soil profile tube), 채토기, 토양 오거(soil auger), 토양경도계, 염분측정기, 토양산도계(soil pH meter), 토양습도계, 토색첩(color chart), 세척병, 플라스틱병
생리활성 조사	샤이고미터(Shigometer), 조도계
표본채집용	페트리디쉬, 미생물 배지, 바이엘, 비닐봉투, 아이스박스

있는 것을 확인하기 위한 작업으로 수피를 벗기는 데 쓴다. 고무망치(mallet)는 수피가 들떠 있는지 그리고 그 밑의 목재가 부패했는지를 확인할 수 있다. 카메라는 시기별로 수목의 변화를 기록으로 남기는 가장 좋은 수단이다. 잎, 가지, 수간, 주위환경의 상태를 중점적으로 찍되 원경과 근경, 접사를 시도한다. 검토장(檢土杖, soil profile tube)은 복토가 이루어진 경우 그 깊이를 쉽게 알 수 있는 기구로서, 쇠파이프를 길게 반으로 자르고 끝을 뾰족하게 만들어 땅속에 박아 넣어, 복토로 인해 흙의 토질과 색깔이 바뀐 부분을 찾아낸다(표 6-2).

6-5 검사실 분석과 조사

수목의 진단을 정확하게 실시하기 위해서는 몇 가지 실험실 검사 자료가 도움이 된다. 엽분석, 토양분석, 수질분석, 엽록소 분석, 전분분석, 형성층 전기저항치 분석을 예로 들 수 있다.

6-5-1 엽분석

엽분석(葉分析, foliar analysis)은 잎의 무기양분의 함량을 측정하기 위한 분석이다. 수목의 양분결핍이 의심스러울 때 잎에 포함되어 있는 무기양분의 함량을 측정하는 것은 다른 어떤 검사보다 가장 정확한 진단법이다. 잎의 채취방법에 따라서 차이가 생기지만, 채취시기(7월), 채취위치(가지의 중

표 6-3 귤나무의 무기영양상태를 진단할 수 있는 엽분석 지침(Embleton 등, 1975)(단위: 건중량에 대한 %) (귤나무는 양분 요구도가 높지만, 조경수는 귤의 적정 수준의 60% 정도에서 결핍 상태가 된다.)

원소명	영양상태				
	결핍상태	적정수준 이하	적정수준	적정수준 이상	과잉상태
질소(N)	〈 2.2	2.2~2.3	2.4~2.6	2.7~2.8	〉2.8
인(P)	〈 0.09	0.09~0.11	0.12~0.16	0.17~0.29	〉0.30
칼륨(K)	〈 0.40	0.40~0.69	0.70~1.09	1.10~2.00	〉2.30

간), 잎의 연령과 노쇠 정도(중간 정도)를 통일하면 유용한 자료를 얻을 수 있다. 항상 피해목의 값과 건강한 개체의 값을 대조구로 하여 비교해야 한다.

귤나무의 경우 정상적인 생장을 위해 가장 적절한 잎의 무기양분 함량이 조사되어 있어서 이 수치를 기본으로 해서 진단한다(표 6-3). 수종이 달라지면 이 값이 달라지기 때문에 항상 같은 수종의 건강한 개체의 비슷한 시기의 값을 비교치로 해야 한다.

6-5-2 토양분석

토양분석(土壤分析, soil analysis)은 토양의 성질과 무기양분 함량을 측정하여 토양이 수목생장에 적합한지를 판단하는 방법이다(표 12-1 참조, 400쪽). 이론적으로 양분결핍을 진단할 때에는 엽분석보다 정확하지는 않지만, 이외의 다른 문제가 있는지 확인할 수 있는 방법이다.

토양분석에서는 토양의 물리적 성질과 화학적 성질을 점검한다. 물리적 성질은 토성(土性, soil texture, 진흙, 미사, 모래의 상대적인 혼합 비율), 토양 공극과 용적비중(bulk density, 단위 부피당 무게)을 근거로 하여 배수성, 통기성, 답압 정도를 조사하고, 입단 구조 형성, 토양수분 함량을 측정한다. 화학적 성질은 총 유기물 함량, 각종 무기양분의 함량, 토양의 산도(pH), 양이온치환용량(cation exchange capacity, 무기양분을 저장할 수 있는 능력)을 분석한다. 토양이 산성화되어 있는 정도를 알고 있으면, 비료를 주고자 할 때 어떤 성분(예: 철분, 붕소)이 부족한지 가늠할 수 있다. 무기양분 분석에서는 14가지 원소 중 수목이 부족하기 쉬운 질소, 인, 칼륨 위주로 분석하고 있으며, 강한 산성 혹은 강한 알칼리성 토양의 경우에는 철과 붕소를 추가한다.

6-5-3 수질분석

수질분석(水質分析, water analysis)은 관개수가 염분과 중금속으로 오염되어 있는지를 분석한다. 염분의 농도는 임해매립지에서 높을 수 있으며, 적은 농도로 존재하더라도 장기간 사용하면 피해를 볼 수 있다. 일반적으로 식용수에는 0.8dS/m(데시지멘스) 이하의 염분(UNICEF 기준)이 함유되어 있어야 하며, 관개수를 장기적으로 사용할 때에는 0.5dS/m 이하의 염분이 있어야 한다. 단기관수에는 1.0dS/m의 물을 사용할 수 있다. 시중에서 판매되는 생수에는 0.05dS/m 정도의 염분, 그리고 서울시에서 공급하는 수돗물에는 0.1dS/m 정도의 염분이 들어 있다(참고: 1dS/m=1,000uS/cm).

6-5-4 병원균 배양과 검경

병원균 배양은 발병한 식물체에서 병원균을 직접 관찰할 수 없을 때 (표징이 없다고 말함) 식물체의 일부를 실험실에서 직접 배양하는 과정을 말한다. 여과지처리법(blotter method) 혹은 습실처리법(moisture chamber method)은 살균된 샬레에 2장의 여과지를 깔고 멸균수로 적신 후 발병한 식물체의 일부(잎, 꽃, 종자, 가지, 뿌리 등)를 넣고, 20~25℃에서 3~7일간 배양하여 병반 부위에 형성된 포자(표징에 해당함)를 관찰한다.

여과지습실처리법으로 병원균의 포자가 형성되지 않을 때에는 영양배지배양(culture on nutrient medium)을 실시한다. 병든 식물체 일부를 차아염소산나트륨(sodium hypochlorite, NaOCl)으로 표면 소독한 다음 한천배지나 영양배지(예: PDA)에 치상하여 포자를 관찰하여 동정한다.

병원체의 동정은 병원체의 크기에 따라서 확대하는 정도가 다르다. 해충과 포자퇴는 확대경(magnifier)과 해부현미경(dissecting microscope)을, 포자는 광학현미경(light microscope)을, 포자와 기주 표면의 진균과 기주 내 세균은 주사전자현미경(Scanning Electron Microscope, SEM)을, 세균, 파이토플라스마, 바이러스는 투과전자현미경(Transmission Electron Microscope, TEM)을 사용한다.

6-6 샤이고미터

샤이고미터(Shigometer)는 미국의 Shigo 박사가 개발한 기구(수목혈압계)로서 형성층의 활력도를 측정하는 기계인데, 부수적으로 수간에 공동(cavity)의 여부도 찾아낼 수 있다(그림 6-2). 나무가 왕성하게 자랄 때 형성층은 건강하게 세포분열을 하면서 그 두께가 굵어진다. 두꺼워진 형성층은 어린 세포들로 구성되어 있어 수분을 많이 함유하고 있으며, 양전기를 띤 마그네슘, 칼슘, 칼륨 등의 무기양분의 함량도 많다. 반면에 나무가 왕성하게 자라지 못할 때에는 형성층의 세포분열도 저조하여 그 두께가 얇아지고 수분 함량도 적어진다.

위와 같이 건강한 형성층일수록 수분을 더 많이 함유하고 있는 현상에 착안하여 Shigo 박사는 형성층에 전기를 흘려보내서 수분 함량을 측정하는 방법을 고안했다. 즉 형성층 전기저항(Cambial Electrical Resistance, CER)으로 건강상태를 알 수 있는 기기를 발명한 것이다. 건강한 수목은 전

그림 6-2

샤이고미터는 형성층의 건강도를 측정하는 기계로서 나무가 스트레스를 받고 있는 정도와 수액 이동 상태를 잘 나타낸다. 소나무류의 경우 형성층 전기저항(CER)이 5.6킬로옴(kΩι)이면 매우 건강한 상태이다.

표 6-4 2004년 이식한 수목의 활착 정도를 샤이고미터의 형성층 전기저항(CER)을 이용해 5년간 조사한 자료. CER은 숫자가 작을수록 수목이 건강하다는 뜻이다(이경준, 2012). (단위: kΩι)

연도	소나무		은행나무		느티나무		왕벚나무	
	건강목	이식목	건강목	이식목	건강목	이식목	건강목	이식목
2005	12.5	18.2	6.7	11.9	6.1	7.8	8.6	13.5
2006	12.4	15.9	6.7	11.6	5.9	7.9	8.9	12.4
2007	9.9	13.9	6.1	10.6	5.9	7.8	8.9	11.6
2008	14.9	18.3	8.4	12.6	9.6	9.9	9.6	11.6
2009	14.8	14.3	8.9	11.5	12.2	8.5	9.5	12.6
평균	12.9	16.1	7.4	11.6	7.9	8.4	9.1	12.3

기를 더 많이 흘려보내 저항치가 적어지고, 건강하지 못한 나무는 반대로 저항치가 커진다.

표 6-4에 국내에서 샤이고미터를 이용해 이식한 나무의 활착 정도를 추적했는데, 소나무는 5년 만에 활착이 끝나고, 느티나무는 첫해부터 이식스트레스를 적게 받았으며, 은행나무와 왕벚나무는 5년 후에도 건강이 나쁜 상태임을 알 수 있다.

6-7 진단과정

조경수의 진단과정은 농작물보다 더 복잡하고 까다롭다. 경작지는 그 농작물의 생육에 적합한 곳에 마련된다. 농민들은 오랜 세월 동안의 반복적인 영농 경험을 통해 비교적 균일한 조건에서 농사를 짓기 때문에 피해원인을 찾아내기 쉽다. 더불어 국가가 설립한 전문기관으로부터 수준 높은 조언을 받을 수 있으며, 대부분의 농작물 진단은 기상적 피해와 전염성 병, 해충의 피해로 좁혀진다. 반면 조경수는, 이전에 나무가 자라지 않던 곳에 새로 조성된 토양과 국소지역에만 나타나는 미세기후(microclimate) 등 다양한 환경에서 자라는 경우가 많고, 각종 인위적 피해를 포함한 여러 가지 원인(많은 경우 비전염성 병)에 의해 복합적 피해를 동시에 받을 수 있어 진단과정이 복잡한 편이다. 또한 수목은 다년생식물이므로 수년에 걸쳐 서서히 죽어 가거나 2~3년 전에 죽은 개체의 피해원인을 규명하는 경우도 있어 초기 발병시기를 정확히 진단하기가 쉽지 않고, 이에 대한 전문적 지식이 필요하다.

6-7-1 조경수 병의 진단

조경수목을 진단하는 과정은 체계적이고 논리적이어야 하는데, 다음과 같이 8단계로 나눌 수 있다 (Costello 등, 2003). 피해 수목의 수종명 구명, 병징 조사, 수목전신 조사, 생육환경 조사, 피해 패턴 조사, 수목관리역사 조사, 모든 정보의 종합화, 그리고 병명(피해원인) 구명의 순서로 진행한다.

1. 수종명 구명

분류학적 과명, 속명, 종명, 품종명을 아는 것은 필수적이다. 이로부터 수목의 원산지, 생장 특성, 관리법, 전염성 병과 해충의 범위도 알 수 있다. 향나무 녹병은 장미과 식물(사과, 배, 모과나무, 명자꽃, 산사나무)만 골라서 붉은별무늬병(적성병)을 감염시킨다. 여러 가지 다른 수종들이 같은 증상을 나타내는지도 확인한다.

2. 병징 조사

피해를 본 수목으로부터 가능한 모든 병징들을 찾아낸다. 수종명과 품종명을 알게 되면 정상적인 나무의 모양, 생장 패턴, 계절별 형태 변화를 기초로 비정상적인 상태(병징이라고 칭함)를 찾아낼 수 있다.

3. 수목 전신 조사

피해를 본 곳만 관찰하지 말고 수목의 전신을 조사한다. 병징이 다른 부위(잎, 가지, 줄기, 꽃, 열매)에도 나타나는지, 피해를 본 장소들을 서로 비교할 때 피해 정도가 불규칙한지, 병징이 수관 내 균일하게 분포하는지, 생장이 지속되면서 새잎과 가지가 만들어지고 있는지, 생장속도가 정상인지, 곤충의 흔적이 있는지, 버섯과 같은 표징이 있는지 등을 살핀다.

그림 6-3
일정한 패턴을 가진 피해의 진단. 도로 포장 장비(asphalt finisher)가 뜨거운 공기를 내뿜어 생긴 피해는 일정한 높이에서만 관찰되어 쉽게 진단할 수 있다(사진: Costello 등, 2003).

4. 생육환경 조사

수목이 자라고 있는 곳의 토양과 주위 환경을 조사한다. 경사가 있는지, 배수가 잘 되는지, 토양답압이 있는지, 관수를 하고 있는지와 관수 주기, 마른 곳이나 젖은 곳이 있는지, 바람이 세게 부는지, 너무 덥거나 추운지, 그늘이 지는지, 생장을 방해하는 건축물이나 시설이 있는지, 주변에 식생이 있는지 등을 조사한다.

5. 피해 패턴(양상) 조사

병징이 일정한 패턴을 보이는지 조사한다. 병징이 수목 전체에 균일하게 분포하는지, 한쪽에 치우쳐 있는지, 어린잎 혹은 성숙한 잎에만 있는지 등이다. 꼭 조사해야 할 중요한 패턴은 이웃 나무들의 피해 여부이다. 같은 수종의 나무들만 피해를 입었는지(기주선택성을 가지고 있는 전염성 병의 특징), 수종과 관계없이 그 지역의 모든 나무에서 병징이 나타나는지(비전염성 병의 특징), 병징이 특수지역(남향, 도로변, 주풍이 불어오는 곳, 낮은 곳)에만 나타나는지 등을 조사한다(그림 6-3).

6. 수목관리역사 조사

관리인으로부터 수목관리를 어떻게 하고 있는지 문답형식으로 조사한다. 수목식재 연도, 조경공사 연도, 관수주기와 관수습관(한 번 관수할 때 충분히 실시해야 함), 관개수의 근원, 농약, 비료, 해빙염(deicing salt) 살포 여부, 전정 시기, 과거에 유사한 피해가 발생했는지, 과거 건축공사와 토양 굴착 여부, 복토를 실시한 시기 등 도움이 되는 모든 정보를 확보한다. 관리역사는 잘못 전달되거나 잘 모르는 경우도 있다.

7. 모든 정보의 종합화

수목과 생육환경에 대한 자료를 모두 얻은 후에는 가능한 모든 피해원인을 나열해 본다. 혹은 배제할 수 있는 원인을 나열할 수도 있다. 조경수에 피해를 주는 모든 원인은 전염성 병, 비전염성 병, 충해 중의 하나로 분류된다. 따라서 진단의 첫 단계는 위의 세 가지 중에서 한 가지를 선택하여 좁혀 가는 것이다(그림 6-4).

8. 피해원인 구명

수목의 피해원인은 한 가지이거나 두 가지 이상이 동시에 작용할 수도 있다. 그러나 가장 중요한 피해원인을 먼저 찾아내고, 부수적으로 따라온 원인을 열거한다. 가지마름병은 건조 피해로 시작되는 경우가 많으며, 이 경우 해결책은 관수이며, 가지마름병 방제가 아니다. 수목 쇠퇴 혹은 산림 쇠퇴(forest decline)는 여러 가지 원인이 동시에 작용하여 발생하며, 복합스트레스(기상이변, 대기오염, 산성비 등)에 의한 것으로 알려져 있다.

6-7-2 전염성 병의 확진

수목의 전염성 병은 위의 과정을 통해 진단하지만, 어떤 병원균에 의한 구체적인 병을 확진(確診)하기 위해서는 코흐의 법칙(Koch's rules)에 따라서 병원체를 검증해야 한다. 즉 병든 수목에서 병원체를 발견하여 동정하고 이 병원체가 병을 일으키는 원인이라는 것을 증명하기 위해 다음과 같은 단계적 실험을 수행해야 한다.

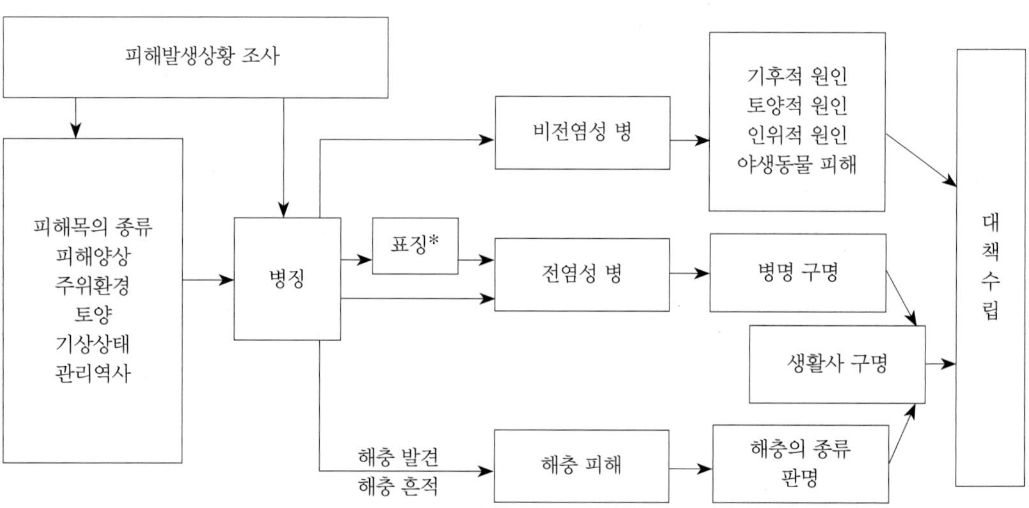

그림 6-4

피해원인 구명과 수목병의 진단과정 요약(이경준과 이승제, 2011)

1) 병든 식물의 병징 부위에서 병원체를 찾을 수 있어야 한다.

2) 병원체를 분리하여 영양배지에서 순수 배양하여 그 특성을 알 수 있어야 한다.

3) 순수 배양한 병원체를 같은 종의 건강한 식물에 접종하여 똑같은 증상을 얻어야 한다.

4) 병원체를 재분리하여 배양할 수 있어야 하며, 그 특성은 2)와 같아야 한다.

이러한 법칙은 배양이 가능한 곰팡이에 의한 병에 적용할 수 있으며, 바이러스, 파이토플라스마, 유관속 국재성 세균, 원생동물과 같은 병원체는 배양이 잘 되지 않아 적용하기 어렵다.

6-7-3 발병시기 진단

수목은 다년생식물이면서 몸체가 크기 때문에 초본식물처럼 병이 급속히 퍼지지 않고, 수년에 걸쳐 피해를 받으면서 서서히 죽어 가는 경우가 많다. 진단하려는 개체가 아직 살아 있는 경우와 이미 죽어 있는 경우에 따라서 발병시기의 진단방법이 조금 달라진다. 발병시기는 근원적인 피해원인 구명과 이식한 나무의 법적 분쟁을 해결할 때 중요한 자료가 된다.

1. 수목이 아직 살아 있는 경우

수목은 서서히 죽어 가기 때문에 살아 있는 부위와 죽은 부위가 동시에 존재하며, 이를 구분할 수 있어야 한다. 눈, 가지, 줄기, 형성층의 사활 여부는 다음과 같은 기준으로 알 수 있다.

1) 겨울눈이 크고 건강하게 형성되어 있으면서 단단히 부착되어 있으면, 눈과 가지는 살아 있으며, 지난해까지 나무가 건강하게 자랐음을 알 수 있다.
2) 눈을 싸고 있는 껍질(아린, 芽鱗)을 벗겼을 때 눈에 녹색과 습기가 남아 있으면 눈은 살아 있다.
3) 눈을 살짝 건드렸을 때 눈이 힘없이 떨어지면 눈과 가지는 죽어 있다.
4) 낙엽이 진 가지에서 어린가지의 껍질을 벗겼을 때 수피 안쪽(내수피)에 녹색이 남아 있고, 수분이 있으면 가지는 아직 살아 있다.
5) 껍질에 금이 가 있거나, 쉽게 벗겨지거나, 말라서 쉽게 부러지는 가지는 죽어 있다.
6) 형성층은 나무 꼭대기부터 밑으로 내려오면서 죽어 가는데, 생육기간 동안(4월 중순~10월 초순)에 샤이고미터(Shigometer)에 의한 형성층의 전기저항치(CER)가 30~35킬로옴 이상이면 형성층이 죽어 있다.

나무가 아직 살아 있다면 이병 가지와 건강한 가지를 동시에 관찰하여 감염이 진전되는 과정을 확인할 수 있다. 건강한 잎과 가지로부터 그 개체의 최근 생장 패턴, 생장속도, 활력도를 가늠한다. 병든 잎에서는 잎의 녹색, 퇴색, 변색과 시들음 정도, 반점의 크기, 색깔, 신선도, 반점 경계선의 건조 정도를 조사하여 반점이 처음 생긴 시기를 추정한다. 반점의 색깔이 뚜렷하고 신선할수록 최근에 발병한 것이다. 병든 가지에서는 가지에 나타난 비정상적인 형태의 신선함, 색깔, 가지의 건조 정도, 잎의 부착 여부, 수피의 벗겨짐, 이병 가지의 비율을 조사한다. 소나무 새순은 4월부터 5월 사이에, 그리고 잎은 6월 하순까지만 자라므로 새순이 나오다가 죽었다면 발병이 그 기간에 시작되었음을 알 수 있다.

죽은 가지에 눈이 붙어 있다면 전년도 가을까지 살아 있었다는 증거가 된다. 죽은 가지는 수분의 함량이 적을수록 더 딱딱해지므로, 쉽게 부러질수록 오래전에 죽었다고 할 수 있다. 죽은 가지에 붙어 있는 잎은 보통 수개월 내에 낙엽이 진다. 소나무의 경우 가지마름병(예: *Fusarium*과 *Diplodia* 가지마름병)에 걸린 가지는 송진 때문에 1년 이상 마른 상태로 붙어 있기도 한다.

수관에서는 고사지의 위치, 고사 비율, 낙엽 비율 등을 조사하여 발병 후 경과한 시간을 추정한다. 줄기(수간)에서는 수피의 색깔, 수분 함량, 딱딱한 정도, 벗겨짐, 터짐, 마름 정도, 샤이고미터가 있을 경우 형성층의 활력도와 생존 여부를 조사한다. 병이 지상부에서 먼저 시작되고 지상부의 일부가 살아 있다면, 뿌리는 지상부보다 탄수화물을 더 많이 저장하고 있기 때문에 모든 뿌리가 아직 살아 있을 가능성이 높다. 그러나 토양의 배수불량이나 산소 부족(답압, 복토, 심식 등의 원인)으로 인해 지상부보다 뿌리가 먼저 죽어 가는 경우에는 우선으로 가는 뿌리의 생존 여부와 굵은 뿌리의 껍질(수피)이 벗겨지는 정도를 조사한다. 위에 열거한 자료를 근거로 병의 진전 속도를 추정하여 초기 발병시기를 판단한다.

2. 수목이 이미 죽어 있는 경우

나무가 이미 죽어 있을 경우 고사한 지 1년 정도 경과했다면 고사 원인과 발병시기를 어느 정도 추정할 수 있다. 시간이 지날수록 병징이 남아 있을 가능성이 낮아지고 병징이 희미해지기 때문이다. 활엽수의 경우 죽은 잎이 가지에 붙어 있다면 가지가 고사한 지 수개월이 경과하지 않았다고 할 수 있다. 침엽수의 경우 죽은 잎이 활엽수보다 더 오래 붙어 있는 경향이 있다. 소나무의 죽은 잎은 잎떨림병의 경우 봄에 힘없이 탈락하지만, 건조 피해, 소금(바닷소금이나 해빙용 염화칼슘), 대기오염으로 서서히 말라 죽은 잎은 봄에도 그대로 단단히 붙어 있으면서 가을까지 지속되고, 가지마름병에 걸린 가지는 잎이 1년 이상 붙어 있다.

죽은 가지는 급속히 마르기 때문에 수피가 벗겨지면서 쉽게 부러진다. 수간은 죽은 후 시간이 경과할수록 수피에 여러 가지 특징이 나타난다. 고사 후 1년경에는 치마버섯이 먼저 발생한다. 수간의 직경이 작을수록 빨리 말라 수피에 금이 가고 쉽게 벗겨진다. 예를 들면 겨울에 얼어 죽은 어린 동백나무는 첫해 여름부터 수피에 금이 가고 벗겨지기 시작한다. 직경이 큰 수간은 수피의 두께에 따라서 이탈하는 정도가 결정된다. 수피가 얇은 단풍나무는 당년부터 금이 가고, 느티나무는 2년차에 금이 가면서 벗겨지기 시작하며, 은행나무와 소나무는 더 천천히 벗겨진다.

지상부가 죽어 있는 상태라도 뿌리의 고사는 천천히 진행된다. 뿌리는 땅속에 있기 때문에 공기 중의 줄기처럼 빨리 마르지 않고, 뿌리 속에 저장된 탄수화물(지상부보다 더 양이 많다)로 당분간

버틴다. 땅속에 수분이 충분히 있으면 더욱 서서히 죽어 가거나 혹은 활엽수의 경우 근맹아를 지상부로 발생시켜 뿌리의 일부가 소생하는 경우도 있다. 그러나 지상부가 죽으면 잔뿌리는 당년에 대부분 죽어 버린다. 반면 목질화된 굵은 뿌리는 직경에 비례해서 부패 속도가 느리다. 뿌리 표면에 곰팡이가 자라고 있다면(뿌리썩음병이 아닌 경우) 뿌리가 고사한 지 2년 이상 되었다고 할 수 있다.

6-8 전염성 병과 비전염성 병의 구별

수목 피해원인은 크게 해충, 전염성 병, 비전염성 병(생리적 피해, 비기생적 피해 혹은 생리적 이상 현상)의 세 분야로 분류할 수 있다. 수목 진단과정에서 우선 해결할 과제는 해충의 피해가 있는지와 해충이 주원인인가를 먼저 판단하는 것이다. 해충은 어디엔가 흔적을 남기기 때문에 면밀하게 관찰하면 주원인인지를 먼저 판단할 수 있다. 일단 해충에 의한 피해가 아닌 경우에는 그다음 중요한 단계는 피해원인이 전염성 병인가 아니면 비전염성 병인가를 판별하는 것이다. 다음 기준으로 두 가지 병을 구분할 수 있다.

6-8-1 전염성 병의 특징

전염성 병은 제7장에서 자세히 기술한 것과 같이 전염성(infectious)이 있는 병을 의미하며 다음과 같은 특징을 나타낸다.

1. 동일 종(種, species)이나 동일 속(屬, genus)에 속하는 나무에서만 제한되어 나타난다. 병원균은 모든 종류의 나무를 가해하는 능력이 없으며, 기주선택성 혹은 기주특이성(寄住特異性, host specificity)이 있어 일정한 종류의 수종만 선별적으로 감염시킨다. 전염성 병을 판별하는 가장 중요한 특징이다(그림 6-5 C).

2. 한 지역을 조사하면 동일 수종 내에서도 개체 간의 건강상태와 내병성에 차이가 있어 이병개체와 건전개체가 섞여 있다.

3. 병이 점진적으로 퍼지기 때문에 이병개체 간에 혹은 한 개체 내에서도 수목의 부위에 따라서 발병 정도에 차이가 있다(그림 7-3 A 참조).

4. 한 지역 내에서도 미세기후(微細氣候, microclimate)가 서로 다르기 때문에 발병한 개체가 불규칙하게 분포한다.

5. 병원균 일부가 겉으로 나타나 있는 표징(標徵, sign)을 보일 때도 있다. 버섯이나 포자퇴가 좋은 예이다(그림 7-3 D와 그림 7-4 D 참조).

6. 하루 이틀 사이에 급속히 진전되는 경우는 거의 없다. 예외는 양묘장 묘목의 입고병(모잘록

병)으로서 2~3일 사이에 모든 묘목이 죽기도 한다.

7. 저온에서 병원균이 자라지 못하므로 월동하는 동안 상태가 나빠지지 않는다.

6-8-2 비전염성 병의 특징

비전염성 병은 제8장에서 기술한 것처럼 전염되지 않는 병이며, 생리적 피해(physiological damage) 혹은 생리적 이상 현상(physiological disorder 혹은 abiotic disorder) 혹은 비기생성 피해(non-parasitic damage)로도 불린다. 다음과 같은 특징이 있다.

1. 피해 장소에서 함께 자라는 거의 모든 나무에서 동시에 나타난다(그림 9-28 C 참조).
2. 다른 여러 수종에서도 비슷한 증상을 보인다.
3. 동일한 그리고 균일한 병징으로 나타나며, 수관 전체에 나타나기도 한다(그림 6-5 D).

그림 6-5

잎에 나타난 전염성 병과 비전염성 병의 구별. A: 전염성 병인 참식나무 갈반병. 병균이 점진적으로 퍼지기 때문에 반점의 경계선에서 살아 있는 조직의 점진적인 변색을 볼 수 있다. B: 비전염성 병인 느티나무의 염화칼슘 피해는 살아 있는 조직과 죽은 조직의 경계선이 뚜렷하다. C: 전염성 병인 칠엽수 얼룩무늬병은 반점이 여기저기 나타난다. D: 비전염성인 칠엽수 엽소는 여름철에 수분 부족으로 생기며 잎의 가장자리부터 말라 죽는다.

4. 수관과 수간의 방위, 위치, 높이에 따라서 한 나무 내에서도 발병 부위가 독특한 경우가 있다(그림 6-3).

5. 어떤 특수한 환경과 특별한 위치에서만 발병하는 경우가 많다. 특수한 지역이란 낮은 곳, 높은 곳, 특수 방위(예: 남향, 남서향), 경사가 있는 곳, 주풍이 불어오는 곳(예: 북풍), 도로변, 특수 시설(예: 에어컨, 환풍기)이 있는 곳 등을 의미한다(그림 6-5 B).

6. 대개 병징이 서서히 나타나지만(예: 해빙염), 기상이변(예: 늦서리)과 약품(예: 제초제와 수간주사)에 의한 피해는 급속히 하루 이틀 사이에 나타나기도 한다. 복토 피해는 수개월 혹은 20년 후에 나타나기도 한다(그림 9-5 A 참조).

6-9 병징과 표징

수목이 병에 걸리면 비정상적인 생장과 형태를 나타낸다. 병징과 표징은 수목 진단에서 가장 중요한 정보이자 단서가 된다. 이 항목들은 눈으로 혹은 확대경으로 관찰할 수 있는 증거들이며, 이를 근거로 하여 병의 원인을 찾아낼 수 있다. 인체의학은 기본대사에 관한 정보(예: 혈압, 맥박, 체온)와 5감에 의한 검진(시진, 청진, 타진, 촉진, 후진), 검사실 자료(혈액, 소변, 대변, X-ray) 등을 바탕으로 진단하지만, 수목의 경우에는 이런 기초적인 자료 없이 진단해야 하는 어려움이 있다. 따라서 병징과 표징은 수목의 주위 환경 자료(토양, 기상, 식생)와 함께 수목 진단에서 가장 핵심적인 정보에 해당한다(그림 6-6).

6-9-1 병징

병징(病徵, symptom)은 병에 감염된 나무(이병목, 罹病木), 부적합한 환경에 노출된 나무, 해충의 가해를 받은 나무에서 영향을 받은 부위(병환부)에 비정상적인 색깔과 형태로 외부에 나타난 증상(症狀, 인체의학에서 쓰는 용어; 환자가 느끼는 주관적인 증세)을 의미한다. 잎의 변색, 시듦, 괴사, 가지마름, 해충 피해 흔적 등의 예를 들 수 있다(표 6-5). 잎이 시드는 병징은 비전염성 병에서도 비슷하게 나타날 수 있기 때문에, 병징만으로는 전염성 병에 의한 피해라고 판단할 수 없다. 그러나 병징은 수목이 정상적인 상태가 아니라는 것을 보여주는 좋은 증거가 되며, 이를 바탕으로 피해의 원인을 진단하는 데 중요한 단서가 된다. 따라서 병징의 특성을 조사할 때에는 한 개체 내에서의 병징의 형태, 분포, 진전 속도와 정도, 발병시기, 이웃 나무(같은 수종과 다른 수종)의 발병 여부, 주위 환경, 수목관리역사 등을 동시에 조사하여 되도록 많은 관련 정보를 얻어야 한다. 이런 정보를 바탕으로 전염성 병, 비전염성 병, 충해를 구별할 수 있다.

표 6-5 수목에서 나타나는 병징, 해충피해증상(symptom), 가해흔적(sign)의 예

수목 부위	병징
잎	변색: 황화(chlorosis, etiolation), 백화(albino), 적화, 오그라듦(curling)과 뒤틀림(distortion), 시들음(위조, wilt), 마름(부분, 전체, 가장자리, scorch), 반점(spot), 괴사(necrosis), 구멍(shot hole), 왜소화(dwarf), 조기낙엽(early abscission, dropping), 젖음(hydrosis), 수종(edema), 해충이 갉아 먹은 흔적
가지와 줄기	기지마름(지고, dieback), 괴사, 줄기마름(동고, 부란, canker), 혹(gall), 로제트(rosette), 대화(fasciation), 빗자루형(witches' broom), 비대(hypertrophy, sarcody), 해충의 가해흔적
수피	탈피(exfoliation), 갈라짐(crack), 괴사, 송진(resinosis), 검(gummosis), 해충의 탈출공, 톱밥
목재	부후(wood decay), 변색(discoloration), 유상조직(callus), 해충의 갱도, 톱밥
뿌리	변색(discoloration), 뿌리썩음(근부, root rot), 혹(nodule, gall)
열매	반점(spot), 조기낙과, 비대칭, 미라화(mummification), 해충의 가해흔적

6-9-2 표징과 해충의 가해흔적

표징(標徵, sign)은 병원체의 일부가 직접 노출되어 있는 상태를 의미하며, 전염성 병이라는 구체적인 증후(症候, 인체의학에서 쓰는 용어; 의사가 관찰할 수 있는 객관적인 현상)가 된다. 버섯, 포자, 포자퇴가 가장 흔하게 관찰된다(표 6-6). 표징은 곰팡이에 의한 병에서만 쉽게 나타나며, 다른 병원체에 의한 병에서는 명확히 표징이 나타나지 않는다. 그러나 수목에 발생하는 대부분의 전염성 병이 곰팡이에 의한 것이기 때문에 진단에 크게 도움이 된다(그림 6-6).

해충의 산물과 가해흔적(sign)은 해충 자체, 몸의 일부, 배설물과 같은 직접적인 물적 증거를 의미한다. 해충은 현장에서 유충(larva), 약충(nymph), 성충(adult)으로 발견되거나 배설물(똥, frass), 탈피각(exuvium), 알(egg), 난각(chorion), 고치(cocoon), 번데기(pupa) 등의 가해흔적을 남겨 증거로

그림 6-6
전염성 병에서 병징과 표징의 예. 회양목 잎마름병에서 병징(A)은 비정상적인 색깔과 형태로 나타난 병의 증상이며, 표징(B)은 병원체의 일부(이 경우 분생포자각)가 직접 돌기 형태로 겉으로 보이는 상태를 의미한다.

표 6-6 수목에 나타나는 표징과 해충 피해 흔적의 예(Blanchard와 Tattar, 1997; Johnson과 Lyon, 1991; 나용준 등, 1999)

분류	표징(전염성 병의 경우)과 해충 가해 흔적
병원체의 영양기관	균사(hyphae), 균사체(mycelium), 균사막(felt), 균사속(rhizomorph), 균핵(sclerotium), 흡기(haustorium), 해충 자체(성충, 유충, 약충), 기생식물
병원체의 번식기관	포자(spore), 자실체(fruit body), 버섯(mushroom), 자낭반(apothecium), 자낭각(perithecium), 자낭구(cleistothecium), 병자각(pycnidium), 분생자병(conidiophore), 분생자좌(sporodochium), 분말(mildew), 자좌(stroma), 낭상물, 점괴, 종자(seed)
병, 병원체, 해충의 산물	냄새(odor), 배출물(ooze), 해충의 배설물(똥, frass), 해충의 탈피각(exuvium), 알, 난각(chorion), 고치(cocoon), 번데기(pupa)

활용할 수 있다(표 6–6).

비전염성 병에서는 표징이라는 표현을 쓰지 않는다. 그러나 표징이 병의 원인이 남긴 확실한 물적 증거라고 한다면, 비전염성 병에도 표징이 있다고 할 수 있다. 야생동물에 의한 피해는 흔적을 남긴다. 기상적 요인에서는 늦서리와 첫서리, 혹독한 가뭄과 추위, 태풍의 기상 자료와 산불의 경우 수피의 그을음 현상을 들 수 있다. 토양적 요인에서는 장기적인 배수불량과 과습, 소금 과다로 인한 토양의 특이한 상태(예: 유화수소 냄새, 소금 입자, 검게 변한 뿌리)를, 인위적 요인에서는 과도한 복토의 흔적, 기계적 상처를 예로 들 수 있다.

6-9-3 병징과 표징을 활용한 전염성 병의 진단

전염성 병 중에는 독특한 병징이나 표징을 나타내는 경우가 있다. 이러한 병들은 병징이나 표징 혹은 두 가지를 모두 관찰하여 비교적 쉽게 병을 진단할 수 있다. 병징만으로 병명을 찾아낼 수 있는 전염성 병에는 벚나무와 대추나무의 빗자루병, 소나무, 회화나무, 이팝나무의 혹병, 흰가루병, 그을음병, 잎오갈병, 떡병을 예로 들 수 있다. 병징과 표징을 모두 관찰해야 하는 경우는 얼룩무늬병, 페스탈로티아병, 잎떨림병, 그을음잎마름병이다. 병징, 표징, 그리고 병원균을 모두 관찰

표 6-7 병징, 표징, 병원균을 활용한 전염성 병의 진단(나용준, 2012)

병징과 표징의 특성에 따른 병의 분류	전염성 병의 예
병징만으로 진단이 가능한 병	벚나무 빗자루병, 벚나무혹병, 대추나무 빗자루병, 소나무 혹병, 회화나무 혹병, 이팝나무 혹병, 벚나무 및 버즘나무 근두암종병, 복숭아 잎오갈병, 흰가루병, 그을음병, 적성병, 떡병
병징과 표징을 모두 관찰해야 하는 병	메타세쿼이아 페스탈로티아병, 은행나무 페스탈로티아병, 해송 그을음잎마름병, 소나무류 잎떨림병, 얼룩무늬병, 회양목 잎마름병
병징, 표징, 병원균을 모두 관찰해야 하는 병	소나무류 디플로디아잎마름병, 소나무류 페스탈로티아잎마름병
병징 부위에 표징이 나타나지 않는 병	리기다 송진가지마름병, 소나무 피목가지마름병, 소나무 재선충병, 빗자루병(대추나무, 오동나무, 붉나무, 헛개나무), 장미모자이크병, 벚나무번개무늬병

해야 진단이 가능한 경우는 소나무류 디플로디아잎마름병, 소나무류 페스탈로티아잎마름병이다(나용준, 2012)(표 6–7).

6-10 해충 피해진단

수목이 해충에 의해 피해를 받고 있는지를 진단하는 방법은 해충의 피해증상(symptom)과 수목에 남아 있는 가해흔적(sign, 해충 자체, 몸의 일부, 배설물, 잎의 상처)을 이용하는 것이다. 전염성 병의 경우 병징만으로 병의 원인을 찾아내기가 어려우며, 확실한 표징이 나타나지 않는 경우가 많다. 이에 비해 해충은 대개 가해흔적을 남기게 마련이며, 세밀하게 잎, 가지, 줄기를 관찰하고 해부해 보면, 표 6–8에 나열한 여러 가지 피해증상과 흔적 중에서 한 가지 이상을 발견할 수 있어 도움이 된다.

천공성 해충은 줄기에 구멍을 뚫고 들어가며, 톱밥, 벌레똥, 나무진이 배출되어 당분간 남아 있지만 구멍이 작으므로 면밀히 관찰해야 한다. 응애(mite)는 육안으로 보이지 않기 때문에 흰종이를 받치고 가지를 손가락으로 두들겨서 종이 위에 떨어진 먼지를 확대경(10~20배)으로 자세히 관찰하여 응애를 찾아내거나 잎에 붙어 있는 알이나 난각을 확인해야 한다(그림 6–7). 때를 놓치거나 비가 장기간 많이 오면 응애 흔적도 없어진다. 잎에 그을음병이 심하면 진딧물과 깍지벌레가 배설한 물질(예: 감로)로 인해 병이 생긴 것이므로 해충이 있다는 간접적 증거가 된다. 방패벌레는 잎 뒷면에 작은 똥 조각을 많이 남긴다. 표 6–8에 해충의 피해증상과 가해흔적을 근거로 한 1차적인 진단방법(해충 판별)을 나열했다(Johnson과 Lyon, 1991).

그림 6-7

해충에서의 피해증상과 가해흔적의 예. 메타세쿼이아에서 피해증상(A)은 잎의 갈변현상이며, 가해흔적(B)은 응애 자체의 존재로서 성충, 난각, 탈피각(혹은 방패벌레의 경우 배설물)을 의미한다.

표 6-8 피해증상(symptom)과 가해흔적(sign)에 의한 해충의 구분(Johnson과 Lyon, 1991의 변형)

피해증상과 가해흔적	해당 해충의 종류
I. 잎이나 꽃을 갉아 먹은 흔적이 있음	나방과 나비의 유충, 잎벌 유충, 딱정벌레의 유충과 성충, 풍뎅이, 메뚜기, 대벌레, 벼룩바구미, 달팽이, 민달팽이, 귀뚜라미
II. 잎이 백색, 은색, 청동색으로 변하거나 주근깨, 반점, 줄무늬, 굴이 있음	진딧물, 잎응애, 방패벌레, 매미충, 총채벌레,노린재, 나무이, 굴나방, 굴파리, 멸구
III. 조직이 비틀어지거나 부풀어 오르거나 혹이 있음	진딧물, 혹응애, 총채벌레, 나무이, 혹 형성 곤충
IV. 가지, 줄기 혹은 수목 전체가 고사함. 줄기, 가지, 노출된 뿌리에 구멍이 있음. 구멍으로부터 톱밥, 벌레똥, 나무진, 송진이 배출됨	하늘소, 바구미, 나무좀, 깍지벌레, 혹 형성 곤충, 나방, 굼벵이, 기타 천공성 해충
V. 해충이 있거나 해충에 관련된 물질이 있음 1. 감로와 이로 인한 그을음병이 생김	진딧물, 깍지벌레, 가루깍지벌레, 매미충, 나무이, 가루이, 멸구
2. 잎에 똥 조각이 있음	방패벌레, 온실총채벌레, 잎벌레, 노린재, 잎벌 성충
3. 천막, 거미줄, 명주실 같은 매트가 있음	텐트나방, 흰불나방, 잎말이나방
4. 주머니나 통이 있음	주머니나방, 통나방
5. 거품이 있음	거품벌레
6. 솜섬유 물질이 있음	솜벌레, 깍지벌레, 가루깍지벌레, 진딧물, 가루이, 선녀벌레
7. 끈끈한 점액이 있음	달팽이, 민달팽이
8. 송진(pich tube)이 있음	나무좀
9. 나무진과 송진이 대량으로 있으며, 수액이 흘러나옴	딱정벌레의 유충, 나방의 유충, 파리의 유충

6-11 피해원인별 병징과 진단법

수목 진단은 전문적인 어려운 작업이지만, 생물적 요인(biotic factor)과 무생물적 요인(abiotic factor)에 의해 생기는 다양한 피해증상을 체계적으로 분류하여 일목요연하게 그리고 쉽게 이해할 수 있는 자료를 만들면 도움이 된다. 표 6-9는 피해증상(병징)에 의해 피해원인을 규명하는 방법을 요약해 놓은 표이다. 이 표는 Harris 등(2004)과 Costello 등(2003)이 발표한 자료를 한국의 실정에 맞게 편집하여 만들었다.

표 6-9 피해증상(병징)에 의한 피해원인 규명과 진단법 요약(Harris 등, 2004과 Costello 등, 2003의 변형)

주요 병징	피해원인	병징의 양상(패턴)	진단법 (전염성 병은 전문기관에서 조직을 검사해야 확실한 진단이 가능함)
〈잎〉 잎의 시들음 (위조)	가. 수분 부족 1. 뿌리 손실 (1) 뿌리썩음병(*Phytophthora*)	감수성이 있는 한두 수종에서 수관 전체가 서서히 쇠퇴함. 더운 날 갑자기 병징이 나타남	뿌리의 변색, 상처, 고사를 조사
	(2) 물리적 상처 (지하에 도랑 굴착)	영향을 받은 지역 전체에서 갑자기 병징이 나타남. 더운 날이 되어서야 나타남	공사기록을 확인함. 뿌리의 손상을 조사
	(3) 토양의 통기성 불량 ① 침수, 배수불량, 높은 지하수위, 과다한 관수	전 지역에서 병징이 서서히 나타남. 몇 수종에서 증세가 더 심하게 나타남	검토장으로 토양을 채취하여 수분과 색깔을 조사. 청색, 회색이거나 악취가 나면 통기불량임
	② 복토, 답압토양	위와 같은 양상임	지제부에서 수간 밑동이 넓어지는 곳까지 흙을 파서 복토된 깊이를 확인
	(4) 곤충(바구미와 굼벵이)	한 수종 내 한두 나무에서 수관 전체가 갑자기 병징을 보임	뿌리의 손상과 가해 곤충을 확인. 성충이 잎을 가해한 흔적이 먼저 나타남
	2. 뿌리에서 줄기로 수분이동이 방해를 받음 (1) 목부를 손상시키는 병 (줄기마름병, 재선충)	한 수종 내 한 나무에서 한두 가지 혹은 수관 일부(재선충은 수관 전체)가 병징을 보임. 더운 날 갑자기 나타남	그 수종의 감수성을 확인. 가지를 잘라 목부의 변색을 확인. 재선충의 존재를 확인
	(2) 목부를 가해하는 곤충 (나무좀, 천공충)	한 수종 내 한두 나무에서 수간이 가해당할 경우에는 수관 전체가, 그렇지 않을 경우 한두 가지 혹은 수관의 여러 곳에 흩어져 병징이 나타남	곤충이 탈출한 구멍과 죽은 수피를 확인
	(3) 목부에 물리적 상처	한 수종에 제한되지 않으며, 한 나무 수관 전체 혹은 일부가 영향을 받음. 상처의 정도와 증산량에 따라서 서서히 혹은 갑자기 나타남	수피의 손상을 조사. 철사로 수간이 감겨 있는가 확인
	(4) 동물에 의한 피해	한 나무 수관 전체가 영향을 받음. 한 수종에 그치지 않을 가능성이 있음. 가해 정도와 증산량에 따라서 병징이 서서히 혹은 갑자기 나타남	수피에 동물의 이빨 자국을 확인
	3. 수분이 부족함	전 지역이 영향을 받으며, 건조에 예민한 수종에서 더 심함. 병징이 급속히 나타남. 햇빛과 바람에 더 노출된 개체에서 가장 심하게 나타남	검토장으로 토양수분을 확인
	(1) 관수 부족	위와 같음	수목의 수분요구도와 비교하여 관수기록과 관수량을 확인
	(2) 수분이 토양 속으로 침투하지 못함	위와 같음	검토장으로 토양수분 확인. 관수시설을 작동하여 침투성을 확인
	① 표토가 소수성이거나 답압상태	위와 같음. 낮은 지역에는 수분이 있을 수 있음	위와 같음
	(3) 토양의 보수력이 낮음	위와 같음	토성을 검사하여 모래 함량을 조사

표 6-9 계속

주요 병징	피해원인	병징의 양상(패턴)	진단법 (전염성 병은 전문기관에서 조직을 검사해야 확실한 진단이 가능함)
〈잎〉 잎의 시들음 (위조)	① 토심이 낮음	위와 같음	토양 단면을 조사
	② 매우 모래가 많음	위와 같음	토성을 조사
	4. 수분요구도가 높음(고온, 건조한 공기, 심한 바람)	위와 같음. 밤 사이에 나무가 회복됨	기상상태를 점검
	5. 저온	내한성이 약한 모든 수종에서 별안간 모든 잎이 시들음	최근 기상상태(저온과 그 기간)와 내한성 수종이 있는지 확인
	6. 토양 내 가스 누출	점진적으로 모든 나무에서 모든 잎의 황화현상 발생. 예민한 수종은 더 심한 증상을 보임	토양 내 나쁜 냄새 확인. 토양 내 유해 가스 검사. 토양의 색깔이 검게 변함. 뿌리의 목부조직이 청색이나 갈색으로 착색됨을 확인
잎의 괴사 (잎 가장자리)	가. 수분 부족 (원인은 위의 잎의 시들음 항목을 참조)	잎의 시들음 항목을 참조	잎의 시들음 항목을 참조
	나. 독성 1. 토양의 높은 염분 함량	전 지역에서 수관 전체가 서서히 병징을 보임. 괴사가 노엽에서 가장 심함. 내염성 수종은 병징이 없기도 함. 해빙용 소금 때문이라면 길가의 나무가 더 심함	토양의 염분 함량 검사. 도로에 해빙용 소금 사용 기록 확인
	2. 높은 붕소(B) 함량	전 지역에서 수관 전체가 서서히 병징을 보임. 괴사가 노엽에서 가장 심함. 내성 수종은 병징이 없기도 함. 작은 괴사 반점이 잎 전체보다는 잎 가장자리를 따라서 나타남	토양의 붕소 함량을 검사
	3. 제초제(예: diuron, atrazine, dalapon, borates)	전 지역에서 수관 전체가 갑자기 병징을 보임	제초제 사용 기록에 의해 약종을 확인. 토양과 조직 내 함량 검사
	다. 심한 철분 결핍	전 지역에서 수관 전체가 서서히 병징을 보임. 노엽에서 가장 심한 병징을 보임. 내성 수종에서는 증세가 안 나타날 수 있음	토양의 pH가 높은지 측정. 잎의 철 함량 분석
	라. 대기오염	침엽수 잎의 끝이 적갈색에서 갈색으로, 활엽수 잎의 가장자리가 갈색으로 변함	최근 대기오염 상태와 예민 수종 여부 확인
	마. 전염병(세균)	한 수종에만 나타나며, 서서히 혹은 갑자기 증세를 보임	진단하기가 어려움. 감수성 수종인가를 확인. 겨울이 비교적 춥지 않은 지역에 제한되어 나타남
잎의 괴사 (큰 반점)	가. 수분 부족	잎의 시들음을 참조	잎의 시들음을 참조
	나. 과다한 햇볕	햇볕에 예민한 수종에서 수관의 바깥부분에서 갑자기 병징이 나타남. 잎끝과 가장자리에서 먼저 나타남	햇볕 노출 정도, 반사되는 열과 수종의 예민성 확인. 토양수분이 적을 때 더 심하게 나타남. 가지치기와 이웃 나무 제거 후 나타나기도 함

표 6-9 계속

주요 병징	피해원인	병징의 양상(패턴)	진단법 (전염성 병은 전문기관에서 조직을 검사해야 확실한 진단이 가능함)
잎의 괴사 (큰 반점)	다. 고온	모든 수종, 특히 열에 약한 수종에서 심하게 나타남. 증상이 별안간 나타남. 햇빛에 더 많이 노출된 개체에서 더 심함	기상상태를 점검함
	라. 전염병(예: 탄저병)	서서히 혹은 갑자기 병징이 나타남. 감수성 수종에서만 나타남	잎에서 병균의 표징을 조사. 병이 발생할 기상조건과 시기인가 확인
잎의 괴사 (주근깨 모양의 작은 반점)	가. 전염병(세균성 반점)	한 수종이나 한 나무에서 갑자기 병징이 나타남	병균의 표징을 확인. 전문기관에 의뢰
	나. 곤충 피해(예: 깍지벌레)	위와 같음	곤충의 가해흔적을 확인
	다. 제초제(예: paraquat, bentazon, diphenyl-ethers, oxadiazon, diquat, fluazifop, cyclohexenone)	갑자기 병징이 나타나며, 약제 살포 시 밖으로 노출되었던 잎에 가장 심하게 나타남. 반점의 크기, 색깔, 분포가 균일하며, 반점의 가장자리가 뚜렷함	최근에 사용한 제초제의 종류를 확인. 피해 잎의 제초제 함량을 검사
잎의 괴사 (엽맥사이 조직)	가. 대기오염	오염물질의 종류와 수준에 따라서 갑자기 혹은 서서히 병징이 나타남. 전 지역이 영향을 받음	최근 대기오염 정도와 수종의 민감성을 확인
	나. 제초제	전 지역에서 갑자기 병징이 나타남	최근에 사용한 제초제의 종류를 확인
	다. 심한 망간 결핍	노엽과 유엽에 서서히 병징이 나타남. 알칼리 토양에 예민한 수종에서 가장 심한 병징이 보임	토양의 pH가 높은지 조사. 잎의 망간 함량을 측정
잎의 괴사 (잎 전체)	가. 수분 부족 (잎의 시들음 항목 참조)	잎의 시들음 항목 참조	잎의 시들음 항목 참조
	나. 전염병(예: 탄저병)	수관 전체 혹은 일부분에서 서서히 혹은 갑자기 병징이 나타남. 한 수종에서 나타남	병균의 표징을 확인. 병이 발생할 시기와 기상조건인가 확인
	다. 제초제(예: weed oil, diquat, paraquat, oxyfluorfen)	전 지역에서 갑자기 병징이 나타남	사용한 제초제를 확인 잎과 토양 내 함량 분석 실시
	라. 서리 피해	전 지역에서 갑자기 병징이 나타남	최근의 최저온도와 수종의 예민성 확인
	마. 동해(동계 건조)	건조한 바람이 부는 늦겨울이나 초봄에 상록수에서 관찰됨. 바람에 노출이 많은 쪽의 수관에서 더 심하게 관찰됨	토양이 얼어 있는지 확인
잎의 황화 (잎 전체)		주의: 잎의 다양한 색깔은 수종과 품종의 고유한 특색이며, 정상임	
	가. 질소 결핍	전 지역에서 서서히 병징이 나타남. 노엽에서 제일 먼저 가장 심하게 나타남	마지막 시비한 시기를 확인. 엽분석으로 질소 함량을 측정

표 6-9 계속

주요 병징	피해원인	병징의 양상(패턴)	진단법 (전염성 병은 전문기관에서 조직을 검사해야 확실한 진단이 가능함)
잎의 황화 (잎 전체)	나. 뿌리 손상 1. 수분포화토양	전 지역에서 수관 전체에서 서서히 병징이 나타남	검토장으로 토양수분을 확인. 토양 색깔이 청색 혹은 회색이거나 썩는 냄새가 나면 혐기성 상태임
	2. 뿌리 위에 복토	전 지역에서 서서히 병징이 나타남	나무 밑동의 흙을 파서 복토 여부를 확인. 밑동이 넓어지는 곳을 기준으로 함
	3. 물리적 손상	한 나무의 수관 일부 혹은 전체에서 병징이 나타남. 황화현상이 서서히 나타나며, 더운 날 갑자기 시들음	공사기록을 확인. 뿌리의 상처를 확인
	4. 전염병 (예: *Phytophthora* 뿌리썩음병, 뿌리선충)	감수성이 있는 한두 수종에서 수관 전체가 서서히 쇠퇴함. 더운 날 갑자기 나타남	뿌리의 변색, 괴사, 고사를 조사함. 토양수분 과다와 배수상태를 점검함
	다. 높은 토양 염분 함량	염분에 예민한 수종에서 수관 전체에서 서서히 병징이 나타남	토양의 염분 함량을 분석
	라. 수간과 뿌리에 환상의 상처 1. 수간 속으로 철사 침투	한두 나무에 서서히 병징이 나타남	수간에 감겨 있는 철사를 확인
	2. 수간의 피소현상	오후 햇빛에 노출된 수피에 피해가 나타남. 수피가 얇은 수종에서 주로 나타남	남서쪽 수피를 조사함. 토양의 수분 함량이 낮을 때 더 심함
	3. 물리적 손상	수간 전체가 영향을 받음. 한 수종에 그치지 않음. 상처 정도와 증산량에 따라서 병징이 서서히 혹은 갑자기 나타남	근원부의 뿌리, 밑동, 주요 가지의 상처를 확인
	마. 유해 가스 누출 (매설 파이프, 매립지)	전 지역에서 수관 전체에서 서서히 황화현상이 나타남. 일부 수종에서 더 심하게 나타남. 지속되면 생장 둔화와 고사가 진행됨	토양의 썩는 냄새, 청회색 혹은 검은색을 확인. 토양 내 가스 함량을 측정. 뿌리와 수간의 목부조직에 청색 혹은 갈색 줄무늬가 있는지 확인
	바. 대기오염	오염 수준에 따라서 급성 혹은 만성 피해가 나타남. 예민한 수종의 모두가 피해 받음	최근 대기오염 여부와 예민 수종 존재 확인
잎의 황화 (엽맥 사이 조직)	가. 미량원소 부족 1. 철(Fe) 결핍	전 지역에서 수관 전체에서 병징이 서서히 어린잎에서 가장 심하게 나타남. 새 가지가 백화현상과 심하면 괴사현상을 보임. 알칼리 토양에 견디는 수종은 증세를 보이지 않음	토양의 pH가 높은지를 검사. 잎의 철 함량을 분석. 토양온도가 낮거나 토양수분이 과다할 경우에는 일시적으로 나타남
	2. 망간(Mn) 결핍	전 지역에서 수관 전체에 병징이 서서히 나타남. 엽맥 주변에 철 결핍 때보다 더 넓게 녹색의 띠가 나타남. 노엽과 유엽에서 함께 나타나며, 괴사 반점으로 진전됨. 알칼리 토양에 견디는 수종은 증세를 보이지 않음	토양의 pH가 높은지 검사. 잎의 망간 함량을 분석

표 6-9 계속

주요 병징	피해원인	병징의 양상(패턴)	진단법 (전염성 병은 전문기관에서 조직을 검사해야 확실한 진단이 가능함)
잎의 황화 (엽맥 사이 조직)	나. 기생성 뿌리병 (*Phytophthora* 뿌리썩음병, 선충)	양료 흡수가 안 되어 미량 원소 결핍증과 흡사함. 감수성이 있는 한두 수종에 국한됨	뿌리끝의 변색이나 고사를 확인. 토양의 과습과 배수상태 점검
	다. 제초제 (triazines, atrazine, simazine)	잎의 끝, 가장자리, 엽맥을 따라서 황화현상이 가장 두드러지게 나타남. 노엽에서 먼저 시작됨. 전 지역에서 병징이 보임	토양에 살포하는 제초제이므로 토양 분석을 통해 확인
잎의 황화 (얼룩반점, 모자이크) (서로 다른 색깔의 크고 작은 반점)	가. 아연(Zn) 결핍	어린잎에서 먼저 병징이 생김. 잎이 비정상적으로 작고 괴사하며, 마디가 짧아짐(rosette). 한 수종 이상에서 병징이 나타남. 알칼리 토양에서 나타남	토양의 pH가 높은지 측정. 잎의 아연 함량을 분석
	나. 바이러스(느릅나무, 포플러 모자이크 바이러스)	한 수종이나 한 나무에서 서서히 병징이 나타남	병징과 수종의 감수성에 근거하여 진단함
	다. 제초제 (uracils, bromacil, terbacil)	약제 살포된 전 지역에서 갑자기 병징이 나타남	토양 검사로 약제를 확인
잎의 황화 (엽맥백화 현상)	가. 바이러스 (느릅나무 모자이크병)	한 수종이나 한 나무에서 병징이 서서히 나타남. 수관 일부나 전체에 나타남	병징과 수종의 감수성에 근거하여 진단함
	나. 제초제(substituted ureas, diuron, monuron, neburon)	전 지역에서 병징이 갑자기 나타남. 엽맥 사이 조직은 녹색을 유지함. 수관 일부 혹은 전체에서 나타남	사용한 약제를 확인. 피해 잎의 제초제 함량을 검사
잎의 황화 (점각, 주근깨 같은 작은 점)	가. 응애, 흡즙성 곤충(진딧물, 매미충, 노린재, 총채벌레)	감수성 수종이나 개체목에서 병징이 갑자기 나타남. 노엽에서 더 심하게 나타남	곤충의 존재나 가해흔적을 확인. 잎 뒷면에 왁스형 점이 있음
	나. 대기오염	오염물질의 종류와 오염 수준에 따라서 병징이 갑자기 혹은 서서히 나타남. 전 지역에서 나타남	최근의 대기오염 수준과 수종의 예민성을 확인
잎의 황화 (은색화)	가. 응애, 곤충 피해(총채벌레)	감수성 수종이나 개체목에서 갑자기 나타남. 노엽에서 병징이 더 심함	곤충의 존재나 가해흔적을 확인. 잎 뒷면에 왁스형 점이 있음
	나. 대기오염	오염물질의 종류와 오염 수준에 따라서 병징이 갑자기 혹은 서서히 나타남. 전 지역에서 나타남	최근의 대기오염 수준과 수종의 예민성을 확인
잎의 황화 (백색화)	가. 제초제 (amitrole, norflurazon, clomazone)	새잎(특히 끝부분)에서 병징이 갑자기 나타남. 약제 살포 전 지역에서 나타남	사용한 제초제의 종류 확인. 피해 잎의 제초제 함량을 검사
	나. 철 결핍	어린 조직에서 가장 심한 병징을 보임. 괴사 반점이 생김. 알칼리성 토양에 견디는 수종에서는 피해가 안 나타남	토양의 pH가 높은지 점검. 잎의 철 함량을 분석. 토양온도가 낮거나 토양이 습할 경우에는 병징이 일시적임

표 6-9 계속

주요 병징	피해원인	병징의 양상(패턴)	진단법 (전염성 병은 전문기관에서 조직을 검사해야 확실한 진단이 가능함)
잎의 황화 (백색화)	다. 뿌리기생병 (예: *Phytophthora* 뿌리썩음병)	뿌리가 무기양료를 흡수할 수 없기 때문에 병징이 미량원소 결핍증과 비슷함. 감수성인 한두 수종에서 병징을 보임	뿌리의 변색과 뿌리끝이 죽었는지 확인. 토양의 과습과 배수상태를 점검
헤어진 잎	가. 곤충 (예: 딱정벌레, 나방유충)	한 수종의 한 나무 이상에서 병징이 갑자기 나타남	곤충의 가해흔적을 확인
	나. 기상에 의한 피해 (바람, 우박)	날씨에 노출된 모든 나무에서 병징이 갑자기 나타남	최근의 기상상태를 점검
잎에 구멍이 생김	가. 곤충 (예: 딱정벌레, 나방유충)	한 수종의 한 나무 이상에서 병징이 갑자기 나타남	곤충의 가해흔적을 확인
	나. 전염병(예: 구멍병)	한 수종의 한 나무 이상에서 갑자기 병징이 생김. 괴사 반점이 떨어져 나가서 구멍이 생김	이 병이 발병하는 시기와 기상조건이 맞는지 확인. 전문기관에 의뢰
기형잎	가. 전염병 (예: *Exobasidium*, 떡병)	한 수종의 한 나무 이상에서 병징이 갑자기 나타남	위와 같음
	나. 곤충(예: 진딧물, 잎말이나방, 솔잎혹파리)	위와 같음	곤충의 가해흔적을 확인
	다. 제초제 (glyphosate, sulfonylureas, imidazolinones)	어린 조직이 기형적인 모양을 보이며, 잎끝이 황화현상을 보이거나 죽음. 살포지역 전체에서 병징이 나타남	사용한 제초제의 종류를 확인. 가을에 살포한 glyphoseate는 봄이 되어야 피해가 나타남. 토양살포 제초제는 토양 내 잔류 함량을 측정
잎 위에 새로운 조직 형성	가. 곤충 (예: 혹응애, 혹벌, 나무이)	한 수종의 한 나무 이상에서 병징이 갑자기 생김	곤충의 가해흔적을 확인
잎 속에 굴을 만듦	가. 곤충(예: 잎벌, 굴나방)	한 수종의 한 나무 이상에서 병징이 갑자기 생김	곤충의 가해흔적을 확인
잎에 밴드 형성	가. 대기오염	침엽수의 잎에 황색 밴드가 생김. 급성 혹은 만성 피해가 나타남. 거의 성숙한 잎에 생김	대기오염 수준을 확인
잎이 비틀림	가. 제초제	영향을 받은 전 지역에서 새잎이 비틀리거나 작아짐	제초제 사용 시 잘못된 점을 점검
(갑자기) 조기낙엽이 짐		주의: 상록활엽수에서 연중 일정한 시기에 노엽이 한꺼번에 낙엽이 지는 것은 정상임	
	가. 심한 수분 부족	잎의 시들음 참조	잎의 시들음 참조
	나. 질소 부족	예민한 수종의 성숙잎이 황색으로 변한 후 낙엽이 짐	과거 시비 기록을 확인
	다. 저온, 대기오염, 부적절한 토양(통기성 불량, 복토, 염분, 유해 가스)	점진적 혹은 갑자기 조기낙엽이 짐. 한 지역에서 영향을 받은 모든 나무가 증상을 보임	기상상태, 대기오염, 토양상태를 점검하여 원인을 찾음

표 6-9 계속

주요 병징	피해원인	병징의 양상(패턴)	진단법 (전염성 병은 전문기관에서 조직을 검사해야 확실한 진단이 가능함)
(갑자기) 조기낙엽이 짐	다. 전염병 (예: *Entomosporium*)	한 수종의 한 나무 이상에서 병징이 갑자기 나타남	이 병이 발생하는 시기와 기상조건이 맞는지 확인
	라. 제초제(예: bromacil)	살포지역 전체에서 병징이 갑자기 나타남. 잎의 가장자리가 괴사한 후 낙엽이 짐. 노엽이 먼저 피해를 봄	살포한 제초제의 종류를 확인, 토양의 제초제 함량을 검사
개엽지연	가. 부족한 저온 노출	저온노출(춘화처리)이 필요한 낙엽수에서 잎눈과 꽃눈이 터지지 않음	겨울철 일정 기간 7℃ 이하 온도에 노출되었는지 확인
	나. 곤충(예: 진딧물)	한 수종이나 한 나무에서 잎이 더 이상 커지지 않음	가지 끝에 곤충이 심하게 즙액을 빨아먹었는지 확인
	다. 전염병(예: 탄저병)	한 수종에서 잎이 더 이상 커지지 않고 기형으로 자람. 수관의 가장자리에 있는 잎은 커지지만, 수관 안쪽과 아래쪽에 있는 잎은 커지지 않음	비가 온 후에 병징이 나타남. 가지 끝의 병징과 표징을 확인
〈새 가지〉 시들음과 고사	가. 수분 부족	잎의 시들음 참조	잎의 시들음 참조
	나. 곤충 피해 1. 목부가해곤충(예: 천공충, 가지환상박피곤충)	한 수종의 한 나무 이상에서 수관 여기저기에 변색되어 축 늘어진 가지가 갑자기 생김	고사한 가지의 밑동을 잘라 곤충의 흔적(굴)을 확인
	2. 흡즙성 곤충(예: 진딧물, wooly aphid)	위와 같으나 병징이 서서히 나타남	가지에서 곤충의 흔적을 확인
	다. 전염병(예: 세균성 가지마름병, *Verticillium* 시들음병)	한 수종의 한 나무 이상에서 수관 여기저기에 변색되어 축 늘어진 가지가 갑자기 생김	병균의 표징, 변색되거나 움푹 들어간 수피, 궤양, 나무진이 나오는 것을 확인. 전문기관에 의뢰
	라. 서리 피해	전 지역에서 서리에 약한 수종에서 수관 전체에서 갑자기 병징이 나타남	최근의 최저온도를 확인
새 가지의 비틀림	가. 곤충(예: 혹파리, 진딧물)	한 수종의 한 나무 이상에서 수관에 흩어져서 병징이 나타남	가지에서 곤충의 흔적을 확인
	나. 전염병	위와 같음	가지에서 병균의 표징을 조사
	다. 바이러스	위와 같음	전문기관에 가지를 보냄
	라. 제초 (예: thiocarbamates, 2,4-D,dicamba, glyphosate, dalapon)	전 지역에서 어린가지에서 병징이 나타남	토양의 제초제 함량을 조사
	마. 대화현상	한 나무의 한두 가지에서 병징이 나타남	세포의 돌연변이로 인해 가지가 납작해지고 굽어짐
새 가지가 빗자루 모양으로 됨(가는 가지로 갈라짐)	가. 전염병 (예: 흰가루병, 빗자루병)	한 수종의 한 나무 이상에서 수관 전체에 흩어져 병징이 나타남	병균의 표징을 확인, 빗자루병(mycoplasma)은 전자현미경으로만 확인 가능함

표 6-9 계속

주요 병징	피해원인	병징의 양상(패턴)	진단법 (전염성 병은 전문기관에서 조직을 검사해야 확실한 진단이 가능함)
새 가지가 빗자루 모양으로 됨(가는 가지로 갈라짐)	나. 곤충(예: 응애)	위와 같음	곤충의 가해흔적을 확인
	다. 겨우살이	위와 같음	수관에서 기생식물의 잎을 찾아냄
	라. 세포 돌연변이	한 나무의 한두 가지에서 병징이 나타남	다른 원인을 찾지 못할 경우에 추정 가능
	마. 제초제(예: glyphosate)	새순에서 어린잎이 기형으로 되며, 새로운 눈이 많이 생기지만 길게 자라지 않음. 약제 처리한 전 지역에서 나타남	사용한 제초제의 종류를 확인. 가을에 살포한 glyphosate는 봄이 되어야 증세가 나타남
〈가지, 수간〉 움푹 들어가거나 변색된 수피	가. 전염병(부란병)	일부 지역에서 감수성 수종의 한두 나무에서 서서히 병징이 나타남. 궤양 윗부분은 시들거나 황화현상, 괴사를 보임	수피 밑의 사부와 변재의 상태를 확인. 병균의 표징을 조사
	나. 피소	오후 햇볕에 노출된 수간 부위에서 병징이 나타남	수피 밑의 사부와 변재의 상태를 확인
가지와 수간에 유상조직 형성	가. 물리적 손상	일부 지역에서 물리적 힘에 의한 손상, 서서히 병징이 나타남	상처 부위를 점검
	나. 가지마름병 (예: *Nectria*, *Ceratocystis*)	일부 지역에서 감수성 수종의 몇 나무에서 병징이 나타남. 유상조직의 크기가 매년 커짐. 궤양 윗부분은 시들거나 황화, 괴사함	수피 안쪽의 사부와 변재의 상태를 점검. 병균의 표징을 확인
	다. 수피의 피소	오후 햇빛에 노출된 수간 부위에서 병징이 나타남	수피 안쪽의 사부와 변재의 상태를 점검
	라. 곤충의 반복적 침입 (예: 천공충)	여러 지역에서 감수성 수종의 몇 나무에서 병징이 나타남. 곤충이 들어가거나 나온 구멍에서 나무진이 흘러나옴	곤충의 똥, 나무 부스러기, 구멍을 확인
	마. 동해	빙점 이하 온도에서 수피가 계속하여 갈라져서, 틈의 가장자리에 유상조직이 융기하고, 목재 부패가 시작됨. 직경 15~45cm 되는 나무가 주로 피해를 받음	서울 최저온도를 점검. 상처 주변에 동반되는 손상을 점검
가지에 혹 형성	가. 전염성 (예: 혹병, 줄기녹병)	일부 지역에서 감수성 수종의 몇 나무에서 병징이 나타남. 혹의 위쪽 가지는 쇠퇴함	혹의 모양과 감수성 수종명에 근거하여 병명을 규명
	나. 곤충 (예: 잠나무, 사과나무 혹)	한 수종의 한 나무 이상에서 병징이 나타남	혹을 절단하여 곤충을 확인
	다. 겨우살이	한 수종의 한 개체 이상에서 수관에 흩어져 병징이 나타남	겨우살이의 녹색 잎을 확인
	라. 많은 눈이 모여 있음 (나무 옹두리)	한 수종의 한 나무 이상에서 나타남	나무 옹두리 혹은 수목 결절(lignotuber)이 그 수종의 특징인가 확인. 병이 아님

표 6-9 계속

주요 병징	피해원인	병징의 양상(패턴)	진단법 (전염성 병은 전문기관에서 조직을 검사해야 확실한 진단이 가능함)
수피가 벗겨짐		주의: 일부 수종에서는 수피가 벗겨지거나 금이 가는 것이 정상임	
	가. 곤충(예: 천공충, 나무좀)	곤충의 숫자가 늘어나면서 서서히 병징이 나타남. 오후 햇빛이 비치는 쪽의 수피가 더 심함. 수분이 부족한 상태에서 더 심하게 나타남. 한 수종에서만 주로 나타남	곤충의 탈출 구멍, 구멍 주변의 똥, 나무 부스러기, 나무진이 나오는 것을 확인. 수피 안쪽에 유충을 확인
	나. 전염병(예: 소나무류 줄기녹병, 잣나무류 가지마름병)	한 수종의 한 나무 이상에서 서서히 병징이 나타남. 감염 부위의 위쪽은 쇠퇴하여 고사함	곰팡이의 자실체를 확인
	다. 피소	오후 햇빛이 비치는 쪽의 수피에서 병징이 나타남	수피 안쪽의 사부와 변재의 상태를 점검
	라. 스프링클러의 물 분사에 의한 상처	피해 위치가 스프링클러의 분사 방향과 일치함. 코르크층이 두꺼운 수종에서 주로 나타남	스프링클러의 분사 양상을 점검
	마. 낮은 활력	수목의 건강이 서서히 나빠짐	쇠퇴현상이 수피탈락으로 이어짐
	바. 수분 부족	햇빛에 노출된 남서쪽 수피가 벗겨짐	기상조건과 토양의 건조상태를 점검
	사. 낙뢰 피해	키가 큰 고립목, 숲의 바람 불어오는 쪽 가장자리의 우세목에서 나타남. 피해 가지는 고사함	수간 꼭대기에서 밑동까지 직선으로 수피가 벗겨지고, 홈이 파여 있음
나무진이 흘러나옴		주의: 일부 수종에서 수액이 나오는 것은 정상임	
	가. 세균성 젖은 나무	감수성 수종에서 병징이 서서히 나타남. 수관 꼭대기 잎과 가지가 시들고 죽기도 함	나무진이 공기에 노출되면 효모균이 자라서 거품처럼 됨. 잦은 나무에 구멍을 뚫으면 수액이 솟아 나옴. 미관을 해치는 것 이외에는 큰 피해가 없음
	나. 전염병 (예: Corynetium blight, 녹병)	감수성 수종에서 병징이 서서히 나타남. 궤양의 윗부분은 쇠퇴하여 고사함	곰팡이의 자실체를 확인
	다. 곤충(예: 천공충, 나무좀)	감수성 수종에서 병징이 서서히 나타남. 가해 부위의 위쪽은 심할 경우 쇠퇴하여 고사함	곤충의 탈출 구멍, 똥, 나무 부스러기를 확인. 곤충의 유충을 확인
	라. 수분 부족	잎의 시들음 참조	잎의 시들음 참조. 핵과 식물에서 자주 나타남
	마. 기계적 상처	가지를 자른 곳에서 수액 유출	가지치기 상처를 확인
	바. 토양의 통기성 불량	나무진이 잘 나오는 수종에 국한됨	토양의 과습상태, 색깔, 냄새 확인
수피에 구멍이 있음	가. 곤충(예: 천공충, 나무좀)	감수성 수종에서 병징이 서서히 나타남. 가해 부위의 위쪽은 심할 경우 쇠퇴하여 고사함	곤충 탈출구 주변의 수피를 벗겨 내고 유충과 굴을 확인

표 6-9 계속

주요 병징	피해원인	병징의 양상(패턴)	진단법 (전염성 병은 전문기관에서 조직을 검사해야 확실한 진단이 가능함)
수피에 구멍이 있음	나. 딱따구리	수평방향으로 일정한 크기의 구멍을 띠 모양으로 가지를 한 바퀴 돌려서 만듦. 심하면 환상박피가 되어 윗부분이 쇠퇴함	피해양상으로 판별
부풀어 오름	가. 접목 부위	접목 부위에서 대목의 굵기가 접수보다 굵음	별문제가 안 됨
	나. 환상조임 1. 철사의 휘감음	철사로 조여진 곳의 윗부분이 비대해짐	수간을 감고 있는 철사를 확인
	2. 나무 밑동을 휘감은 뿌리	조여진 밑동의 위쪽이 비대해짐	근원부를 파고 나무 밑동을 휘감은 뿌리를 확인
	다. 목재부후균 (영지버섯, 말굽버섯)	수년에 걸쳐 아주 천천히 병징이 나타남	수간의 구멍을 뚫어서 썩은 부위를 확인
갈라짐 (균열)	가. 제초제 (예: 2,4-D 계통 화합물)	예민한 수종이 제초제에 노출될 경우임. 대개 잎과 새 가지이 뒤틀림 증세와 함께 나타남	사용한 제초제의 종류를 확인 (2,4-D와 dicamba는 비료와 함께 사용하기도 함)
	나. 동해	종축방향(수직방향)으로 수간이 갈라지고, 상처가 생김. 수피가 계속해서 갈라져 틈의 가장자리에 유상조직이 융기하고, 목재의 부패가 시작됨. 직경 15~45cm 나무가 주로 피해를 봄	겨울철 최저기온을 확인하고, 동반되는 손상을 점검
	다. 속성생장 균열	수피가 두꺼운 수종이 빠른 속도로 자랄 때 나타남	갈라짐이 코르크층에서 그치고, 그 안쪽의 내수피와 목부에서는 일어나지 않음. 속성생장 중임을 나타냄
	라. 하중을 견디지 못함	가지가 굵어지면서 하중을 견디지 못해 생김. 특히 강한 바람, 습설, 폭우 시에 일어남	
	마. 낙뢰	낙뢰가 떨어진 부위에서 밑동까지 길게 갈라짐	낙뢰 여부 확인
버섯 발생	목재부후균(예: 뽕나무버섯, 영지버섯, 진흙버섯류)	과거에 상처를 받은 노목에서 생김	버섯을 동정함
〈뿌리〉 오그라듦	가. 수분 부족	잎의 시들음 참조	잎의 시들음 참조
	나. 토양의 높은 염분 함량	전 지역에서 수관 전체에서 병징이 서서히 나타남. 노엽과 잎의 가장자리가 가장 심하게 괴사함. 내성 수종은 병징을 보이지 않음	토양의 염분 함량을 측정. 해빙용 소금 사용 기록을 확인

표 6-9 계속

주요 병징	피해원인	병징의 양상(패턴)	진단법 (전염성 병은 전문기관에서 조직을 검사해야 확실한 진단이 가능함)
〈뿌리〉 오그라듦	다. 제초제(예: dinitroanilines, amides, thiocarbamates)	살포지역에서 수관 진체에서 병징이 나타남. 가지가 왜성으로 되며, 잎이 전체적으로 혹은 엽맥 사이가 황화됨	사용한 제초제의 종류를 확인하고 함량을 조사
뿌리의 변색	가. 전염병(예: *Phytophthora* 뿌리썩음병, *Pythium*)	감수성이 있는 한두 수종에서 수관 전체가 서서히 쇠퇴함. 혹은 더운 날 갑자기 병징이 나타남	뿌리의 변색, 상처, 고사를 점검, 뿌리를 전문기관에 의뢰하여 병원균을 검색
	나. 토양의 통기불량 1. 침수, 배수불량, 높은 지하수위, 과다관수	전 지역에서 병징이 서서히 나타남. 몇 수종은 나머지 수종보다 더 예민하게 반응을 보임	검토장을 이용하여 토양의 수분과 색깔을 점검. 청색, 회색과 썩는 냄새는 혐기성 상태를 나타냄
	2. 뿌리 위 복토, 답압 토양	위와 같음	나무 밑동 근처를 파고, 밑동이 넓어지는 곳을 확인하여 복토의 깊이를 확인
	3. 유해 가스 누출	가스 누출 지역과 매립지에서 모든 나무의 뿌리가 점진적으로 마르면서 고사함	유해 가스 확인. 토양색이 청회색과 검은색으로 변해 있는지 확인
뿌리의 뒤틀림	가. 제초제 (예: trifluralin, oryzalin)	전 살포지역에서 수간 전체에 서서히 병징이 나타남. 가지가 왜성으로 되며, 잎이 전체적으로 혹은 엽맥 사이가 황화됨. 뿌리가 부풀면서 곤봉 모양으로 됨	사용한 제초제의 종류를 확인. 뿌리의 제초제 함량을 분석
	나. 선충	감수성이 있는 수종의 한 나무 이상 수관 전체에서 서서히 병징이 나타남. 수목이 왜소하고 잎이 전체적으로 혹은 엽맥 사이가 황화됨. Pratylenchus 종은 뿌리에 검게 상처를 만들며, Trichodorus 종은 뿌리 끝이 두꺼워지면서 코르크처럼 됨	전문기관에 뿌리를 보내어 선충을 찾아냄
	다. 균근	세근이 구불구불하게 자라며, 뭉툭하게 보임	유익한 곰팡이가 수목 뿌리와 공생하는 형태임. 병이 아님
	라. 곤충(예: 뿌리진딧물)	감수성이 있는 한두 수종에서 수관 전체가 서서히 쇠퇴함. 혹은 더운 날 갑자기 시들음. 근원부와 뿌리가 비정상적으로 부어오름	뿌리에 곤충의 존재와 가해흔적을 확인
뿌리에 혹 형성	가. 질소고정 박테리아	뿌리에 작은 혹이 많이 붙어 있음	유익한 박테리아가 뿌리와 공생하는 형태임. 혹을 잘라서 보면 살아 있는 혹은 핑크색을 띰. 병이 아님
	나. 선충(예: 뿌리혹선충)	감수성이 있는 한두 수종에서 수관 전체에서 병징이 서서히 나타남. 수목이 왜소하며, 잎이 전체적으로 혹은 엽맥 사이가 황화됨. 뿌리에 보통 크기의 혹이 많이 붙어 있음	뿌리혹을 잘라서 암컷을 확인. 전문기관에 의뢰하여 병명을 확인

표 6-9 계속

주요 병징	피해원인	병징의 양상(패턴)	진단법 (전염성 병은 전문기관에서 조직을 검사해야 확실한 진단이 가능함)
뿌리에 혹 형성	다. 곤충(예: 사과면충)	감수성이 있는 한두 수종에서 수관 전체가 서서히 쇠퇴함. 혹은 더운 날 갑자기 시들음. 근원부와 뿌리에 코르크 같은 혹이 생기며, 진딧물의 하얀 솜 같은 왁스가 보이기도 함	피해 부위에서 곤충의 흔적을 확인
뿌리조직의 붕괴	가. 굵은 뿌리의 부후 (예: 뽕나무 뿌리썩음병, *Rhizina* 뿌리썩음병)	감수성이 있는 한두 수정에서 수관 전체가 서서히 쇠퇴함. 혹은 더운 날 갑자기 시들음. 수목이 쓰러지기도 함	토양을 파서 굵은 뿌리의 부패 상황을 확인
〈수관 전체〉 수관 전체의 시들음	가. 재선충	감수성이 있는 한두 수종에서 수관 전체가 갑자기 황화현상을 보이다가 적갈색으로 변함. 상처로부터 나오는 송진의 양이 감소함. 나무 전체가 말라 죽음	변재 부분의 조직에 선충이 있는지 전문기관에서 현미경으로 확인
	나. 시들음병	참나무류에서 나무 전체가 서서히 말라 죽음. 톱밥이 대량으로 밖에 나와 있음. 직경이 큰 나무에서 피해가 더 큼	수피 밑에 직경 3mm 구멍을 확인

제7장

수목의 전염성 병

수목은 항상 병원균에 노출되어 있으며, 기공, 피목, 상처를 통해 병원균이 체내에 들어올 수 있다. 그러나 건강한 수목은 병원균에 대한 저항성이 있어서 쉽게 발병하지 않는다. 조경수는 공해와 인간의 간섭이 빈번한 도시에서 자라기 때문에 여러 가지 환경스트레스와 인위적 피해에 노출되기 쉬우며, 스트레스를 받으면 병원균에 대한 저항성이 떨어져서 병에 잘 걸린다. 예를 들면 동고병(줄기마름병, canker)은 환경스트레스를 받지 않은 건강한 개체보다 건조 피해와 동해 같은 환경스트레스를 받은 개체에서 잘 발생한다. 일단 병에 걸리면 건강상태가 나빠져서 환경스트레스에 견디는 저항성이 약화되고, 해충의 피해를 쉽게 받는 악순환을 밟게 된다.

7-1 수목 전염성 병원균의 종류

식물에 전염성 병(傳染性病, infectious disease)을 일으키는 생물을 병원체(病原體, pathogen)라고 하며, 곰팡이, 세균, 바이러스, 바이로이드, 파이토플라스마, 난균, 선충, 조류(藻類), 기생종자식물의 아홉 가지를 나열할 수 있다(표 7-1). 인간 전염성 병원체는 오랜 세월 더 많은 연구가 이루어진 탓이기도 하지만 수목보다 훨씬 더 다양한 편이다. 표 7-1에 나열한 것 이외에 인간의 경우 발진티부스를 일으키는 리켓치아(richettsia), 매독을 일으키는 스피로헤타(spirochaete, 박테리아의 일종), 촌충과 같은 헬민트(hclminth) 기생충에 의해 전염성 병이 생긴다.

수목에서 세균(細菌, bacteria)에 의한 대표적인 병에는 벚나무와 산사나무에 피해를 주는 불마름병(fire blight)이 있다. 마이코플라스마(mycoplasma)는 세균보다도 작은 미생물로써 최근에는 식물의 경우 파이토플라스마(phytoplasma)라고 부르는데, 이에 의한 병 중에서 대추나무 빗자루병과 오동나무 빗자루병이 가장 심각하다. 바이러스(virus)에 의한 병은 수목의 경우 적게 알려져 있

그림 7-1

수목에서 가장 다양하고 흔한 병을 일으키는 병원균은 진균이며, 이 중에서 자낭균이 가장 흔한 점무늬병(반점병)의 대부분을 유발한다(담쟁이덩굴 둥근무늬병).

표 7-1 수목에 전염성 병을 유발하는 병원균의 분류와 특성(병원균의 크기 순서대로 제일 작은 것부터 나열함)

병원체	크기	특징	표징	조경수에서 중요도	국내 조경수 병의 예
바이로이드	250~370개 핵산 분자	RNA로만 구성됨	없다	없다	없다
바이러스	0.01~0.08μm	세포의 구조를 가지지 않고, 핵산과 외피단백질로 구성됨	없다	작다	포플러 모자이크병, 아까시나무 모자이크병, 느릅나무 얼룩반점병
파이토플라스마	0.2~1.0μm	세포질은 있으나 세포벽이 없음. 매개충에 의해 전파함	없다	작다	대추나무 빗자루병, 오동나무 빗자루병, 붉나무 빗자루병, 쥐똥나무 빗자루병, 뽕나무 오갈병
세균(박테리아)	0.6~3.5μm	세포벽을 가진 단세포 생물	거의 없음	작다	과수의 근두암종병, 불마름병, 세균성 구멍병
곰팡이(진균)	2~10μm	수목에서 일으키는 병의 대부분을 차지함	균사, 균사속, 포자, 버섯 등이 나타남	제일 크다	갈반병, 엽고병, 녹병, 그을음병, 흰가루병, 엽진병, 떡병, 탄저병, 가지마름병
난균	0.1~18μm	원시적인 단세포와 다세포 생물	없다	작다	모잘록병, 뿌리썩음병
선충(기생충)	0.3~1.0mm	지상부에 기생하는 선충은 매개충에 의해 전파됨	없다	작다	소나무 재선충병, 뿌리혹선충
조류	10μm	잎 표면에서 자라는 기생성 조류	반점 형성	매우 작다	동백나무 흰말병, 후박나무 흰말병
기생종자식물	30~60cm	상록 혹은 낙엽 관목 혹은 1년생 풀로서 따뜻한 남쪽 지방에서 심함	기생 부위의 비대	작다	참나무 겨우살이, 동백나무 겨우살이, 꼬리겨우살이, 새삼

는데, 포플러 모자이크병이 있다. 선충(線蟲, nematode)에 의한 수병 중에서는 소나무재선충(pine nematode)이 유발하는 소나무 시들음병이 알려져 있는데, 일본과 한국에서 심각한 병이다. 위에 열거한 세균, 바이러스, 파이토플라스마, 선충에 의한 병은 전체 수병 중에서 극히 적은 부분을 차지하며, 대부분 수목병은 곰팡이(진균, fungi)에 의해 발병한다(그림 7-1).

7-2 전염성 병의 발병 부위와 공통 병징에 따른 분류

수목에 발생하는 전염성 병을 분류하는 방법에는 여러 가지가 있다. 대부분 병원체의 분류학적 특성과 가해 부위에 맞추어 분류하지만, 발병 부위와 공통적인 병징에 따라서 분류할 수 있다(표 7-2). 이 분류는 조경수 관리인들이 쉽게 한눈에 볼 수 있게 정리한 것이며, 종전의 병원균의 학문적인 분류와는 다르다.

표 7-2 전염성 병의 발병 부위, 공통 병징, 병명(나용준 등, 1999; 나용준, 2009)에 근거한 일람표. 정확한 병명은 기주수목 칸에 나열한 것 중에서 진한 글자로 된 수종명을 앞에 첨가해야 하며, 이 표는 학문적인 분류가 아니다.

<table>
<tr><th rowspan="2">발병
부위</th><th colspan="3">병징에 따른 분류</th><th rowspan="2">병원균</th><th rowspan="2">기주수목</th></tr>
<tr><th>공통병징</th><th colspan="2">병명(한자명)</th></tr>
<tr><td rowspan="10">잎</td><td rowspan="10">점무늬병</td><td colspan="2">점무늬병(반점병)</td><td>Cercospora, Entomosporium, Tubakia, Sphaerulina, 기타</td><td>명자꽃, 모과나무, 때쭉나무, 산수유, 무궁화, 가래나무, 족제비싸리, 다정큼나무, 홍가시나무, 참나무류</td></tr>
<tr><td colspan="2">얼룩반점병</td><td>바이러스</td><td>느릅나무</td></tr>
<tr><td colspan="2" rowspan="4">갈색무늬병(갈반병)</td><td>Septoria</td><td>자작나무, 오리나무, 가죽나무, 밤나무, 철쭉</td></tr>
<tr><td>Cercospora, Tubakia</td><td>포플러, 배롱나무, 느티나무, 사철나무, 참나무류</td></tr>
<tr><td>Diplocarpon</td><td>꽃사과나무</td></tr>
<tr><td>Mycosphaerella</td><td>버즘나무, 음나무</td></tr>
<tr><td rowspan="4">둥근무늬병</td><td>둥근무늬병</td><td>Guignardia, Septoria</td><td>담쟁이덩굴, 병아리꽃나무</td></tr>
<tr><td>원형반점병</td><td>Cercopsora, 기타</td><td>쥐똥나무, 가죽나무</td></tr>
<tr><td>갈색둥근무늬병
(갈색원성병)</td><td>Marssonina</td><td>참나무</td></tr>
<tr><td>겹둥근무늬병
(윤문병)</td><td>Pestalotia</td><td>동백나무</td></tr>
</table>

표 7-2 계속

발병 부위	병징에 따른 분류			병원균	기주수목
	공통병징	병명(한자명)			
잎	점무늬병	둥근무늬병	겹둥근무늬병(윤문병)	*Ascochyta*	가죽나무
				Phoma	수국
				Grovesinia	참싸리나무, 팽나무
				Phyllosticta	포플러류
		별무늬병	흰별무늬병(백성병)	*Septoria*	느티나무
			붉은별무늬병(적성병)	녹병균(*Gymnosporangium*)	모과나무, 배나무, 사과나무, 산사나무, 명자꽃, 아그배나무, 팥배나무
			둥근별무늬병(원성병)	*Macrophoma*	참나무
		흰색무늬병(백반병)		*Cercospora*	느티나무
		회색무늬병(회반병)		*Stagonospora*	다릅나무
				Pestalotiopsis	사철나무
		검은무늬병(흑반병)		*Marssonina*	장미
				Hypospilina	느릅나무
		두창병		*Sphaceloma*	오동나무, 느티나무
				Elsinoe	산수유
		모무늬(낙엽)병		*Cercospora*	고욤나무, 박태기
		얼룩무늬병(오반병)		*Guignardia*	칠엽수
		타르점무늬병		*Rhytisma*	단풍나무류, 버드나무류, 인동덩굴
		붉은마름병		*Cercospora*	삼나무
		자줏빛곰팡이병		*Cystotheca*	가시나무류
		잎마름병(엽고병)		*Pestalotia*	은행나무, 삼나무, 철쭉류, 동백나무
				Pestalotiopsis	메타세쿼이아, 향나무
				Pseudocerco-spora, *Diplodia*	소나무, 해송, 측백나무
				Tubakia	참나무
				Macrophoma, *Septotinia*	회양목, 포플러
		잎떨림병(엽진병)		*Lophodermium*	잣나무, 소나무, 해송(분재용), 낙엽송

표 7-2 계속

<table>
<tr><th rowspan="2">발병
부위</th><th colspan="2">병징에 따른 분류</th><th rowspan="2">병원균</th><th rowspan="2">기주수목</th></tr>
<tr><th>공통병징</th><th>병명(한자명)</th></tr>
<tr><td rowspan="21">잎</td><td rowspan="4">점무늬병</td><td>점무늬잎떨림병</td><td>Marssonina</td><td>포플러류</td></tr>
<tr><td rowspan="2">탄저병</td><td>Colletotrichum(Glomerella)</td><td>대부분 과수, 호두나무, 사철나무, 오동나무, 동백나무, 식나무</td></tr>
<tr><td>Monostichella, Discula</td><td>개암나무, 버즘나무</td></tr>
<tr><td>모자이크병</td><td>바이러스</td><td>포플러류, 아까시나무</td></tr>
<tr><td colspan="2" rowspan="2">떡병</td><td>Exobasidium</td><td>철쭉류</td></tr>
<tr><td>붉은떡병 Shiraia</td><td>대나무류</td></tr>
<tr><td colspan="2">흰가루병(백분병)</td><td>Microsphaera, Uncinula, Sphaerotheca</td><td>사철나무, 배롱나무, 물푸레나무, 인동덩굴, 단풍나무, 진달래, 벚나무, 조팝나무, 장미, 수수꽃다리</td></tr>
<tr><td colspan="2">흰말병(백조병)</td><td>말무리(Cephaleuros)</td><td>동백나무, 구실잣밤나무, 가시나무류, 사스레피나무, 후박나무</td></tr>
<tr><td colspan="2">그을음병(매병)</td><td>Lembosia, Capnodium</td><td>사철나무, 쥐똥나무, 느티나무, 버드나무, 산수유, 은백양, 배롱나무, 라일락, 참나무류</td></tr>
<tr><td colspan="2">깜부기병</td><td>Graphiola</td><td>카나리아야자나무</td></tr>
<tr><td rowspan="2">구멍병</td><td>세균구멍병</td><td>박테리아(Xanthomonas)</td><td>복숭아, 자두, 살구, 매실(핵과류)</td></tr>
<tr><td>갈색무늬구멍병
(천공성갈반병)</td><td>Mycosphaerella</td><td>벚나무</td></tr>
<tr><td colspan="2" rowspan="2">오갈병</td><td>파이토플라스마</td><td>뽕나무</td></tr>
<tr><td>Taphrina</td><td>꽃복숭아나무</td></tr>
<tr><td colspan="2" rowspan="2">잎녹병</td><td>Coleosporium, 기타</td><td>소나무류, 잣나무, 젓나무</td></tr>
<tr><td>Melampsora</td><td>버드나무, 포플러, 오리나무</td></tr>
<tr><td rowspan="7">잎과
가지
(줄기)</td><td colspan="2">녹병</td><td>Gymnosporangi um</td><td>향나무류</td></tr>
<tr><td colspan="2">불마름병(화상병)</td><td>박테리아(Erwinia)</td><td>벚나무, 산사나무, 장미, 과수</td></tr>
<tr><td colspan="2">궤양병</td><td>박테리아(Xanthomonas)</td><td>감귤</td></tr>
<tr><td colspan="2" rowspan="2">더뎅이병</td><td>Elsinoe</td><td>두릅나무</td></tr>
<tr><td>Sphaceloma</td><td>으름덩굴, 유나무</td></tr>
<tr><td colspan="2">빗자루병</td><td>파이토플라스마</td><td>대추나무, 오동나무, 붉나무, 쥐똥나무</td></tr>
</table>

표 7-2 계속

발병 부위	병징에 따른 분류: 공통병징	병징에 따른 분류: 병명(한자명)	병원균	기주수목
잎과 가지 (줄기)	빗자루병		자낭균 (*Taphrina*와 *Aciculosporium*)	**벚나무, 대나무**
가지와 줄기	가지끝마름병(선고병)		*Diplodia*, *Sphaeropsis*, *Guignardia*	**소나무**, 낙엽송
	가지마름병	피목가지마름병 (피목지고병)	*Cenangium*	**소나무**, 해송, 잣나무, 전나무
		수지동고병	*Seiridium*	**편백, 화백**, 노간주나무
			Valsa	**잣나무**
		푸사리움 가지마름병	*Fusarium*	리기다소나무
		지고병	*Botryosphaeria*	**밤나무**, 과수, 대추나무
		검은돌기가지마름병 (흑립지고병)	*Melanconis*	**호두나무**
	줄기마름병	동고병	*Cryphonectria*, *Valsa*	**밤나무, 포플러**
		부란병	*Valsa*	**오동나무**
	줄기녹병	털녹병	*Cronatium*	**잣나무**
		줄기녹병	*Cronatium*	**소나무**
	혹병		*Cronatium* (줄기녹병의 일종)	**소나무**
	궤양병		*Nectria*, *Scleroderris*	호두나무, 단풍나무, 자작나무, 느릅나무, 사과나무, 소나무
	회색고약병		*Septobasidium*	**느티나무**, 벚나무, 포플러, 오동나무, 호두나무, 뽕나무, 매화나무
뿌리	모잘록병	묘입고병	*Pythium*, *Rhizoctonia*	묘포의 묘목
	뿌리썩음병 (근부병)	파이토프토라뿌리썩음병 (역병)	*Phytophthora*	소나무, 밤나무
		리지나뿌리썩음병	*Rhizina*(땅해파리버섯)	침엽수류(소나무과)
		아밀라리아뿌리썩음병	*Armillaria*(뽕나무버섯)	활엽수, 칠엽수
		기타 뿌리썩음병	*Fomes*(말굽버섯류), *Polyporus*(구멍장이버섯류)	침엽수, 활엽수
		자줏빛날개무늬병(자문우병)	*Helicobasidium*(목이버섯류)	활엽수, 침엽수
		흰날개무늬병(백문우병)	*Rosellinia*(꼬투리버섯류)	단풍나무, 벚나무
		뿌리썩이선충병	선충(*Pratylenchus*)	과수, 백목련, 무궁화, 장미, 두충나무

표 7-2 계속

발병 부위	병징에 따른 분류		병원균	기주수목
	공통병징	병명(한자명)		
뿌리	혹병	근두암종병	박테리아(*Agrobacterium*)	과수, 포플러, 벚나무
		뿌리혹선충	선충(*Meloidogyne*)	침엽수, 활엽수
전신	재선충병		선충(*Bursaphelenchus*)	**소나무류**, 곰솔, 잣나무
	시들음병		*Raffaelea*	**참나무**
	마름병		*Tubakia*	참나무류

7-3 곰팡이병

곰팡이(fungus)는 엽록소 없이 실 같은 균사(hypha) 모양으로 자라면서 포자를 생산하는 진핵(眞核, eukaryotic) 미생물(microorganism)이라고 할 수 있다. 세포벽이 있으며 카이틴(chitin)과 글루칸(glucan)으로 구성되어 있다. 곰팡이 중에서 진균(眞菌, true fungi)은 형태에 따라 균사 모양으로 자라는 사상균(絲狀菌, filamentous fungi)과 단세포로 자라는 효모(酵母, yeast)로 나눌 수 있는데, 수목에 병을 일으키는 곰팡이는 모두 사상균에 속하기 때문에 이 책에서 언급되는 균은 모두 사상균으로 간주해도 된다.

지구상에 150만 종 이상의 곰팡이가 서식하고 있는데, 대부분은 죽은 유기물을 분해하는 부후균(腐朽菌, saprophyte)이며, 인간과 동물에 병을 일으키는 곰팡이는 각각 50종가량 되며, 대부분 피부에 기생한다. 식물에 병을 일으키는 기생성 곰팡이(parasitic fungi)는 약 1만 종 이상 된다.

곰팡이의 균체는 실 모양의 균사체(菌絲體, mycelium)로 되어 있으며, 균사체가 사방으로 갈라진 가지 모양의 한 부분을 균사(菌絲, hypha)라고 부른다. 균사는 세포벽이 있으며, 격벽(隔壁, septum)은 하등균류에는 없고, 고등균류에는 있다.

표 7-1에 열거한 수목에 전염성 병을 일으키는 아홉 가지 병원체 중에서 곰팡이가 가장 많은 종류의 병과 가장 흔하고 심각한 병을 유발하기 때문에, 곰팡이병이 중요하게 된다. 곰팡이는 수목의 6개 모든 기관에 병을 유발하지만, 표 7-2에 나열한 것처럼 잎, 가지, 줄기, 뿌리에서 집중적으로 번식한다.

7-3-1 수목 병원성 곰팡이와 곰팡이 유사체의 분류

식물에서 병을 일으키는 곰팡이와 곰팡이 유사체는 표 7-3과 같이 5개 분류군으로 나눌 수 있다. 난균

표 7-3 식물에 병을 일으키는 병원성 곰팡이와 곰팡이 유사체의 분류

분류군(Phylum)	곰팡이 속명(Genus name)	대표적인 수목병	격벽(septum) 유무
난균 (Oomycota)	*Pythium*, *Phytophthora*	모잘록병, 뿌리썩음병	없음
접합균 (Zygomycota)	*Mucor*, *Rhizopus*	열매썩음병	없음
자낭균 (Ascomycota)	*Mycosphaerella*, *Diplocarpon*, *Lophodermium*, *Microsphaera*, *Rhizina*	잎점무늬병, 잎떨림병, 그을음병, 탄저병, 흰가루병, 가지마름병, 줄기마름병, 뿌리썩음병	있음
담자균 (Basidiomycota)	*Gymnosporangium*, *Exobasidium*, *Armillariella*, *Polyporus*	녹병, 떡병, 뿌리썩음병, 고약병, 깜부기병, 목재부후	있음
불완전균 (Deuteromycota)	*Rhizoctonia*, *Cercospora*, *Marssonina*, *Colletrichum*, *Fusarium*, *Septoria*	모잘록병, 잎점무늬병, 가지마름병	있음

(Oomycota)은 얼마 전까지 유주포자균(Mastigomycotina)으로 분류되었으나, 최근 원생생물(Protista) 내의 Heterokont(혹은 Stramenopila)로 새롭게 분류되었다. 난균과 접합균은 하등균류로서 균사가 길게 연속적으로 자라서 격벽(膈壁, septum)이 없으며, 자낭균, 담자균, 불완전균은 고등균류로서 균사 사이에 격벽을 가지고 있다. 이 중에서 고등균류에 속하는 자낭균, 담자균, 불완전균이 곰팡이병의 대부분을 차지하고 있으며, 접합자균에 의한 수목병은 거의 없다.

7-3-2 수목 기주별 전염성 병의 다양성

국내에 1,200종 이상의 목본식물이 자라고 있다. 이 중에서 관상수로 널리 쓰이고 있는 수종은 300종가량 된다고 할 수 있다. 국내에서 가로수와 조경수로 가장 많이 쓰이고 있는 20개 수종은 전염성 병의 종류가 수종에 따라서 상당히 차이가 있다. 표 7-4에 흔히 심는 조경수에 대한 전염성 병의 다양성을 나열했다. 조경수 중에서 가장 전염성 병이 많은 수종은 소나무와 잣나무로서 16개의 병이 기록되어 있으며, 그다음으로 벚나무가 15개, 단풍나무가 12개이다. 은행나무는 5개, 메타세쿼이아는 1개만 기록되어 있어 대조를 이룬다. 소나무와 잣나무는 보급이 많이 되어 있고 주요 연구 대상인 반면, 메타세쿼이아는 국내에 1950년대에 처음으로 도입되어 아직 연구가 미진한 상태이며, 화석식물이라는 특성으로 1개의 병만 기록되어 있다. 주목에 2개의 병이 기록되어 있는 것은 아직 연구가 미진하기 때문일 것이다. 이팝나무는 병이 2개만 기록되어 있는데, 가장 최근에 심기 시작한 수종으로서 연구가 제대로 되어 있지 않다고 할 수 있다.

표 7-4에서 전염성 병이 가장 많은 수종 중의 하나인 벚나무는 최근에 가장 많이 심고 있는

표 7-4 국내에서 가장 많이 심고 있는 조경수 20개 수종의 전염성 병의 종류(한국식물병리학회, 2009)

수종명	전염성 병 종류	수종명	전염성 병 종류
은행나무	5	버즘나무	4
주목	2	단풍나무	12
메타세쿼이아	1	백합나무	2
측백나무	3	이팝나무	2
편백	9	배롱나무(목백일홍)	5
소나무	16	동백나무	8
곰솔(해송)	9	목련	6
잣나무	16	영산홍	3
벚나무	15	회양목	3
느티나무	7	철쭉류	9

표 7-5 최근 가장 많이 심고 있는 벚나무에서 보고된 15개 전염성 병의 종류와 중요도(+: 발생하지만 별로 중하지 않은 병, ++: 중요하고 자주 관찰됨, +++: 매우 중요하고 심각한 병)

병명	영명	병원균의 학명	중요도
점무늬병(반점병)	leaf spot	*Cercospora prunicola*	+
갈색무늬구멍병 (천공성갈반병)	brown shot-hole	*Pseudocercospora cerasella*	| | |
잎마름병(엽고병)	leaf scorch	*Gnomonia erythrostoma*	+
잿빛곰팡이병(회색미병)	gray mold	*Botrytis cinera*	+
줄기마름병(동고병)	canker	*Botryosphaeria dothidea*	+
흰가루병(백분병)	powdery mildew	*Podosphaera tridactyla*	+
균핵병	brown rot	*Monilinia kusanoi*	+
갈색고약병	brown felt	*Septobasidium tanakae*	+
빗자루병(천구소병)	witches' broom	*Taphrina wiesneri*	+++
암종병(동고병)	Valsa canker	*Valsa ambiens*	+
혹병	국내 미기록 병	세균	+
근주심재썩음병 (근주심재부후병)	butt rot	*Pycnoporus coccineus*	+
흰날개무늬병(백문우병)	white root rot	*Rosellinia necatrix*	+
목재썩음병(심재부후병)	white rot	*Phellinus gilvus*	+
식물기생선충	plant parasitic nematode	7종류	+

가로수로서 15개 병의 내용을 검토해 보면, 병의 중요도와 심각성은 병에 따라서 차이가 많다. 표 7-5에 벚나무에서 보고된 15개 전염성 병의 종류와 중요도를 표시했다. 이 중에서 가장 중요하고 심각한 병은 빗자루병이며, 그다음으로 중요한 것은 갈색무늬구멍병(천공성갈반병)이다. 나머지 12개 병은 벚나무에서 그렇게 중요하거나 심각한 병이 아니라고 할 수 있어 다행이다.

7-3-3 잎에 발생하는 곰팡이병

잎은 식물의 6개 기관 중에서 대사활동(광합성과 호흡)이 가장 활발하면서 나무의 건강상태를 가장 잘 보여주는 기관이다. 발병할 때 대부분 잎에서 가장 먼저 병징이 나타나며, 잎은 병이 가장 많이 발병하는 곳이다. 비전염성 병(부적합한 토양과 기상에 의한 생리적 피해)과 줄기와 뿌리에 생기는 전염성 병도 초기 혹은 후기에 잎에서 병징이 나타나기 때문이다.

잎에 병을 일으키는 곰팡이는 표 7-3에 나열한 곰팡이 중에서 불완전균과 자낭균이 대부분을 차지하며, 담자균 중에서는 녹병균이 관여한다. 난균과 접합자균은 거의 잎에 병을 일으키지 않는다(나용준 등, 1999). 단지 외국에서 *Phytophthora ramorum*은 참나무류와 다른 기주식물에서 잎에 병을 유발하기도 한다. 잎에 나타나는 병징은 점무늬(반점, leaf spot), 얼룩무늬(leaf blotch), 물집(leaf blister), 괴사(necrosis), 고사(leaf blight), 흰가루(mildew), 구멍(shot-hole) 등이다.

1. 점무늬병(반점병, 斑點病, leaf spot diseases)

점무늬병은 잎에 발생하는 병 중에서 가장 흔하게 관찰되며, 잎에 다양한 모양과 색깔의 점무늬(반점)를 만든다. 갈색무늬(갈반병, 褐斑病), 백색무늬(백반병, 白斑病), 회색무늬(회반병, 灰斑病), 얼룩무늬(오반병, 汚斑病), 검은무늬(흑반병, 黑斑病), 흰별무늬(백성병, 白星病), 붉은별무늬(적성병, 赤星病), 둥근별무늬(원성병, 圓星病), 둥근무늬(원반병, 圓斑病), 겹둥근무늬(윤문병, 輪紋病), 원형 반점, 잎마름(엽고병, 葉枯病), 잎떨림(엽진병, 葉振病) 등의 병징을 보인다. 녹병균(담자균)에 의한 일부 별무늬병(적성병)을 제외한 나머지 점무늬병은 모두 자낭균과 불완전균에 의해 생긴다.

1) *Septoria* 점무늬병(반점병)

불완전균인 *Septoria* 균에 의해 생긴다. 유성세대는 자낭균이며, 약 1,000종이 알려져 있을 만큼 매우 흔한 병균이다. 잎에 작은 점무늬를 만든다. 병반 위에 분생포자각을 만들어 육안으로도 보인다. 철쭉 점무늬병(그림 7-2), 느티나무 흰별무늬병(백성병), 자작나무 갈색무늬병(갈반병), 밤나무 갈색점무늬병, 가죽나무 갈색무늬병, 오리나무 갈색점무늬병 등이 여기에 속한다.

그림 7-2 A~G

점무늬병(반점병)의 다양한 병징. A: 철쭉 점무늬병(*Septoria* sp), B: 사철나무 갈색무늬병(*Cercospora destructiva*), C: 박태기나무 모무늬병(*Pseudocercospora cercidis-chinensis*), D: 벚나무 갈색무늬구멍병(*Mycosphaerella cerasella*), E: 산수유 두창병(*Elsinoe corni*), F: 만병초 윤문병, G: 참꽃나무 반점병

그림 7-2 H~L

점무늬병(반점병)의 다양한 병징. H: 비자나무 점무늬병, I: 칠엽수 얼룩무늬병(*Guignardia aesculi*), J: 참식나무 갈반병. 병원균(주로 포자)이 침투한 자리에서 작은 반점으로 시작하여 크게 퍼져 나가고, 반점의 가장자리 조직이 서서히 죽어가면서 변색되어 전형적인 전염성 병의 특징을 보여준다. K: 음나무 갈색무늬병(*Mycosphaerella acanthopanacis*), L: 민두릅나무 갈반병

2) *Cercospora* 점무늬병(반점병)

불완전균인 *Cercospora*에 의해 발병하며, 유성세대는 대부분 자낭균에 속한다. 작은 점무늬로 시작하여 병반이 커진다. 병반 위에 분생포자(경)가 밀생하여 백색과 갈색의 포자덩이가 관찰된다. 사철나무 갈색무늬병, 포플러 갈색무늬병(갈반병, 이태리포플러, 은백양, 황철나무), 느티나무 흰색무늬병, 벚나무 갈색무늬구멍병(천공성갈반병, 유성세대 *Mycosphaerella*), 무궁화 점무늬병(반점병), 소나무 잎마름병(엽고병, 적송, 해송의 묘포에서 발생), 삼나무 붉은마름병(적고병), 박태기나무 모무늬병(*Pseudocercospora*) 등이 여기에 속한다.

3) *Marssonina* 점무늬병(반점병)

불완전균인 *Marssonina* 균에 의해 생기며, 유성세대는 자낭균이며, 약 70종이 알려져 있다. 잎에 점무늬를 만들며, 분생포자반을 형성하여 표피 밖으로 튀어나오며, 습기가 많을 때 흰색–담갈색의 분생포자를 대량으로 생산하여 육안으로 관찰할 수 있다. 여름철에 기주의 조기낙엽을 초래한다. 참나무 갈색둥근무늬병(갈색원성병), 포플러류 점무늬잎떨림병(낙엽병, 이태리포플러 감수성, 은백양 저항성), 장미 검은무늬병(흑반병) 등이 있다.

4) 기타 점무늬병(반점병)

위에 열거한 세 가지 주요 점무늬병 이외에 다른 자낭균에 의한 점무늬병도 다양하게 존재한다. *Macrophoma* 균에 의한 회양목 잎마름병(엽고병)(그림 7–3)과 참나무 둥근별무늬병(원성병), *Tubakia* 균에 의한 참나무 투바키아잎마름병, *Lophodermium* 균에 의한 잣나무 잎떨림병(엽진병, 葉振病, needle cast, 소나무, 곰솔, 낙엽송 포함)(그림 7–4), *Mycosphaerella* 균에 의한 벚나무 갈색무늬구멍병과 소나무류 갈색무늬잎마름병, *Guignardia* 균에 의한 칠엽수 얼룩무늬병(오반병), *Elsinoe* 균에 의한

그림 7-3

회양목 잎마름병(*Macrophoma candollei*)의 발병 단계별 병징의 변화와 표징. A: 초기 병징, B: 후기 병징(잎 뒷면에 포자퇴 보임), C: 고사한 모습, D: 잎의 뒷면에 돌기처럼 표출된 분생포자각 표징

그림 7-4

소나무 잎떨림병(엽진병, *Lophodermium* sp)의 병징과 표징. A: 병에 걸린 소나무의 전경, B: 5월 중에 갈변하는 묵은 잎, C: 낙엽 지기 전 묵은 잎에 생긴 반점, D: 땅에 떨어진 잎에 생긴 자낭반 표징(사진 D: 나용준, 2009)

산수유 두창병, *Septotinia* 균에 의한 포플러 잎마름병(엽고병), *Ascochyta*에 의한 가죽나무 겹둥근무늬병(윤문병), *Stagonospora* 균에 의한 다릅나무 회색무늬병(회반병), *Sphaerulina* 균에 의한 가래나무 점무늬병(반점병), *Sphaceloma* 균에 의한 오동나무 새눈무늬병(두창병) 등이 있다.

5) *Pestalotia* 잎마름병(엽고병, 葉枯病)

불완전균인 *Pestalotia*(*Pestalotiopsis*) 균에 의해 생기는데, 유성세대는 자낭균이다. 습한 장마철과 태풍이 지나간 후 나타나기 시작하여 잎에 병반을 만들며, 병반 위에 검은 점이 돌출하면서 까만 곱슬거리는 머리카락 모양의 분생포자덩이가 보인다. 병반이 커지면서 잎이 말라 죽는다. 은행나무 잎마름병(엽고병), 철쭉류 잎마름병(엽고병), 사철나무 회색무늬병, 삼나무 잎마름병(엽고병), 동백나무 겹둥근무늬병(윤문병) 등을 유발한다(그림 7-5).

6) 탄저병(炭疽病, anthracnose)

불완전균 *Colletotrichum*, *Monostichella*, *Discula*에 의해 생기며, 유성세대는 자낭균이며, 약 500종

그림 7-5

Pestalotia 잎마름병(엽고병)의 예. 은행나무 잎마름병(*Pestalotia ginkgo*)의 병징(A)과 잎 표면에 나타난 머리카락 모양의 표징(B, 분생포자덩이)(사진 A, B: 나용준, 2009), C: 사철나무 회색무늬병(*Pestalotia gracilis*)

그림 7-6

버즘나무 탄저병(*Apiognomonia veneta*)의 잎(A)과 가지(B)의 병징(사진 B: 나용준, 2009)

이 알려져 있다. 거의 모든 과수와 일부 조경수에 탄저병(炭疽病)을 일으키며, 피해가 심각한 편이다. 봄철 온도가 낮으면서 비가 자주 오거나 여름철 기온이 높고 비가 자주 올 때 크게 발생한다. 분생포자반을 형성하며, 잎, 어린줄기, 열매에 피해를 주는데, 기주 조직이 움푹 들어가고 흑갈색의 병반을 형성한다. 유성세대 *Glomerella* 균에 의해 생기는 호두나무 탄저병, 오동나무 탄저병, 동백나무 탄저병이 있고, 그 밖에 사철나무 탄저병(유성세대 *Gloeosporium*), 버즘나무 탄저병(유성세대 *Apiognomonia*), 개암나무 탄저병(유성세대 *Piggotia*) 등이 있다(그림 7-6).

7) 점무늬병의 방제

담자균에 의한 녹병과 별무늬병(적성병)을 제외한 다양한 점무늬병은 모두 자낭균과 불완전균에 의해 발생한다. 병든 잎, 가지, 열매를 수거하여 태우거나 땅속에 묻고, 통풍과 채광이 잘 되도록 밀식을 피한다. 점무늬병을 방제하기 위한 약제는 주로 보르도액과 수화제를 쓰는데, 만코지수화제, 티오판수화제, 동수화제, 베노밀수화제, 클로로탈로닐수화제 등을 2주 간격으로 3~4회 정도 살포한다. 그 밖에 종자 파종 시에는 치오람수화제, 치람수화제, 베노람수화제로 종자소독을 한다. 약제 살포시기는 병에 따라서 차이가 있지만, 봄부터 여름 혹은 이른 가을 사이에 실시한다.

2. 떡병(병병, 餠病, leaf gall)

철쭉류와 진달래류에서 흔히 관찰되며, 담자균에 속하는 *Exobasidium* 균에 의해 발병한다. 병징이 잎에 흰색-핑크색의 찰떡을 붙여 놓은 것처럼 보여서 얻은 이름이며, 서양에서는 pinkster apple이라고 하여 진기한 맛을 가진 음식으로 먹기도 한다(나용준, 2009).

5월경부터 잎, 새순, 꽃눈 일부가 부풀어 올라오면서 불규칙한 모양을 가진 흰색의 부드러운 혹을 만들어 찰떡처럼 보인다. 초기에는 흰색을 띠나 햇빛을 받으면서 안토시아닌 색소를 만들어 옅은 핑크색으로 변하기도 한다. 표면에 담자기와 담자포자가 밀생하여 흰가루로 뒤덮인다. 5월에 비가 자주 오고 통풍이 불량하여 습도가 높을 때 나타나며, 봄철이 가물거나 햇빛이 잘 드는 곳에는 거의 발생하지 않는다. 나무를 죽일 정도의 심각한 병은 아니지만, 진달래류의 관상 가치를 해치며, 잎이 죽기도 한다(그림 7-7 A).

민떡병(평병병, 平餠病)은 철쭉류 떡병의 일종인데, 떡병처럼 부풀어 오른 혹을 만들지 않고, 대신 점무늬병과 흡사하게 평평한 병반을 만든다. 떡병균과 같은 속인 *Exobasidium* 균에 의해 생기며, 5~6월경 어린잎의 앞면에 지름 5mm 내외의 황백색-황록색 둥근 병반이 1개 혹은 여러 개 나타나며, 초기에는 경계선이 뚜렷하지 않다. 병반의 크기가 확대되면서 후에 잎이 죽기도 한다(그림 7-7 B).

방제를 위해 과습한 환경이 되지 않게 하며, 흰가루가 나타나기 전에 일찍 혹을 제거하거나, 잎이 트기 전에 티디폰수화제, 만코지수화제를 10일 간격으로 3~4회 살포한다.

그림 7-7

철쭉 떡병(*Exobasidium* sp)과 철쭉 민떡병(*Exobasidium* sp). 떡병(A)은 떡처럼 부풀어 오르고, 민떡병(B)은 잎에 납작하고 평평한 병반을 만든다.

3. 흰가루병(백분병, 白粉病, powdery mildew)과 자줏빛곰팡이병(자미병, 紫黴病)

다양한 사낭균에 의해 발병하며, 활엽수의 많은 조경수에서 관찰되는데, 기주선택성이 있어 그을음병과 구별된다. 표 7-6에 유사한 균종을 묶어 기주의 범위를 정돈해 놓았다(이종규 등, 2017). 치명적인 병은 아니지만, 생장이 위축되고, 미관상 나쁘며, 새 가지가 말라 죽기도 한다(그림 7-8).

한겨울을 제외하고 연중 발생하는데, 6~7월에 시작하여 장마 이후에 그늘지고 습한 곳에서 급격히 심해진다. 대개 잎에 발생하지만 어린줄기와 열매에도 생긴다. 병징은 잎의 앞·뒷면에 흰 밀가루를 뿌려 놓은 것 같은 병반(균총)이 보이는데, 병원균의 무성세대인 분생포자(경)가 대량으로 노출되기 때문이다. 잎 표면에 주로 발생하여 기주의 광합성을 방해하지만, 균사의 일부가 표피를 뚫고 침입하여 양분을 흡수한다. 감염된 잎은 뒤틀리면서 모양이 일그러진다. 꽃에 기생하

표 7-6 한국 수목에 발생하는 흰가루병균의 종류와 기주범위(나용준, 2009; 이종규 등, 2017)

흰가루병균의 분류(속명)	기주 수목명
Microsphaera	수수꽃다리
Phyllactinia	가죽나무, 오동나무류, 오리나무류, 진달래, 철쭉
Podosphaera	벚나무류, 장미, 조팝나무류
Sphaerotheca	장미, 해당화
Sawadaea	단풍나무류, 모감주나무
Cystotheca	가시나무류(자주빛곰팡이병, 자미병으로 불림)
Erysiphe (옛 이름: *Uncinula*)	개암나무, 꽃개오동, 꽃댕강나무, 단풍나무류, 매자나무, 목련, 물푸레나무, 밤나무, 배롱나무, 붉나무, 사철나무, 아까시나무, 양버즘나무, 오리나무, 옻나무, 인동덩굴, 쥐똥나무, 참나무류, 포플러류, 호두나무
Pseudoidium	수국

그림 7-8

흰가루병. A: 참나무류 흰가루병(*Microsphaera* sp), B: 배롱나무 흰가루병(*Uncinula australiana*), C: 9월에 촬영한 가시나무류 자줏빛곰팡이병(자미병, *Cystotheca* sp)

면 꽃이 제대로 피지 않고 조기 낙화가 된다.

자줏빛곰팡이병(자미병, 紫黴病)은 가시나무류(상록성 참나무류)에 발생하는데, 잎의 뒷면이 흑갈색 융단 같은 균총으로 뒤덮여 뒷면흰가루병이라고도 부른다(그림 7-8 C).

방제를 위해 그늘을 없애고 통풍을 도모하며, 여름철 이후 베노밀수화제, 티오판수화제, 티디폰수화제, 폴리옥신B를 2주 간격으로 2~3회 뿌린다.

4. 그을음병(매병, 煤病, sooty mold)

잎의 앞면에 검은색의 그을음이 붙어 있는 것처럼 보여서 붙여진 병명이다. 잎의 표면을 젖은 종이로 닦을 때 깨끗하게 없어지면 그을음병이라고 진단할 수 있다. 잎의 표면에만 곰팡이가 자라기 때문에 그리고 기주선택성이 없어 아무 수종에나 걸리기 때문에 진정한 병이라고 할 수 없다. 그러나 진딧물과 깍지벌레류 등의 흡즙성 곤충이 배설한 분비물(주로 설탕)을 이용해서 병균이 자라는데, 심하게 퍼지면 잎, 가지, 줄기 전체를 뒤덮어서 광합성을 방해하고 미관을 크게 해친다.

대부분 자낭균(예: *Lembosia*)과 불완전균(예: *Capnodium*)에 의해 생기며, 소나무류, 낙엽송, 주목, 전나무, 사철나무, 쥐똥나무, 배롱나무, 수수꽃다리, 동백나무, 무궁화, 피나무, 대나무, 참나

그림 7-9

그을음병(흡즙성 해충이 배설한 설탕을 분해하는 곰팡이가 유발함). A: 백합나무(왼쪽 잎). B: 배롱나무에서 감염 후기에 균사층이 껍질처럼 벗겨져 균사가 잎의 표피 속으로 침투하지 않았음을 보여준다.

무류 등에서 자주 관찰된다(그림 7-9). 온도와 습도가 높은 7~8월에 통풍과 햇빛이 잘 들지 않는 곳에서 빠른 속도로 퍼진다.

방제를 위해 그을음병을 유발하는 흡즙성 해충을 먼저 구제해야 하며, 질소비료 사용을 자제하고, 약제로 방제하기가 힘들지만, 만코지수화제, 티오판수화제를 살포한다.

7-3-4 줄기에 발생하는 곰팡이병

궤양(潰瘍, canker)은 수피와 그 밑의 목부가 죽어서 부패하는 병징을 말한다. 궤양은 두 가지 요인, 즉 서리와 볕데기(여름철 피소현상) 같은 기상적인 비전염성 요인과 병원균에 의한 전염성 요인에 의해 생긴다. 병원균에 의해 가지와 줄기에 궤양이 생기는 병을 궤양병(潰瘍病, canker disease), 가지마름병(지고병) 혹은 줄기마름병(동고병, 부란병, die-back)이라고 다양한 이름으로 부른다. 가지와 줄기에 병을 일으키는 병균은 대부분 자낭균(子嚢菌, ascomycetes)으로서, 수피의 상처와 스트레스를 받아 죽어 가는 조직을 통해 침입한다. 자연적으로 열린 기공(stoma), 피목(lenticel) 혹은 엽흔(leaf scar)을 통해 적극적으로 들어오는 경우는 거의 없어 피동적인 병균이라고 할 수 있다.

1. 윤문형 궤양병(輪紋形潰瘍病, target canker)

윤문형 궤양병은 병원균이 동계의 휴면기간에 자리를 잡으며, 병원균의 이동이 상대적으로 느려서, 기주는 다음 생육기간에 유합조직(癒合組織, callus)을 만들어 더 이상 병환부의 확산을 방지함으로써 병이 심각해지지 않는다. 이런 과정을 거치면서 수목의 직경생장과 궤양의 직경생장이 거의 비슷하게 진행되어 동심원으로 이루어진 둥근 모양의 궤양이 나타나는 것이 특징이며, 궤양의 표면과 가장자리에 유합조직이 많이 생긴다(Planchard와 Tattar, 1997).

Nectria 궤양병(*Nectria* canker)은 윤문형 궤양의 대표적인 예이다. 이 병은 자낭균인 *Nectria*(알보리수버섯속)에 의해 발병한다. 병원균이 침입하면 형성층을 매년 조금씩 파괴시킨다. 봄에 수목이 유합조직을 형성하면 병원균은 늦여름에 다시 인근 형성층을 침입하여 파괴한다. 수목의 생장과 병원균의 생장이 번갈아 지속되면서, 수목은 매년 유합조직을 형성하여 동심원으로 된 화살의 과녁(target) 같은 모양의 윤문(輪紋)을 매년 만들어 간다. 수피가 더 넓게 부패하지만 수목은 그런대로 생장을 계속한다. 국내에서는 호두나무, 단풍나무, 자작나무, 느릅나무, 사과나무에서 이 병이 자주 관찰된다.

효과적인 방제법이 제대로 알려져 있지 않으며, 간벌을 통해 이병목을 제거한다.

2. 확산형 궤양병(擴散形潰瘍病, diffuse canker)

확산형 궤양은 병원균이 생육기간에 왕성하게 자라서 궤양의 가장자리에 유합조직이 거의 생기지 못하고, 길쭉한 타원형으로 나타난다. 궤양이 수목의 직경생장보다 더 빠르게 확장되며, 감염 후

그림 7-10

밤나무 줄기마름병(*Cryphonectria parasitica*)은 줄기에 발생하는 확산형 궤양병의 대표적 예이다. A: 수피와 형성층이 죽은 줄기, B: 줄기에 형성된 오렌지색 분생포자각자좌(사진 A, B: 나용준, 2009)

몇 년 내에 환상박피(環狀剝皮, girdling)가 일어나서(Tattar, 1986), 탄수화물의 이동이 중단되면 나무가 죽는 심각한 병으로 진전된다.

밤나무 줄기마름병(동고병, 胴枯病, chestnut blight)은 확산형 궤양병의 대표적인 예이다. 이 병은 자낭균인 *Cryphonectria parasitica*(=*Endothia parasitica*)에 의해 발병한다(그림 7-10). 이 병원균은 원산지가 동양인데, 1세기 전에 미국과 유럽으로 전파되어 저항성이 없는 미국과 유럽의 밤나무림을 모두 황폐화시켰다. 국내 밤나무는 어느 정도 저항성을 가지고 있다. 가지와 줄기에 생긴 상처(전정, 동해, 충해) 주변에 병반이 형성되며, 초기에는 수피가 적갈색으로 변하면서 움푹 들어간다. 여름에 병환부를 뚫고 오렌지색의 작은 돌기(분생포자각 자좌)가 무수히 돌출한다. 병환부가 줄기를 한 바퀴 둘러싸면 위쪽 가지가 말라 죽고 맹아가 나온다. 배수가 불량한 경우와 수세가 약한 수목에서 잘 걸린다. 약제로 방제하기가 어렵다.

간접적인 방제법으로서 비배관리로 나무를 튼튼하게 하며, 상처가 나지 않게 하고 상처 부위를 티오판도포제로 발라 주고, 동해와 피소현상을 사전에 방지하고, 박쥐나방 같은 천공성 해충을 구제한다.

3. 리기다소나무 송진가지마름병(푸사리움가지마름병, pine pitch canker)

리기다소나무 누지동고병(漏脂胴枯病)이라고도 부르며(나용준, 2009), 리기다소나무, 곰솔, 리기테다소나무 등에서 발병한다. 자낭균인 *Fusarium circinata*(*Gibberella circinata*)에 의해 생기며, *Diplodia*와 *Cenangium*에 의한 병과 구별하기 위해 '푸사리움가지마름병'으로 불리기도 한다. 1996년 경기도 인천에서 처음으로 관찰된 이래 전국으로 퍼져 리기다소나무에 큰 피해를 주고 있다. 상처를 통해 병균이 침입하는데, 1~2년생 가지에 발병하여 6~8월에 엽흔에서 노란색의 분생포자좌가 나타나 중요한 표징이 된다. 감염된 잎은 빛바랜 갈색(밝은 갈색)으로 말라 죽고, 병든 가지는 내수피가 갈색으로 변하면서 많은 송진이 흘러나온다. 병든 가지는 수년간 나무에 붙어 있다. 바람이 강한 바닷가 근처 나무에서 더 심하게 발생한다(그림 7-11 A~D).

방제를 위해 상처가 생기지 않게 조심하며, 봄부터 가을까지 특히 태풍이 지나간 다음 테부코나졸유탁제를 3~4회 뿌리거나 사전에 수간주사한다.

그림 7-11 A~D

리기다소나무 푸사리움가지마름병(*Fusarium circinata*). A: 감염된 수목 전경, B: 감염 초기에 잎의 기부에서 황화현상이 먼저 나타난다, C: 감염되지 않은 가지(좌측)는 내수피의 엽록체가 살아 있는 반면, 감염된 가지(우측)는 갈색으로 변해 있다. D: 감염된 줄기에서는 송진을 분비한다(사진 C: 국립산림과학원).

4. 소나무 가지끝마름병(선고병, 先枯病, 순마름병, *Diplodia* tip blight)

소나무류 디플로디아잎마름병이라고도 부른다. 세계적으로 소나무류에 흔한 병이다. *Diplodia* 균에 의해 소나무, 해송, 잣나무, 리기다소나무, 백송의 10~30년생 수목에서 주로 발생한다. 봄에 새순과 어린잎이 갈변하고 구부러지면서 급히 말라 죽으며, 성엽이 감염되면 밑으로 처지면서 백색을 띤 옅은 갈색(우윳빛에 가까움)으로 퇴색한다. 죽은 가지에서 송진이 흘러나오며, 여름부터 엽초 표피를 뚫고 검은색의 분생포자각이 돌출하여 중요한 표징이 된다. 봄에 비가 자주 오고 서늘할 때 발생한다. 방제를 위하여 봄부터 2주 간격으로 베노밀수화제, 티오판수화제를 2~3회 살포한다.

5. 소나무류 피목가지마름병(*Cenangium* twig blight)

소나무류 피목지고병(皮目枝枯病)이라고도 하며, 자낭균인 *Cenangium*에 의해 소나무, 해송, 잣나무에서 발생한다. 이 균은 전염성이 약한 내생균(內生菌)으로서 수피 밑에 항상 숨어 있지만 직접적인 발병의 원인이 되지 않는다. 가뭄, 이상 고온, 풍해, 양분결핍, 뿌리 피해, 밀식 등의 생리적 피해(비전염성 병)로 잎과 가지의 건강이 나빠지면 비로소 나타난다. 묵은 잎이 암갈색(적갈색에 가까움)으로 변하면서 가지가 말라 죽기 시작하면 죽어 가는 조직 내에서 급속히 퍼진다. 죽은 가지의 피목과 수피의 갈라진 틈에서 황갈색 자낭반이 밖으로 돌출하여 중요한 표징이 된다. 죽은 잎은 당년 혹은 그 이듬해 떨어진다(그림 7-11 E~H).

Cenangium, *Fusarium*, *Diplodia* 균에 의한 가지마름병은 잎의 변색 혹은 퇴색 정도로 어느 정도 구별할 수 있다. *Cenangium*은 잎의 엽록소가 없어지면서 퇴색하지 않고 오히려 암갈색-적갈색의 짙은 색으로 변하면서 잎이 보통 당년에 탈락한다. *Fusarium*은 밝은 갈색으로 퇴색하면서 잎이 수년간 붙어 있고, *Diplodia*는 퇴색이 가장 많이 진전되어 백색을 띤 옅은 갈색으로 변하며, 시간이 지나면 잎이 밑으로 처져 있다.

*Cenangium*에 의한 발병의 1차 원인은 기후변화(climate change)와 같은 환경적 변화이며, 최근 전국에서 이상난동과 겨울가뭄이 함께 올 때 봄철에 대량으로 발생하지만, 전염성이 거의 없어 구제할 필요가 없다. 대신 가뭄에 대비하여 관수하고 적절히 시비하면 예방할 수 있다.

그림 7-11 E~H

소나무류 가지마름병. E: 소나무 *Cenangium* 피목가지마름병, F: 소나무 피목을 통해 밖으로 노출된 *Cenangium ferruginosum* 피목가지마름병균의 황갈색 자낭반(표징), G: 스트로브잣나무 *Diplodia* 가지끝마름병의 병징, H: 소나무 엽초 안쪽에 나타난 *Diplodia* 가지끝마름병균의 검은색 분생포자각(사진 H: 나용준, 2009)

6. 오동나무 줄기마름병(부란병, 腐爛病, paulownia canker)

가지치기 후의 상처, 죽은 잔가지, 동해를 입은 수피를 통해 병원균이 침투하여 발병하며, 부란병으로 널리 알려져 있다. *Valsa* 균(무성세대 *Cytospora* 균)에 의해 생기는데, 동심원 모양의 다년생 유합조직을 만드는 것은 윤문형과 비슷하지만, 병든 부위가 함몰하여 수피가 벗겨지면서 환상박피가 되면 줄기가 죽는 것은 확산형을 닮은 병이다. 방제를 위해 상처가 생기지 않게 하며, 시비와 배수로 나무를 건강하게 하며, 줄기에 흰색 페인트를 발라 동해와 피소를 예방한다.

7. 기타 줄기마름병(dieback)

위에 열거한 줄기마름병을 포함하여 국내에서 발견된 가지 및 줄기마름병 중에서 대표적인 것을 표 7-7에 나열했다. 모두 자낭균에 속한다.

표 7-7 국내에서 흔하게 발견되는 가지 및 줄기마름병(나용준 등, 1999; 나용준, 2009)

병명	병원균(모두 자낭균임)	기주범위
Nectria 궤양병	*Nectria*(알보리수버섯속)	호두나무, 단풍나무, 자작나무, 느릅나무, 사과나무
오동나무 줄기마름병(부란병)	*Valsa*(*Cytospora*)	오동나무
밤나무 줄기마름병(동고병)	*Cryphonectria*(*Endothia*)	일본밤나무, 중국밤나무, 미국밤나무, 유럽밤나무
소나무류 디플로디아잎마름병	*Diplodia*(*Sphaeropsis*)	소나무, 리기테다소나무, 곰솔, 잣나무
리기다소나무 송진가지마름병(푸사리움가지마름병)(누지동고병)	*Fusarium*(*Gibberella*)	리기다소나무, 곰솔, 리기테다소나무, 방크스소나무, 유럽적송
소나무류 피목가지마름병(피목지고병)	*Cenangium*	소나무, 곰솔, 잣나무, 전나무, 가문비나무(전염성이 약함)
잣나무 수지동고병	*Valsa*	잣나무
편백화백 가지마름병(수지동고병)	*Seiridium*	편백, 화백, 노간주나무
포플러류 줄기마름병	*Valsa*(*Cytospora*)	이태리포플러
호두나무 검은돌기가지마름병(흑립지고병)	*Melanconis*	호두나무, 가래나무
밤나무 가지마름병(지고병)	*Botryosphaeria*	밤나무, 사과나무, 배나무, 복숭아나무, 호두나무, 밤나무, 대추나무

8. 고약병(膏藥病, felt disease)

고약병은 담자균의 일종인 *Septobasidium*에 의해 생긴다. 줄기 표면에 회백색의 부드러운 우단 형태의 균사층이 원형으로 만들어지는데 마치 고약을 붙여 놓은 것같이 보인다. 발생 초기에 뽕나무

그림 7-12

A: 느티나무 회색고약병(*Septobasidium* sp). 뽕나무깍지벌레와 공생하는 형태이다. B: 벚나무 빗자루병(*Taphrina wiesneri*). 꽃눈이 잎으로 변한다.

깍지벌레(*Pseudaulacaspis pentagona*)와 공생하면서 벌레가 제공하는 분비물에 의존하여 번식하며, 곰팡이는 벌레를 감싸서 보호한다. 후기에는 수피에서 양분을 섭취하여 가지의 세력을 약화시켜 균사층이 가지를 한 바퀴 둘러싸면 가지가 죽기도 한다. 느티나무, 벚나무, 포플러, 오동나무, 뽕나무, 호두나무, 매화나무에 기생한다(그림 7-12 A)

그늘이 지면서 통풍이 불량한 곳에서 잘 발생하므로 방제를 위해 가지치기로 밀생한 가지를 제거하거나 굵은 솔로 균사층을 긁어낸다. 뽕나무깍지벌레를 방제하기 위해 겨울철 석회유황합제를 뿌린다.

9. 빗자루병(천구소병, 天狗巢病, witches' broom)

빗자루병은 잎과 가지에 동시에 발생하는 병으로서 자낭균과 파이토플라스마에 의해 생긴다. 자낭균에 의해 생기는 병 중에는 대나무 빗자루병과 벚나무 빗자루병이 있다. 벚나무 빗자루병은 *Taphrina wiesneri* 균에 의해 발생하며, 전국적으로 심하게 퍼져 있다. 감염 후 잔가지가 무수히 발생하여 마치 빗자루처럼 보인다. 병든 가지에서는 꽃이 피지 않고 대신 작은 잎들만 빽빽하게 자라서 식별하기 쉽다(그림 7-12 B). 병든 가지의 잎은 갈색으로 변해 서서히 말라 죽으면서 잎 뒷면에 회백색 가루(자낭층)가 나타난다. 방제를 위해 병든 가지를 발견 즉시 잘라 버려 추가 감염을 막거나 꽃이 진 후 보르도액을 2~3회 나무 전체에 살포한다.

7-3-5 뿌리에 발생하는 곰팡이병

수목의 뿌리에 생기는 병은 산림, 조경수, 묘포에서 매우 심각한 병 중의 하나이다. 천연림에서 건강하고 활력이 있는 수목은 뿌리병에 대한 저항성이 있지만, 과습, 건조, 딱딱한 토양 등의 자연적 요인이나 복토, 심식, 답압, 산불 등의 인위적 요인으로 토양환경이 나빠져 수목의 활력이 감소하면 뿌리병에 잘 걸린다. 대부분 뿌리병은 지상부에서 흡사한 병징을 보인다. 잎의 건강이 나빠져 생장이 둔화되어 수관이 축소된다. 지하부 증상은 다양하지만, 뿌리가 검게 썩어 죽는다.

뿌리병의 주요 원인은 토양에 서식하는 곰팡이이다. 대부분 임의기생체(facultative parasite)로서 기주식물을 감염시킬 때까지 땅속에서 유기물을 분해하면서 오랫동안 살아갈 수 있다. 뿌리에 발생하는 곰팡이병은 병의 심한 정도, 즉 기주의 치사율에 따라서 치사율이 높은 병원균우점병과 치사율이 낮은 기주우점병의 두 가지로 나뉜다.

1. 병원균우점병(pathogen-dominant disease)

이 병은 병원균의 세력이 강해서 기주가 크게 영향을 받아 치사율이 높은 뿌리썩음병이다.

1) 모잘록병(묘입고병, 苗立枯病, damping-off)

양묘장에서 어린나무에 발병하여 큰 피해를 준다. 파종 당년 초기에 밀식된 상태에서 양묘장의 토양에 습기가 많거나 햇빛이 부족할 때 대량으로 발병하여 급속도로 퍼지며, 며칠 사이에 어린 묘목이 전멸하는 경우도 많다. 발아 전 혹은 발아 후에 생기며, 유묘기를 넘기면 발병이 감소한다(그림 7-13).

모잘록병을 일으키는 대표적인 곰팡이는 난균(Oomycota)에 속하는 *Pythium*과 불완전균에 속하는 *Rhizoctonia*이다. *Pythium*은 임의기생체로서 양묘장에서 뿌리를 먼저 감염시킨 후 지상부로 자라 올라온다. *Rhizoctonia*는 지제부 줄기를 감염시키면서 아래쪽 뿌리로 내려오는데, 양묘장에서뿐만 아니라 후에 성목에서도 발병한다.

방제를 위해 metam sodium으로 토양소독을 실시하며, 종자소독을 하며, 파종량을 적게 하여 통기성을 높이고, 배수를 철저히 하여 과습을 방지한다. 질소비료 사용을 억제한다.

그림 7-13

굴거리나무 묘입고병. 양묘장에서 급속히 퍼져 묘목이 대량으로 죽는다.

2) *Phytophthora* 뿌리썩음병(*Phytophthora* root rot)

난균에 속하는 *Phytophthora* 균에 의해 발병하며, 뿌리, 줄기, 열매 등 거의 모든 수목 부위를 감염시키며, 모잘록병도 유발한다. 습하고 배수가 불량한 토양에서 심하게 발병하는데, 운동성이 있는 유주자(遊走子, zoospore)가 형성되어 포자가 인근 뿌리로 이동하기 때문이다. 사과나무 과수원에서 줄기밑동썩음병을 유발하여 큰 문제가 되며, 소나무와 밤나무 묘목에서 뿌리썩음병을 일으켜 피해가 크다. 초기에는 잔뿌리가 죽고 큰 뿌리로 옮아가서 갈색–흑색의 병반이 생긴다. 후에 잎이 작아지고 황화현상을 나타내며, 조기낙엽이 진다. 나무꼭대기에 가지마름증상이 나타나고, 심하면 나무가 죽는다.

방제를 위해 나무를 건강하게 키우고, 습하고 척박한 토양에서 많이 발생하므로 배수와 시비를 한다. 토양훈증으로 균을 죽이고, 뿌리에 균근 형성을 도모하여 저항성을 높인다.

3) 리지나뿌리썩음병(*Rhizina* root rot)

전 세계적으로 온대지방에서 문제가 되는 뿌리썩음병인데, 자낭균인 *Rhizina* 균에 의해 생긴다. 국내에서는 주발버섯목(Pezizales)에 속하는 파상땅해파리(*Rhizina undulata* Fr.)에 의해 발병한다. 이 버섯은 대가 없이 넓적하게 땅에 붙어서 적갈색으로 손바닥만 한 크기로 자라며, 여름과 가을에 침엽수림에서 주로 채집된다. 공원이나 휴양지와 같이 인간의 왕래가 잦은 곳과 산불이 난 곳에서 많이 발생하는 대표적인 병이다. 소나무류, 전나무류, 가문비나무류, 낙엽송류, 솔송나무 등 소나무과(Pinaceae)에 속하는 침엽수에서 발병한다. 초기에는 지표면 근처의 잔뿌리가 흑갈색으로 부패하고 점차 굵은 뿌리로 확산되어 갈색으로 변하며 담황색 균사로 덮인다. 나무 밑동 근처에서 자실체(버섯)가 발생하고 잎이 누렇게 변하면서 가지가 죽고 나무 전체가 말라 죽는다(그림 7–14 D).

방제를 위해 산에서 모닥불을 피우지 말고, 피해목을 벌채하되 현장에서 태우지 말고, 산성토양의 경우 석회로 중화시킨다.

2. 기주우점병(host-dominant disease)

이 병은 기주가 병원균보다 세력이 더 강해서 수목이 빨리 죽지 않으면서 만성적인 병으로 진행되며, 기주의 치사율이 낮은 뿌리썩음병이다. 대부분 뿌리썩음병과 시들음병은 여기에 속한다.

1) 아밀라리아뿌리썩음병(*Armillaria* root rot)

전 세계적으로 침엽수와 활엽수의 거의 모든 수종에서 뿌리썩음병을 유발하는 기주범위가 넓은 다범성(多範性) 병원균이다. 기주를 감염시키지 않을 때에는 땅속에서 부생균(腐生菌)으로 유기물을 분해하면서 살아간다. 국내에서는 담자균 중에서 주름버섯목(Agaricales)에 속하는 뽕나무버섯(*Armillaria mellea*)과 뽕나무버섯부치(*A. tabescens*)에 의해 발병한다. 이 버섯은 식용버섯으로서 여름

그림 7-14

아밀라리아뿌리썩음병(*Armillaria mellea*). A: 벚나무가 5월에 새싹이 나오면서 말라 죽었다, B: 병원균의 하얀 균사가 뿌리 전체에 퍼져 있다, C: 병원균(뽕나무버섯)의 자실체, D: 리지나뿌리썩음병을 일으키는 파상땅해파리(*Rhizina undulata*)

철 이후 나무 밑동 근처에 모여서 발생한다. 나무의 나이와 관계없이 발병하는데, 건강한 나무에도 간혹 걸리지만 수세가 약해진 나무에서 주로 나타난다. 다른 병원균과 곤충, 한발, 번개 등과 같은 원인에 의해 손상을 받으면 이 병에 쉽게 걸린다. 벚나무류, 백목련, 참나무류, 밤나무, 가문비나무, 전나무류, 소나무류는 감수성이 다른 수종보다 높아서 피해가 크다(그림 7-14 A~C).

감염된 나무의 잎은 작아지고 누렇게 변하며 조기낙엽이 지며, 나무 꼭대기부터 가지가 죽기 시작한다. 수피를 벗겨 보면 수피 안쪽에 균사매트(mycelial mat)가 부채꼴 모양으로 생기며, 뿌리에서는 수피 안쪽에 구두끈처럼 가늘고 딱딱한 검은색의 균사다발(rhizomorph)이 형성되며, 뿌리의 괴사와 부패가 진행된다.

방제를 위해 감염되어 죽은 나무를 즉시 제거하고, 토양소독(379쪽 참조)을 하며, 자실체를 제거한 후 티오판수화제를 뿌린다.

2) 자줏빛날개무늬병(자문우병, 紫紋羽病, violet root rot)

활엽수와 침엽수에 발생하는 다범성 뿌리병이며, 사과과수원에서 감염빈도가 높다. 담자균 목이목에 속하는 *Helicobasidium mompa* 버섯에 의해 발병한다.

지상부의 병징은 아밀라리아뿌리썩음병과 흡사하여 감염된 수목에서 잎이 작아지고 황화현상과 조기낙엽이 지며, 더운 여름에는 잎이 마르며, 새 가지의 생장불량으로 수세가 약화되며, 심하면 말라 죽는다. 지하부 뿌리의 표면에 자갈색 균사가 퍼지고, 끈 모양의 균사다발이 휘감기며 균핵도 만들어진다. 병든 나무의 부근에 균사망이 발달하여 흙덩이와 잔가지를 함께 감싸면서 땅바닥에 바짝 붙어 자갈색의 헝겊처럼 생긴 자실체를 형성한다.

일단 발병하면 구제가 어려우므로 방제보다 예방에 힘써야 한다. 벌채지에서는 조림을 연기하여 병원균의 밀도를 낮춘다. 이병목의 상처 부위를 제거하고 티오판도포제로 도포한다.

3) 기타 기주우점 뿌리썩음병

흰날개무늬병(백문우병, 白紋羽病, white root rot)은 사과나무, 단풍나무와 벚나무에서 발병하는데, 자낭균 중에서 꼬투리버섯목에 속하는 *Rosellinia nectrix* 균에 의해 생긴다. 지상부의 병징은 자줏빛날개무늬병과 흡사하며, 뿌리는 백색의 균사막으로 싸여 있으며, 굵은 뿌리의 표피 밑에 백색의 부채 모양의 균사막과 실 모양의 균사다발을 형성한다.

말굽버섯류(*Heterobasidion* 혹은 *Fomes*)는 담자균 구멍장이버섯과에 속하는데, 침엽수 중에서 소나무와 가문비나무에서 뿌리썩음병(일명: *Annosum* 뿌리썩음병)을 일으킨다. 나무가 밀집한 지역에서 많이 발생하고 건강한 나무에는 발생하지 않는다. 일부는 목재부후균으로도 알려져 있다.

구멍장이버섯류(*Polyporus*)는 담자균에 속하는데, 이 중에는 뿌리를 가해하는 균이 있다. 병징이 천천히 나타나며, 감염 후 오랜 시간이 지나야 뿌리가 썩고 버섯이 발생하므로 고목에서 주로 관찰된다. 자실체의 갓은 원형 내지 깔때기형이며, 백색 목재부후균으로 더 많이 알려져 있다. 복령(*Poria cocos*)은 소나무 뿌리에 혹을 형성하는데, 심각한 병은 아니다.

7-3-6 녹병(수병, 銹病, rust)

녹병은 그 병원체와 생활사(life cycle)가 특유하고 세계적으로 작물과 수목에 매우 심각한 병을 유발하여 여기에서 별도의 항목으로 취급하고자 한다. 녹병을 일으키는 녹병균은 담자균 중에서 녹병균목(Uredinales)에 속하며, 세계적으로 168속 7,000여 종이 알려져 있다. 양치식물(고사리류)과 종자식물 모두를 가해하는 대표적인 식물병원균으로서, 최근 배지에서 일부 균의 인공배양이 가능해졌지만, 살아 있는 식물조직 안에서만 살 수 있는 활물기생균(活物寄生菌, parasitic fungi)이다.

대부분 녹병균은 생활사를 완성하기 위해 두 종류의 기주식물을 필요로 하는 이종기생균(異種寄生菌, heteroecious parasitic fungi)으로서 중간기주(中間寄住, alternate host)를 가지고 있다. 그러나 후박나무 녹병과 회화나무 녹병처럼 간혹 한 종류의 기주에서 생활사를 완성하는 동종기생균(同種寄生

표 7-8 녹병균의 생활환(세대)과 다섯 가지 포자의 특성(나용준 등, 1999; Blanchard와 Tattar, 1997)

세대 기호	포자명 (국문)	포자명(영어)	핵상	특성
0	녹병정자	spermatia	n	녹병정자기(spermogonium)의 모양이 독특하며, 주로 잎의 앞면에 형성된다. 원형질 융합으로 녹포자를 생산하는 유성세대이다.
I	녹포자	aeciospore	n + n (2핵균사)	녹포자기(aecium)는 주로 잎의 뒷면에 형성되며, 녹포자의 표면에 독특한 무늬가 있다. 기주 교대를 한다.
II	여름포자	urediniospore	n + n	여름포자퇴(uredium)를 만들며, 포자 표면에 다양한 무늬가 있다. 포자의 색깔이 오렌지색 혹은 녹색(쇠붙이에 녹이 슬 때의 색깔, rust)을 띤다. 이웃 개체를 반복하여 가해할 수 있어 병이 급속히 퍼진다.
III	겨울포자	teliospore	n + n → 2n	핵융합으로 겨울포자퇴(telium)를 형성하며, 포자의 색깔은 갈색-흑갈색이다. 담자기(basidium)를 만들며, 감수분열하여 무색의 담자포자를 형성한다.
IV	담자포자	basidiospore	n	담자기(basidium)를 만들며, 무색의 포자를 생산한다. 기주교대를 한다.

표 7-9 국내 수목에 발생하는 주요 녹병(나용준 등, 1999; 나용준, 2009)

녹병균	병명	기주	
		녹병정자, 녹포자 세대(O, I)	여름포자, 겨울포자 세대(II, III)
Aecidium araliae	두릅나무 녹병	두릅나무	사초류(*Carex cuneata*) (일본의 경우)
Chrysomyxa rhododendri	철쭉류 잎녹병	가문비나무	철쭉류
Coleosporium asterum	소나무 잎녹병	소나무	참취, 쑥부쟁이
Coleosporium phellodendri	소나무 잎녹병	소나무	황벽나무
Cronatium ribicola	잣나무 털녹병	잣나무	송이풀
Cronatium orientale	소나무 혹병	소나무, 해송	참나무류
Cronatium flaccidum	소나무 줄기녹병	소나무	모란, 작약, 송이풀
Gymnosporangium asiaticum	향나무 녹병	장미과 식물 (배나무, 모과나무, 풀명자)	향나무, 노간주나무
Gymnosporangium yamadae	향나무 녹병	장미과 식물 (사과나무, 아그배나무)	향나무, 노간주나무
Melampsora larici-populina	포플러 잎녹병	낙엽송	포플러류
Melampsora capraearum	버드나무 잎녹병	버드나무류	낙엽송
Melampsoridium alni	오리나무 녹병	잎갈나무	오리나무
Monosporodium machili	후박나무 녹병	후박나무	후박나무
Nyssopsora cedrelae	참죽나무 녹병	참죽나무	참죽나무

표 7-9 계속

녹병균	병명	기주	
		녹병정자, 녹포자 세대(O, I)	여름포자, 겨울포자 세대(II, III)
Phakopsora ziziphi-vulgaris	대추나무 잎녹병	?	대추나무
Pucciniastrum coryli	개암나무류 녹병	일본전나무	개암나무
Uredinopsis komakatatensis	전나무 잎녹병	뱀고사리	전나무
Uromyces truncicola	회화나무 녹병	회화나무	회화나무

菌, autoecious parasitic fungi)도 있다.

녹병균은 생활사를 통해 다섯 가지의 포자를 생산한다. 표 7–8에 녹병균이 생산하는 다섯 가지 포자의 특성을 기술했다. 모든 녹병균이 다섯 가지 포자를 생산하는 것은 아니다. 잣나무털녹병균처럼 5종의 포자를 만드는 경우와 배나무 붉은별무늬병균처럼 여름포자를 만들지 않는 경우가 있으나, 모든 녹병균은 녹병정자, 겨울포자, 담자포자를 만든다. 녹포자, 여름포자, 담자포자는 수목을 가해할 수 있다. 이 중에서 특히 여름포자를 형성하는 녹병균은 여름 내내 지속적으로 이웃 개체를 반복적으로 감염시켜 병을 심각하게 확대시킨다.

녹병은 일반적으로 병징에 따라서 줄기녹병(stem rust 혹은 canker rust), 혹녹병(gall rust), 잎녹병(leaf rust)으로 나눈다. 표 7–9에 국내에서 관측한 여러 수종의 녹병을 열거했다.

1. 향나무 녹병(cedar-apple rust)

담자균 중에서 *Gymnosporangium* 속에 속하는 균에 의해 생기는데, 세계적으로 65종 이상의 균이 알려져 있다. 장미과 식물만 중간기주로 기생하는 특징이 있다. 장미과에 속하는 사과나무, 꽃사과, 배나무, 모과나무, 명자꽃, 산사나무, 산당화, 팥배나무 등에 심각한 붉은별무늬병(적성병, 赤星病)을 유발한다(그림 7–15). 이 중에서 배나무를 기주로 하는 *G. asiaticum*과 사과나무를 기주로 하는 *G. yamadae*가 가장 중요한 병원균이다. 병원균의 종류에 따라서 병징이 다르지만, 향나무류에는 돌기, 혹, 빗자루, 가지고사를 유발한다. 4월 중순경 비가 오면 향나무 잎과 줄기에서 적갈색의 겨울포자퇴(대표적인 표징)가 한천처럼 부풀어 올라오면서 겨울포자가 발아하여 담자포자로 되면서 비산하여 배나무로 간다. 6월부터 배나무 잎과 열매에 노란색의 반점이 생기며, 잎의 뒷면에는 담갈색의 긴 털 모양의 녹포자퇴가 만들어진다. 녹포자는 여름포자를 만들지 않기 때문에 이웃 개체를 반복감염시키지 않으며, 6~7월에 다시 향나무로 비산하여 잎과 줄기에 침입하여 균사상태로 월동한다. 봄철에 비가 오지 않고 매우 가문 해에는 붉은별무늬병이 거의 발생하지 않는다.

방제를 위해 3~4월 사이에 테부코나졸수화제, 트리아디메폰수화제, 훼나리수화제를 10~15일 간격으로 2~3회 살포한다. 포자가 2km까지 비산하므로 주변에 중간기주가 되는 장미과 수종

그림 7-15

향나무 녹병(*Gymnosporangium*)은 중간기주인 장미과 식물에 붉은별무늬병(적성병)을 유발한다. A: 향나무 녹병의 겨울포자퇴(사진: 나용준), B: 배나무 적성병(6월 하순 표징, 털 같은 녹포자기 형성), C: 풀명자 적성병(6월 초순), D: 산사나무 적성병(6월 중순)

표 7-10 국내 *Gymnosporangium* 속 녹병균의 기주와 발병 특징(Yun 등, 2009)

학명	기주명(겨울포자 세대)	중간기주명(녹포자 세대)	발병 특징 (전염성의 정도나 기타 경제적 중요성 등)
Gymnosporangium asiaticum	(가이즈카)향나무	풀명자, 명자꽃, 산당화, 배나무, 모과나무, 산사나무	배나무 재배 농가에서 문제가 됨
G. clavariiforme	노간주나무	산사나무, 팥배나무	
G. japonicum	향나무, 눈향나무, 뚝향나무, 옥향나무	윤노리나무, 떡윤노리나무	줄기 및 수간에 겨울포자퇴의 피해가 심해 나무가 고사함
G. miyabei		팥배나무	
G. monticola	노간주나무	팥배나무	
G. unicorne	옥향나무, 눈향나무	산사나무, 산당화, 모과나무, 돌배나무, 산돌배나무, 배나무	
G. yamadae	향나무, 카이즈카향나무	야광나무, 털야광나무, 할리아나꽃사과나무, 꽃사과나무, 사과나무	혹 모양의 겨울포자퇴 형성, 사과나무 재배 농가에 큰 피해를 줌

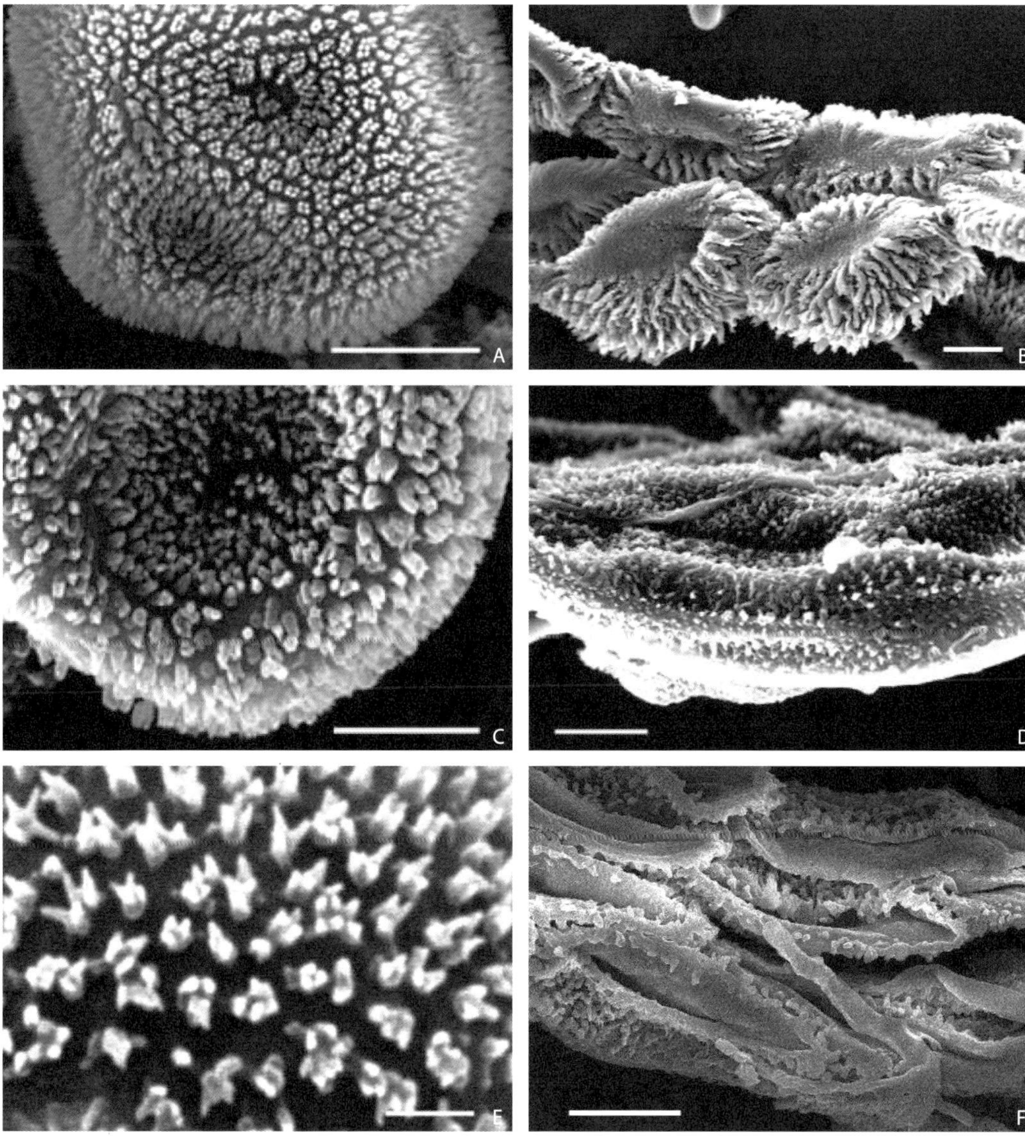

그림 7-16

향나무 녹병 포자의 다양한 모양. A: *Gymnosprangium asiaticum* 녹포자(aeciospore)(막대기 5μm), B: *G. asiaticum* 호막포자(peridial cell)(막대기 10μm), C: *G. japonicum* 녹포자, D: *G. japonicum* 호막포자, E: *G. yamadae* 녹포자, F: *G. yamadae* 호막포자(막대기 15μm)(사진 A~F: Yun, 2009)

을 함께 심지 않는다. 혹은 사과나무와 배나무 과수원 근처에 향나무를 심지 않는다. 표 7-10에 국내에서 동정된 *Gymnosporangium* 속에 속하는 녹병균의 특징을 요약했다.

2. 잣나무 털녹병(줄기녹병, white pine blister rust)

담자균 중에서 *Cronatium ribicola* 균에 의해 발병한다. 소나무류의 5엽송 중에서 잣나무와 스트로브잣나무에 잘 걸리고, 눈잣나무와 섬잣나무는 피해를 적게 받는다. 그러나 유럽과 미국 잣나무류는 이 병에 매우 취약한 반면, 극동의 잣나무류는 비교적 저항성이 있는 편이다. 병든 가지의 수피가 노란색으로 변하면서 방추형으로 부풀고 수지가 흘러나온다(그림 7-17). 가지가 죽으면서 수관이 엉성해지고, 15년 이하 어린나무에서 피해가 더 심하며 병환부가 줄기를 휘감으면 나무가 죽기도 한다. 4월 하순에 녹포자가 비산하여 중간기주인 송이풀(*Pedicularis resupinata*)에 침입하여 여름포자를 만들고, 8월에 겨울포자퇴를 만들면서 담자포자의 형태로 잣나무 잎의 기공을 통해 침입한다. 1970년대 송이풀을 대대적으로 제거하여 이 병을 퇴치한 역사가 있다. 국내에서는 까치밥나무(*Ribes mandshuricum*)의 숫자가 적어 중간기주 역할을 거의 하지 않는다.

방제를 위해 숲 속에서 8월 이전에 중간기주로서 숙근초인 송이풀을 제초제를 이용해 뿌리까지 죽인다. 이병목을 녹포자가 터지기 전 발병 초기에 제거한다.

그림 7-17

잣나무 털녹병(*Cronatium ribicola*). 노란 녹포자 주머니가 겉으로 튀어나와 있다(사진: 나용준).

3. 소나무류 잎녹병(pine needle rust)

담자균 중에서 *Coleosporium* 균에 의해 발병하며, 기주는 소나무, 해송, 잣나무, 스트로브잣나무 등인데, 조림지의 어린 잣나무에서 피해가 크다. 세계적으로 20여 종이 알려져 있는데, 국내에서는 중간기주가 황벽나무인 *C. phellodendri*와 중간기주가 국화과 식물(쑥부쟁이, 참취)인 *C. austerum*이 가장 중요하다. 4월부터 침엽에 노란색의 반점이 생기고 엷은 막처럼 생긴 녹포자기를 만든다. 네모난 녹포자기는 잎 밖으로 노출되어 나란히 줄지어 형성되는데, 초기에는 황백색을 띠며 후에 갈색으로 변한다. 잎은 처음에는 황갈색을 띠며, 녹포자가 날아간 다음에는 회백색으로 말라 죽는다. 녹포자는 6월 하순경 중간기주의 잎으로 옮아가서 여름포자를 형성하며, 9월에는 겨울포자를 만들어 곧 발아하여 담자포자를 형성하면서 소나무류에 침입하여 균사상태로 월동한다.

방제를 위해 중간기주를 제거하고, 묘포에서는 9~10월에 만코지수화제, 트리아디메폰수화제를 2주 간격으로 2~3회 뿌린다.

4. 소나무 혹병(pine gall rust)

유럽과 북미주에서는 소나무 혹병이 줄기마름병을 일으켜 피해가 큰 편이며, *Cronatium quercuum* 균에 의해 발병한다. 한국의 경우 소나무 혹병은 담자균 중에서 *Cronatium orientale* 균에 의해 생기며, 소나무, 해송의 줄기에 딱딱한 혹을 만든다(그림 7-18). 중간기주는 참나무류이다. 어린나무부터 성목까지 감염되며, 기주를 죽이지는 않지만 혹 부위가 강풍에 부러지기 쉽다. 소나무 가지에 작은 혹으로 시작하여 점점 커져 직경이 30cm에 달하기도 한다. 겨울철 혹의 표면에서 오렌지색 내지 황갈색의 물엿 같은 점액(녹병정자덩이)이 흐르며, 봄에는 황색의 녹포자가 생산된다. 5~6월경 참나무류로 옮아가서 잎 뒷면에 노란색의 여름포자를 만들고, 8~9월에는 흑갈색의 머리카락 모양의 겨울포자덩이가 잎 뒷면을 뒤덮는다.

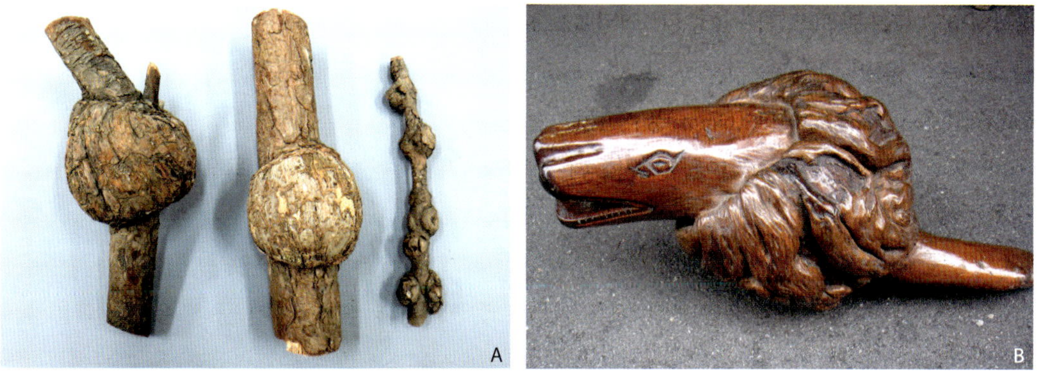

그림 7-18

소나무 혹병(*Cronatium orientale*). A: 녹병균에 의해 발병하며, 중간기주는 참나무류이다. B: 감염된 목재가 딱딱하여 장식품을 만든다.

방제를 위해 혹병에 걸린 개체를 제거한다. 묘포에서는 이병개체와 중간기주을 없애고, 티디폰수화제를 9~10월에 2주 간격으로 4회 정도 뿌린다.

5. 회화나무 녹병(혹병)(Japanese pagoda tree gall rust)

담자균 중에서 *Uromyces truncicola* 균에 의해 생긴다. 녹병균 중에서 기주교대를 하지 않는 병균에 속하며, 회화나무에서 여름포자, 겨울포자, 담자포자를 모두 만들면서 번식한다. 중국에서는 회화나무를 학자나무(Chinese scholar tree)라고 부르며, 국내에서는 가로수, 공원수, 그리고 학교 교정에 정원수로 많이 심으면서 최근에 병이 빠른 속도로 퍼지고 있다.

잎, 가지, 줄기에 발병하는데, 잎에는 7월 초순 잎 뒷면을 뚫고 노란색의 포자덩이(여름포자퇴)가 나타나면서 가을에는 흑갈색의 겨울포자퇴가 되고, 잎을 건드리면 쉽게 떨어진다. 가지와 줄기에 방추형 혹을 만들면서 매년 조금씩 커지며, 수피가 길게 갈라진 틈을 따라 흑갈색의 가루덩이(겨울포자퇴)가 나타난다(그림 7-19 A와 B). 혹 위쪽의 가지가 서서히 말라 죽으며, 바람에 부러지기도 한다. 낙엽에서 겨울포자로 월동하므로 낙엽과 가지를 제거한다. 병에 걸린 개체를 일찍 골

그림 7-19

A: 회화나무 녹병(혹병), B: 회화나무 녹병 혹에서 흑갈색의 겨울포자 생산, C: 포플러잎 녹병(*Melampsora* sp). 잎의 뒷면에 노란 여름 포자가 대량으로 붙어 있다(사진C: 나용준), D: 진달래 잎에 노란 여름 포자가 부착된 철쭉류 잎녹병

라내어서 식재하지 말아야 한다. 묘포에서는 티디폰수화제, 만코지수화제, 테부코나졸수화제를 한 달에 1~2회 뿌린다.

6. 포플러 잎녹병(poplar leaf rust)

담자균 중에서 *Melampsora* 균에 의해 생기며, 세계적으로 14종이 분포한다. 국내에서는 대부분 피해가 *M. larici-populina*에 의해 생기며, 중간기주는 낙엽송이다. 포플러에서 여름과 가을에 걸쳐 흔히 볼 수 있는 병인데, 병든 잎은 정상적인 잎보다 1개월 이상 일찍 낙엽이 지기 때문에 생장이 둔화된다(그림 7-19 C). 포플러의 병든 낙엽에서 겨울포자퇴의 상태로 월동하고, 4~5월에 담자포자가 만들어지면서 중간기주인 낙엽송으로 옮아가서 오렌지색의 녹포자퇴를 만든다. 초여름에 낙엽송의 녹포자가 포플러 잎으로 날아와서 노란색의 여름포자를 만들면서 다른 포플러 개체를 반복적으로 감염시킨다. 포플러의 잎 뒷면이 노란 포자로 뒤덮이며, 잎 앞면에는 노란색의 작은 반점들이 생긴다. 가을에 진한 갈색의 빵껍질 같은 겨울포자퇴를 만들어 겨울을 난다. 따뜻한 지방에서는 여름포자 상태로 월동하여 낙엽송을 거치지 않고 직접 포플러를 침해하기도 한다.

방세를 위해 서항성 품송을 식재하고, 가을에 낙엽을 제거하며, 묘포에서는 6~9월 중순 사이에 베노밀수화제, 만코지수화제를 2주 간격으로 수차례 뿌린다.

7-3-7 시들음병(vascular wilt)

곰팡이에 의한 시들음병은 곰팡이가 활엽수의 도관을 막아 수목 전체가 급속히 말라 죽는 병을 의미한다. 활엽수 중에서 환공재(環孔材, ring-porous wood)를 가진 수종에서 주로 발생한다. 환공재를 가진 수종은 직경이 큰 도관이 춘재(spring wood)에 모여 있고, 최근 1년 사이에 만들어진 도관만을 이용해서 물을 위로 올려보내기 때문에 곰팡이가 이 도관을 막으면 쉽게 말라 죽는다.

1. 외국의 시들음병

*Phytophthora ramorum*에 의한 급성참나무시들음병(sudden oak death, SOD)은 유럽과 미국에서 심각하다. *Ophiostoma*와 *Ceratocystis* 균에 의한 두 가지 시들음병은 미국에서 중요한 병이다. 느릅나무마름병(Dutch elm disease)은 *O. ulmi*와 *O. novo-ulmi* 균에 의해 발병하는데, 유럽에서 미국으로 전파되어 반세기 전에 전국의 느릅나무를 전멸시킬 정도로 심각하게 퍼진 역사가 있다. 느릅나무좀에 의해 전파된다. 참나무 시들음병은 *C. fagacearum* 균에 의해 생기는데, 미국의 중남부지방에서 심각한 병이며, Nitidulidae 딱정벌레류가 균을 전파한다. *Verticillium* 균에 의한 시들음병은 단풍나무와 느릅나무에서 발생하는데, 뿌리 접촉을 통해 전파되어 천천히 진행된다.

2. 참나무 시들음병

국내에서 심각한 시들음병은 참나무 시들음병(oak wilt)이다. 2004년 경기도에서 처음 관찰되었는데, 현재 전국적으로 퍼지고 있다. 일본의 경우 자낭균인 *Raffaelea quercivora*에 의해 발병한다. 한국의 경우 근연종인 *R. quercus-mongolicae*에 의해 발병하며, 국내에서는 신갈나무가 가장 큰 피해를 받고 있다. 균을 옮기는 매개충은 광릉긴나무좀(*Platypus koryoensis*)으로 알려져 있다. 나무좀의

그림 7-20

참나무 시들음병(*Raffaelea quercivora*). A: 죽은 이병목, B: 광릉긴나무좀 유충이 밖으로 내보낸 나뭇가루(frass), C: 굴참나무에 만든 갱도, D: 광릉긴나무좀 성충 암수(우측 암컷, 체장 4.4mm; 좌측 수컷, 체장 4.2mm), E: 나무좀을 잡기 위해 참나무 줄기에 끈끈이 테이프를 붙여 놓음. F: 감염된 참나무를 베어 쌓아 놓고 훈증하는 모습(사진 A, B, D: 국립산림과학원)

한국 내 분포지역으로 보아 전국에서 발병할 가능성이 있다. 유충이 병원균의 균사를 먹고 자라며, 성충의 암컷은 균의 포자를 넣을 수 있는 균낭(菌囊, mycangia)을 가지고 다니는 나무좀(ambrosia beetle)으로서 병균을 전파한다. 성충이 목질부에 산란하면서 포자를 함께 전파한다. 감염된 나무는 도관에서 물의 이동이 중단되어 급속히 말라 죽는다(그림 7-20). 참나무류 중에서 신갈나무가 가장 이 병에 약하며, 기타 갈참나무, 졸참나무, 서어나무에서도 잘 걸린다. 상록성 참나무류는 아직 이 병이 걸리지 않고 있다.

가장 효과적인 방제법은 매개충의 성충이 우화하기 전인 4월 말까지 고사목을 벌채하여 훈증하고(예: metam sodium 훈증제), 산란기인 5월 중순부터 6월 하순 사이에 나무줄기에 끈적끈적한 테이프를 붙여 성충을 포살하는 끈끈이롤트랩법이다.

3. 참나무 투바키아(*Tubakia*)마름병

자낭균의 무성세대에 속하는 *Tubakia* 균에 의해 생긴다. 기주는 참나무과(Fagaceae) 수목이며, *T. japonica*는 밤나무, 상수리나무, 갈참나무에서, *T. rubra*는 졸참나무에서, *T. seoraksanensis*는 신갈나무에서 발견된다. 지금까지 *Tubakia* 균은 *Tubakia* 점무늬병을 일으키는 별로 중요하지 않은 병균으로 알려져 왔는데, 최근 잎의 엽맥을 따라 심한 괴사현상을 일으키면서 잎이 말라 죽고 여러 해 지속되면 나무 전체가 고사하는 현상으로 심각하게 진전되어 퍼지고 있다. 소지 혹은 엽병에서 자낭구를 형성하여 월동하며, 그 이듬해 새 가지로 번진다.

비배관리로 수세를 증진시키고, 묘포에서는 병든 낙엽을 태우고, 발병 초기인 7~8월에 보르도액을 2~3회 뿌리거나, propiconazole 유현탁제를 사용한다.

7-3-8 목재 부후 및 변색

상처(傷處, wound)는 수목의 일생에서 자주 발생한다. 가지가 부러질 때마다 수피에 손상이 일어나 목질부가 노출되면서 상처가 생긴다. 상처를 통해 침입하는 미생물과 수목의 조직 간 상호작용이 일어나면서 목재부후와 변색이 진행된다. 목재부후는 땅해파리(자낭균)를 제외하고 모두 담자균에 의해 발생한다.

1. 목재부후(木材腐朽, wood decay)

목재부후는 병원균의 기생 부위에 따라서 세 가지로 구분한다(표 7-11). 심재부후(heart rot)는 병원균이 살아 있는 조직을 가해하는 경우이지만, 심재만을 가해하는 것은 아니다. 상처를 통해 침입한 병원균을 수목이 능동적으로 칸막이 작업을 통해 구획화(compartmentalization)함으로써 건전조직으로 둘러싸서 더 이상의 부후를 방지하며, 주로 심재가 썩어 가운데에 공동이 생긴다. 버섯이

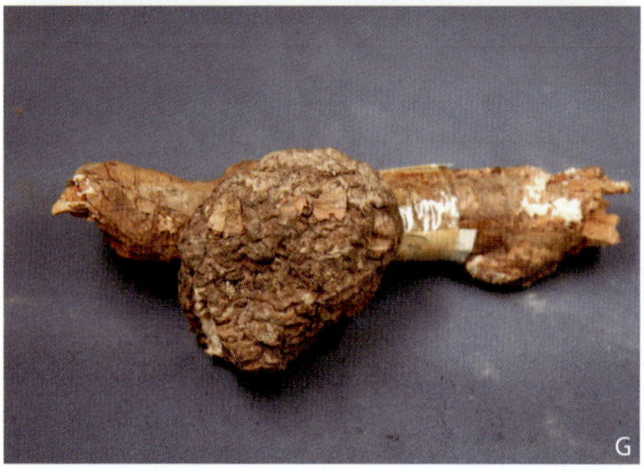

그림 7-21 A~G

목재부후균. A: 심재부후균 아까시재목버섯(*Perenniporia fraxinea*), B: 심재부후균 덕다리버섯(*Laetiporus sulphureus* var. *miniatus*), C: 변재부후균 치마버섯(*Schizophyllum commune*), D: 변재부후균 구름버섯(*Coriolus versicola*), E: 변재부후균 소나무잔나비버섯(*Fomitopsis pinicola*), F: 근계부후균 해면버섯(*Phaeolus schweinitzii*), G: 소나무 뿌리에 기생하는 갈색부후균인 구멍장이버섯과의 복령(*Poria cocos*)

표 7-11 목재부후의 분류기준, 명칭, 관련 부후버섯명(Blanchard와 Tattar, 1997; Manion, 1981)

분류기준	부후 명칭	부후 내용	부후버섯명(*Rhizina*를 제외하고 모두 담자균임)
기생 부위	심재부후	살아 있는 수목의 줄기	*Phellinus*(진흙버섯속), *Fomes*(말굽버섯속), *Laetiporus*(덕다리버섯속), *Phaeolus*(해면버섯속), *Stereum*(꽃구름버섯속), *Perenniporia*(장수버섯속), *Ganoderma*(영지버섯속)
	근계부후	살아 있는 수목의 뿌리	*Armillaria*(뽕나무버섯속), *Inonotus*(시루뻔버섯속), *Phaeolus*(해면버섯속), *Poria*(복령속), *Rhizina*(땅해파리속, 자낭균), *Trametes*(송편버섯)
	변재부후	수목의 죽은 부분과 목재	*Coriolus*(구름버섯속), *Fomes*(말굽버섯속), *Fomitopsis*(잔나비버섯속), *Gloeophyllum*(조개버섯), *Hirschioporus*(옷솔버섯), *Polyporus*(구멍장이버섯속), *Schizophyllum*(치마버섯속), *Stereum*(꽃구름버섯속)
분해성분	백색부후	cellulose, hemicellulose, lignin을 분해	*Phellinus*(진흙버섯속), *Coriolus*(구름버섯속), *Fomes*(말굽버섯속), *Inonotus*(시루뻔버섯속), *Perenniporia*(장수버섯속), *Schizophyllum*(치마버섯속), 영지버섯, 표고버섯, 느타리버섯, 아카시재목버섯, 노루궁뎅이
	갈색부후	cellulose, hemicellulose를 분해	*Fomitopsis*(잔나비버섯속), *Laetiporus*(덕다리버섯속), *Phaeolus*(해면버섯속), *Poria*(복령속), 잣버섯, 조개버섯, 개떡버섯, 꽃송이버섯

주로 줄기 아랫부분에 발생한다. 근계부후(root rot)는 살아 있는 수목의 뿌리를 가해하여 뿌리썩음병을 유발한다. *Armillariella*에 의한 아밀라리아뿌리썩음병이 가장 대표적인 병이다(단원 7-3-5 참조). 버섯이 밑동과 뿌리 근처에 나타난다. 변재부후(sap rot)는 병원균이 살아 있는 나무의 죽은 부분, 죽은 나무(벌근 포함)와 잘라 놓은 목재를 부패시키는 경우이다. 버섯이 수목의 아무 데서나 발생한다.

국내에서 가장 심각한 목재부후균은 말굽버섯류(*Fomes*), 진흙버섯류(*Phellinus*), 해면버섯류(*Phaeolus*), 시루뻔버섯류(*Inonotus*), 뽕나무버섯류(*Armillariella*), 덕다리버섯류(*Laetiporus*)이며, 최근 숲이 우거지면서 피해가 점차 커지고 있다(그림 7-21).

목재부후균은 병원균이 분해하는 성분에 따라서 세 가지로 나뉜다. 백색부후균(white rot fungi)은 목재의 세포벽을 구성하고 있는 cellulose(hemicellulose 포함)와 lignin을 모두 분해하여 목재가 최종적으로 백색을 띤다. 활엽수에서 더 흔하게 관찰되며, 담자균에 속한다. 갈색부후균(brown rot fungi)은 cellulose를 분해하지만 lignin을 분해하지 못해 목재가 최종적으로 갈색을 띤다. 침엽수에서 더 흔하게 관찰되며, 담자균에 속한다. 연부후균(soft rot fungi)은 2차 세포벽의 cellulose와 hemicellulose를 분해하여 겉면에 사각무늬를 남겨놓는다. 자낭균과 불완전균에 속하며, 살아 있는 나무보다 물로 포화되었거나 흙에 직접 닿아 있는 목재의 표면을 분해한다. 위의 세 가지 부후균은 모두 cellulose를 분해하는 효소인 cellulase를 분비하여 1개 혹은 2개의 포도당 단위로 끊어놓는다.

방제를 위해 평소에 줄기에 상처가 생기지 않게 주의하며, 가지치기 후 절단 부위에 티오판도포제를 바르고, 밑동에 버섯이 많이 발생한 개체를 제거하여 도복 피해를 미연에 방지한다.

2. 목재변색(木材變色, wood stain)

목재변색은 수목의 살아 있거나 죽은 조직과 베어 놓은 목재에서 색깔이 변하는 현상이며, 목재의 강도에는 영향을 주지 않는다. 목재부후균(예: 진흙버섯)의 감염 초기에 목재의 색깔이 변하거나, 목재변색균에 의해 진행된다(그림 7-21 H). 목재가 푸른색으로 변하는 것을 청변(靑變, blue stain)이라고 하며, 주로 영양분이 남아 있는 변재에서 진행된다. 청변균의 예는 자낭균에 속하는 *Ophiostoma* 속과 *Ceratocystis* 속의 곰팡이이다. *Ophiostoma*는 느릅나무마름병을 일으키는 병원균이기도 하며 곤충(예: 나무좀)이 매개한다.

그림 7-21 H
목재 변색균에 의한 목부조직의 변색(소나무)

7-4 세균병(細菌病, bacterial diseases)

7-4-1 세균의 특성

세균(細菌, bacteria)은 단세포로 구성된 미생물이다. 크기는 직경 0.2~3μm, 길이 1~6μm로서 곰팡이보다 더 작다. 형태는 구형, 나선형, 막대기형 혹은 실 모양이며, 편모(鞭毛, flagella)를 가져 움직이는 것도 있다. 원핵생물(原核生物, prokaryote)로서 염색체와 세포벽을 가지고 있지만 엽록체나 미토콘드리아 같은 소기관(organelle)이 없는 원시적인 생물이다. 번식은 세포의 중간이 둘로 갈라지는 이분법(二分法, binary fission)에 의해 무성생식으로 이루어지며, 번식 속도가 매우 빠르다.

현재 약 1,600종의 세균이 알려져 있는데, 대부분은 절대 부후균(saprophyte)으로서 동물의 시체와 배설물, 인간의 쓰레기를 썩히는 고마운 역할을 한다. 동물과 인간에게 병(예: 결핵, 폐렴, 장티푸스)을 유발하는 세균은 몇 종 되지 않는다. 식물에 병을 일으키는 세균은 약 100종가량 되며, 형태는 대부분 막대기형이다. 그러나 식물에서 대부분 전염성 병은 곰팡이에 의해 생기기 때문에 세균에 의한 병의 중요도는 낮다. 특히 목본식물에 대한 연구가 작물보다 미진하여 세균에 의한

표 7-12 식물에 병을 일으키는 세균의 분류(Agrios, 2005; Blanchard와 Tattar, 1997)와 국내 세균성 수목병의 예(이종규 등, 2017; 조용섭, 2002). Gram 양성(+)과 음성(-)은 세균에 crystal violet과 iodine을 처리한 후 알코올로 세척하여 색깔이 남아 있는 경우 양성이며 세포벽의 특성을 나타낸다. 최근 *Pseudomonas*와 *Corynebacterium*은 각각 5개의 속으로 나누어짐.

세포벽의 특징	속명	국내 세균성 수목병의 예
Gram 음성(-)	*Xanthomonas*	과수의 세균구멍병, 감귤 궤양병, 뽕나무 가지썩음병
	Pseudomonas	과수의 궤양병, 수수꽃다리 세균성잎마름병, 두릅나무 궤양병, 칡 세균점무늬병, 밤나무 눈마름병, 뽕나무 세균성오갈병
	Enterobacter	배나무 잎갈색점무늬병(갈색반점병)
	Erwinia	과수, 벚나무, 산사나무, 장미의 불마름병(화상병), 뽕나무 줄기썩음병, 복숭아나무 세균구멍병, 자두나무 세균구멍병, 등나무 혹병
	Agrobacterium	과수의 뿌리혹병(근두암종병), 삼나무 뿌리혹병, 은사시나무 뿌리혹병, 가래나무 뿌리혹병
	Xylella	없음
Gram 양성(+)	*Clavibacter*(*Corynebacterium*)	없음
	Streptomyces	없음

병은 아직 많이 알려져 있지 않다.

요즘 세균은 Archebacteria와 Eubacteria로 분류하는데, 식물에 병을 일으키는 세균은 모두 Eubacteria에 속한다. 이 중에서 식물에서 중요한 병을 일으키는 세균은 표 7-12와 같이 8개 속이며, 이 중에서 국내 수목에서 병을 일으키는 세균은 5개 속만 알려져 있다.

7-4-2 세균에 의한 발병

세균은 식물체를 직접 침투할 수 있는 수단이나 구조로 되어 있지 않다. 세균의 크기가 작기 때문에 식물에서 자연적으로 열린 곳, 즉 기공, 피목, 배수조직(hydathode), 꽃의 분비선(gland)과 상처를 통해 식물 몸속으로 들어올 수 있다. 상처는 곰팡이와 마찬가지로 세균이 침입하는 주요 장소이며, 식물 표면에 먼지와 함께 존재하다가 상처가 생기면 안으로 들어간다. 가지치기용 가위, 접목용 칼, 조경 장비와 곤충에 의해 생긴 상처를 통해 들어가기 때문에 이런 기기의 청결에 유의해야 한다. 세균의 또 다른 전파수단은 빗방울, 매개충, 동물이다.

세균의 병징은 초기에 잎과 가지가 물에 젖은 것 같은 양상을 띠며, 반점(necrotic spot), 위조(blight), 조직의 괴사(necrosis), 궤양(canker), 부패(scab, rot), 무름(maceration), 혹(gall)으로 이어진다. 그 밖에 조직이 비대(overgrowth)해지기도 하고, 수분을 이동시키는 목부조직을 가해할 경우에는 나무가 말라 죽기도(wilt) 한다.

세균은 수용성인 양분만을 흡수하는데, 소화효소를 분비해 식물의 조직을 붕괴시킨 후 양분을 수용성으로 만들어 흡수한다. 이 과정에서 세균이 생산한 대사 부산물이 독성을 가져 식물의 중요한 조직을 죽이기도 한다.

7-4-3 세균에 의한 수목병

국내 수목에서 세균(박테리아)에 의한 병(세균병)은 대부분 경제작물인 과수를 상대로 연구되고 있기 때문에 조경수에서는 연구가 미진하여 세균병의 예가 많이 알려져 있지 않다. 국내에서 수목에 생기는 세균병은 *Erwinia*, *Agrobacterium*, *Xanthomonas*, *Pseudomonas*의 4개 속에 속하는 세균에 의해 발병한다(표 7-12 참조)(나용준 등, 2009; 조용섭, 2002). 이 중에서 불마름병, 혹병(근두암종병), 세균구멍병을 기술한다.

1. 불마름병(화상병, 火傷病, fire blight)

불마름병은 세균에 의한 식물병 중에서 가장 먼저 연구되어 그 실체가 규명된 병으로서 사과나무와 배 같은 과수에서 매우 심각한 병을 일으킨다. 늦은 봄에 어린잎, 어린가지, 꽃이 초기에 물이 스며든 것 같은 모양을 보이다가 빠른 속도로 갈색 혹은 검은색으로 변하여 마치 불에 탄 것 같은 형태가 된다. 결국 잎이 시들어 가지에 붙어 있으며, 가지와 열매도 궤양을 일으키면서 죽는다.

병원균은 *Erwinia amylovora*로서 벚나무, 산사나무, 장미, 사과나무, 배나무, 살구나무 같은 장미과 수목과 감나무 등에서 발생한다. 병균은 감염된 가지에서 월동하며, 봄에 궤양 부위에서 세균점액(bacterial ooze)이 흘러나오면 여러 종류의 곤충이 모여들어 점액을 다른 곳으로 전파시킨다. 세균의 식물 내 침입은 기공, 밀선분비구와 같은 자연개구와 상처를 통해 이루어진다.

방제를 위해 죽은 가지를 일찍이 제거하여 소각하고, 전정가위를 항상 소독하여 병균의 전파를 막는다. 매개곤충인 진딧물, 파리, 개미 등을 구제하고, 인과 칼륨 시비로 나무를 건강하게 한다.

2. 혹병(근두암종병, 根頭癌腫病, crown gall)

혹병은 세균이 뿌리와 줄기의 상처를 통해 침입하여 세포분열을 촉진하여 뿌리와 줄기 밑동 근처에 다양한 크기의 혹을 형성하며, 어린 묘목의 경우 생장이 저조해지는 병이다. 초기에 감염된 조직은 비대하면서 우윳빛을 띠지만, 혹이 커지면서 암갈색으로 변하면서 딱딱해진다. 인간의 암종과 비슷한 병이라고 할 수 있으며, 유전공학에서 이 병균을 유전자 조작의 수단으로 쓰고 있다.

병원균은 *Agrobacterium tumefaciens*로서 토양 중에 장기간 서식하면서 벚나무, 포플러, 배나무, 사과나무, 포도나무, 밤나무, 감나무, 호두나무 등 장미과를 포함한 각종 과수와 다양한 수목에서 병을 일으키며, 전 세계에 분포한다(그림 7-22A). 어린 묘목에 잘 걸리므로 방제를 위해 묘포장의 위생에 주의하고, 묘목에 상처가 생기지 않게 조심한다. 발병한 묘포장에서는 4~5년간 휴경

그림 7-22

세균에 의한 혹병. A: 밤나무 묘목의 근두암종병(*Agrobacterium tumefaciens*)(사진: 나용준), B: 등나무 혹병(*Erwinia millettiae*), C: 벚나무 혹병(국내 미기록종)

을 실시한다.

등나무 혹병은 성목의 가지와 노출된 뿌리에 혹을 만드는 병으로서 *Erwinia millettiae* 세균에 의해서 생긴다. 5월경 어린 가지에 백황색 1~2mm의 작은 돌기로 시작하여 빠른 속도로 다른 가지로 퍼지며, 3년째에는 부정형 혹의 직경이 10~15cm까지 자라고, 암갈색으로 변하면서 서서히 부패한다. 혹 속에서 각종 곤충의 유충(애기유리나방, 노린재)이 월동한다. 살균제(티디폰)와 살충제(다이메크론)로 방제한다(그림 7-22 B).

최근 국내에서 왕벚나무에서 혹병이 발견되고 있는데, 일본에서 발표된 세균에 의한 산벚나무의 혹병과 병징이 매우 흡사하다. 아직 국내 미기록 병인데, 세균에 의한 병으로 추정된다. 가는 가지에 표면이 매끈한 아주 작은 혹이 생기며, 점차 커져 표면이 거칠고 균열이 생기면서 검은색의 혹으로 변한다. 혹의 상부 가지의 생장이 둔화되고 서서히 말라 죽는다(그림 7-22C).

3. 세균구멍병(bacterial shot hole)

세균구멍병은 세균이 잎, 새 가지, 결과지, 열매에 병반을 형성하여 조기낙엽, 조기낙과를 초래한다. 초기에 엽맥을 따라 1mm 정도의 부정형 백색 병반이 형성되어 담갈색으로 변하며, 병반에 구멍이 생기면서 심하면 낙엽이 진다. 새 가지와 결과지에도 병반이 부풀어 오르며, 오래된 병반은 부스럼처럼 딱딱해지면서 가지가 말라 죽는다. 열매에도 작은 병반이 생기면서 수지가 밖으로 나오기도 한다. 병원균은 *Xanthomonas campestris* pv. *pruni*로서 앵도나무, 살구, 자두, 복숭아, 매실 같은 핵과류(核果類)를 기주로 한다. 과실에 감염을 방지하기 위해 일찍이 봉지를 씌우면 도움이 된다. 항생제를 사용할 경우에는 같은 약제의 연용을 피해 약제에 대한 내성이 생기는 것을 방지한다. 기타 세균성 병에는 참나무류의 잎가마름병(*Xylella fastidiosa*)과 귤의 감귤궤양병(*Xanthomonas axonopodis* pv. *citri*)이 있다.

7-5 바이러스병(virus disease)

7-5-1 형태와 병징

바이러스(virus)는 몸의 크기가 0.01~0.08μm로서 식물의 병원체 중에서 바이로이드를 제외하면 가장 작아 전자현미경으로만 관찰할 수 있다. 다른 미생물과는 달리 세포의 구조로 되어 있지 않다. 유전정보를 가진 핵산(RNA 혹은 DNA)과 외피단백질(coat protein)을 가진 핵단백질(nucleoprotein)로 구성된 물체이므로 진정한 생물이라고 하기 어렵다. 모양은 공, 실, 막대기, 총알, 다면체 등으로 다양하다.

모든 바이러스는 다른 생물의 세포에 기생해야만 살아갈 수 있는 절대기생체(obligate parasite)이며, 지구상의 모든 종류의 생물에 병을 유발한다. 인간의 경우 인플루엔자, 소아마비, 천연두를 유발한다. 바이러스의 분류는 핵산의 종류와 가닥 수, 모양, 전사방법, 결정체 수 등으로 나눈다. 지금까지 2,000종 이상의 바이러스가 알려져 있으며, 지속적으로 매달 그 숫자가 늘어나고 있다. 이 중에서 800종가량이 식물에 병을 일으키며, 작물에서 심각한 병을 유발하는 것들이 많다(Agrios, 2005). 국내에는 100여 종이 알려져 있지만 대부분 작물에 병을 일으킨다.

식물 세포 내의 바이러스 결정체는 매우 작기 때문에 전자현미경으로만 볼 수 있다. 그러나 바이러스로 감염된 어린 세포는 바이러스가 모여서 만들어진 세포내용물(inclusion body)을 가지고 있으며, 이를 광학현미경으로 볼 수 있고, 모양에 근거하여 속명도 동정할 수 있다. 수목의 바이러스 병징은 병마다 다르게 나타난다. 독특한 병징을 보이는 것도 있지만, 겉으로 병징이 거의 혹은 전혀 나타나지 않는 것도 있으며, 매우 다양하다.

가장 전형적인 병징은 엽록소 합성 방해로 잎에 모자이크(mosaic)와 둥근무늬(ring spot)를 형성하는 것이다. 또는 얼룩 반점(mottle), 갈색 또는 흑색 반점(blotch), 줄무늬(line pattern, streak), 엽맥백화(vein clearing), 식물체 일부 혹은 전체의 기형, 생육부진으로 인한 위축(stunt) 등이다. 그 밖에 물집(blister), 주름(pucker), 말림(curl), 비틀림(twist), 부풀어 오름, 빗자루 모양(witches' broom)으로 변하기도 하며 왜소엽(dwarf leaf)을 만들기도 한다.

7-5-2 전파와 병의 종류

바이러스는 능동적으로 움직일 수 없지만 매우 다양한 매개체(vector)에 의해 전파된다. 곤충 중에서 진딧물, 응애, 매미충과 같은 흡즙성 곤충, 곰팡이, 선충, 새삼(dodder), 영양번식(접목), 화분, 종자, 그리고 신선한 상처를 통해 전염된다(Agrios, 2005). 바이러스는 생식방법으로 증식하지 않는다. 대신 침입한 바이러스는 자신의 유전정보를 이용해서 기주세포의 대사를 변환시켜 기주가

그림 7-23

바이러스로 확진되었거나(A: 수수꽃다리 LVA virus, 서울대 김국형) 확진되지 않은 병징(B: 아까시나무)

더 많은 바이러스를 생산하도록 유도한다. 즉 기주는 바이러스 복제에 기주의 대사물질을 소비하며, 이로 인해 기주의 생장이 장해를 입는다. 바이러스는 살아 있는 사부조직 유세포의 원형질연락사(plasmodesmata)를 통해 식물 몸의 전체로 퍼지기 때문에 전신감염성 병원체(全身感染性病原體, systemic pathogen)로 불린다. 매우 느리게 퍼지지만, 큰 나무 전체에 퍼지는 데 1~4년 정도 걸린다.

바이러스병을 진단하는 방법에는 병징의 육안 진단, 접목과 매개충 전염 여부, 지표식물(indicator plant)을 이용한 생물검정, 광학현미경 진단, 전자현미경 진단, 혈청학적 진단, 유전자 진단이 있다(그림 7-23).

수목에 발생하는 바이러스병은 미국에서 집중적으로 연구되었는데, 물푸레나무, 자작나무, 아까시나무, 느릅나무, 라일락, 단풍나무, 참나무류, 포플러, 사과, 체리, 배, 살구나무, 복숭아에서 발견되었다(Tattar, 1986). 국내에서 관찰된 수목 바이러스병 중에서 다음 세 가지를 기술한다.

아까시나무 모자이크병(black locust mosaic virus)은 잎에 모자이크가 나타나며, 심하면 잎의 크기가 작아지고 기형이 된다. 복숭아혹진딧물과 아까시나무진딧물에 의해 전파된다. 포플러류 모자이크병은 포플러모자이크칼라바이러스(poplar mosaic carlavirus, PMV)에 의해 발병하며, 늦은 봄 잎 전체에 불규칙한 모자이크가 생기면서 잎자루와 주맥에 괴사반점이 발생하며, 잎이 뒤틀리면서 조기낙엽이 진다(나용준 등, 2009). 느릅나무 얼룩반점병은 느릅나무얼룩반점바이러스(elm mottle virus)에 의해 생기며, 잎 전체에 얼룩반점, 둥근무늬, 줄무늬가 나타난다(나용준 등, 1999). 그 밖에 Ilarvirus에 의해서 생기는 벚나무 번개무늬병과 Nepovirus와 Ilarvirus에 의해서 발병하는 장미 모자이크병이 있다(이종규 등, 2017).

수목 바이러스병의 방제에는 직접적으로 효과적인 방법이 없으며, 간접적인 방법으로 무병주의 사용과 매개충의 구제에 의존하고 있다.

7-6 파이토플라스마병(phytoplasma disease)

식물에서 관찰되는 파이토플라스마(phytoplasma)는 동물에서 폐렴을 일으키는 마이코플라스마(mycoplasma)와 흡사한 미생물이며, 원핵생물로서 세포벽이 없다. 마이코플라스마는 몰리큐트강(Mollicutes)에 속하며, 이 중에서 나선상 구조를 가진 것을 스피로플라스마(spiroplasma)로 분류하며, 둥글며 기다란 모양을 한 것을 파이토플라스마로 분류한다. 파이토(phyto)는 식물을 뜻하는 그리스어(phyton)에서 유래한 단어이며, 파이토플라스마는 식물과 이를 전파하는 매개충에서만 발견된다. 크기가 0.2~1.0μm로서 세균보다 더 작아서 바이러스를 제외하면 지구상에서 가장 작은 미생물이라고 할 수 있다. 구형(spheroid), 난형(ovoid), 관(tube) 혹은 실(filamentous) 모양을 하고 있다. 세포질은 있지만 세포벽이 없다.

파이토플라스마의 형태와 생리는 세균을 닮아 예전에 세균에 의해 발병하는 것으로 알려졌던 병들이 이제는 이 균에 의한 병으로 인정되고 있다. 항생제 중에서 테라마이신(oxytetracycline)에 의해 구제되지만, 온몸으로 퍼지는 전신감염성 병원체라는 점은 바이러스를 닮았다. 바이러스처럼 이동수단이 없기 때문에 매개체에 의해 전파되며, 매개체는 주로 매미충, 나무이(psyllid), 멸구와 같은 곤충이지만, 무성번식 과정에서도 전파된다. 바이러스와는 달리 매개충의 몸속에서 10~45일 정도 보독기간(保毒期間, incubation period)을 거쳐 배양된 후에야 다른 식물로 전파될 수 있다. 주로 사부조직에 서식하며, 통도조직(목부와 사부)을 통해 온몸에 퍼진다. 병징은 잎의 황화와 적색화, 통도조직의 괴사, 빗자루형 생장, 생장 위축, 뿌리로 설탕 이동을 방해하여 나타나는 1~2년 내 수목의 고사현상이다.

파이토플라스마는 세계적으로 200종류의 식물병을 일으키고 있다. 국내 조경수에서는 오동나무 빗자루병, 대추나무 빗자루병, 붉나무 빗자루병, 쥐똥나무 빗자루병, 뽕나무 오갈병 등을 유발한다.

7-6-1 오동나무 빗자루병(paulownia witches' broom)

오동나무 빗자루병은 파이토플라스마에 의해 발병하는 대표적인 수목병이다. 1970년대 오동나무 조림지에서 큰 피해를 주었다. 감염된 나무는 6월경부터 새 가지의 곁눈에서 많은 잔가지가 발생하여 마치 빗자루처럼 갈라지며, 황록색의 작은 잎을 무수히 만들면서 조기낙엽이 져서 가지도 함께 죽고, 나무도 죽는다(그림 7-24A). 매개충은 담배장님노린재(tobacco stink bug), 썩덩나무노린재, 오동나무애매미충이다. 전신성 병이기 때문에 포기나누기(분근)로도 전염된다.

방제를 위해 잠복 감염되어 있을 가능성이 높은 분근묘보다 실생묘를 사용한다. 증세가 심한 개체를 제거하고, 발병 초기에 옥시테트라사이클린(oxytetracycline) 1,000배액을 흉고직경 10cm당

1리터 수간주사한다. 매개충을 구제하기 위해 7월 초순부터 9월 하순에 적용 약제를 2주 간격으로 살포한다.

7-6-2 대추나무 빗자루병(jujube witches' broom)

대추나무 빗자루병은 파이토플라스마(잠정적 학명, Candidatus *Phytoplasma ziziphi*)에 의해 발병하는 대표적인 수목병으로서, 1960년대 전국의 대추나무 단지를 황폐화시킨 역사가 있으며, 지금도 퍼지고 있다. 감염된 나무는 가지의 끝 부분에 많은 잔가지가 밀생하면서 작은 잎을 만들어 빗자루처럼 자란다. 이런 현상이 나무 전체로 퍼지며, 꽃눈이 잎으로 변하는 엽화현상(葉化現象, phyllody)이 생겨 열매가 달리지 않으며, 수년간 병이 지속되면 나무가 말라 죽는다(그림 7-24B). 마름무늬매미충(모무늬매미충, *Hishimonus sellatus*)에 의해 전파된다. 전신병이기 때문에 겨울철 병원균이 뿌리로 이동하면, 지상부의 병원균을 구제하더라고 뿌리 속에 남아 있던 병원균이 다시 퍼지거나 매개충에 의해 재감염이 일어나기 때문에 완전구제가 어렵고, 내병성 품종도 개발되어 있지 않다.

방제를 위해 무병주를 심고, 증세가 심한 개체를 제거하고, 4월 하순과 가을철 대추 수확 후 낙엽이 지기 전에 옥시테트라사이클린 1,000배액을 흉고직경 10cm당 1리터를 수간주사한다. 2년마다 주사를 반복한다. 매개충의 구제를 위해 6~9월 사이에 다수진유제, 비피유제를 2주 간격으로 살포한다. 그 밖에 오동나무 빗자루병(그림 7-24A), 쥐똥나무 빗자루병, 붉나무 빗자루병, 뽕나무 오갈병이 파이토플라스마에 의한 병이며, 모두 마름무늬매미충이 병균을 매개한다.

그림 7-24

파이토플라스마에 의한 수목병. A: 오동나무 빗자루병(사진: 나용준), B: 대추나무 빗자루병(감염된 잎은 왼쪽과 같이 작아지고, 가지가 무수히 갈라지며, 꽃이 피지 않는다. 오른쪽 가지는 정상이다.)

7-7 선충병(線蟲病, nematode disease)

선충병은 토양에 서식하거나 잎과 줄기에 기생하는 선충(nematode)에 의해 발병한다. 선충은 무척추하등동물로서 선충문(Nemathelminthes)에 속한다. 대부분 선충은 바다, 강, 토양에서 자유생활을 하지만, 일부는 동물, 인간, 식물에서 기생생활을 한다(최영연과 나용준, 1982). 몸의 크기는 길이가 0.3~1.0mm, 폭이 15~35μm 정도 되며, 실지렁이를 닮았으나 이보다 훨씬 더 작고, 표면이 무색의 투명한 큐티클로 되어 있어 맨눈으로 안 보인다. 알로 번식하며, 4회에 걸친 탈피(molt)를 통해 성충이 되며, 암수로 분화한다. 온도가 적절하면 2~4주 내에 생활사를 완성한다.

먹이습성에 따라서 식물기생(plant parasite), 곤충기생(insect parasite), 포식(predator), 잡식(omnivore), 식균(fungivore), 식세균(bacterivore) 선충으로 나눌 수 있다. 서식 장소에 따라서 외부기생선충(ectoparasite)은 식물 몸속으로 들어가지 않고 뿌리 표면에서 섭식하며, 내부기생선충(endoparasite)은 식물 몸속으로 들어가 기생한다. 이동성에 따라서 토양 중에서 자유롭게 이동하거나 식물 몸속에서 이동하는 이동성(migratory) 선충과 식물 몸속에 들어와서 한 곳에서 정착하는 고착성(sedentary) 선충으로 나눈다.

토양 선충은 잔뿌리가 분포하고 있는 지표면 15~30cm 깊이에서 대부분 서식한다. 자신의 힘으로 이동하는 거리는 짧지만, 토양이 이동될 수 있는 수단, 즉 농기계, 관수, 배수, 홍수, 동물의 발, 새, 먼지바람, 농산물과 묘목 유통을 통해 멀리 전파된다.

수목기생 선충은 몸의 길이가 1mm 내외로서 육안으로 보이지 않으며, 줄기에 기생하는 재선충(材線蟲)을 제외하면 대부분 토양과 뿌리에 서식한다. 선충은 머리 부분에 안쪽으로 들어간 단검같은 구조의 구침(口針, stylet)을 가지고 있다. 구침을 이용해 뿌리에 상처를 만들어 침투하거나 양분을 착취한다. 선충은 타액과 효소를 분비해 기주세포의 대사를 방해하여 피해를 준다.

병징은 뿌리와 지상부에서 동시에 나타난다. 뿌리의 혹(knot), 괴사, 과도한 뿌리의 분지, 뿌리끝의 훼손으로 나타난다. 지상부의 병징은 생장 둔화와 왜소화(stunting), 영양결핍과 흡사한 잎의 황화현상(chlorosis), 더운 여름날 시들음으로써 일반적으로 뿌리에 영향을 주는 병에서 나타나는 증세와 흡사하다. 수목의 경우 가지끝부터 죽어 내려오는 수목쇠퇴(decline)현상도 나타난다. 지상부에 서식하는 재선충의 경우에는 통도조직을 막기 때문에 잎이 마르면서 전신이 급속히 말라 죽기도 한다.

선충은 단독으로도 병을 일으키지만 진균, 세균, 바이러스를 돕거나 매개하여 다른 병을 유발하기도 한다. 예를 들면 감귤뿌리선충은 *Fusarium* 속 균의 전염을 조장하여 감귤 뿌리썩음병을 일으키며, *Xiphinema* 선충은 벚나무잎말이바이러스를 옮겨 앵도나무와 느릅나무에서 병을 악화시킨다. 이렇게 한 병원체가 다른 병원체를 도와서 병세가 확대되는 것을 복합병(complex disease)이라고 한다.

7-7-1 뿌리혹선충(root knot nematode)

뿌리혹선충은 세계적으로 매우 흔한 선충이다. *Meloidogyne* 속에 속하는 선충이 수목에서 발병하며, 고착성 내부기생선충이다. 뿌리 속으로 들어온 선충에 의해 핵분열이 촉진되어 세포가 거대하게 커지면서 뿌리에 수많은 작은 혹(gall)을 만든다. 침엽수와 활엽수를 포함하여 1,000여 종의 수목에 기생한다. 밤나무, 아까시나무, 오동나무의 묘목에서 피해가 크다. 감염된 묘목의 생장이 불량하고 줄기의 아랫부분이 누렇게 변하며 심하면 말라 죽는다. 뿌리생장이 불량하여 가뭄에 매우 약하다.

방제를 위해 묘포에 살선충제(375쪽 표 11-4 참조)를 뿌리거나, 돌려짓기, 휴경, 농작물을 재배했던 포지를 배제시킨다.

7-7-2 뿌리썩이선충(root rot nematode 혹은 lesion nematode)

뿌리썩이선충은 전 세계적으로 분포하며, 우리나라에서는 *Pratylenchus* 속 선충이 수목에 피해를 준다. 백목련, 무궁화, 두충나무, 장미, 사과나무, 감나무, 복숭아에서 발견된다. 이주성 내부기생선충이다. 굵은 뿌리보다 지름 1mm 이하의 잔뿌리에서 피해가 나타난다. 초기에는 작은 병반이 나타나서 갈색으로 변하며 이후 검게 변한다. 병반이 커져서 뿌리 전체가 검게 변하면서 뿌리가 위축된다. 지상부 생장이 위축되며, 영양결핍처럼 잎의 황화현상이 생긴다. 더운 여름철에 휴경하면 선충의 밀도를 줄일 수 있다.

방제를 위해 수목 식재 전에 살선충제로 토양을 소독하거나 선충의 밀도가 낮은 곳에 식재하며, 무병주를 식재하며, 감염된 묘목은 침투성 살선충제에 담근 후 식재한다.

7-7-3 소나무류 재선충병(材線蟲病, 시들음병, pine wilt)

소나무류 재선충병은 소나무재선충(pinewood nematode)에 의해 생긴다. 일본에서 오래전부터 많은 소나무와 곰솔에 극심한 피해를 주었으며, 미국과 캐나다에도 있다. 국내에는 1988년 처음 부산을 통해 들어와서 현재 전국의 소나무, 곰솔, 잣나무에 큰 피해를 주고 있다. 세계적으로 소나무류의 100여 종 중 28개 수종에서 발병한다. 유럽적송과 방크스소나무에서 가장 피해가 크다(그림 7-25).

재선충(*Bursaphelenchus xylophilus*)은 소나무류의 지상부 목질부에서 서식하는 독특한 선충으로서, 몸의 길이는 0.8mm, 폭은 0.022mm(22μm) 정도 된다. 여름철에는 4일 만에 생활사를 완성하며 암컷은 1회에 80개의 알을 낳아 빠르게 번식한다. 재선충은 자력으로 다른 나무로 이동할 수 없으

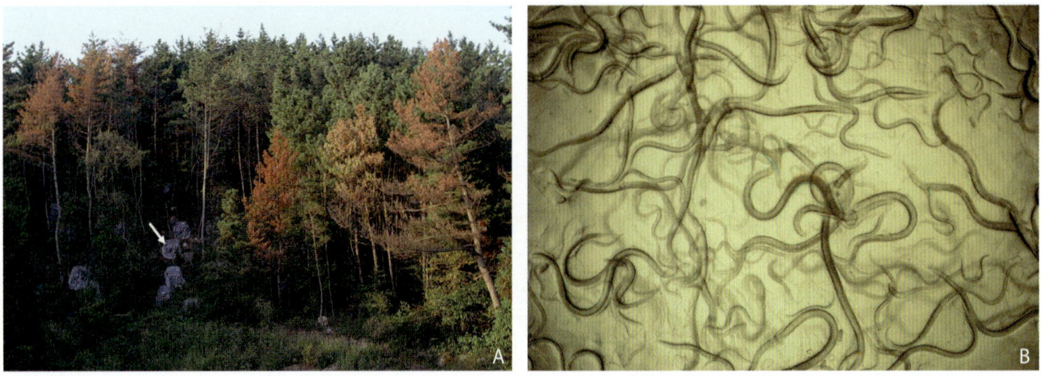

그림 7-25

소나무 재선충병. A: 감염 후 고사한 소나무와 죽은 나무를 비닐로 덮어 훈증하는 모습, B: 소나무재선충(*Bursaphelenchus xylophilus*)(사진 A, B: 국립산림과학원)

며, 소나무와 곰솔의 경우 매개충은 솔수염하늘소(*Monochamus alternata*)이며, 중부지방에서 잣나무의 경우는 북방수염하늘소(*Monochamus saltuarius*)이다.

솔수염하늘소의 성충은 감염된 나무에서 5월 하순부터 7월 중순에 탈출하여(탈출공 직경 5~8mm) 7~8월에 건전한 나무의 가지를 섭식(후식)하면서 기문(氣門, trachea)에 있는 재선충을 옮긴다. 한 마리의 하늘소가 15,000~20,000마리의 재선충을 가지고 있다. 재선충은 목질부에서 빠른 속도로 번식하면서 수분 이동을 막기 때문에, 8~9월부터 소나무의 잎이 황색, 갈색, 적갈색으로 단계적으로 변하면서 밑으로 처지고, 송진이 분비되지 않고 급속히 말라 죽는다. 감염된 나무의 70% 정도는 1~2개월 내로, 그리고 9월 이후로 감염이 늦으면 이듬해 봄에 모두 말라 죽기 때문에(잣나무는 2년 후 죽기도 함) 소나무 에이즈병이라는 별명을 가지고 있다. 잣나무는 소나무보다 병의 진전 속도가 느린 것이 특징이다.

방제를 위해 감염된 나무는 모두 소각하거나, metam sodium으로 훈증하거나, 목재를 작게(1cm 이하) 파쇄하여 매개충의 유충을 죽인다. 재선충의 감염 후 병징이 나타나기까지 잠복기가 소나무의 경우 1~3개월 정도(잣나무의 경우 더 길다) 있기 때문에 소나무, 곰솔, 잣나무의 지역간 운반과 이식을 자제해야 하며, 2~4월에 살선충제(아바멕틴 분산성 유제, 에마멕틴 벤조에이트 유제 등)를 수간주입하면 예방할 수 있다. 유효기간은 2년이다. 토양관주 방제는 4~5월에 나무 밑동 반경 1m 이내에 포스치아제이트액제(50배액)로 실시한다. 건강이 나쁜 나무의 위생간벌도 도움이 된다.

7-8 조류(藻類, algae)에 의한 병

조류는 본래 엽록소를 가지고 있는 진핵생물(眞核生物)로서 수생 및 육상 생태계에서 자유생활을

그림 7-26

조류에 의한 흰말병. A: 동백나무 흰말병(*Cephaleuros virescens*), B: 조록나무 흰말병

하거나 바위옷(지의류, lichen)에서는 곰팡이와 공생을 하기도 한다. 이 중에서 식물 표면에서 병을 일으키는 조류가 있다.

흰밀병(백소병, 白藻病, algal leaf spot)은 바낫가에서 자라는 상록활엽수의 잎에 서식하는 엽상체 조류(thalloid algae)의 일종인 *Cephaleuros virescens*에 의해 생긴다(그림 7-26). 이 조류(red rust)는 식물기생성이며, 세계적으로 14종이 알려져 있다. 열대지방의 차나무와 커피나무에는 심각한 병을 일으키지만, 국내에서는 나무의 생장에 큰 지장을 주지 않는 대신 미관상 문제가 된다. 조류의 단일 세포(크기 10μm)가 잎 표면에 정착하여 콜로니(colony)를 이루면서 자란다. 5~6월부터 잎의 앞뒤 양면에 발생하며, 잎 표면에 회백색의 작은 반점으로 시작한다. 병반은 방사방향으로 뻗은 그물 같은 모양으로 자라면서 담녹색의 벨벳 같은 둥근 반점으로 지름 1cm 정도까지 커지면서 돋아오른다. 조류의 엽상체(葉狀體)가 자라면서 만든 무늬에 해당한다. 병반은 잎의 표층부에만 머물기 때문에 잎의 뒷면에는 아무런 흔적이 없다.

월동 후 봄부터 여름까지 병반 위에 형성된 포자가 빗물 또는 바람에 의해 다른 곳으로 전파된다. 여름철 기온이 높고 비가 많이 오는 지역에서, 햇빛이 잘 들지 않고 통풍이 안 되는 곳에서 많이 발생한다. 국내에서는 남부지방에서 자라는 상록성 활엽수인 동백나무와 후박나무에서 가장 많이 관찰되며, 그 밖에 가시나무류, 조록나무, 구실잣밤나무, 사스레피나무에서도 발병한다(나용준 등, 2009).

방제를 위해 나무를 채광과 통풍이 잘되도록 넉넉한 간격으로 심고 가지치기를 한다. 나무를 건강하게 기르고 배수가 잘되게 하면 내병성이 생긴다. 병이 심할 경우 보르도액을 2주 간격으로 2~3회 살포한다.

7-9 기생식물(寄生植物, parasitic plant)에 의한 병

기생식물에 의한 전염성 병은 겨우살이와 새삼과 같은 종자식물에 의해 생긴다. 국내에서 자라는 겨우살이류(mistletoe)는 겨우살이과에 속하며, 국내에는 *Loranthus*, *Viscum*, *Pseudixus*의 세 가지 속이 있다. 상록성(겨우살이, 참나무 겨우살이, 동백나무 겨우살이) 혹은 낙엽성(꼬리겨우살이) 관목으로서, 활엽수와 침엽수에 기생한다. 겨우살이는 끈끈한 점액질로 싸여 있는 종자를 생산하는데, 새들이 즐겨 먹는다. 소화되지 않은 상태로 새의 내장을 통과하여 배설된 후 나뭇가지에 달라붙거나 새의 주둥이와 발가락에 붙어 있다가 옆 가지와 다른 나무로 이동하기도 한다. 어린가지에 정착한 종자는 발아하여 유근이 납작하게 퍼지면서 수피 표면에 부착근(holdfast)을 형성하여 정착한다. 이어 1차 흡기(primary haustorium)를 만들어 피목이나 눈을 통해 기주 속으로 침투하며, 내수피에 도착하면 피층 흡기(cortical haustoruim)를 만들어 사방으로 갈라진다. 또한 형성층을 통과해 목부까지 도달하기 위해 아래로 내려가는 낚시추 모양의 봉돌(sinker)을 형성한다(Sinclair와 Lyon, 2005).

감염 부위는 방추형으로 부풀어 오르며, 시간이 지나면서 양분을 빼앗긴 위쪽 가지는 서서히 위축(atrophy)되어 쉽게 부러지거나 결국 고사한다. 겨우살이는 엽록소를 가지고 있어 광합성을 하기 때문에 기주로부터 수분과 무기양분을 주로 흡수하지만, 수액에 들어 있는 유기물을 흡수하기도 한다. 한 나무 내에 겨우살이가 많이 붙어 있으면 수세가 약해지며 나무가 죽기도 한다.

참나무 겨우살이는 구실잣밤나무, 동백나무, 후박나무, 육박나무 같은 상록활엽수에 주로 기생한다. 겨우살이는 동백나무, 참나무류, 팽나무, 벚나무, 느티나무 등 활엽수에 기생한다(그림 7-27).

방제를 위해 겨우살이를 발견하면 즉시 감염 부위 아래쪽으로 30cm 정도 떨어진 곳을 절단하여 더 이상의 번식과 확산을 막는다. 절단 부위는 티오판도포제로 상처를 마무리한다.

새삼류(dodder, *Cuscuta*)는 메꽃과에 속하며, 유럽과 북미주에서는 작물에 기생하는 골치 아픈 식물이다. 국내에서는 목본식물에 기생하는 덩굴성 1년생 풀이다. 국내에는 새삼, 실새삼, 갯실새

그림 7-27

겨우살이류. A: 참나무 겨우살이, B: 겨우살이(*Viscum album* var. *coloratum*)(기주 산돌배나무)

삼의 3종이 있다. 새삼은 잎이 비늘 모양으로 작고 원줄기는 철사처럼 생겼으며, 종자가 발아하여 다른 나무에 올라붙게 되면 뿌리가 없어지고 기주식물에서 양분을 흡수한다. 기주수목은 버드나무, 포플러, 물푸레나무, 아까시나무, 오동나무, 싸리로 알려져 있다. 갯실새삼은 바닷가에서 순비기나무에 기생한다.

방제를 위해 감염된 수목으로부터 새삼을 물리적으로 제거하거나 제초제로 죽인다.

7-10 주요 조경수의 주요 전염성 병

국내에서 요즘 많이 심는 조경수 중에서 표 7-13과 같이 40개 수종(대부분 중부지방 식재)을 선정하여 가장 흔하게 관찰되는 주요 전염성 병을 나열했다. 벚나무와 소나무는 병이 많은 편이며, 가문비나무와 목련은 병이 적은 편이라고 할 수 있다.

표 7-13 국내 주요 조경수에 흔히 발생하는 전염성 병 명단(나용준, 2009; 강전유 2008; 문성철과 이상길, 2014)

수목명	주요 전염성 병	수목명	주요 전염성 병
가문비나무류	잎녹병	오동나무	빗자루병, 줄기마름병, 탄저병, 갈색점무늬병
가시나무류	자줏빛곰팡이병	은행나무	잎마름병, 그을음잎마름병, 줄기마름병
가죽나무	갈색무늬병, 흰가루병	이팝나무	오갈병, 탄저병, 잎녹병, 점무늬병
개나리	균핵가지마름병, 점무늬병	자작나무류	점무늬병
느릅나무류	검은무늬병	잣나무류	잎떨림병, 디플로디아가지마름병, 그을음잎마름병, 잎녹병
느티나무	갈색무늬병, 두창병, 흰별무늬병, 줄기마름병, 회색고약병	전나무류	잎녹병, 빗자루병
단풍나무류	작은타르점무늬병, 흰가루병	조팝나무류	흰가루병
대나무류	녹병, 붉은떡병, 빗자루병	주목류	흑색고약병
동백나무	탄저병, 잿빛잎마름병, 겹둥근무늬병, 흰말병	쥐똥나무류	둥근무늬병, 흰가루병, 녹병, 빗자루병
등	혹병	참나무류	시들음병, 투바키아마름병, 둥근무늬병, 그을음병, 흰가루병
명자나무류	붉은별무늬병, 점무늬병	철쭉류	갈색무늬병, 점무늬병, 잎마름병, 떡병, 잎녹병, 탄저병
목련류	점무늬병, 흰가루병	측백나무류	검은돌기잎마름병
무궁화	점무늬병, 검은무늬병	층층나무류	점무늬병, 두창병, 탄저병, 잎테두리마름병

표 7-13 계속

수목명	주요 전염성 병	수목명	주요 전염성 병
밤나무류	줄기마름병, 점무늬병, 거짓탄저병, 뿌리혹병, 잉크병	칠엽수류	얼룩무늬병, 잎마름병
배롱나무	흰가루병, 그을음병, 갈색점무늬병	팽나무류	뒤면흰가루병
버드나무류	잎녹병	편백류	가지마름병, 검은돌기잎마름병
버즘나무류	탄저병, 갈색점무늬병	포플러류	잎녹병, 잎마름병, 점무늬잎떨림병, 줄기마름병, 갈색무늬병, 겹둥근무늬병
벚나무류	빗자루병, 갈색무늬구멍병, 점무늬병, (유과)균핵병, 혹병, 아밀라리아뿌리썩음병	향나무류	녹병, 잎마름병, 눈마름병
사철나무류	갈색무늬병, 회색무늬병, 흰가루병, 탄저병, 더뎅이병, 갈색고약병	회양목류	잎마름병, 반점병
소나무	잎떨림병, 피목가지마름병, 푸사리움가지마름병, 디플로디아잎마름병, 잎녹병, 재선충병, 혹병, 갈색무늬병	회화나무	녹병(혹병), 줄기마름병

제8장

수목의 해충

곤충은 산림생태계에서 고유의 위치를 차지하고 있으며, 그 종류가 다양하다. 먹이 섭취와 번식 과정에서 수목의 생체와 낙엽의 분해에 관여한다. 또한 토양을 비옥하게 만들고 통기성을 높여 뿌리 발달에도 도움을 준다. 나무를 가해하는 행위 자체도 산림생태계의 양분 순환에서 긍정적인 역할이 되기도 한다. 그러나 많은 곤충이 산림의 목재생산기능과 조경수의 건강을 해치기 때문에 산림곤충이 위해동물(pest) 중에서 해충(害蟲, insect pest)으로 인식되고 있으며, 빠른 속도로 퍼져 해충관리가 어렵다.

8-1 곤충의 특성

곤충(昆蟲, insect)은 3억 8천만 년 전에 지구상에 처음 태어나서 오랫동안 환경에 적응하면서 진화를 거듭하여 다양한 종으로 분화했다. 현재 지구상에는 100만 종 이상의 곤충이 살고 있는데, 동물 총 종수의 90%를 점유하고 있어 다른 어떤 생물보다도 적응력이 강하다고 할 수 있다. 곤충의 뛰어난 생활력은 곤충이 가지고 있는 다음과 같은 특징, 즉 작은 체구, 날아다니는 비상능력, 높은 번식률, 몸을 보호하는 딱딱한 껍질, 그리고 불리한 시기에 휴면상태에 들어가는 능력에서 비롯된다. 곤충은 절지동물(節肢動物, arthropod)의 일종으로서 곤충강(Insecta)에 속한다. 몸이 머리, 가슴, 배의 3부로 구성되어 있으며, 가슴에 세 쌍의 다리가 있다.

곤충은 작물과 수목을 해치며, 동식물의 병원균을 옮기는 부정적인 기능이 있지만, 그 밖에 작물의 꽃가루를 날라서 수분시켜 주며, 꿀과 같은 식량을 제공하고, 약이나 염료로 쓰이기도 하는 긍정적인 기능도 가지고 있다. 실제로 식물에 피해를 주는 곤충은 전체 곤충의 극히 적은 일부분에 지나지 않는다.

8-2 곤충의 분류

곤충은 날개의 특성과 입틀의 기능적 구조에 따라서 우선으로 분류된다. 날개의 유무에 따라서 무시아강과 유시아강, 날개를 접을 수 없는 고시류와 접을 수 있는 신시류, 번데기(용) 시기를 거치는 완전변태와 거치지 않는 불완전변태로 나눈다. 이러한 분류는 고생대 이후 각종 화석에서 발견되는 곤충의 진화론적인 관점에 기초를 두고 있다. 즉 4억 년 전 고생대 데본기(Devonian)에 곤충의 시조로 생각되는 무시곤충(날개 없는 곤충)이 최초로 태어났으며, 3억 5000만 년 전 석탄기(Carboniferous)에 유시곤충(날개 있는 곤충)이 탄생했다고 믿는다. 곤충분류에서 가장 보편적으로 채택하고 있는 곤충의 34개 목을 나열했다(표 8-1). 이 중에서 한국산 곤충은 2000년 한국곤충학회의 결정에 따라서 30개 목으로 분류된다.

표 8-1 가장 보편적인 기준에 의한 곤충의 분류(34개 목으로 나눔)(한국곤충학회, 2000)

<table>
<tr><th rowspan="4">무시아강
(날개 없음)</th><th colspan="5">유시아강(날개 있음)</th></tr>
<tr><th rowspan="3">고시류
(접을 수 없는
날개)</th><th colspan="4">신시류(접을 수 있는 날개)</th></tr>
<tr><th colspan="2">외시류(불완전변태)</th><th rowspan="2">내시류
(완전변태)</th><th rowspan="2">기타
내시류</th></tr>
<tr><th>메뚜기 계열</th><th>매미 계열</th></tr>
<tr><td>톡토기목
낫발리목
좀붙이목
돌좀목
좀목</td><td>하루살이목
잠자리목</td><td>메뚜기목
대벌레목
사마귀목
바퀴목
귀뚜라미붙이목
집게벌레목
흰개미목
흰개미붙이목
강도래목
민벌레목</td><td>매미목
다듬이벌레목
(새)털이목
이목
총채벌레목
노린재목</td><td>밑들이목
날도래목
나비목
파리목
벼룩목</td><td>풀(뿔)잠자리목
뱀잠자리목
약대벌레목
딱정벌레목
부채벌레목
벌목</td></tr>
</table>

8-3 해충의 종류

국내에는 현재 15,000종가량의 곤충이 분류되어 있는데, 나무를 먹이로 하는 곤충은 2,500종가량 된다. 수목에 피해를 주는 곤충은 약 1,600종가량으로 전체의 7~8%에 해당한다. 그중에서 주요 수목해충으로 분류되는 것은 300종 정도이며, 조경수에 심각한 피해를 주는 것은 100종 미만이다. 표 8-2에 국내에서 발견되는 주요 해충을 분류체계에 따라서 나열했다. 이 중에서 죽은 나무에 기생하는 흰개미목을 제외하면, 살아 있는 수목에는 9개 목만이 주요 해충으로 분류된다. 국

표 8-2 국내 수목해충의 분류

강명	변태	목명	부류	가해습성
곤충강	외시류 (불완전변태, 번데기 시기를 거치지 않음)	흰개미목(Isoptera)	흰개미과	죽은 목재 가해
		메뚜기목(Orthoptera)	메뚜기, 베짱이, 땅강아지	식엽성, 식근성
		대벌레목(Phasmida)	대벌레	
		매미목(Homoptera)	깍지벌레, 매미, 매미충, 나무이, 진딧물, 거품벌레, 면충	흡즙성
		노린재목(Hemiptera)	노린재, 방패벌레	
		총채벌레목(Thysanoptera)	총채벌레	
	내시류 (완전변태, 번데기 시기를 거침)	나비목(Lepidoptera)	나방, 박각시, 나비	식엽성, 천공성, 종실가해
		파리목(Diptera)	혹파리	충영 형성
		딱정벌레목(Coleoptera)	나무좀, 비단벌레, 하늘소	천공성
			무당벌레, 잎벌레, 풍뎅이	식엽성
			바구미	식엽성, 천공성
			거위벌레	종실 가해
			선녀벌레	흡즙성
		벌목(Hymenoptera)	잎벌, 말벌	식엽성
			혹벌	충영 형성
거미강		응애목(Acarina)	잎응애, 혹응애	흡즙성, 충영 형성

내에서 수목에 가장 큰 피해를 주는 해충 중에서 즙액을 빨아먹는 진딧물과 깍지벌레가 속해 있는 매미목, 잎을 갉아 먹는 각종 나방이 속해 있는 나비목, 잎을 먹는 잎벌레와 줄기를 파고들어 가는 나무좀과 하늘소가 속해 있는 딱정벌레목을 3대 해충목이라고 할 수 있다.

응애류(진드기)는 곤충이 아니고 거미강 응애목(Acarina)에 속하지만, 곤충과 함께 절족동물에 속하며, 머리, 가슴, 배의 구별이 없고, 발이 네 쌍인데, 진드기(tick)를 제외하면 극히 작아서 육안으로 잘 보이지 않아 원인 구명 시 조심해야 한다. 관리자를 위한 현실적인 곤충의 분류는 가해습성에 따른 분류(표 8-3)이다.

8-4 가해습성에 의한 해충의 분류

해충은 기생식물을 가해하는 습성에 따라서 분류할 수 있다. 국내에 있는 해충은 잎을 갉아 먹는 식엽싱 해충(defoliator), 즙액을 빨아먹는 흡즙성 해충(sucking insect), 줄기에 구멍을 뚫는 천공성 해충(stem borer), 혹을 만드는 충영형성 해충(gall maker), 종자와 열매를 가해하는 종실해충(seed insect), 어린 묘목의 뿌리를 먹는 뿌리해충(root feeder), 목재를 파괴하는 목재해충(wood eater)으로 나눈다(표 8-3).

표 8-3 가해습성에 따른 국내 수목 해충 분류(주요 해충 종수는 이범영과 정영진(1997)과 우건석(2009)의 도감에 기재된 종에 의한 숫자임)

가해습성	주요 해충 종수	부류
식엽성 해충 (defoliator)	130	대벌레(walkingstick), 메뚜기(grasshopper), 풍뎅이(beetle, chafer), 무당벌레(ladybug), 잎벌레(leaf beetle), 거위벌레(leaf-cut weevil), 벼룩바구미(jumping weevil), 나방(moth), 박각시(horn-worm), 나비(butterfly, swallowtail), 잎벌(sawfly)
흡즙성 해충 (sucking insect)	90	노린재(stinkbug), 방패벌레(lace bug), 거품벌레(spittle bug), 매미(cicada), 선녀벌레(flatid), 나무이(psyllid), 가루이(whitefly), 솜벌레(adelgid), 깍지벌레(scale), 꽃매미(*Lycorma*), 진딧물(aphid), 면충(woolly aphid), 총채벌레(thrip), 잎응애(spider mite), 매미충(leafhopper)
천공성 해충 (stem borer)	25	하늘소(longicorn), 바구미(weevil), 나무좀(bark beetle), 비단벌레(jewel beetle), 유리나방(tree borer), 박쥐나방(swift moth), 명나방(pyralid), 잎말이나방(tip moth)
충영형성 해충 (gall maker)	26	혹진딧물(gall aphid), 면충, 나무이, 혹파리(gall midge), 혹벌(gall wasp), 혹응애(eriophyoid mite)
종실해충 (seed insect)	13	바구미, 명나방, 잎말이나방, 심식나방(fruit moth), 뿌리혹벌레, 거위벌레(nut weevil)
뿌리해충 (root feeder)	2	땅강아지(mole cricket), 풍뎅이, 매미, 뿌리혹벌레
목재해충 (wood eater)	2	가루나무좀(powder post beetle), 흰개미(termite)

8-5 피해증상과 가해흔적에 의한 해충 구분

해충 피해는 해충과 관련된 여러 가지 증거를 수집하여 진단한다. 즉, ① 해충 자체의 존재, ② 피해 증상(symptom, 잎의 변색, 반점, 뒤틀림, 부풀어 오름, 혹), ③ 직접적인 가해 흔적(sign, 난, 난각, 탈피각, 배설물, 거미줄, 거품), ④ 간접적인 가해 흔적(식흔, 굴, 갱도, 탈출공, 나뭇가루, 수액이나 송진 유출) 등의 증거를 관찰하여 판단할 수 있다(표 8-4). 전염성 수목병의 경우 병징만으로 병의 원인을 찾

표 8-4 피해증상과 가해흔적에 의한 해충의 구분(Johnson과 Lyon, 1991의 보완)

피해증상과 가해흔적	해당 해충의 종류
Ⅰ. 잎이나 꽃을 갉아 먹은 흔적이 있음	나방과 나비의 유충, 잎벌 유충, 딱정벌레의 유충과 성충, 풍뎅이, 메뚜기, 대벌레, 벼룩바구미, 달팽이, 민달팽이, 귀뚜라미
Ⅱ. 잎이 백색, 은색, 청동색으로 변하거나 주근깨, 반점, 줄무늬, 굴이 있음	진딧물, 잎응애, 방패벌레, 매미충, 총채벌레, 노린재, 나무이, 굴나방, 굴파리, 멸구
Ⅲ. 조직이 비틀어지거나 부풀어 오르거나 혹이 있음	진딧물, 혹응애, 총채벌레, 나무이, 혹 형성 곤충
Ⅳ. 가지, 줄기 혹은 수목 전체가 고사함. 수피에 구멍이 있음. 구멍으로부터 나뭇가루, 벌레똥, 나무진, 송진이 배출됨	하늘소, 바구미, 나무좀, 깍지벌레, 혹 형성 곤충, 나방, 굼벵이, 기타 천공성 해충
Ⅴ. 해충이 있거나 해충에 관련된 물질이 있음 1. 감로와 이로 인한 그을음병이 생김	진딧물, 깍지벌레, 가루깍지벌레, 매미충, 나무이, 가루이, 온실가루이, 멸구, 선녀벌레
2. 잎에 똥 조각이 있음	방패벌레, 온실총채벌레, 잎벌레, 노린재, 잎벌 성충
3. 천막, 거미줄, 명주실 같은 매트가 있음	텐트나방, 흰불나방, 잎말이나방, 명나방, 집나방
4. 주머니나 통이 있음	주머니나방, 통나방
5. 거품이 있음	거품벌레
6. 솜섬유 물질이 있음	솜벌레, 깍지벌레, 가루깍지벌레, 진딧물, 가루이, 온실가루이, 선녀벌레, 면충류
7. 끈끈한 점액이 있음	달팽이, 민달팽이
8. 송진(pitch tube)이 있음	나무좀
9. 나무진과 송진이 대량으로 있으며, 수액이 흘러나옴	딱정벌레의 유충, 나방의 유충, 파리의 유충
10. 가지에 상처가 있고, 가지가 말라 죽기도 함.	매미 성충

아내기가 힘들며, 확실한 표징이 나타나지 않는 경우가 많다. 이에 비해서 해충은 대개 가해흔적을 남기게 마련이며, 세밀하게 잎, 가지, 줄기를 관찰하면 표 8-4에 나열한 여러 가지 피해증상과 흔적 중에서 한 가지 이상을 발견할 수 있어서 해충의 종류를 알아내는 데 도움이 된다.

천공성 해충은 줄기에 구멍을 뚫고 들어가며, 나무가루, 벌레똥, 나무진이 배출되어 당분간 남아 있지만 구멍이 작기 때문에 면밀히 관찰해야 한다. 응애는 육안으로 보이지 않기 때문에, 흰 종이를 받치고 가지를 손가락으로 두들겨서 종이 위에 떨어진 먼지를 확대경으로 자세히 관찰하여 응애를 찾아내거나 잎에 붙어 있는 알과 난각을 확인해야 한다. 잎이나 가지에 그을음병이 심하면 진딧물과 깍지벌레가 배설한 물질(예: 감로)로 인해 병이 생긴 것이므로 해충이 있다는 간접적 증거가 된다. 방패벌레는 잎 뒷면에 작은 똥 조각(확대경으로 관찰)을 많이 남긴다. 평소에 확대경을 가지고 다니면서 현장에서 해충과 병의 표징을 관찰하는 습관을 기르면 좋다.

8-6 주요 조경수 해충의 종 다양성

국내에서 조경수로 심고 있는 수종들에 대한 해충의 다양성은 수종에 따라서 크게 차이가 있다. 표 8-5에 국내 주요 조경수에 대한 해충의 다양성을 해충의 목별로 나열했는데, 해충의 다양성이 가장 높은 수종은 벚나무류이다. 벚나무류의 경우 같은 벚나무속(*Prunus*) 내의 20개 수종의 해충을 모두 합친 숫자이긴 하지만, 총 410종류의 해충이 벚나무류를 가해하는 것으로 집계되고 있다. 참나무류(*Quercus*)는 국내에 12종이 있는데, 총 377종의 해충이 피해를 주고 있어 두 번째로 높다. 반면에 낙우송은 3종의 해충이 피해를 주고 있어, 미국에서 도입된 수종이므로 국내에 아직 해충의 종류가 적은 것으로 판단된다.

국내에서 종다양성이 높으면서 조경수를 가장 많이 가해하는 3대 곤충군은 나비목, 딱정벌레목, 매미목이다. 나비목이 가장 흔하며, 벚나무류의 410종류 해충 중에서 나비목에 속하는 곤충이 205종이며, 이 중에서 식엽성인 나방류가 주류를 이룬다. 두 번째로 종다양성이 높은 해충은 딱정벌레목이다. 딱정벌레목에는 식엽성 해충과 천공성 해충이 동시에 존재하는데, 10개 수종이 포함되어 있는 소나무류(*Pinus*)에서 92종의 딱정벌레목 해충이 피해를 주고 있으며, 참나무류의 경우 90종에 달한다. 세 번째로 종다양성이 높은 해충은 매미목이다. 매미목에는 진딧물, 깍지벌레, 나무이 등의 흡습성 해충이 포함되어 있는데, 벚나무류는 77종의 매미목 해충이 피해를 주고 있다.

표 8-5 국내 주요 조경수의 해충 다양성(이범영과 정영진, 1997)

수종 (포함 종수)	메뚜기목	대벌레목	총채벌레목	노린재목	매미목	딱정벌레목	벌목	파리목	나비목	응애목	계
가문비나무류(3)					8	61			14	2	85
가시나무류(6)		3			18	29	1		33		84
개나리류(2)			1		7		2		2	1	13
개잎갈나무(1)					5	5			6		16
낙우송(1)					1				2		3
느릅나무류(5)				5	31	41	2		52		131
느티나무(1)		3		4	12	24	1		17		61
단풍나무류(14)			1	4	45	22	4		40	4	120
대나무류(4)			6	2	17	8		2	33	1	69
동백나무류(2)			1	1		36		2	22	3	65
등나무(1)		2		2	15	11	1		23	1	55
명자나무류(4)				1	7	1			1		10
목련류(5)			1		14	8			3	1	27

표 8-5 계속

수종 (포함 종수)	메뚜기목	대벌레목	총채벌레목	노린재목	매미목	딱정벌레목	벌목	파리목	나비목	응애목	계
무궁화류(2)	1		9		14	6			22	2	54
배롱나무(1)			1		9	10			11		31
버드나무류(10)				2	73	61	5	4	115	2	262
버즘나무류(2)				1	4	1			9		15
벚나무류(20)	3	2	1	12	77	85	13	1	205	11	410
사철나무류(5)				1	25	1		1	19	1	48
삼나무(1)				3	5	29	1		11	5	54
소나무류(10)	1			1	27	92	12	1	25	5	164
오리나무류(5)	1			1	17	48	8		51		126
은행나무(1)					3	1			7		11
잎갈나무류(3)					5	41	10	2	21	1	80
자작나무류(7)				2	12	24			56		94
전나무류(4)					17	54	4	1	26	3	105
조팝나무류(8)			4		7				9		20
주목류(2)					8	2			4	3	17
쥐똥나무류(3)					15	5	1		23		44
진달래류(5)			3	4	19	6	1		31	4	68
참나무류(7)	1	5		11	57	90	10	1	199	3	377
측백나무류(2)					3	6			1	2	12
칠엽수(1)					4	8			4		16
팽나무류(3)					24	4	2		13		43
편백류(2)				2	3	25	2		7	6	45
포플러류(7)				2	30	42	4		80		158
향나무류(4)					6	7		1	7	5	26
회양목류(2)				1	7			1	4	1	14
회화나무(1)				1	3				2		6
후박나무(1)					7	15			3		25

8-7 국내 주요 해충(자주 관찰되는 해충은 학명을 병기함)

8-7-1 식엽성 해충(食葉性害蟲, defoliator)

잎을 먹는 식엽성 해충은 종에 따라서 생활습성에서 차이를 보인다. 즉 유충시절에 잎을 먹는 특성과 집을 짓는 특성에서 차이가 있다. 유충이 노출된 상태에서 잎을 먹으면서 자라거나, 잎을 말거나, 굴을 파고들어 가서 숨거나, 벌레집을 만들어 놓고 야간에만 밖으로 나와 잎을 먹는 등의 다양한 습성을 가지고 있다. 표 8-6과 같이 식엽성 해충이 잎을 먹는 습성을 분류할 수 있다.

표 8-6 식엽성 해충의 유충시절 가해 특성에 따른 분류

유충이 잎을 먹거나 집을 만드는 특성	해충의 종류
노출상태에서 잎을 가해	나방류, 풍뎅이류, 하늘소류, 잎벌레류, 거위벌레류, 무당벌레류, 비단벌레류, 잎벌류
잎을 말고 가해	잎말이나방류, 재주나방, 명나방류
잎에 굴을 만들고 가해	굴나방류
엽맥을 남기고 엽육만 가해	벼룩바구미류, 잎벌레, 뿔나방, 재주나방류
주머니를 만들고 가해	주머니나방류

1. 대벌레류(walking stick, stick insect)

대벌레류는 대벌레목에 속하며, 모양은 식물의 줄기(대), 납작한 잎, 나무껍질을 닮았으며 보호색을 가진 의태(擬態, mimicry) 곤충이며, 날개가 없다. 세계적으로 2,300종이 분포하며 열대와 아열대지방에 많다. 몸의 길이는 1.5~30cm로 다양하지만, 온대지방에 있는 것은 10cm 정도 자란다. 암컷은 나무 위에서 산란하면서 알을 지표면으로 떨어뜨린다. 낙엽층에서 봄에 알에서 부화한 약충은 주간에 활동하지만 성충은 겹눈이 발달하여 주로 야간에 활동한다. 약충과 성충이 관목과 교목의 잎을 먹고 살며, 2년에 한 세대를 완성한다. 국내에서는 대벌레(*Baculum elongatum*)가 참나무류, 밤나무, 느티나무, 벚나무, 사과나무, 살구나무, 감나무, 아까시나무 등을 가해하지만, 심각한 피해를 주지 않는다(그림 8-1 A). 보통 날개가 없어 멀리 퍼지지 못해 한 장소에서 피해를 유발한다. 방제를 위해 메프유제, 파프유제 1,000배액을 수관에 살포한다.

2. 메뚜기류(grasshopper)

메뚜기목에는 여치, 귀뚜라미, 메뚜기, 땅강아지가 속해 있으며, 몸의 색깔이 변하면서 집단생활을 하는 것은 locust로 불린다. 불완전변태(不完全變態, incomplete metamorphosis, 번데기 시절을 거치

지 않음)를 한다. 세계적으로 22,000종 이상이 분포하며, 국내에는 130종가량 있다. 식물에 피해를 주는 것은 메뚜기과의 메뚜기로서 55종이 알려져 있다. 이 중에서 수목에 피해를 주는 것은 섬서구메뚜기(*Atractomorpha lata*)로서 벚나무, 무궁화, 귤나무류, 오리나무, 뽕나무류, 녹나무, 장미, 산딸기류 등에 피해를 준다. 잎을 불규칙하게 먹는데, 약충과 성충이 모두 잎과 꽃을 가해하며, 8~9월에 피해가 커진다. 방제를 위해 메프유제, 파프유제 500~1,000배액을 살포한다.

3. 풍뎅이류(beetle, chafer)

딱정벌레목은 지구상 동물종의 25%, 그리고 곤충 종류의 40%를 차지할 만큼 가장 종이 많은 목(目)이다. 지금까지 40만 종이 기술되었는데, 아직 기술되지 않은 종이 10배가량 더 많을 것으로 추정되고 있다. 완전변태(完全變態, complete metamorphosis, 번데기 시절을 거침)를 하며, 지구상의 전 지역에서 각종 동물과 식물의 유기물을 섭식하는 곤충으로서 익충 역할도 하지만, 해충의 역할을 할 경우 식물의 모든 부분을 가해한다. 수목을 가해하는 풍뎅이, 무당벌레, 잎벌레, 거위벌레, 바구미, 나무좀, 하늘소, 비단벌레가 모두 딱정벌레목에 속한다.

풍뎅이 계열은 세계적으로 13과 28,000종이 있다. 초식성 풍뎅이는 검정풍뎅이과, 장수풍뎅이과, 풍뎅이과, 꽃무지과로 나누며, 국내에서는 7과 260종이 알려져 있다. 풍뎅이는 유충기에 땅속에 굼벵이로 자라면서 잔디와 수목의 뿌리를 먹고, 성충이 되면 활엽수의 잎, 눈, 꽃을 가해한다. 잎에 작은 구멍을 만들거나 엽맥만 남기고 먹기도 한다. 풍뎅이, 구리풍뎅이, 주둥무늬차색풍뎅이, 애우단풍뎅이, 애청동풍뎅이 등이 주로 활엽수의 잎을 가해한다. 구리풍뎅이(*Anomala cuprea*)는 삼나무, 편백, 낙엽송을 포함하여 과수, 관상수의 26종 이상의 수목을 가해하여 기주범위가 넓다. 굼벵이는 여름에 토양이 건조할 때 부화가 안 되거나 잘 죽으며, 비가 자주 오면 생존율이 높아진다. 새, 두더쥐, 뒤쥐 등이 굼벵이를 먹이로 하므로 방제에 도움이 된다(그림 8-1 B).

방제를 위해 양묘장에서는 잡초를 제거하고, 토양훈증으로 카보퓨란입제, 에토프로포스 입제를 10a당 6kg 살포하며, 성충 발생 시 유기인계 농약을 사용하며, 알을 포식하는 거미류, 무당벌레, 풀잠자리를 보호한다.

4. 무당벌레류(ladybug, ladybird, lady beetle)

무당벌레류는 딱정벌레목 무당벌레과에 속하며, 몸의 길이가 0.8~18mm로서 날개 덮개에 노랑, 오렌지, 진홍색 반점이 있으며, 다리, 머리, 안테나가 모두 검은색이다. 세계적으로 5,000종가량이 알려져 있으며, 국내에는 100여 종이 있다. 무당벌레의 유충과 성충은 일반적으로 진딧물, 깍지벌레, 응애, 나방의 알 등 다른 곤충을 잡아먹는 유용한 곤충이지만, Epilachninae 아과에 속하는 무당벌레는 잎을 가해하여 산림해충에 속한다. 무당벌레의 알 속에 알을 낳는 천적인 먹좀벌의 숫자가 줄어들면 대량으로 늘어나 피해가 커진다. 국내에는 큰이십팔점박이무당벌레

그림 8-1

식엽성 해충. A: 대벌레(*Baculum elongatum*), B: 청동풍뎅이(*Anomala albopilosa*), C: 밤나무의 풍뎅이 피해, D: 큰이십팔점박이무당벌레(*Henosepilachna vigintioctomaculata*)(구기자나무)(사진 A와 B: 곤충표본 우건석; D: 문성철과 이상길, 2014)

(*Henosepilachna vigintioctomaculata*)가 구기자나무를 가해하는데, 잎 뒷면에서 엽맥만 남기면서 먹어 그물 모양으로 만들어 놓는다(그림 8-1 C와 D). 방제를 위해 델타메트린유제, 카바릴수화제를 살포한다.

5. 잎벌레류(leaf beetle)

잎벌레류는 딱정벌레목 잎벌레과에 속하며, 세계적으로 2,500속 35,000종이 알려져 있어 풍뎅이류 중에서 가장 흔한 곤충에 해당한다. 노란색, 적색, 청록색 등의 화려한 몸 색깔을 가지고 있어 곤충 수집가들이 좋아한다. 유충과 성충이 많은 종류의 작물의 잎을 가해하여 농작물에서 심각한 해충이며, 다른 병을 옮기기도 한다. 종에 따라서 잎을 먹는 것, 잎에 굴을 형성하는 것, 뿌리를 먹는 것, 줄기를 뚫는 것이 있다. 국내에서는 오리나무잎벌레(*Agelastica coerulea*)가 오리나무, 박달나무, 밤나무, 서어나무, 피나무, 사과나무, 배나무, 벚나무, 뽕나무류, 사시나무, 버드나무류 등을 가해하는 심각한 해충이며, 유충과 성충이 잎살만 먹어 잎이 붉게 변한다(그림 8-2). 그 밖에 버들꼬마잎벌레, 사시나무잎벌레, 버들잎벌레, 호두나무잎벌레 등이 활엽수를 가해한다. 방제를 위해 아시트수화제, 사이스린액제, 델타메트린, 디플루벤주론, 트리플루뮤론, 페니트로치온유제, 클로르플루아주론유제 1,000배액을 7~10일 간격으로 살포한다.

그림 8-2

잎벌레(오리나무잎벌레, *Agelastica coerulea*). 7월 초(A)와 7월 말(B) 피해를 받은 물오리나무, C: 7월 초 유충, D: 7월 말 성충

그림 8-3

팽나무벼룩바구미(A, B)와 느티나무벼룩바구미(*Rhynchaenus sanguinipes*)(C, D). A: 6월 하순 피해를 받은 팽나무 전경, B: 6월 하순 피해를 받은 팽나무 잎, C: 느티나무의 피해, D: 성충(사진 D: 문성철과 이상길, 2014)

6. 거위벌레류(leaf-cut weevil)와 벼룩바구미(jumping weevil)

딱정벌레목 바구미상과에 속한다. 거위벌레는 거위벌레과에 속하며 잎을 말면서 잎에 구멍을 만들며, 신갈나무, 상수리나무, 밤나무, 오리나무를 가해한다. 벼룩바구미는 바구미과에 속하며, 뒷다리가 발달하여 벼룩처럼 잘 뛰기 때문에 얻은 이름이다. 느티나무벼룩바구미(*Rhynchaenus sanguinipes*)는 느티나무를, 떡갈나무벼룩바구미는 참나무류와 밤나무를 가해한다(그림 8-3 D). 성충과 유충이 모두 잎살을 먹는데, 유충은 잎 속으로 잠입하여 잎을 갈색으로 변색시키며, 연 1회 발생한다. 5~6월 엽맥만 그물처럼 남는데, 새순이 돋아서 나무를 죽이지는 않지만 경관을 크게 해친다. 방제를 위해 5월 중하순에 이미다클로로프리드 분산성액제, 에토펜프록스 유제를 잎에 뿌려 준다.

7. 나방류(moth)

나방류는 나비류와 함께 나비목에 속해 있다. 나비목에는 세계적으로 총 16만 종이 알려져 있는데, 이 중에서 90%가 나방이다. 국내에서 나비목은 70여 과 3,000여 종이 기록되어 있다. 나방은 대부분 야행성이며, 유충(幼蟲, caterpillar)은 세계적으로 농작물에 큰 피해를 주는 주요 해충이다. 나방류는 수목에서 대부분 식엽성 해충이지만, 표 8-3과 같이 천공성 해충(예: 박쥐나방과 유리나

표 8-7 국내에서 수목의 잎을 가해하는 식엽성 나비목 곤충의 분류(한국곤충학회, 2000)

나비아목	나비상과	나비과	국내 주요 해충명
원시나방아목	-	-	-
선조나방아목	좀날개나방상과	좀날개나방과	자작나무굴좀나방
단문아목	곡나방상과	어리굴나방과	참나무어리굴나방
이문아목	잎말이나방상과	애기잎말이나방과, 잎말이나방과	오리나무잎말이나방
	곡식좀나방상과	주머니나방과, 굴나방과	차주머니나방
	집나방상과	집나방과	화살나무집나방
	알락나방상과	알락나방과, 쐐기나방과	노랑털알락나방, 노랑쐐기나방
	명나방상과	명나방과	회양목명나방, 복숭아명나방
	자나방상과	자나방과	잠자리가지나방
	누에나방상과	솔나방과, 왕물결나방과, 산누에나방과	솔나방, 텐트나방, 어스렝이나방
	박각시나방상과	박각시과	큰쥐박각시
	재주나방상과	재주나방과	재주나방, 갈무늬재주나방
	밤나방상과	밤나방과, 독나방과, 불나방과, 혹나방과, 얼룩나방과	짚시나방, 독나방, 미국흰불나방
	호랑나비상과	호랑나비과, 네발나비과	호랑나비
계	13개 상과	23개과	

방)과 종실해충(예: 명나방과 심식나방)도 있다. 표 8-7에 나비목 중에서 국내 수목의 잎을 가해하는 식엽성 해충에 대한 분류체계를 요약했다. 나비목의 4개 아목 중에서 원시나방아목 중에는 국내에서 수목해충에 해당하는 곤충이 없다.

1) 주머니나방류(bagworm)

주머니나방류는 잎과 수피로 주머니 같은 집을 만들어 살면서 교미하고, 주머니 안에 산란한다. 유충은 7월에 탈출하여 잎을 먹는데, 엽맥 사이에 구멍을 뚫고, 나뭇가지에 주머니를 만들어 매달려 유충 혹은 성충으로 월동한다(그림 8-4B). 남방차주머니나방(주머니나방), 차주머니나방, 검정주머니나방이 있으며, 40여 종 이상의 낙엽 및 상록 활엽수와 삼나무, 편백, 낙우송의 잎을 먹는다. 방제를 위해 천적을 보호하며, 7~8월에 클로르플루아주론유제, 페니트로치온유제 1,000배액을 살포한다.

2) 굴나방류(lyonetid)

굴나방류는 잎의 표피세포 밑으로 굴처럼 파고들어 가서 엽육만 먹고 표피와 엽맥을 남겨 피해 부위가 흰색으로 변하며, 심하면 조기낙엽이 진다(그림 8-4 C와 D). 은무늬굴나방은 사과나무, 자두

그림 8-4 주머니나방과 굴나방. A: 8월 중순 담쟁이덩굴 주머니나방, B: 9월 초순 황근 주머니나방, C: 6월 중순 철쭉 굴나방 피해, D: 굴나방이 철쭉 잎의 표피 밑으로 들어가서 표피가 들떠 있으며, 배설물이 있다.

나무, 복사나무, 배나무 등 과수와 벚나무, 자작나무, 산사나무류를 가해한다. 방제를 위해 발생 초기에 메톡시페노자이드, 디프수화제를 2~3회 살포한다.

3) 잎말이나방류(leaf roller)

잎말이나방류는 유충이 거미줄로 잎을 말아 그 속에서 살면서 잎을 먹는다. 오리나무잎말이나방, 매실애기잎말이나방, 네줄잎말이나방, 애모무늬잎말이나방이 있으며, 벚나무류, 사과나무, 배나무, 버드나무류, 자작나무류, 전나무, 가문비나무류 등 20여 종의 수목을 가해한다. 방제를 위해 새순이 나올 때 클로르플루아주론유제, 비펜트린유제, 그로포유제 1,000배액을 살포한다.

4) 명나방류(pyralid moth)와 집나방류(ermine moth)

명나방류와 집나방류는 유충이 거미줄로 잎을 묶어 벌레집을 짓고 모여 살며, 9종가량이 수목을 가해한다. 회양목명나방(*Glyphodes perspectalis*)은 연 2회 혹은 3회 발생하는데, 월동하던 유충이 4월 하순부터 가지에 거미줄을 치고 잎을 가해하여 6월에 피해가 심하게 나타나고 다시 여름에 나타나 피해를 가중시킨다(그림 8-5). 복숭아명나방(*Dichocrocis punctiferalis*)은 소나무, 잣나무, 전나무, 구상나무, 개잎갈나무 등 침엽수의 잎을 가해하는 침엽수형과 밤나무, 복사나무, 자두나무, 배나무, 사과나무, 상수리나무 등의 열매를 가해하는 활엽수형으로 나눈다.

방제를 위해 거미, 무당벌레, 풀잠자리, 좀벌, 맵시벌, 기생파리 등 천적을 보호하고, Bt 균과 핵다각체 바이러스를 활용하고, 에마멕틴벤조에이트유제, 페니트로티온유제, 에토펜프록스수화제 1,000배액을 10일 간격으로 2회 살포한다.

그림 8-5

A, B: 회양목 명나방(*Glyphodes perspectalis*). 5월 중순(A)과 하순(B) 피해를 받은 회양목 잎과 유충

5) 알락나방류(zygaenid)

알락나방류는 유충의 몸이 굵어 달팽이 모양을 하고 있으며, 화려한 색깔을 가지고 있다. 유충이

잎의 가장자리부터 먹어 들어온다. 다양한 활엽수를 가해한다. 노랑털알락나방은 사철나무, 화살나무, 참빗살나무, 사스레피나무, 노박덩굴 등을 가해하며, 유충은 건드리면 거미줄을 타고 땅으로 떨어지는 습성이 있다. 그 밖에 흰띠알락나방, 뒤흰띠알락나방, 대나무쐐기알락나방(대먹나방), 장미과 수목을 먹는 매실먹나방과 벚나무모시나방이 있다. 방제를 위해 노린재, 좀벌, 맵시벌 등 천적을 보호하고, 디프수화제, 메프수화제를 살포한다.

6) 쐐기나방류(cochid)

쐐기나방류는 알락나방처럼 유충의 몸이 굵고 짧으며, 번데기가 딱딱한 껍질을 가지고 있다. 극모(棘毛, 독침)를 가지고 있어 인체에 염증을 일으키기도 한다(그림 8-6 A). 어릴 때에는 잎살만 먹지만 자라면서 잎 전체를 먹는다. 쐐기나방류에는 흰점쐐기나방, 노랑쐐기나방, 장수쐐기나방, 흑색무늬쐐기나방, 꼬마쐐기나방이 있다. 노랑쐐기나방(*Monema flavescens*)은 단풍나무, 벚나무, 느릅나무, 참나무류, 버드나무류, 포플러류, 밤나무, 과수류 등 20종 이상의 수목에 기생한다.

방제를 위해 겨울철 붙어 있는 고치를 제거하고, 천적인 기생벌을 보호하고, 애벌레는 6월경 에마멕틴벤조에이트유제, 클로란트라닐리프입상수화제 등을 살포한다.

7) 자나방류(가지나방, geometrid)

자나방류는 자나방과에 속하며 몸을 반으로 접어 몸의 길이를 자로 재듯 움직이는 특징을 가지고 있으며, 나뭇가지 모양을 하고 있어 가지나방으로도 불린다. 수목 해충으로 7종가량이 있는데, 과수를 포함하여 다양한 활엽수를 가해한다. 잎가부터 먹지만 중간에 구멍을 만들기도 한다. 별박이자나방(별자나방)은 쥐똥나무, 층층나무, 라일락을 가해하며, 잠자리가지나방은 벚나무, 자작나무, 버드나무류, 때죽나무, 과수 등 13종의 수목을 가해한다(그림 8-6 B). 방제를 위해 8월에 페니트로치온유제, 델타메트린유제 1,000배액을 살포한다.

8) 밤나방류(Miller moth)

밤나방류는 밤나방과에 속하며 나방류 중에서 가장 많은 종을 포함한 과로서 국내에 총 500여 종이 있다. 이 중에서 수목을 가해하는 종은 16종가량 되며, 과수를 포함하여 다양한 활엽수를 가해한다. 한일무늬밤나방(그림 8-6 C)과 배저녁나방이 벚나무, 참나무류, 포플러류, 버드나무류, 밤나무류, 뽕나무류, 진달래류, 장미나무류, 각종 과수류를 가해한다. 방제는 유충 발생기에 페니트로티온유제, 에토펜프록스유제 등을 10일 간격으로 2~3회 살포한다.

9) 불나방류(tiger moth)

불나방류는 주로 밤에 활동하면서 야간에 불빛에 잘 유인되어 붙여진 이름이며, 성충이 밝고 아

그림 8-6

A: 박태기나무 쐐기나방 유충, B: 사과나무겨울가지나방 유충, C: 한일무늬밤나방(*Orthosia evanida*)(벚나무), D: 6월 초순 연중 첫 번째 발생하여 군서생활을 하는 미국흰불나방 유충, E: 8월 하순 연중 두 번째 발생한 미국흰불나방 피해를 받은 단풍나무, F: 미국흰불나방(*Hyphantria cunea*) 성충과 난괴(사진 B, C: 문성철과 이상길, 2014; F: 이승제)

름다운 색깔과 무늬로 장식되어 있으며, 국내에 30여 종이 알려져 있다. 이 중에서 미국흰불나방(fall webworm, *Hyphantria cunea*)은 1958년 미국에서 들어왔으며, 160여 종의 활엽수를 가해하는 잡식성으로서, 특히 포플러류, 버즘나무, 벚나무, 단풍나무를 즐겨 먹으며, 먹이가 부족하면 초본류도 먹는다. 연 2회 발생하는데, 번데기로 월동하여 5~6월 초순에 성충이 우화한 후 1화기 유충이 5월 하순부터 7월 하순까지 잎을 가해한다. 초기에는 실을 토해 잎을 싸고 모여 살다가 후에 흩어져 잎맥만 남기고 모두 먹어 그물처럼 만든다. 2화기 유충이 8월 초순부터 10월 상순까지 다시 잎을 가해하므로 큰 피해를 준다(그림 8-6 D~F). 불나방은 훼로몬을 이용해 예찰할 수 있다.

방제를 위해 애벌레가 집단생활을 하는 초기에 제거하고, Bt제 수화제를 살포한다. 아세페이트 수화제, 클로르플루아주론 액상수화제, 델타메트린유제를 쓴다. 잠복소 설치는 효과가 없다.

10) 재주나방류(prominent)

재주나방류는 머리와 꼬리를 들고 재주를 피우는 행동을 보여 붙여진 이름이다(그림 8-7 A). 국내에 70여 종이 알려져 있는데, 12종이 수목을 가해한다. 유충이 모여 살면서 잎의 주맥만을 남기고 몽땅 먹어치운다. 갈무늬재주나방(*Phalerodonta manleyi*), 참나무재주나방, 재주나방은 수목의 주요 해충으로서 벚나무, 참나무류(가시나무, 붉가시나무 포함), 밤나무, 호두나무, 버드나무류, 사시나무, 단풍나무류, 오리나무, 각종 과수류 등을 가해한다. 방제를 위해 천적(맵시벌)을 보호하며, 초기에 애벌레가 모여 있을 때 제거하고, 페니토로치온유제, 비페트린입상수화제 1,000배액을 살포한다.

11) 독나방류(tussock moth)

독나방류는 밤나방류와 흡사하게 생겼으며, 세계적으로 2,000여 종이 알려져 있다. 국내에 40종이 있으며, 대부분 독침을 가지고 있다. 8종 정도가 산림수목을 가해한다. 매미나방(짚시나방, *Lymantria dispar*)은 산림과 과수의 해충으로 오래전부터 알려져 있으며, 돌발적으로 대량으로 발생하는 경우가 많다. 수컷이 밤낮으로 암컷을 찾아다녀 짚시나방(gypsy moth)이라는 별칭을 얻었다(그림 8-7 B). 소나무류, 낙엽송, 참나무류, 포플러류, 벚나무류, 단풍나무류, 자작나무류, 느릅나무, 밤나무, 진달래, 각종 과수류 등 25종 이상의 수목을 가해하는 주요 해충이다. 연 1회 발생하며 알로 줄기에서 월동한다. 알 기간이 9개월이라서 유충기간이 4월 중순부터 45~66일 정도밖에 안 된다. 유충은 거미줄에 매달려 바람으로 퍼지며, 바람을 타고 멀리 가기도 하고, 엽육을 불규칙하게 먹는다. 줄기에 산란한 난괴(卵塊)를 4월 이전에 채집하여 소각한다. 천적으로 Bt 균(*Bacillus thuringiensis*)과 벼룩좀벌, 맵시벌, 딱정벌레, 노린재가 알려져 있다.

독나방(*Euproctis subflava*)은 유충, 성충, 난괴 상태에서도 독침모를 가지고 있어 인체에 심한 염증을 일으킨다. 매미나방과 비슷한 수종(그러나 침엽수 제외)을 가해하는 주요 해충이다. 콩독나방(*Cifuna locuples*)과 흰독나방(*Euproctis similis*)은 벚나무류, 느티나무, 버드나무류, 상수리나무, 과수, 장미 등을 가해한다. 방제를 위해 유충이 집단생활할 때 제거하고, 6~7월 유아등으로 포살하고, 7월에 클로르플루아주론유제, 메타플루미존유제 등을 살포한다.

12) 솔나방류(eggar)

솔나방류는 열대지방에 많은데, 국내에는 15종 이상이 알려져 있다. 도토리나방은 주로 참나무류를 가해하며, 텐트나방(천막벌레나방, tent caperpillar, *Malacosoma neustria*)은 참나무류, 버드나무, 밤나무, 포플러류, 벚나무, 장미, 과수 등 활엽수를 가해하는데, 연 1회 발생하지만, 유충이 모여 살면서 가끔 대발생하여 가로수와 참나무림에 큰 피해를 준다.

솔나방(pine caterpillar, *Dendrolimus spectabilis*)은 보통 송충이로 알려져 있으며, 소나무의 대표적인 해충이지만, 실제로는 소나무과에 속하는 모든 침엽수를 가해한다(그림 8-7 C와 D). 연 1회 발생하는데, 성충이 8월에 산란하고 5령충으로 월동한다. 월동한 유충이 잎을 먹고 7월 번데기를 만든다. 잎을 먹는 유충기간이 320일로 길어 피해가 크며, 주로 밤에 활동한다. 묵은 잎부터 먹지만, 유충의 밀도가 높아지면 새잎도 먹는다. 1980년 이전 전국의 산림이 황폐했을 때 소나무에 큰 피해를 주었다. 최근에는 서해안의 도서지역에서 크게 발생한다. 부화유충기인 8월에 비가 많이 오면 사망률이 높아진다.

방제를 위해 유아등을 설치하고, 4월과 9월에 Bt 쿠르스타키수화제 1,000배액, 페니트로티온 유제를 10일 간격으로 2회 살포하거나, 4월에 아바멕틴 미탁제를 수간주사한다.

13) 어스렝이나방류(giant silk moth)

어스렝이나방(*Dictyoploca japonica*)은 산누에나방과에 속하며, 유충의 몸길이가 10cm로 매우 큰 편이다. 많은 잎을 먹어 밤나무에서 피해가 크다. 밤나무, 호두나무, 버즘나무, 은행나무, 참나무류, 벚나무, 과수류, 단풍나무 등 20여 종 이상의 활엽수를 먹는다. 가죽나무산누에나방도 유충의 몸이 커서 섭식량이 많으며, 가죽나무, 상수리나무, 소태나무, 붉나무, 때죽나무, 녹나무 등을 가해한다. 방제를 위해 알덩어리나 고치를 채취하여 소각하고, 5~6월에 디프수화제, 메프수화제를 살포한다.

14) 박각시류(horn-worm)

박각시는 박각시과에 속하며, 유충 몸의 등쪽 끝부분에 침 같은 돌기를 가지고 있는 것이 특징이며, 몸은 막대기형으로 뚱뚱하고 초록색을 띤다(그림 8-7 E). 세계적으로 1,000여 종이 알려져 있으며, 국내에서 산림수목을 가해하는 것은 5종 정도 되지만, 큰 피해를 주지는 않는다. 큰쥐박각시는 오동나무, 누리장나무, 개회나무, 광나무, 쥐똥나무, 목서, 라일락을, 뱀눈박각시는 포플러류, 버드나무류, 벚나무, 장미를, 녹색박각시는 느티나무, 느릅나무를, 분홍등줄박각시는 벚나무, 과수류, 화살나무, 회양목을, 솔박각시는 소나무, 곰솔, 낙엽송, 가문비나무를 가해하여 기주 선택에 차이가 있다. 방제는 유충의 몸이 커서 쉽게 발견되므로 포살하고, 메프 유제나 수화제, 디프 유제를 살포한다.

15) 나비류(butterfly)

나비류에는 국내에 팔랑나비, 호랑나비, 흰나비, 네발나비, 뱀눈나비, 왕나비, 뿔나비, 부전나비가 있는데, 이 중에서 수목에 피해를 주는 곤충으로 호랑나비류(swallowtail)와 네발나비류

(brush-footed butterfly)가 있다. 호랑나비과에 속하는 호랑나비와 긴꼬리제비나비는 유충이 운향과(Rutaceae)에 속하는 탱자나무, 귤나무, 상산, 유자나무, 초피나무, 산초나무, 백선, 황벽나무에만 기생하여 잎을 먹으며, 네발나비과에 속하는 홍점알락나비는 팽나무, 풍게나무를, 청띠신선나비는 청미래덩굴을 가해한다. 연 2~3회 발생한다(그림 8-7 F).

방제를 위해 감귤농원에서는 호랑나비가 연 3회 발생하므로 4월 하순, 6월 하순, 9월 초순에 페니트로치온유제, 클로르플루아주론유제 1,000배액을 살포하며, 천적인 무당벌레, 풀잠자리, 거미류, 기생파리와 기생벌을 보호한다.

8. 잎벌류(sawfly)

잎벌류는 벌목의 납작잎벌과, 등에잎벌과, 잎벌과, 솔잎벌과에 속하며(표 8-8), 몸이 작은 벌로서 암컷이 보통 벌의 뾰족한 모양과는 달리 톱(saw) 같은 산란관을 가지고 있다. 유충시절에 잎을 먹는데, 침엽수와 활엽수 잎 가장자리부터 갉아 먹는다(그림 8-7 G). 국내에서 10종이 수목을 가해한다. 잣나무넓적잎벌(*Acantholyda parki*)은 연 1회 발생하여 유충이 실로 잎을 묶어 집을 지으면서 먹어 잣나무 조림지에 큰 피해를 준다. 장미등에잎벌은 장미, 찔레나무, 해당화를, 극동등에잎벌은 진달래, 영산홍, 장미를, 개나리잎벌(그림 8-7 H)은 모여 살면서 개나리를, 누런솔잎벌은 연 1회 발생하면서 소나무류의 묵은 솔잎을 먹는다. 솔잎벌은 연 2~3회 발생하는데, 1세대는 묵은 솔잎을 먹고, 2세대는 새 솔잎을 먹는다.

방제를 위해 잎벌의 기생파리, 기생벌, 풀잠자리, 무당벌레, 거미 등 포식성 천적을 보호하여

표 8-8 산림 수목을 가해하는 잎벌의 분류와 특징(이범영과 정영진, 1997)

분류	잎벌명	발생 횟수	성충 출현 시기	기주
납작잎벌과	잣나무넓적잎벌	1회	6월 중순~8월 상순	잣나무
	무지개납작잎벌	1회	4월 중순~하순	벚나무류, 아그배나무, 마가목, 산사나무
등에잎벌과	장미등에잎벌	3회(?)	5월	장미, 찔레나무, 해당화
	느릅나무등에잎벌	2회	5월 중순	느릅나무, 참느릅나무, 비술나무, 난티나무
	극동등에잎벌	3~4회	4월 하순~5월 상순, 7월 상순, 9월 상순	진달래, 영산홍, 장미
잎벌과	좀검정잎벌	1회	4월 중순~하순	쥐똥나무, 개나리, 광나무
	개나리잎벌	1회	4월 상순~하순	개나리, 산개나리
	참나무잎벌	3회(?)	4월 중순	졸참나무, 갈참나무, 굴참나무, 배나무
솔잎벌과	누런솔잎벌	1회	10월 중순~11월 상순	소나무, 곰솔, 기타 소나무
	솔잎벌	2~3회	4월 하순~5월, 9~10월	소나무, 곰솔, 스트로브잣나무, 테다소나무, 낙엽송

그림 8-7

A: 재주나방 유충(단풍나무), B: 독나방의 일종인 매미나방(*Lymantria dispar*) 유충, C: 솔나방(*Dendrolimus spectabilis*) 유충(소나무), D: 솔나방 성충, E: 솔박각시(*Hyloicus morio*) 유충, F: 산호랑나비 유충, G: 9월 초순 영산홍 잎벌 피해, H: 개나리잎벌(*Apareophora forsythiae*) 유충(사진 A~C, E: 문성철과 이상길, 2014; F: 우건석, 2009)

구제하며, 천적미생물, 주론수화제, 트리므론수화제, 델타린 유제, 페니트로치온 유제를 살포한다.

8-7-2 흡즙성 해충(吸汁性害蟲, sucking insect)

1. 노린재류(stinkbug)

노린재류는 노린재목 중에서 육서군(陸棲群)에 속하며, 불완전변태를 하며, 냄새샘(취선, 臭腺)이 있어 독특한 냄새를 발산한다(그림 8-8 A와 B). 노린재과는 국내에 43속 70여 종이 기록되어 있는데, 이 중에서 조경수에 피해를 주는 것은 5종이 알려져 있다. 유충은 잎 뒷면에서 즙액을 빨아먹고, 성충은 주로 열매에서 과즙을 흡수하여 검은 반점을 만든다. 연 2회 발생하며 성충으로 월동하고 먹이가 부족하면 기주를 바꾸기도 한다. 갈색날개노린재는 삼나무, 편백, 화백, 밤나무, 뽕나무, 벚나무, 오동나무, 차나무, 과수 등 14개 수종을 가해하여 노린재류 중에서 기주범위가 가장 넓다. 어린 열매가 피해를 받으면 조기낙과가 된다. 풀색노린재, 분홍다리노린재, 노랑배허리노린재, 주홍눈노린재는 다양한 활엽수를 가해한다.

방제를 위해 5월부터 10월에 디노테퓨란수화제, 에토펜프록스수화제 혹은 캡슐현탁제를 3~4회 살포한다.

2. 방패벌레류(lacebug)

방패벌레류는 노린재목에 속하며, 4mm 이내의 작은 곤충으로서 몸 전체가 사각형의 방패(防牌) 모양이며, 등판은 가는 망사실(lace)로 된 그물무늬이다. 국내에는 11속 24종이 기록되어 있는데, 이 중에서 수목에 피해를 주는 것은 4종이다(표 8-9). 활엽수 잎의 뒷면에서 즙액을 빨아먹는다. 응애 피해와 비슷하게 작은 주근깨 같은 반점이 무수히 생기고 잎이 황백색으로 되며(그림 8-8 C), 잎 뒷면에 검은 벌레똥과 탈피각이 붙어 있어서(그림 8-8 E) 성충과 약충을 발견하지 못하더라도 쉽게 구별해낼 수 있다. 성충으로 낙엽 밑에서 월동하며, 4~5월에 산란하여 약충이 5월부터 잎을 가해한다. 어릴 때는 거의 이동하지 않다가 4~5령이 되면 잘 움직이며, 가을까지 피해가 지속된다. 버즘나무방패벌레(*Corythucha ciliata*)(그림 8-8 F와 G)는 1995년 국내에서 발견되었으며, 플라타너스 잎을 황백색으로 바꿔 응애 피해처럼 보인다. 경관을 크게 해칠 뿐이며, 9월 이후 새순이 나오면 회복된다. 방제를 위해 5월에 이미다클로프리드 액제, 아세타미프리드 혹은 클로티아니딘을 수간주사한다. 진달래방패벌레(그림 8-8 E)는 진달래, 영산홍, 철쭉을 가해한다. 위의 같은 약제(액상수화제), 아세타미프리드액상수화제, 뷰프로페진액상수화제, 메티다티온유제 1,000배액, 에토펜프록스, 람다사이할로트린을 10일 간격으로 2~3회 살포한다.

표 8-9 국내에서 수목에 기생하는 방패벌레의 특성(이범영과 정영진, 1997)

방패벌레명	연간 발생 횟수	가해 수종명
진달래방패벌레	4~5회	진달래, 철쭉, 영산홍, 사과나무, 밤나무
배나무방패벌레	3~4회	배나무, 황매화, 사과나무류, 벚나무류, 살구나무, 명지나무, 장미
버즘나무방패벌레	2회	버즘나무류, 물푸레나무류, 닥나무
물푸레방패벌레	4회	물푸레나무, 들메나무

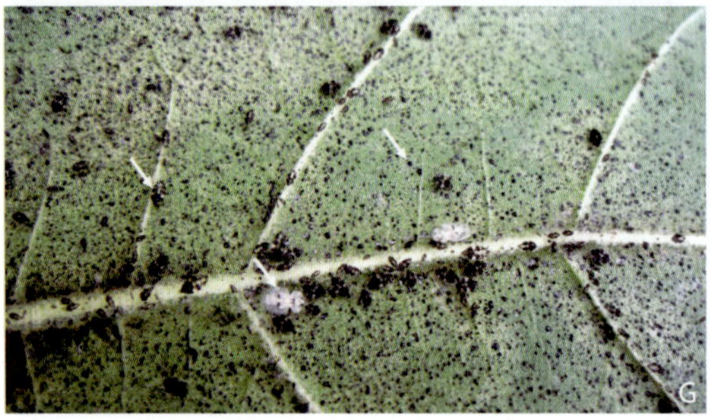

그림 8-8 노린재(A, B)와 방패벌레(C~G)

A: 광대노린재 약충, B: 네점박이노린재 성충(*Homalogonia obtusa*)(곤충 표본: 우건석), C: 8월 하순 방패벌레 피해를 받은 영산홍, D: 5월 하순 방패벌레 피해를 받은 영산홍 잎, E: 5월 하순 영산홍에서 진달래방패벌레(*Stephanitis pyrioides*)의 약충(날개 없는 것), 성충(날개 달린 것), 배설물(검은 똥), F: 7월 초순 버즘나무방패벌레(*Corythucha ciliata*) 피해를 받은 양버즘나무 잎, G: 7월 초순 버즘나무방패벌레의 약충(검은 방추형), 성충(흰색 날개), 배설물(작은 검은 점 모양)

3. 거품벌레류(spittle bug)

거품벌레류는 매미목 거품벌레과에 속하며, 길이 10mm 이하의 작은 개구리처럼 생겼다. 약충 시절에 거품 같은 물질을 토해내고 그 속에서 살면서 건조와 천적으로부터 방어한다. 국내에는 15속 35종이 기록되어 있다. 수목해충으로 솔거품벌레가 알려져 있는데, 연 1회 발생하며, 가지의 조직 속에서 알로 월동한다(그림 8-9 A와 B). 약충은 5월 상순에 나타나고 성충은 7월에 출현하여 흡즙하며 민첩하게 잘 나른다. 거품은 흡즙한 액을 밖으로 내보내 만들어진다. 곰솔, 소나무, 잣나무, 리기다소나무를 가해한다. 잎에 생장 저해를 주지 않지만 미관을 해친다. 방제를 위해 약충을 포살하거나 아세타미프리드 수화제, 디노테퓨란 수화제 1,000배액을 2주 간격으로 2회 살포한다.

4. 매미류(cicada)

매미류는 매미목 매미과에 속하며, 배에는 발음과 청각을 위한 고막이 있다. 약충은 땅속에서 뿌리를 빨아먹고 자라며, 종령을 마치면 지상으로 나와 허물을 벗고 성충이 된다. 북미의 매미는 땅속에서 17년간 약충으로 지낸다. 성충은 산란하기 위해 2년생 가지에 입으로 상처를 내기 때문에 가지가 말라 죽는다. 성충이 흡즙한 상처에서 수액이 흘러나와 그을음병과 부란병을 유발하기도 한다. 국내에는 17속 27종이 기록되어 있는데, 수목에 피해를 주는 것은 5종 정도이다. 말매미는 약충이 5년간 땅속에서 살며, 각종 과수, 포플러류, 벚나무, 뽕나무, 밤나무, 포플러류, 버드나무, 버즘나무, 멀구슬나무, 담팔수를 가해한다. 참매미는 약충 기간이 2~4년이며, 활엽수와 소나무류도 가해한다. 털매미는 약충 기간이 3년이며, 활엽수를 가해한다. 쓰름매미는 은행나무를 포함하여 감나무, 산수유, 단풍나무를 가해한다.

방제를 위해 산란한 가지를 늦가을에 소각하고, 알에 기생하는 기생벌을 보호하고, 유아등으로 포살하며, 이미다클로프리드 액상수화제 2,000배액을 10일 간격으로 2회 살포한다.

5. 선녀벌레류(flatid)

선녀벌레류는 매미목 멸구상과 선녀벌레과에 속한다. 성충은 나방과 비슷한 모양을 하고 있다. 국내에 있는 선녀벌레는 성충의 몸의 길이가 5mm 정도인데 날개가 몸의 길이보다 2배 더 길며, 연녹색을 띠고 있다(그림 8-9 C와 D). 약충은 백색의 솜과 같은 물질로 덮여 있다. 연 1회 발생하며, 죽은 가지에서 알로 월동한다. 흡즙에 의한 피해는 적지만, 약충의 분비물과 탈피각이 장기간 잎과 가지에 붙어 있어 미관을 해친다. 동백나무, 식나무, 돈나무, 감귤나무, 석류, 감귤, 종가시나무, 차나무, 치자나나무, 아왜나무 같은 난대수종과 밤나무, 단풍나무, 사철나무, 등나무, 화살나무, 사과나무, 배나무 같은 과수 등 31개 수종을 가해한다. 피해가 심할 때는 감귤에서 낙과가 되기도 한다.

방제를 위해 약충과 성충은 민첩하지만, 부화 직후 약충은 잘 움직이지 않아 분산 전에 포살

그림 8-9

거품벌레와 선녀벌레. A: 6월 하순 소나무의 솔거품벌레, B: 솔거품벌레(*Aphrophora flavipes*) 약충, C: 9월 초순 보리밥나무의 선녀벌레(*Geisha distinchtissima*), D: 9월 초순 선녀벌레 탈피각(사진 B: 문성철과 이상길, 2014)

한다. 약충 시기인 5~6월에 아세타미프리드 수화제 2,000배액을 10일 간격으로 2회 살포한다.

6. 나무이류(psyllid)

나무이류는 매미목 나무이과에 속한다. 몸길이 2~5mm로서 매미를 축소한 모양이며, 뒷다리는 뛰기에 적합한 형태라서 jumping plant lice로도 불린다(그림 8-10 A와 B). 국내에 10속 35종이 기록되어 있다. 돈나무이는 돈나무를 가해하며, 연 2~3회 발생하여 성충으로 월동한다. 약충은 흰가루와 점착물을 분비하여 그을음병을 유발한다. 새잎에 벌레혹이 형성되고 그 속에 약충이 들어있다. 뽕나무이는 뽕나무를 가해하며, 연 1회 발생한다. 약충은 흰색의 실 같은 밀납을 분비하여 마치 하얀 실타래가 엉켜 있는 듯한 모양을 하고 있다. 피해 잎은 오그라들고 노랗게 변한다. 기생봉과 칠성무당벌레를 천적으로 활용하면 좋다. 방제를 위해 아세타미프리드 수화제 2,000배액, 디노테퓨란 수화제 1,000배액을 10일 간격으로 2회 이상 살포한다.

7. 가루이류(whitefly)

가루이류는 매미목 가루이과에 속한다. 몸길이 2~3mm의 미소한 곤충이며, 몸과 앞날개가 백색

그림 8-10

나무이, 가루이, 솜벌레. A: 뽕나무이(*Anomoneura mori*) 약충 무리, B: 산복사에서 나무이 성충과 탈피각, C: 벽오동나무이 분비물(주로 설탕)로 인한 보도블럭의 변색으로 나무이의 존재를 파악함, D: 소철 가루이, E: 돈나무가루이 탈피각, F: 소나무솜벌레(*Pineus orientalis*)(사진 F: 우건석, 2009)

밀납으로 덮여 있다(그림 8-10 D와 E). 온실가루이는 화훼용 식물, 채소류, 치자나무, 박태기나무, 층층나무, 아까시나무, 무궁화, 장미류를 가해한다. 연 10회 이상 세대가 되풀이된다. 약제 구제가 힘들며, 대신 온실가루이좀벌(*Encarsia formosa*)을 천적으로 이용하며 상품화되어 있다. 회양목가루이는 회양목을 가해한다.

8. 솜벌레류(adelgid)

솜벌레류는 매미목 진딧물상과 솜벌레과에 속한다. 소나무솜벌레는 성충의 몸길이가 1.3mm로 아주 작은 곤충이며 백색분으로 덮여 있다(그림 8-10 F). 가지나 줄기의 껍질 틈에 정착하여 솜 같은 백색 밀납을 분비하여 기생 부위가 하얗게 보인다. 피해가 심하면 새눈의 생장이 저해되어 수세가 약해지고 심하면 나무가 죽기도 한다. 소나무, 곰솔, 섬잣나무, 가문비나무, 스트로브잣나무를 가해한다. 수세가 약한 나무, 밀식하여 광선이 부족한 나무, 통풍이 잘 안 되는 나무에서 자주 발생한다. 스트로브솜벌레는 섬잣나무와 스트로브잣나무를 가해한다. 겨울철 약충을 대상으로 기계유 유제 40배액으로 구제한다.

9. 깍지벌레류(scale)

깍지벌레류는 매미목 진딧물아목 깍지벌레상과에 속하며, 세계적으로 6,000여 종이 있으며, 국내에는 16과 160종이 기록되어 있다. 이 중에서 수목에 피해를 주는 것은 30여 종가량 된다(표 8-10). 깍지벌레는 침엽수와 활엽수 등 대부분의 수종에서 발견되어 진딧물과 함께 가장 흔하게 발견되는 흡즙성 곤충이다. 굴, 달팽이, 진주 혹은 콩꼬투리 모양의 보호깍지로 싸여 있고, 왁스물질을 분비하기도 하는 작은 곤충으로서 몸길이가 1~5mm가량 되며, 가지에 단단하게 붙어 있다.

표 8-10 국내 수목에 기생하는 깍지벌레의 연간 발생 횟수와 기주범위에 따른 분류(이범영과 정영진, 1997; 우건석, 2009)

종명	연간 발생 횟수	기주 종수 및 범위	종명	연간 발생 횟수	기주 종수 및 범위
〈기주범위가 넓은 것〉			단풍주머니깍지벌레	1	9(활엽수)
뿔밀깍지벌레	1	44(활엽수)	〈기주범위가 좁은 것〉		
거북밀깍지벌레	1	39(활엽수)	대주머니깍지벌레	2	1(대나무류)
뽕나무깍지벌레	2	38(활엽수)	솔껍질깍지벌레	1	2(소나무류)
가루깍지벌레	2	33(침·활엽수)	표주박깍지벌레	1	2(참나무류)
루비깍지벌레	1	29(활엽수)	소나무가루깍지벌레	2	3(소나무류)
식나무깍지벌레	2	26(침·활엽수)	장미흰깍지벌레	2	4(장미과)
샌호제깍지벌레	3	25(활엽수)	편백깍지벌레	2	4(침엽수)
이세리아깍지벌레	2~3	25(침·활엽수)	벚나무깍지벌레	2~3	4(활엽수)
〈기주범위가 중간인 것〉			왕공깍지벌레	1	4(참나무류)
사철깍지벌레	2	18(활엽수)	후박나무굴깍지벌레	1	4(활엽수)
줄솜깍지벌레	1	17(활엽수)			
짚신깍지벌레	1	15(활엽수)	소나무굴깍지벌레	2	5(소나무류)
말채나무공깍지벌레	1~2	15(활엽수)	밤나무둥근깍지벌레	2	5(활엽수)
공깍지벌레	1	12(활엽수)	주머니깍지벌레	2	6(활엽수)
등나무가루깍지벌레	1	10(침·활엽수)	쥐똥밀깍지벌레	1	7(활엽수)

암수의 구별이 뚜렷한 것이 특징이다. 알에서 깨어난 약충은 다리로 기어 다닌다. 암컷은 첫 번째 탈피 후 다리가 없어져 한 자리에 정착하지만, 수컷은 날개가 있는 경우 다리를 보유하고 암컷을 찾아갈 수 있지만 수명이 매우 짧다(그림 8-11).

국내에서 수목에 피해를 주는 깍지벌레를 표 8-10에 요약했다. 종에 따라서 연 1회, 2회 혹은 3회까지 발생하며, 주로 가지에 붙어서 즙액을 빨지만, 잎에서 빠는 것도 있다. 기주범위는 종에 따라서 차이가 크다. 뿔밀깍지벌레, 거북밀깍지벌레, 뽕나무깍지벌레, 가루깍지벌레(mealybug)처럼 30종 이상의 활엽수에 기생하여 기주범위가 넓은 종과 대주머니깍지벌레처럼 대나무류에만 기생하거나, 솔껍질깍지벌레, 소나무가루깍지벌레, 소나무굴깍지벌레처럼 소나무류에만 기생하여 기주범위가 매우 제한되어 있는 종도 있다. 깍지벌레는 분비물 때문에 2차적으로 그을음병을 유발한다. 피해가 심하면 새 가지가 죽어 수세가 약해진다.

솔껍질깍지벌레(*Matsucoccus thunbergianae*)의 경우 곰솔과 소나무 전체가 집단으로 고사하여 남쪽 지방에서 대면적에 발생하는데, 곰솔의 피해가 더 크다. 연 1회 발생하며, 알(4월 상순~5월 중순, 수피 틈과 가지 사이 산란), 부화 약충(5월 상순~6월 중순), 정착 약충(5월 중순~11월), 후약충(11월~익년 3월, 잎에 갈색 반점이 나타남), 성충(4월 중순~5월 중순)의 생활사를 거친다.

그림 8-11

깍지벌레(A~C: 사철깍지벌레, *Unaspis euonymi*). A: 사철나무 피해, B: 사철나무 잎 피해, C: 암컷(갈색)과 수컷(흰색), D: 주머니깍지벌레(배롱나무)(큰 것 암컷 성충, 작은 것 암컷 약충)

활력이 왕성한 나무에서 급속히 퍼지므로 피해가 심할 때에는 질소비료를 삼가야 한다. 늦겨울에 겨울눈이 부풀기 전에 기계유 유제를 가지에 뿌려 깍지벌레가 숨을 못 쉬게 만들거나 침투성 농약을 타서 함께 살포한다. 알이 부화한 직후 아직 깍지를 뒤집어쓰기 전(부화 약충)에 약제를 살포해야 구제할 수 있다. 일단 깍지로 보호층을 만들면 약제 효과가 잘 나타나지 않는다.

방제를 위해 2월 하순~3월 중순 뷰프로페진 수화제 50배액을 항공방제하거나, 12월에 에마멕틴벤조에이트를 수간주사하거나, 3월부터 디노테퓨란 액제 1,000배액을 10일 간격으로 2~3회 살포한다. 천적(무당벌레)을 보호하고, 12월에 기계유 유제를 줄기에 흠뻑 살포한다.

10. 꽃매미류

꽃매미류는 매미목 꽃매미상과에 속한다. 꽃매미(*Lycorma delicatula*)는 국내에 있던 종인데 2006년 이후 전국으로 급속도로 퍼지고 있다. 쉬나무, 가죽나무, 참죽나무, 포도나무에 기생한다. 잎이나 새로 자라는 가지에서 약충과 성충이 즙액을 빨아먹어 기주 수목의 생장을 억제하고 포도과수원에서 큰 피해를 주고 있다. 그을음병을 유발한다. 성충의 앞뒤 날개에 붉은 색을 띠는 무늬가 있어 주홍날개꽃매미로도 불린다. 1년에 1회 발생하고 알 상태로 겨울을 난다(그림 8-12 H).

방제를 위해 성충이 알을 낳는 10월 이후 나무줄기에 붙어 있는 알을 포살하거나 끈끈이트랩을 이용한다. 최근 기생봉으로서 벼룩좀벌을 수입하여 보급 중이다. 5월부터 에토펜프록스유제 2,000배액을 10일 간격으로 3회 살포하거나, 이미다클로프리드 액제를 수간주사한다.

11. 진딧물류(aphid)

진딧물류는 매미목 진딧물상과에 속하며, 세계적으로 310속 3,000여 종이 알려져 있다. 몸길이가 3mm 이내(왕진딧물은 5mm)의 작은 곤충이지만, 육안으로 잘 보여서 곧 찾아낼 수 있는 것이 응애류와 다르다. 최근 진딧물의 새로운 생리가 알려지고 있는데, 체내 설탕의 농도를 조절하기 위해 진한 사부수액 뿐만 아니라 옅은 목부수액도 빨아먹으며, 체내에서 아미노산을 합성해 주는 박테리아와 공생하며, 붉은 몸 색을 띤 진딧물은 카로티노이드(carotenoid)를 합성하여 이 색소를 이용해 광합성을 하는 유일한 동물이라고 한다.

진딧물은 깍지벌레, 응애와 함께 조경수의 3대 흡즙성 곤충이라고 할 수 있을 만큼 흔한 곤충이다(그림 8-12 A~G). 다양한 색깔을 보유하며, 날개가 없는 시기도 있으며, 표면에 솜이나 왁스물질을 분비하는 경우도 있다. 번식이 매우 빨라서 무궁화에 기생하는 목화진딧물의 경우 연 24회까지 번식할 수 있다. 월동한 알은 날개 없는 암컷으로 부화하며, 봄철에 수컷에 의한 수정 없이 처녀생식으로 빠른 속도로 암컷만을 생산한다. 개체수가 너무 많아지거나 늦여름이 되면 날개 달린 암컷과 수컷이 태어나서 교미 후 산란하고 알로 월동한다. 잎, 꽃, 열매, 가지, 뿌리에도 기생하며, 피해증상은 활엽수의 경우 초기에 잎이 황록색으로 변하면서 뒤틀리고, 새순이 죽는다.

즙액을 빨아먹고 감로(甘露, honey dew)를 생산함으로써 개미와 벌이 모여들고, 감로의 주성분이 설탕이기 때문에 그을음병을 초래한다.

국내에 116속 300여 종이 알려져 있다. 침엽수와 활엽수에 광범위하게 기생하며, 국내 조경수에 6개 과에 속하는 30종가량의 진딧물이 해충으로 기록되어 있다. 표 8-11에 수목에 기생하는 진딧물을 기주선택성의 정도에 따라서 분류해 놓았다. 종에 따라서 기주선택성에 차이가 있으나 활엽수와 침엽수를 동시에 가해하는 진딧물은 없다. 국내 진딧물은 소나무과의 수목 중에서 소나무류, 전나무류, 가문비나무류 수목만을 가해하며 나머지 두 종류 낙엽송류와 솔송나무류와 다른 침엽수류에는 기생하지 않는다. 목화진딧물(*Aphis gossypii*), 조팝나무진딧물(*Aphis citricola*), 붉나무소리진딧물(*Toxoptera odinae*)은 모두 진딧물과에 속하며 활엽수만을 가해한다. 국내에서 가장 흔하고 기주범위가 넓은 진딧물은 진딧물과에 속한다.

방제를 위해 5월 중에 아세타미프리드수화제 2,000배액, 이미다클로프리드수화제, 디노테퓨

표 8-11 국내에서 수목에 기생하는 진딧물명과 기주범위에 따른 분류(이범영과 정영진, 1997; 우건석 2009)

진딧물명	기주 종수	주요 기주명	진딧물명	기주 종수	주요 기주명
〈기주범위가 넓은 것〉			진사진딧물	5	단풍나무류, 칠엽수
목화진딧물	35	무궁화 및 활엽수	전나무잎말이진딧물	4	소나무과
조팝나무진딧물	35	활엽수	밤나무왕진딧물	4	참나무과
붉나무소리진딧물	29	활엽수	싸리볼록진딧물	3	콩과 수목
복숭아혹진딧물	21	활엽수	사과혹진딧물	5	장미과 수목
붉은테두리진딧물	12	장미과	팽나무알락진딧물	3	느릅나무과
아까시아진딧물	12	활엽수	은백양털진딧물	3	포플러류
탱자소리진딧물	11	활엽수	일본납작진딧물	2	조릿대, 때죽나무
〈기주범위가 중간인 것〉			갈참나무가루진딧물	2	상수리나무, 갈참나무
찔레수염진딧물	5	활엽수	참피나무알락진딧물	1	참피나무
딱총나무수염진딧물	5	활엽수	대륙털진딧물		버드나무류
느티나무알락진딧물	5	활엽수	복숭아가루진딧물		벚나무류
박주가리진딧물	5	활엽수	벚잎혹진딧물		벚나무류
인도볼록진딧물	3	활엽수	버들쌍고리진딧물		버드나무류
쥐똥나무진딧물	3	활엽수			
〈기주가 제한된 것〉			소나무왕진딧물	2	소나무, 곰솔
털관진딧물	9	구실잣밤나무, 참나무류	가루왕진딧물		소나무류

그림 8-12

진딧물과 꽃매미. 다양한 진딧물 피해증상(A~E). A: 오그라드는 잎(딱총나무), B: 뒤틀리는 잎(자두나무), C: 말라 죽는 새순(모과나무 솜진딧물), D: 새순의 말림현상(먼나무), E: 구상나무 잎말이진딧물 피해(잎의 접힘), F: 백합나무 목화진딧물(*Aphis gossypii*) 약충(작은 것)과 성충(큰 것), G: 진딧물 탈피각(왕벚나무). H: 가죽나무 꽃매미(*Lycorma delicatula*) 4령 이후 약충

란수화제 1,000배액을 10일 간격으로 2회 이상 살포한다. 천적으로 풀잠자리, 무당벌레가 있으나 숫자가 적어 효과가 크지 않다. 외국에서는 풀잠자리의 알을 판매하기도 한다. 살충용 비누를 물에 타서 뿌리면 진딧물이 땅에 떨어진다. 공생하는 개미를 없애면 도움이 된다.

12. 면충류(wooly aphid)

면충류는 매미목 진딧물상과 면충과에 속하며, 세계적으로 40속 450여 종이 있으며, 국내에는 14속 44종이 기록되어 있다. 진딧물과 흡사하게 생겼지만, 대부분 목화 실 같은 밀납 물질을 생산하여 몸을 덮고 있으며 날개가 있다. 잎, 줄기, 새싹에 벌레혹을 만드는 경우가 많다. 외발톱면충은 잎의 뒷면을 둥글게 말아 그 속에서 살면서 흡즙한다. 느티나무, 느릅나무, 비술나무, 팽나무의 느릅나무과 수목, 사과나무, 진달래를 가해한다. 방제를 위해 5~6월에 아세타미프리드 수화제 2,000배액, 디노테퓨란 수화제 1,000배액을 10일 간격으로 2회 이상 살포한다.

13. 총채벌레류(thrip)

총채벌레류는 총채벌레목 총채벌레과에 속한다. 세계적으로 23속 1,500여 종이 있는데, 국내에서 2종이 수목을 가해한다. 성충의 몸길이는 1.0~1.7mm로 작으며, 날개가 좁고 길면서 긴 털이 많이 붙어 있어 총채를 닮은 듯하다. 피해증상은 방패벌레의 피해와 비슷하여 무수히 많은 주근깨 같은 흰색 혹은 검은색 반점이 생기며, 심하면 잎 새순, 꽃의 모양이 비뚤어지거나 쭈그러진다. 꽃노랑총재벌레는 자누나무, 사과나무, 살구나무, 포도나무, 망고와 작물을 포함해 327종의 식물을 가해한다. 방제를 위해 피해 초기에 아세타미프리드 수화제 2,000배액, 디노테퓨란 수화제 1,000배액을 10일 간격으로 2회 이상 살포하거나 기생성 백강균(*Beauveria bassiana*)을 활용한다. 천적으로 풀잠자리류, 포식성 응애(*Euseius tularensis*), 기생벌(*Thripoctenus americensis*)이 알려져 있다. 볼록총채벌레는 연 10~13회 발생하며, 은행나무, 벚나무, 사철나무, 매실나무, 감나무, 밤나무, 아왜나무, 무화과나무, 종가시나무, 진달래 등을 가해한다.

14. 잎응애류(spider mite)

응애류는 곤충이 아니며, 절지동물(節肢動物, arthropod)로서 거미강 응애과에 속한다. 세계적으로 1,200종가량이 알려져 있다. 거미, 전갈과 같이 4쌍의 다리를 가지고 있으며 날개가 없다. 대부분 거미줄을 만들어 매트(mat)를 형성하고 그 안에서 자란다. 몸길이가 0.5mm 이하로 아주 작아서 육안으로 보이지 않기 때문에 응애 피해를 다른 병으로 잘못 진단하는 경우가 자주 있다. 알은 둥글고 투명하다. 진딧물, 깍지벌레와 함께 조경수에서 가장 흔한 흡즙성 해충이다. 잎응애는 침엽수와 활엽수에 폭넓게 기생하며 잎 뒷면에서 즙액을 빨아먹는데, 1세대가 15~20일로 짧아서 연 5~10회까지 빠른 속도로 번식하기 때문에 피해가 급속히 진전된다. 덥고 건조하며 먼지가 많은

표 8-12 산림수목을 가해하는 잎응애류의 종류와 특성(이범영과 정영진, 1997; 우건석 2009)

잎응애명	연간 발생 횟수	월동 형태	기주
전나무잎응애	5~6회	알	전나무, 분비나무, 소나무, 곰솔, 잣나무, 가문비나무, 편백, 삼나무, 밤나무, 떡갈나무, 물참나무
향나무잎응애	5회	알	향나무
벚나무응애	5~6회	암컷	장미과 수목, 참나무류
점박이응애	8~10회	수정한 암컷	과수, 벚나무류, 장미류, 뽕나무류, 단풍나무류, 무궁화, 산수유, 물푸레나무, 개나리 등 활엽수
차응애	9회 정도	암컷	차나무, 감귤류, 과수류, 벚나무, 뽕나무, 무화과나무, 동백나무, 장미

그림 8-13

잎응애. A: 매실나무(오그라드는 잎), B: 가문비나무(묵은 잎만 가해함), C: 묵은 잎만 가해한 주목 잎응애, D: 월동 중인 소나무 잎응애. 잎의 아랫부분에 알, 난각, 탈피각이 모여 있다, E: 메타세쿼이아(갈변한 부분), F: 메타세쿼이아 잎응애 성충(중앙의 흑갈색), 난괴(성충 우측의 조개껍질 모양), 탈피각(성충 좌측의 다리 달린 빈 껍질들)

환경을 좋아한다(표 8-12).

전형적인 피해의 초기증상은 잎이 밝고 짙은 녹색에서 둔탁하고 옅은 녹색으로 퇴색하는 것이다. 즙액을 빨아먹은 상처가 아주 작아서 육안으로 구별이 잘 안 되지만, 주근깨 같은 반점이 무수히 생기면서 마치 잎에 양분이 결핍된 것처럼 보인다. 피해가 진전되면 활엽수의 경우 오래된 잎이 갈색으로 변하거나 말리거나 조기낙엽이 진다. 침엽수의 경우 응애가 오래된 잎을 먼저 가해하여 연녹색으로 변하지만 새잎은 피해를 받지 않아 녹색을 유지한다(그림 8-13 B).

방제를 위해 초기에는 물로 세척하고, 밀도가 높으면 살비제 비페나제이트 액상수화제, 스피로디클로펜 수화제 2,000배액, 비펜트린 액상수화제, 아미트라즈 유제 1,000배액을 10일 간격으로 3~4회 살포한다. 약제에 대한 내성이 생기므로 계절이 바뀌면 약의 종류를 바꾸어 준다.

8-7-3 천공성 해충(穿孔性害蟲, stem borer)

1. 하늘소류(longicorn 혹은 long-horned beetle)

하늘소류는 딱정벌레목 하늘소과에 속하는데, 세계적으로 2만 종이 있으며, 국내에 300종이 기록되어 있다. 더듬이(촉각, antennae)가 긴 것이 특징이며, 몸은 긴 원통형으로 아름다운 색깔을 하고 있으며, 줄무늬나 반점을 가지고 있다. 성충이 살아 있는 혹은 베어 놓은 나무의 수피 틈 사이에 산란하고, 유충이 목재를 뚫고 들어가 갱도를 만들면서 목질부를 가해하는 천공성 해충이다. 국내에 수목을 가해하는 것으로 11종가량 있으며, 몸의 길이는 11~60mm인데, 장수하늘소만 60~110mm에 달한다(표 8-13 A).

솔수염하늘소(*Monochamus alternatus*)는 남부지방에서 소나무와 곰솔에 소나무재선충을 매개한다. 성충은 5월 하순부터 8월 초순 사이에 우화하여 어린가지의 수피를 먹는데, 이를 후식(後食)이라고 하며 이 기간에 몸에 지니고 있던 재선충을 매개한다. 성충은 쇠약목과 고사목의 수피에 상처를 내고 산란하며, 부화유충은 내수피와 목질부를 먹으면서 3령 혹은 4령 유충으로 월동한다. 북방수염하늘소(*Monochamus saltuarius*)는 중부지방에서 소나무, 잣나무를 가해하면서 재선충을 매개한다. 위의 두 해충 성충의 탈출공의 직경은 7mm 정도이다(표 8-13 B).

향나무하늘소(측백나무하늘소, *Semanotus bifasciatus*)는 피해목에서 월동한 성충이 수세가 약한 나무와 건강한 나무를 구별하지 않고 수피 밑에 산란한다. 부화한 유충은 형성층을 가해하여 나무를 급속히 고사시킨다. 갱도에 똥을 채워 놓으며 이것을 밖으로 배출하지 않아 피해원인을 찾는 데 어려움이 있다(그림 8-14 D).

알락하늘소(*Anoplophora malasiaca*)는 많은 활엽수를 가해한다(그림 8-14 A~C). 성충이 지제부에 가까운 수간에 구멍을 뚫고 침입하여 산란한다. 침입공으로 톱밥을 배설하여 쉽게 발견할 수 있다. 그 밖에 뽕나무하늘소(*Apriona germari*)는 포플러류, 버드나무류, 뽕나무 등을 가해하며, 털두꺼

표 8-13A 국내 수목을 가해하는 하늘소의 종류와 특징(이범영과 정영진, 1997)

하늘소명	발생 횟수	성충우화시기	기주수	주요 피해수종
솔수염하늘소	1~2년에 1회	5월 하순~ 8월 초순	6	소나무, 곰솔, 전나무
북방수염하늘소	1~2년에 1회	4~6월	2	소나무, 곰솔, 잣나무, 낙엽송
알락하늘소	1~2년에 1회	6월 중순~ 7월 중순	25	버즘나무, 단풍나무, 버드나무류, 포플러류, 벚나무
뽕나무하늘소	2~3년에 1회	7~8월	19	포플러류, 버드나무류, 뽕나무류
향나무하늘소 (측백나무하늘소)	연 1회	3~4월	4	측백나무, 편백나무, 향나무류, 삼나무
털두꺼비하늘소	1~2년에 1회	4월 하순~ 8월 초순	6	상수리나무, 졸참나무, 밤나무, 가시나무, 굴피나무
줄하늘소	연 1회	5월 하순~ 6월 하순	9	포플러류, 버드나무류, 상수리나무, 오리나무, 피나무류
하늘소 (참나무하늘소, 미끈이하늘소)	3년에 1회	7~8월	9	밤나무, 참나무류, 느티나무, 오동나무, 뽕나무
버들하늘소	2년에 1회	7~8월	14	버드나무류, 참오동나무, 은백양, 느릅나무류, 벚나무류
포플러하늘소 (작은별긴하늘소)	연 1회	4월 하순~ 5월 하순	4	포플러류
장수하늘소	3~5년에 1회	6~9월	3	서어나무, 신갈나무, 물푸레나무

비하늘소(*Moechotypa diphysis*)는 표고버섯을 재배하기 위해 벌채해 놓은 참나무류의 자목에 큰 피해를 준다.

방제를 위해 애벌레가 있는 구멍에 메프유제 500배액을 집어넣거나, 철사줄로 찔러 죽이고, 천적 백강균을 활용하고, metam sodium으로 고사목을 훈증하거나, 소각, 파쇄하고, 5~8월에 티아클로프리드 액상 수화제 혹은 아세타미프리드 1,000배액을 3회 이상 살포한다.

표 8-13B 탈출공의 직경에 근거한 소나무 천공성 해충의 식별

해충의 종류	탈출공의 직경(단위: mm)
소나무좀류	노랑애나무좀(0.7~0.9), 애소나무좀(1.0~1.5), 소나무좀(1.5~2.0)
바구미류	3~4
하늘소류	솔수염하늘소(7 내외), 북방수염하늘소(6.1~7.2)
비단벌레류	10 내외

그림 8-14 A~E

하늘소. A: 양버즘나무의 알락하늘소 피해, B: 6월 하순 알락하늘소(*Anoplophora malasiaca*) 성충, C: 알락하늘소 유충(사진 C: 강전유, 2013), D: 향나무하늘소 갱도, E: 소나무의 하늘소 성충(큰 구멍)의 탈출공(작은 구멍은 소나무좀 성충 탈출공)

2. 바구미류(weevil)

바구미류는 딱정벌레목 바구미과와 왕바구미과에 속하며, 세계적으로 6만 종가량이 분포하는데, 국내에는 70여 종이 알려져 있다. 몸의 크기가 6mm 이내로 작으며, 머리가 코끼리의 코처럼 앞쪽으로 쭉 뻗어 주둥이를 형성한다. 흔히 볼 수 있는 쌀바구미와 비슷한 모양을 하고 있다. 국내에서 수목을 가해하는 바구미는 지상부에만 기생하며, 쇠약목, 고사목, 벌채목, 벌근에 모두 기생한다. 유충은 형성층 부근에서 부화하여 목질부를 가해하고, 성충은 가지에서 즙액을 빨아먹어 2차 피해를 유발한다. 형성층을 가해하기 때문에 쇠약한 나무가 말라 죽는 경우가 자주 있다. 주로 소나무과의 수목, 편백, 삼나무, 포플러류, 버드나무류, 참나무류, 밤나무, 오리나무를 가해하며 모두 연 1회 발생한다(표 8-14).

소나무과의 수목에 가장 큰 피해를 주는 것은 노랑무늬솔바구미(*Pissodes nitidus*)와 흰점박이바구미(*Shirahoshizo insidiosus*)이다. 바구미의 탈출공은 직경이 3~4mm 정도 되어 나무좀(0.7~2.0mm), 하늘소(5~9mm), 비단벌레(10mm 내외)의 탈출공과 구별된다. 포플러류와 버드나무류 등 활엽수는 버들바구미(*Cryptorhynchus lapathi*)와 왕바구미(*Sipalinus gigas*)가 피해를 준다(그림 8-14 G).

방제를 위해 4월 중순부터 메프유제, 파프유제, 사이스린유제를 10일 간격으로 2~3회 살포하여 성충을 구제한다. 산란을 막고 유충을 죽이기 위해 수간에 스미치온, 다이아톤 100배액을 뿌리고 비닐로 감싸 훈증 효과를 높인다. 바구미는 건강한 나무에는 산란하지 않으므로 수세를 튼튼

표 8-14 국내 수목을 가해하는 바구미 종류와 특징(이범영과 정영진, 1997)

바구미명	월동형태	성충우화시기	주요 피해수종
노랑무늬솔바구미 (노랑소나무점바구미)	성충	6~7월	소나무, 곰솔, (스트로브)잣나무, 리기다소나무, 가문비나무, 개잎갈나무
노랑검정바구미	유충, 번데기	5월 중순~6월 상순	소나무, 곰솔 등 소나무류
흰점박이바구미 (소나무흰점바구미)	성충	7월 하순~ 11월 상순	소나무류
버들바구미	알(대부분)	7월 상순~8월 중순	포플러류, 버드나무류, 오리나무
왕바구미	성충	?	소나무, 잣나무, 전나무, 가문비나무, 종비나무, 편백, 삼나무, 밤나무, 참나무류, 버드나무류

그림 8-14 F~H

바구미. F: 소나무의 솔곰보바구미 유충(사진: 문성철), G: 왕바구미(*Sipalinus gigas*) 성충(곤충 표본: 우건석), H: 때죽나무 천공성 해충 피해(검은 착색과 나뭇가루 방출)

하게 하는 것이 우선 중요하다. 봄철에 이식목 주변에 나무좀과 바구미를 유인할 수 있는 쇠약한 나무나 벌채 원목을 (산란)유인목으로 세워 놓고 산란케 한 후 껍질을 벗겨 소각한다. 성충의 우화 시기와 산란 시기가 바구미에 따라서 차이가 있어 이를 고려해야 한다. 주변에 숲이 있을 경우에는 죽은 나무를 제거하거나 고사목의 수피를 벗겨 놓아 미리 산란을 방지한다.

3. 나무좀류(bark beetle)

나무좀류는 딱정벌레목 나무좀과와 긴나무좀과에 속한다. 세계적으로 6,000여 종이 분포하며, 국내에서 수목을 가해하는 것은 20여 종이 알려져 있다(표 8-15). 갈색 내지 흑색의 작은 원통형 곤충으로 크기는 1~8mm 정도이다. 수피 밑의 인피부(내수피)를 먹는 종류와 ambrosia 곰팡이를 먹는 두 종류로 나눈다. 나무좀류의 특징은 건강이 나빠진 개체 혹은 이미 죽은 개체를 골라서 산란하는 경향이 있어 이식한 나무의 관리에서 필수적으로 방제해야 하는 해충이다.

소나무좀(*Tomicus piniperda*)은 몸길이가 4~4.5mm이며, 지면과 수직으로 갱도(종모갱, 縱母坑)를 만들며, 탈출공의 직경은 1.5~2.0mm이다(그림 8-15 A~C). 소나무류에만 기생하는데, 이식하여 수세가 쇠약해진 나무, 고사목, 벌채목만 골라서 산란하여 이식한 나무를 죽인다. 연 1회 발생하지만 봄과 여름에 두 번 가해한다. 봄에 월동한 성충이 1차로 가해하고, 6월 새롭게 태어난 성충이 갱도에서 나와 1년생 가지를 먹는데, 이러한 2차 피해를 후식(後食)이라고 부른다(그림 8-15 D). 소나무 이식 시 반드시 방제해야 한다. 2월 중에 주변에 벌채한 유인목(trap log)을 세워 두어 산란을 유노한 후 5월 중 번데기를 만들기 전에 껍질을 벗겨 유충을 죽인다.

애소나무좀(*Tomicus minor*)은 소나무좀보다 작아서 몸길이가 3.5~4mm이며, 지면과 수평으로 갱도(횡모갱, 橫母坑)를 만들며, 탈출공의 직경이 1.0~1.5mm이다. 노랑애나무좀(노랑소나무좀, *Cryphalus fulvus*)은 몸길이가 1.3~1.9mm이며, 지면과 수평으로 갱도를 만들며, 탈출공의 직경은 0.7~0.9mm이다. 소나무류에 기생하는 가장 흔한 나무좀으로서 연 2~4회 발생한다. 1개의 갱도에 암컷과 수컷이 함께 사는 것은 소나무좀과 같다.

광릉긴나무좀(*Platypus koryoensis*)은 참나무류에 기생하는데, ambrosia 곰팡이를 매개하면서 먹는 종류이며, 참나무 시들음병을 매개한다. 성충의 몸에 있는 균낭(菌囊, mycangia)에 공생균인 ambrosia 곰팡이의 포자를 보유하다가 기주의 목질부에 감염시켜 곰팡이를 길러서 먹이로 삼는데, 나무의 직경이 클수록 균의 균사가 수분 이동을 막아 나무가 말라 죽는다. 최근 참나무림(특히 신갈나무)에 큰 피해를 주고 있다. 성충의 탈출공의 직경은 1.5~2.0mm이다. 오리나무좀(*Xylosandrus germanus*)은 침엽수와 활엽수를 가해하는데, 느티나무와 밤나무에 피해가 크다. 외부로 백색의 벌레똥을 배출하여 쉽게 발견된다(그림 8-15 E~I).

방제를 위해 수간주사, 벌채목 훈증, 수간 악제 살포 등의 방법이 있다. 소나무좀은 2월 하순부터 4월 중순에 페니트로치온 혹은 치아클로프리드 200배액, 스미치온과 다이아톤 100배액을 수간에 살포한 후 비닐로 밀봉하여 산란을 방지한다. 이식목의 경우 반드시 처리해야 한다.

표 8-15 국내 나무좀의 종류와 특성(이범영과 정영진, 1997; 우건석 2009; 강전유, 2008)

나무좀명	월동 형태	발생 횟수	ambrosia 균 매개 여부	주요 피해 수종
소나무좀	유충, 성충	연 1회	매개 안 함	소나무, 곰솔, 잣나무 등 소나무속 수종
애소나무좀	성충	연 1회	매개 안 함	소나무속 수종
노랑애나무좀(노랑소나무좀)	성충	연 2~4회	매개 안 함	소나무, 곰솔, 잣나무 등 소나무속 수종
솔여섯가시나무좀	성충	연 1회	매개 안 함	소나무과 수종(소나무, 곰솔, 잣나무, 잎갈나무, 가문비나무)
가문비왕나무좀	성충	연 1~2회	매개함	소나무속, 솔송나무, 편백, 삼나무, 밤나무, 느티나무, 참나무류, 벚나무, 칠엽수, 감나무 등 24개 수종
오리나무좀	성충	연 2회	매개함	소나무, 삼나무, 편백, 비자나무, 낙엽송, 느티나무, 참나무류, 오리나무, 밤나무, 자작나무, 단풍나무류, 녹나무, 생달나무 등 18종 이상 수종
광릉긴나무좀	성충	연 1회	매개함	참나무류, 서어나무
붉은목나무좀	성충	연 2회	매개함	소나무, 젓나무류, 단풍나무류, 박달나무, 밤나무, 쥐똥나무, 살구나무, 녹나무, 후박나무, 가시나무류, 비파나무 등 23개 수종

그림 8-15 A~D

소나무좀. A: 소나무좀 유충이 배출한 나뭇가루(톱밥), B: 갱도 속의 소나무좀(*Tomicus piniperda*) 성충(사진: 이승제), C: 7월 초순 소나무좀 탈출공(직경 1.5~2.0mm), D: 여름철 소나무좀 성충에 의한 후식 피해(사진 D: 이승제)

그림 8-15 E~I

느티나무좀과 밤나무좀. E: 6월 중순 느티나무좀 피해, F: 느티나무좀 성충의 탈출공과 밖으로 배출한 나뭇가루, G: 느티나무의 앞털뭉뚝나무좀(*Scolytus frontalis*)(사진 G: 문성철과 이상길, 2014), H: 밤나무좀 갱도, I: 밤나무좀 탈출공

4. 비단벌레류(jewel beetle 혹은 metallic woodboring beetle)

비단벌레류는 딱정벌레목 풍뎅이아목 비단벌레과에 속하며, 세계적으로 15,000종이 분포하며, 국내에는 10여 종이 있다. 금속광택이 나는 무지개색을 띠는 아름다운 곤충으로서 수집가의 선호품이다. 딱정벌레 중에서 몸이 가장 큰 편이다. 유충이 쇠약목, 벌채목, 고사목의 수피와 목질부를 가해하지만 피해가 큰 편은 아니다. 비단벌레(*Chrysochroa fulgidissima*)는 몸길이가 25~40mm로서 대형이며, 신라시대 왕의 고분에서 출토되어 장식품으로 쓰였다. 호리비단벌레가 느릅나무, 물푸레나무, 호두나무, 굴피나무 등을 가해한다. 국내에서는 피해가 작은 편이지만, 유럽과 북미주에서 피해가 크다. 성충의 탈출공의 직경은 10mm 내외로서, 국내 천공성 해충 중에서 직경이 가장 크다.

그림 8-15 J~L

비단벌레. J: 목부에 만들어진 느티나무 비단벌레 갱도, K: 흰점비단벌레속 성충(사진 K: Johnson과 Lyon, 1999), L: 비단벌레 성충 탈출공(직경 1.0cm)

5. 나방류(moth)

나방류는 나비목에 속하며, 대부분 식엽성 해충이지만, 간혹 천공성 해충이 있다.

1) 유리나방류(tree borer)

유리나방류는 유리나방과에 속하며, 앞뒤 날개가 투명하며, 색깔이나 행동이 벌과 비슷하다. 유충이 나무줄기나 뿌리에 구멍을 뚫고 들어가서 가해한다. 복숭아유리나방(*Synanthedon hector*)은 벚나무, 사과나무, 배나무, 복사나무, 자두나무, 매실나무 등 장미과 과수류를 가해한다. 특히 유충이 최근 가로수로 가장 많이 심고 있는 벚나무 줄기에 심각한 피해를 주고 있으며, 2차적으로 목재부후균의 침입으로 줄기가 쉽게 썩어서 나무의 수명을 단축시킨다. 연 1회 발생하며, 유충은 줄기의 가해 부위에서 월동한 후 4~7월까지 가해하다가 번데기 몸의 반 정도를 밖으로 노출시킨 상태에서 우화한다(그림 8-16 A와 B).

방제를 위해 4월 잎이 나올 때 코니도 입제를 토양에 살포하고, 줄기에서 유충의 침입공을 통해 똥과 수지가 나오므로 5~6월 그 구멍에 꼬챙이를 넣어 죽이거나 페니트로치온유제 100~200배액을 주사기로 그 구멍에 주입하거나, 다이아지논 유제 500배액을 수간에 살포한다. 7~9월 우화시기에 산란을 방지하기 위해 같은 약제를 수간에 뿌리고 수간을 밀봉한다.

2) 박쥐나방류(swift moth)

박쥐나방류는 박쥐나방과에 속하며, 국내에 4종이 알려져 있는데, 이 중에서 박쥐나방(*Endoclyta excrescens*)은 포플러류, 버드나무류, 단풍나무류, 과수류 등의 활엽수 30여 종과 삼나무, 편백, 은행나무를 가해한다. 성충의 몸이 큰 편인데, 활엽수를 가해하는 개체는 몸이 크고, 풀과 침엽수를 먹는 개체는 몸이 작다. 가해 수종과 지역에 따라서 연 1회 혹은 2년에 1회 발생하며, 어린 유충은 풀(잡초)의 줄기를 먹다가 성장한 후에는 나무로 이동하여 밑동 근처의 줄기를 가해하며, 가해 부위는 바람에 쉽게 부러진다. 벌레똥과 먹이 찌꺼기를 밖으로 내어 놓아 가해 부위가 거미줄과 함께 혹처럼 부풀어 오른다(그림 8-16 C). 8월 중순에서 10월 상순 사이에 우화하여 박쥐처럼 저녁에 활동하면서 풀에 수천 개의 알을 낳으며, 알로 월동한 후 5월에 부화한다.

방제를 위해 꼬챙이로 유충을 죽이거나, 페니트로치온유제 100배액을 주사기로 주입한다. 산란 시기에 수간에 도포제를 발라 산란을 기피시키고, 봄과 여름 잡초를 제거하면 방제에 도움이 된다.

3) 명나방류(pyralid, shoot moth)

명나방류는 명나방과에 속하며, 11개의 아과로 나눌 만큼 종류가 많다. 개오동명나방은 연 1회 발생하며, 개오동나무, 자작나무류, 오리나무의 줄기를 가해한다. 큰솔알락명나방(연 1회 혹은 2회 발

그림 8-16

천공성 나방류. A: 복숭아유리나방 피해로 인한 왕벚나무의 수간 부패, B: 왕벚나무에서 복숭아유리나방(*Synanthedon hector*) 유충의 6월 하순 검 분비, C: 포플러에서 박쥐나방 (*Endoclyta excrescens*) 유충의 가해흔적(이경준과 이승제, 2011), D: 애기솔알락명나방(*Dioryctria pryeri*)의 구상나무 솔방울(구과) 가해흔적(사진 D: 우건석, 2009)

생)과 애기솔알락명나방(*Dioryctria pryeri*, 연 1회 발생)은 소나무류의 줄기와 솔방울을 가해한다(그림 8-16 D). 방제를 위해 천적인 기생벌, 풀잠자리, 무당벌레를 보호하고, 산란기인 7월 중순에서 8월 중순에 페니트로치온유제, 클로르플루아주론유제 1,000배액, 비펜트린입상수화제 4,000배액을 살포한다.

4) 잎말이나방류(tip moth)

잎말이나방류는 잎말이나방과에 속하며, 잎을 먹는 종은 잎을 말기 때문에 leaf roller로 불리며, 새순을 먹는 종은 tip moth로 불린다. 솔애기잎말이나방은 소나무, 곰솔, 잣나무의 새 가지와 솔방울을 가해하며, 대표적인 천공성 해충이다. 연 2~3회 발생한다. 소나무순나방은 소나무와 곰솔의 1년생 새 가지만 골라서 가해하며, 연 1회 발생한다. 방제를 위해 3월 하순 성충 우화기에 메프유제, 파프유제를 살포한다.

8-7-4 충영형성 해충(蟲癭形成害蟲, gall maker)

1. 혹진딧물류(gall aphid)

혹진딧물류는 납작진딧물과와 진딧물과에 속하는 진딧물류 중에서 잎과 가지에 벌레혹(충영, 蟲癭)을 만드는 종류를 일컫는다(표 8-16). 혹을 만들지만 나무에 치명적인 피해를 주지 않는다. 때죽납작진딧물(*Ceratovacuna nekoashi*)은 어린가지 끝에 황록색의 방추형 혹을 만들어 열매처럼 보인다(그림 8-17 A). 7월 하순 날개 있는 암컷이 나도바랭이새로 이주하고 가을에 다시 때죽나무로 돌아온다. 조록나무혹진딧물은 조록나무에 기생하며, 연 4세대를 반복하며, 잎에 혹을 만들며, 중간기주가 없다. 사사키잎혹진딧물은 잎에 주머니 모양의 혹을 만들며, 벚나무류에 기생한다(그림 8-17 C). 6월에 날개 있는 암컷이 중간기주인 쑥으로 이동한다.

방제를 위해 혹진딧물의 생활사에 맞추어 아세타미프리드 수화제 2,000배액, 디노테퓨란 수화제 1,000배액을 10일 간격으로 2~3회 뿌린다.

2. 면충류(wooly aphid)

면충류는 면충과에 속하며, 진딧물과 흡사하게 생겼으며, 몸에 밀납이나 흰가루가 있다(표 8-16). 잎에서 즙액을 빠는 종보다 벌레혹을 만드는 종이 더 많다. 느티나무외줄면충(느티나무외줄진딧물)은 암컷 성충이 백색 밀납으로 덮여 있다. 잎에 표주박 모양의 혹을 만든다(그림 8-17 D). 6월경 날개 있는 암컷이 대나무류로 이주한 후 10월경 다시 기주로 돌아온다. 황철나무혹면충은 새 가지에 호두 크기의 딱딱한 혹을 만든다. 7월 하순 중간기주로 이동한 후, 10월 상순 다시 기주로 돌아온다. 검은배네줄면충은 잎에 긴 타원형의 적갈색 혹을 만든다. 5월 중순에 날개 있는 암컷이

표 8-16 국내 혹진딧물과 혹을 만드는 면충의 종류와 특성(이범영과 정영진, 1997)

소속	곤충명	중간기주	중간기주 체류기간	가해 수종명	벌레혹의 모양
납작진딧물과	때죽납작진딧물	나도바랭이새	7월 하순~가을	때죽나무, 쪽동백	황녹색 방추형
	조록나무혹진딧물	없음	없음	조록나무	적색 둥근형
진딧물과	사사키잎혹진딧물	쑥		벚나무류	주머니형
면충과	외줄면충 (느티나무외줄진딧물)	대나무류	6~10월	느티나무, 느릅나무, 대나무류	표주박 모양
	황철나무혹면충	?	7월 하순~ 10월 상순	황철나무, 포플러류	호두 모양
	검은배네줄면충	벼과식물	5월 중순~10월	느릅나무	적갈색 긴 타원형

그림 8-17

혹진딧물과 면충. A: 때죽나무의 때죽납작진딧물, B: 조록나무가지둥근혹진딧물(*Monzenia globuli*), C: 벚나무의 사사키잎혹진딧물(*Tuberocephalus sasakii*), D: 느티나무외줄면충(외줄진딧물, *Paracolopha morrisoni*)

벼과식물의 뿌리로 이동한 후 10월 기주인 느릅나무로 돌아온다.

방제를 위해 4월부터 아세타미프리드 수화제 2,000배액, 디노테퓨란 수화제 1,000배액을 10일 간격으로 3회 이상 뿌린다.

그림 8-18
나무이는 대부분 흡즙성 해충이지만 혹을 만드는 종도 있다. A: (충영형성)후박나무이, B: 큰팽나무이(사진 B: 국립산림과학원)

3. 나무이류(psyllid)

나무이류는 매미목에 속하며 매미를 닮았으며, 대부분 흡즙성 해충이지만, 혹을 만드는 것도 있다. 큰팽나무이는 큰팽나무이과에 속하며, 팽나무를 가해한다. 약충이 잎 뒷면에 기생하면서 잎 표면에 뿔 모양의 벌레혹을 만들고(그림 8-18 B), 잎 뒷면은 분비물로 백색의 깍지를 만들어 덮는다. 연 2회 발생하는데, 여름형은 깍지가 동심원형이며, 가을형은 편심원형이다. 방제를 위해 5월 하순부터 아세타미프리드 수화제 2,000배액, 디노테퓨란 수화제 1,000배액을 10일 간격으로 2~3회 뿌린다.

4. 혹파리류(gall midge)

혹파리류는 파리목 혹파리과에 속하며, 잎과 가는 가지에 혹을 만든다(표 8-17). 솔잎혹파리

표 8-17 산림 수목에 기생하는 혹파리의 종류와 특성(이범영과 정영진, 1997; 우건석, 2009)

혹파리명	연간 발생 횟수	성충 우화시기	혹의 모양	기주
솔잎혹파리	1회	5월 중순~7월 중순	방추형	소나무, 곰솔
향나무혹파리	1회	5월 중순~6월 상순	구형	향나무류
산딸기혹파리	1회	5월 중순~하순	방추형	산딸기류
수양버들혹파리	1회	3월 하순	딱딱한 구형	버드나무류
사철나무혹파리	1회	4월 하순~5월 하순(강원도)	표피가 둥글게 부풀어 오름	사철나무, 줄사철나무, 화살나무
버들순혹파리	1회	4~5월	장미꽃 봉오리	키버들, 내버들, 선버들
아까시잎혹파리	5회	5~10월	잎의 말림 현상	아까시나무

그림 8-19

혹파리. A: 솔잎혹파리 피해목(소나무), B: 길이가 짧아진 솔잎혹파리 피해 잎, C: 피해 잎의 기부에 혹이 형성되어 잎의 생장이 정지됨, D: 솔잎혹파리(*Thecodiplosis japonensis*) 성충(사진 D: 국립산림과학원), E: 솔잎혹파리 피해임지(7월 말), F: 사철나무혹파리(*Masakimyia pustulae*) 피해로 잎에 형성된 혹(사철나무), G: 7월 초 사철나무혹파리 성충의 탈출공, H: 아까시잎혹파리(*Obolodiplosis robiniae*) 피해로 생긴 잎말림 현상(아까시나무)

(*Thecodiplosis japonensis*)는 성충의 몸길이가 2.5mm 이내의 작은 파리로서 모기장을 통과할 만큼 작다(그림 8-19 D). 소나무와 곰솔과 같은 2엽송(二葉松)에서 잎의 기부에 혹을 만든다(그림 8-19 C). 연 1회 발생하며, 유충으로 지피물 속에서 월동한 후 고치를 만들고 5월 중순부터 7월 중순 사이에 우화한다. 우화한 성충은 어린잎에 산란하며, 부화한 유충은 솔잎의 기부에 벌레 혹을 만들고 수액을 빨아먹어 잎이 더 이상 자라지 못하다가 다음 해에 갈색으로 변하여 조기낙엽이 진다(그림 8-19 A와 B). 유충은 3령기에 늦가을에 비가 올 때 낙엽층으로 떨어져 월동한다. 5년 정도 연속적으로 충영형성률이 60%를 넘으면 피해목의 30~60% 정도가 죽는다(그림 8-19 E). 1960년대부터 전국의 소나무가 큰 피해를 받고 있다. 방제를 위해 6월에 티아메톡삼 분산서액제를 수간주사하거나, 4월 하순에서 5월 하순에 이미다클로프리드입제(2%) 혹은 카보퓨란 입제를 흉고직경 1cm당 각각 20g 혹은 50g을 뿌리 근처 토양 속에 혼합한다.

향나무혹파리는 향나무류의 가는 가지 끝에 혹을 만든다. 유충이 탈출한 후 가지의 생장이 중지된다. 산딸기혹파리는 산딸기류의 새 가지에 직경 8mm의 둥글고 부드러운 혹을 만들면 가지 윗부분이 죽는다. 수양버들혹파리는 버드나무류에 직경 12mm 딱딱한 혹을 만들어 생장이 불량해진다. 사철나무혹파리(*Masakimyia pustulae*)는 잎 뒷면에 직경 4~10mm 크기의 부풀어 오른 듯한 혹을 만들며, 심하면 잎이 조기낙엽이 진다(그림 8-19 F와 G). 버들순혹파리는 버들류에 장미꽃 봉오리 같은 혹을 만든다. 아까시잎혹파리(*Obolodiplosis robiniae*)는 아까시나무에서 한 세대가 한 달 정도로 짧아서 5~10월까지 연 5회 발생하여 피해가 커진다. 유충이 어린잎을 뒤쪽으로 말면서 흰가루병이 함께 나타나서 새순이 지속적으로 말라 죽어 나무가 쇠약해진다(그림 8-19 H). 방제를 위해 피해 초기에 이미다클로프리드 수화제 혹은 티아클로프리드 액상수화제(10%) 2,000배액을 잎에 살포하고, 풀잠자리, 깡충좀벌, 무당벌레, 침노린재 등 천적을 보호한다. 아까시나무는 천적인 아까시민날개납작먹좀벌(*Platygaster robiniae*)을 활용한다.

5. 혹벌류(gall wasp)

혹벌류는 벌목 혹벌과에 속한다. 수목에 피해를 주는 혹벌류는 참나무과(참나무류와 밤나무류)에 기생한다. 밤나무혹벌(*Dryocosmus kuriphilus*)은 밤나무 눈에 둥근 혹을 만드는 중요 해충이다(그림 8-20 A). 유충은 눈 조직에서 월동하며 봄에 혹이 형성되면서 작은 잎이 총생하며, 새 가지가 자라지 못해 개화 결실이 되지 않는다. 성충은 7월에 출현하며 몸 크기가 3mm 정도로 작고 흑갈색을 띠며 광택이 있다. 산란한 알은 8월 상순에서 하순 사이에 부화하여 눈 속으로 들어간다. 내충성 품종을 심어야 하며, 천적인 중국긴꼬리좀벌, 남색긴꼬리좀벌, 노란꼬리좀벌, 상수리좀벌 등을 보호한다. 성충 방제를 위해 티아클로프리드 액상수화제를 7월 초순부터 8월 초순까지 3회 살포한다. 기타 참나무순혹벌, 어리상수리혹벌, 갈참나무혹벌, 신갈마디혹벌이 있는데, 연 1~2회 발생하며, 모두 참나무류를 가해한다(표 8-18).

표 8-18 국내 산림 수목을 가해하는 혹벌의 종류와 특성(이범영과 정영진, 1997)

혹벌명	연간 발생 횟수	성충우화시기	혹의 모양	기주
밤나무혹벌	1회	6월 하순~7월 하순	둥근 적갈색	밤나무
참나무순혹벌 (갈떡혹벌)	2회	5월 하순~6월 중순	둥근 담갈색	신갈나무, 떡갈나무, 졸참나무, 갈참나무
어리상수리혹벌	1회	10월 상순	밤송이	상수리나무, 졸참나무
갈참나무혹벌 (참나무혹벌)	1회	12월~이른 봄	털이 많은 둥근 공 모양	갈참나무, 떡갈나무, 졸참나무
신갈마디혹벌	?	6월	잎에 연녹색 공 모양	신갈나무, 상수리나무

6. 혹응애류(eriophyoid mite)

혹응애류는 거미강 혹응애과에 속한다. 기주선택성이 강해서 한 가지 속 혹은 한 종의 수목에만 기생한다. 잎, 가지 끝 혹은 마디 사이에 다양한 모양의 혹을 만든다(표 8-19). 버드나무혹응애, 밤나무혹응애, 붉나무혹응애(*Aculops chinonei*, 그림 8-20 B), 구기자혹응애는 좁쌀 크기의 작은 혹을 많이 만들지만, 회양목혹응애(*Eriophyes buxis*, 그림 8-20 C)와 향나무혹응애는 꽃봉오리 모양의 큰 혹을 만든다. 소나무혹응애는 혹을 대신해서 한 장소에 부정아가 덩어리로 모여 생기면서 잎이 거의 자라지 못한다. 방제를 위해 봄에 피리디유제, 디코폴유제, 아미트유제, 디메토유제 500~1,000배액을 10일 간격으로 2~3회 살포한다.

표 8-19 산림수목에 기생하는 혹응애의 종류와 특징(이범영과 정영진, 1997; 우건석, 2009)

혹응애명	혹의 형태	기주
소나무혹응애	새순이 뭉치고 부정아 덩어리 형성	소나무
향나무혹응애	가는 가지 끝에 담갈색 꽃봉오리 모양 혹	향나무, 눈향나무
버드나무혹응애	잎에 붉은 좁쌀 크기의 혹	능수버들, 수양버들, 선버들
밤나무혹응애	잎에 작은 둥근 혹	밤나무
붉나무혹응애	잎 뒷면에 작은 둥근 혹	붉나무
회양목혹응애	마디에 꽃봉오리 모양 혹	회양목
구기자혹응애	잎에 직경 2mm 둥근 혹	구기자나무

그림 8-20

혹벌과 혹응애. A: 밤나무혹벌, B: 붉나무혹응애, C: 회양목혹응애(잎이 꽃과 같은 형태로 변함), D: 생달나무혹응애

8-7-5 종실 및 구과 해충(種實害蟲, seed and cone insect)

종실과 구과(毬果)를 가해하는 해충은 바구미류, 나방류, 거위벌레류, 뿌리혹벌레류로 나눌 수 있다(표 8-20). 산림에서 가장 많이 생산되는 열매는 밤나무인데, 밤바구미(꿀꿀이바구미, *Curculio sikkimensis*)는 복숭아명나방(*Dichocrocis punctiferalis*), 밤애기잎말이나방(*Cydia kurokoi*)과 함께 밤나무의 주요 종실해충이다. 밤바구미는 배설물을 밖으로 내보내지 않기 때문에 밤을 수확한 후 열매를 쪼개거나 유충이 탈출하기 전까지 그 피해를 알 수 없다. 방제를 위해 9월 상순 산란기에 제타사이퍼메트린분제, 뷰프로페진, 페노뷰카브분제를 10일 간격으로 1~2회 살포한다.

나방류 중에는 명나방과, 잎말이나방과, 심식나방과에 속하는 종의 일부가 종실 해충이다. 복숭아심식나방(peach fruit moth, *Carposina sasakii*)은 각종 과실류를 가해하는 주요 해충인데, 유럽과 북미에 없어 검역에서 주의해야 한다. 솔알락명나방(*Dioryctria abietella*)과 백송애기잎말이나방(*Gravitarmata margarotana*)은 잣나무의 구과와 새순을 가해하는 잣나무 조림지의 주요 구과해충이다.

도토리거위벌레(oak nut weevil, *Mechoris ursulus*)는 참나무류의 도토리에 산란한 후 8월 중에 그 가지를 잘라 땅으로 떨어뜨려 피해를 준다(그림 8-21). 방제를 위해 8월 상순에 페니트로치온 유제, 피레스 유제, 펜토에이트 유제 1,000배액을 10일 간격으로 3회 살포한다.

표 8-20 종실 및 구과 해충의 종류와 특성(이범영과 정영진, 1997)

분류	해충명	연간 발생 횟수	가해 특성	기주
바구미과	밤바구미	1회	똥이 밖으로 배출되지 않음	밤나무, 참나무류
	도토리바구미	1회	밤바구미와 흡사함	졸참나무, 갈참나무, 떡갈나무
명나방과	복숭아명나방	2회	똥과 거미줄이 겉으로 보임	활엽수형: 밤나무, 상수리나무, 벚나무, 과수류
	점노랑들명나방	?	꽃망울과 씨방 가해함	무궁화
	솔알락명나방	1회	구과와 새순을 가해함	소나무류
	큰솔알락명나방	1회	구과와 새 가지 가해함	잣나무, 소나무, 곰솔, 젓나무
	애기솔알락명나방	?	구과와 새 가지 가해함	잣나무, 소나무, 곰솔
잎말이나방과	밤애기잎말이나방	1회	똥이 밖으로 배출됨	밤나무, 참나무류
	백송애기잎말이나방	1회	구과와 새 가지 가해함	소나무류, 잣나무, 젓나무
	솔애기잎말이나방	2, 3회	구과와 새 가지 가해함	잣나무, 소나무, 곰솔
심식나방과	복숭아심식나방	1, 2, 3회	똥을 배출하지 않음	각종 과수, 대추나무, 명자나무
뿌리혹벌레과	밤송이진딧물	1회	작은 밤송이가 갈색으로 조기 낙과됨	밤나무
거위벌레과	도토리거위벌레	1회	도토리에 산란 후 가지를 절단	참나무류

그림 8-21

도토리거위벌레(*Mechoris ursulus*). A: 성충이 열매에 산란 후 열매가 달린 상수리나무 가지를 입으로 베어 떨어뜨린 모습, B: 성충(사진: 문성철, 이상길, 2014)

8-7-6 뿌리해충(root feeder)

뿌리해충은 수목의 뿌리를 가해한다. 성숙목은 뿌리의 양이 많으므로 뿌리해충 피해로 뿌리 일부가 죽어도 병징이 잘 나타나지 않는 반면, 양묘장에서 자라는 묘목은 뿌리의 양이 적어 해충의 피해로 곧 증상이 나타나서 심각한 피해를 줄 수 있다. 뿌리해충은 묘포해충으로도 불린다.

1. 땅강아지(mole cricket)

땅강아지(*Gryllotalpa orientalis*)는 메뚜기목 땅강아지과에 속한다. 성충의 몸길이는 30mm 정도이며, 몸은 회갈색이며, 땅을 파기 적당한 앞다리를 가지고 있다(그림 8-22 A). 약충과 성충이 흙속에서 각종 수종의 뿌리를 갉아 먹고, 땅을 들뜨게 하여 묘목을 고사시킨다. 밤에는 지표 위에서 묘목 줄기와 새순을 먹는다. 대부분 연 1회 발생하며, 약충 혹은 성충으로 월동한다. 방제를 위해 클로티아니딘입제, 페니트로티온입제를 살포한다. 두더지와 딱정벌레가 포식자이며, 경화병균(硬化病菌)으로서 동충하초(冬蟲夏草, *Isaria kogane*)와 흑강병균(黑殭病菌)의 천적이 있다.

2. 기타 토양 서식 해충

곤충 중에서 유충 시기를 토양 속에서 보내는 해충이 수목 뿌리에 피해를 준다. 풍뎅이류는 식엽성 해충이지만, 땅속에서 유충시기를 보낼 때 굼벵이로 불리며, 각종 수목의 뿌리를 가해한다. 풍뎅이, 구리풍뎅이, 애우단풍뎅이, 애청동풍뎅이, 풀색꽃무지 등 12종이 수목의 뿌리를 가해한다. 매미류의 유충도 땅속에서 사는 굼벵이 시절에 수목의 뿌리를 가해하지만, 피해가 크지 않다. 그러나 매미의 성충은 과수(예: 사과나무)와 참나무 등에 산란하면서 가지에 상처를 만들어 가지를 말라죽게 한다(그림 8-22 B와 C). 말매미(*Cryptotympana dubia*), 참매미, 털매미, 쓰름매미 등이 있다. 그 밖에 뿌리혹벌레과의 포도뿌리혹벌레는 진딧물과 흡사하며 포도뿌리를 가해한다. 굼벵이와 땅강아지를 구제하기 위하여 이미다클로프리드 분액을 사용한다.

그림 8-22

뿌리해충. A: 땅강아지, B: 매미가 대왕참나무 가지에 산란하면서 만든 상처(사진 A: 곤충표본 우건석), C: 대왕참나무의 매미 피해. 산란하면서 생긴 상처로 가지가 죽음.

8-7-7 주요 조경수의 수종별 주요 해충

국내에서 조경수에 피해를 주는 주요 해충은 300종 이상 된다. 이 중에서 주요 조경수 40개 수종에서 비교적 자주 관찰되고 상당히 피해를 주는 주요 해충을 정리해 보았다. 해충명 중에서 앞에 괄호로 표시한 것은 같은 그룹의 해충이 여러 종 있음을 의미한다.

표 8-21 국내 주요 조경수에 기생하는 주요 해충 명단(이범영과 정영진, 1997; 우건석, 2009; 강전유 등, 2008; 강전유와 이상길, 2008; 문성철과 이상길, 2014)(괄호로 표시된 해충은 같은 그룹의 해충이 여러 종 있음을 의미함)

수목명	주요 해충명	수목명	주요 해충명
가문비나무류	전나무잎응애, (가문비애)나무좀, 하늘소류	오동나무	큰쥐박각시, 나방류, (갈색날개)노린재, 하늘소류
가시나무류	깍지벌레류, (재주)나방, (가시나무긴)나무좀	은행나무	나방류, (이세리아)깍지벌레, 작은우단하늘소
가죽나무	가중나무껍질밤나방, 가중나무고치나방, 감나무좀, 꽃매미	이팝나무	두점알벼룩잎벌레, 혹응애, 매미류, 쥐똥밀깍지벌레
개나리	(개나리)잎벌, 목화진딧물, 깍지벌레류	자귀나무	(사귀뭉뚝날개)나방, 사귀나무이, 복화신딧물, 깍지벌레류, (오리)나무좀
느릅나무류	(느릅나무)등에잎벌, (참느릅)잎말이나방, (검은배네줄)면충, (느릅)나무좀, 하늘소류	자작나무류	(자작나무좀굴)나방, (오리나무)잎벌레, 깍지벌레류, (알락)하늘소, (오리)나무좀
느티나무	(느티나무)알락진딧물, 느티나무외줄진딧물, (잎털뭉뚝)나무좀, 느티나무벼룩바구미, (느티나무)노린재, 매미류	잣나무류	잣나무넓적잎벌, (복숭아명)나방, (잣나무)왕진딧물, (잣나무잎)응애, (소나무가루)깍지벌레, (소나무)솜벌레, (노랑점)바구미
단풍나무류	(단풍)알락진딧물, 진사진딧물, (단풍공)깍지벌레, (흰불)나방, (박쥐)나방, 갈색날개매미충, 알락하늘소	전나무류	(복숭아명)나방, 잎말이나방류, (전나무잎)응애, 하늘소류, 나무좀류
대나무류	(왕대)총채벌레, (대)진딧물, (대주름)깍지벌레, (대)나방, 대나무쐐기알락나방	조팝나무류	나방류, 나비류, 총채벌레류, (조팝나무)진딧물
동백나무	(뿔밀)깍지벌레, (탱자소리)진딧물, (차독)나방, 응애류, 선녀벌레	주목류	(솔잎말이)나방, (구상나무먼지)응애, (주목)깍지벌레, (향)나무좀
등	선녀벌레, 깍지벌레류, (등나무잎말이뿔)나방	쥐똥나무류	별박이자나방, (쥐똥밀)깍지벌레, (쥐똥나무)진딧물, (두점알벼룩)잎벌레
명자나무류	배나무방패벌레, 진딧물류, (샌호제)깍지벌레, 매미나방, 미국선녀벌레	철쭉류	(진달래굴)나방, 극동등에잎벌, 풍뎅이류, (진달래)방패벌레, 깍지벌레류, 철쭉응애, 총채벌레류, 담뱃대진딧물, 철쭉애매미충
목련류	(목련알락)진딧물, 깍지벌레류, (목련가는)나방, 나무좀류	참나무류	(갈참나무가루)진딧물, (참나무오리굴)나방, 풍뎅이류, (참나무부전)나비, 응애류, 노린재류, (참나무애)매미충, (상수리왕공)깍지벌레, (상수리)혹벌, (광릉긴)나무좀, (털두꺼비)하늘소, 도토리거위벌레, (도토리밤)바구미

표 8-21 계속

수목명	주요 해충명	수목명	주요 해충명
무궁화	(목화명)나방, (목화)진딧물, 아까시아진딧물, (귤)총채벌레, (뽕나무)깍지벌레, (점박이)응애	측백나무류	(구상나무)먼지응애, (측백)왕진딧물, 향나무하늘소, (측백)나무좀
밤나무류	어스렝이나방, (복숭아명)나방, 밤바구미, 밤나무혹벌, (미끈이)하늘소, (오리)나무좀	층층나무류	(황다리)독나방, (붉나무소리)진딧물, (거북밀)깍지벌레, (오리)나무좀
		칠엽수류	나방류, 깍지벌레류, 나무좀류
배롱나무	(주머니)깍지벌레, 배롱나무알락진딧물, (매미)나방, 주둥무늬차색풍뎅이, (알락)하늘소	팽나무류	나방류, 큰팽나무이, (팽나무알락)진딧물, 깍지벌레류, 선녀벌레, 팽나무벼룩바구미
버드나무류	(버들)진딧물, 버들잎벌레, (버들)매미충, (꼬마버드)나무이, (버들)하늘소, (박쥐)나방	편백류	나방류, 풍뎅이류, (편백)깍지벌레, (편백먼지)응애, (편백)나무좀, (향나무)하늘소
버즘나무류	(미국흰불)나방, 버즘나무방패벌레, (거북밀)깍지벌레, 응애, 알락하늘소	포플러류	버들재주나방, 매미나방, 미국흰불나방, (버들)잎벌레, 황철나무잎벌레, 버들바구미, 박쥐나방, 알락하늘소, (뽕나무)하늘소
벚나무류	매미나방, 텐트나방, 미국흰불나방, 노랑쐐기나방, 복숭아명나방, (벚나무)깍지벌레류, (사사키잎혹)진딧물, (벚나무)응애, 배나무방패벌레, 나무좀류, 복숭아유리나방	향나무류	(향나무독)나방, (향나무)왕진딧물, 향나무잎응애, 향나무하늘소, 향나무혹파리, (향)나무좀
사철나무류	사철나무혹파리, (사철)깍지벌레, 남방차주머니나방	회양목류	회양목명나방, 깍지벌레류, 회양목혹응애
소나무	솔나방, 소나무순나방, 솔잎벌, (솔껍질)깍지벌레, (소나무왕)진딧물, 소나무좀, 노랑애나무좀, 솔잎혹파리, 솔수염하늘소, (소나무잎)응애	회화나무	줄마디가지나방, 미국흰불나방, 붉나무소리진딧물, 회화나무이, (감)나무좀

제9장

수목의 비전염성 병

수목에 피해를 일으키는 요인은 전염성 병, 비전염성 병, 해충으로 분류된다. 비전염성 병(非傳染性病, non-infectious diseases)은 생리적 피해(生理的被害, physiological damages), 무생물적 장해(無生物的障害, abiotic disorders) 혹은 비기생성 피해(non-parasitic damage)라고도 부른다. 비전염성 병을 일으키는 요인은 표 9-1과 같이 기상적, 토양적, 생물적, 인위적 요인으로 나눌 수 있다.

조경수는 농작물에 비교하여 다음과 같은 세 가지 원인에 의해 비전염성 병에 더 잘 걸리는 편이다. 첫째, 수목은 긴 세월 동안 생존하면서 극단적인 기상상태에 노출되거나 조경수가 기후에 맞지 않는 곳에 심어져 기상적 요인에 의한 피해를 받는다. 둘째, 조경수가 건축공사로 인해 변형된 토양 혹은 수목생장에 부적절한 토양에 심어져 토양적 요인에 의한 피해를 받는다. 셋째, 조경수가 농작물처럼 격리된 농토에서 자라지 않고 인간의 활동 범위 안에서 각종 간섭을 받고 자라면서 인위적 요인에 의한 피해를 받는다. 그만큼 조경수가 인위적인 환경에서 인간의 간섭에 의해 많은 피해를 받고 있으므로 조경수에서 비전염성 병이 전염성 병이나 해충보다 더 중요해지는 경우가 자주 있다. 특히 노거수(老巨樹)는 수백 년을 살아오면서 자연환경에 잘 적응하고 있는 반면에 인간에 의한 토양 변경 등의 인위적 피해에 취약하다.

표 9-1 수목에 비전염성 병(생리적 피해)을 일으키는 요인

요인	내용
기상적 요인	고온(엽소, 피소), 저온(냉해, 동해, 서리, 서릿발, 상열, 동계건조), 기후변화 동계건조, 가뭄, 바람, 침수, 조풍, 해일, 폭실, 우박, 낙뢰, 일소량 부족
토양적 요인	건조, 과습, 양분결핍, 극단적인 토양산도, 중금속, 유독 가스 유출
생물적 요인	만경식물, 착생식물, 동물
인위적 요인	답압, 도로포장, 기계와 장비, 휘감는 뿌리, 제한된 뿌리, 심식, 복토와 석축, 절토, 대기오염, 농약, 비료(과비), 잘못된 가지치기, 해빙염, 유해 가스, 건물 세척제, 불, 접목불화합성

9-1 기상적 요인에 의한 병

9-1-1 고온(高溫, high temperature)

식물이 생장할 수 있는 온도의 범위를 임계온도(臨界溫度, cardinal temperature)라고 한다. 임계온도는 식물이 자랄 수 있는 최저온도와 최고온도 사이의 범위가 되며, 온대지방의 경우 0~35℃ 정도이지만, 식물 종류에 따라서, 식물의 부위에 따라서, 그리고 생리적 대사의 종류에 따라서 차이가 있다. 기온이 35℃를 초과하면 온대지방의 식물은 고온 피해(열해, heat injuries)를 보기 시작하며, 열대지방의 식물은 보통 40℃ 이상에서 피해를 본다. 반면 고산지대의 식물은 25℃에서도 피해를 볼 만큼, 고온에 의한 피해를 주는 온도는 수목의 원산지에 따라서 차이가 있다.

일반적으로 고온에 의한 피해는 세포막의 손상에서 비롯되는데, 세포막에 있는 지방질의 액화와 단백질의 변성으로 세포막이 제구실을 못해 물질이 새나온다. 특히 잎의 경우에는 엽록체를 구성하는 막이 기능을 상실하여 광합성을 수행하지 못한다.

1. 엽소(葉燒, 잎타기, leaf scorch)

여름철 도시에서 포장된 도로와 건물 주변에서 반사되는 열은 국소적으로 기온을 상승시켜 50℃를 넘게 하는 경우가 있다. 이때 도로 표면과 건물 벽에 가까이 있는 잎이 열에 의해 타서 마른다. 특히 햇빛을 반사시키는 강화유리를 남향이나 서향에 설치하거나 냉방기기의 환풍기가 근처에 있는 경우 상태를 더 악화시킨다. 오후 햇빛을 집중적으로 받는 수관의 바깥쪽 남서향에 있는 잎은 양엽(陽葉, sun leaf)으로서 수관의 안쪽 항상 그늘에 있는 음엽(陰葉, shade leaf)보다 건조에 견디는 힘이 크지만, 여름철 고온이 지속되면서 일사량이 높을 경우 과다한 증산작용으로 인해 탈수상태에서 피해가 나타난다.

병징: 잎의 가장자리부터 마르기 시작하여 갈색으로 변하며, 이를 엽소(葉燒, leaf scorch)현상이라고 부른다(그림 9-1). 잎의 가장자리는 뿌리로부터 수분을 공급받을 때 수분을 전달하는 엽맥에서 가장 멀리 떨어져 있기 때문에 가장 먼저 수분 부족 현상이 나타나서 먼저 마르게 된다. 한국의 경우 7월 장마가 끝난 후 곧이어 무덥고 건조한 날씨가 지속되면 장마기간 경화되지 않은 잎에서 엽소현상이 관찰된다. 여름철 조경수의 외관을 해치는 대표적인 사례이지만, 건강하게 뿌리를 잘 뻗은 나무는 치명적인 피해를 받지 않는다. 칠엽수, 단풍나무, 층층나무, 물푸레나무, 느릅나무와 한대성 수종인 주목, 잣나무, 전나무, 자작나무에서 자주 볼 수 있다.

방제: 여름철 더운 날 주변의 통풍을 도모하여 기온 상승을 막고, 토양에 관수하여 수분 부족을 해소시켜 주거나 스프링클러로 잎의 온도를 낮추어 준다. 토양을 아스팔트나 콘크리트로 포장하지 말고, 대신 잔디를 입히거나 유기물 멀칭(mulching)으로 토양으로부터 복사열을 줄인다.

그림 9-1

고온에 의한 엽소 피해. A: 가시칠엽수(마로니에) 엽소, B: 느티나무 엽소, C: 영산홍 엽소(7월 초순), D: 은행나무 가로수 엽소(8월 하순)

2. 피소(皮燒, 볕데기, sunburn)

햇빛이 강한 여름철 오후에 도로포장으로 인해 지열이 반사되고, 건물에서 열이 반사될 경우에는 기온이 상승한다. 최근 지구온난화가 가속되고, 벽면이 반사되는 강화유리로 장식된 건물들이 늘어나면서 남향이나 서향으로 앉은 건물 근처에 심어 놓은 조경수가 고온에 의해 피해를 본다. 특히 수간의 남서쪽 수피가 오후 햇빛에 직접 노출되어 있을 경우 수피의 온도가 상승한다. 이때 수분 부족이 함께 올 경우에는 수간 온도를 낮추어 주는 증산작용을 제대로 못해 수피의 온도가 더욱 높아지게 된다. 혹은 검은색을 띤 토양이 햇빛을 받아 표면온도가 60°C를 넘는 경우도 있다.

병징: 남서쪽에 노출된 지표면에 가까운 수피가 여름철 햇빛과 열에 의해 타서 형성층 조직이 죽어 벗겨지고, 그 속에 있는 목부조직이 노출되는 현상을 피소(皮燒, sunburn)라고 한다(그림 9-2). 대개 수직방향으로 불규칙하게 수피가 갈라지면서 괴사함으로써 수피가 지저분하게 된다. 전에 밀식재배하던 수목을 이식하여 단독으로 심어 놓으면, 이전에 그늘 속에 있던 수피 부분이 햇빛에 노출되어 피소현상이 잘 나타난다. 특히 수피가 얇은 수종인 벚나무, 단풍나무, 목련, 매화나무, 물푸레나무, 배롱나무는 더욱 그러하다.

피소현상으로 죽은 수피는 매우 불규칙하게 벗겨지고, 죽은 조직의 가장자리가 지저분하게 되어 새로운 유상조직이 자라 나오지 못한다. 이렇게 노출된 곳을 통해서 목재부후균이 침입하여

그림 9-2 남향을 향한 수피의 고온에 의한 피소 피해. A: 느티나무 피소(사진에서 수직으로 갈라진 금은 상열 피해에 해당함), B: 단풍나무 피소

수간이 추가로 썩어 큰 상처를 만들고, 쉽게 치유되지 않는 경향이 있다.

방제: 수간의 아랫부분을 감싸는 것이 가장 손쉬운 방제법이다. 지상 2m 이내에서 피소현상이 잘 생기므로 이 부분을 마대로 둥글게 싼다. 나무를 이식할 때 수피를 보호하기 위해 녹화마대로 싸는 것은 수피를 물리적인 충격으로부터 보호할 뿐만 아니라, 이식 후에 피소현상을 방지할 수 있는 수단이 된다. 어린나무는 흰색 도포제(예: 석회유황합제)나 수성 페인트를 발라 주거나, 서양에서처럼 쿠션이 있는 종이테이프(tree wrap)로 감싸기도 한다. 종이테이프는 수년 후 자연적으로 부패하여 없어진다. 석회유황합제는 피소를 방지할 뿐만 아니라, 천공성 해충(예: 복숭아유리나방)의 침입을 막는다. 노출된 검은색 토양은 피소를 유발하는 원인이 되므로 토양을 유기물로 멀칭(mulching)한다. 상처를 아물게 하려면 수피 외과수술을 통해 상처 부위를 타원형으로 도려내어 새로운 형성층 조직이 유상조직(癒傷組織, callus)을 만들어 상처를 감싸도록 유도해야 한다.

피소의 가능성을 줄이는 방법에는 관수가 있다. 토양수분이 많아지면 증산작용을 촉진하여 수간에서 물이 계속하여 위로 이동하면서 냉각 효과를 발휘하여 수피의 온도를 낮추게 된다.

9-1-2 저온(低溫, low temperature)

식물이 생육할 수 있는 최저온도는 생존할 수 있는 최저온도보다 훨씬 더 높다. 수목이 생존할 수 있는 최저온도는 자연적으로 서서히 순화된 수목의 경우에는 매우 낮다. 야외에서 순화된 버드나무와 침엽수는 −40℃에서도 죽지 않는다. 실험실에서 서양측백나무를 순화시키면서 서서히 냉동시키면 −85°C에서도 죽지 않는다.

온대지방에서 수목이 생육할 수 있는 온도는 보통 0~35°C로 알려져 있지만, 생육환경에 따라서 차이가 있다. 일반적으로 고산지대에서 자라는 수목은 최저 생육 온도가 낮은 편인데, 알프스산맥에서 자라는 진달래류는 −8°C에서도 광합성을 한다. 반면 많은 열대식물은 18~20°C에서도 생장 장애를 가져올 만큼 고온에 적응한 식물이다.

1. 냉해(冷害, chilling injury)

냉해는 생육기간(한국에서 3월부터 10월) 중 주로 봄과 가을의 환절기에 낮은 온도(빙점 이상 혹은 전후의 온도)에서 나타나는 저온 피해를 의미한다. 냉해는 온대지방 수목의 경우에는 봄과 가을에 수정이 제대로 이루어지지 않는 것과 가을에 덜 익은 과일을 생산하는 것을 의미하며, 열대식물의 경우에는 저온으로 잎에 피해가 나타나는 것을 예로 들 수 있다.

사과나무는 봄철 0~4°C에서 피해를 입는다. 과수의 경우 봄철 개화기에 온도가 내려가면 꽃가루받이가 이루어진 후 화분관의 생장이 저조하여 수정이 지연되는 경우가 자주 있다. 배나무의 경우 기온이 15°C 정도로 유지되면 2일 만에 수정이 되지만, 기온이 5°C로 내려가면 12일이 소요되어 암꽃의 감수기간인 7일 이내에 수정이 되지 않는다.

병징: 열대성 관상수는 냉해로 잎에서 엽록소가 파괴되어 백화현상이 나타나면서 마른다(그림 9-3). 이른 봄철 과수원에서 북향에 있는 배나무와 사과나무의 꽃가루가 날고 난 후 저온으로 인해 수정이 이루어지지 않아 낙과하는 경우가 냉해의 대표적인 예이다. 그리고 가을에 추위가 빨리 와서 온도가 내려가면 과수원의 경우 전분이 분해되지 못해 과일의 당도가 낮아지고, 유기산이 그대로 남아 있어 신맛을 내는 덜 익은 과일이 생산된다.

난대수종 중에서 가을에 개화하여 다음 해에 열매가 익는 목서, 차나무, 팔손이, 비파나무, 상동나무, 보리장나무, 보리밥나무, 까마귀쪽나무는 가을에 온도가 내려가면 꿀샘이 열리지 않기 때문에 꿀벌이 찾아오지 않아 수정이 안 되는 경우가 있다.

그림 9-3 냉해. A: 차나무 냉해, B: 셀렘 냉해

냉해는 온대지방에서는 주로 생식생장에 피해를 주기 때문에, 과실을 생산하지 않는 조경수는 냉해를 잘 받지 않는 대신 생장이 둔화된다.

방제: 봄과 가을철 개화 후 기온이 떨어지면 벌을 투입하거나 인공수분으로 수정을 촉진시켜 주어야 한다. 환절기에 열대성 관상수의 경우는 찬 공기에 노출되는 것을 방지하며, 찬물로 관수하지 말고, 토양에 열선을 깔아 열을 가해 뿌리의 활성을 유지시켜 준다.

2. 동해(凍害, freezing injury)

동해는 한 겨울철 빙점 이하에서 나타나는 식물의 피해를 말한다. 가을에 일장이 짧아지면서 서서히 온도가 낮아지면 온대지방의 수목은 생장을 정지하고 낙엽이 지면서 월동을 준비한다. 이러한 과정을 저온순화(低溫馴化, cold acclimation)라고 한다. 일단 순화된 수목은 체내에 탄수화물, 지방, 수용성 단백질을 축적하여 빙점을 낮추어 세포가 동결되는 것을 방지하여 내한성(耐寒性, cold hardness)을 가지기 때문에 빙점 이하에 노출되더라도 동해를 받지 않는다.

반면 식물이 순화되지 않은 상태에서 빙점 이하의 온도에 노출되거나 순화된 식물이라도 빠른 속도로 빙점 이하의 온도에 노출되면 동해를 입는다. 동해의 첫 번째 원인은 온도가 빙점 이하로 내려갈 때 세포 내에서 얼음 결정이 형성되어 세포막을 파손시키기 때문이다. 두 번째 원인은 온도가 서서히 내려가서 얼음 결정이 세포 밖에 생기더라도 원형질이 탈수상태에서 견디지 못하기 때문이다.

내한성은 수종에 따라서 큰 차이가 있다. 고위도지방에서 자라는 수종은 저위도지방에서 자라는 수종보다 내한성이 강하다. 따라서 조경을 설계할 때부터 내한성이 있는 수종과 품종을 선택해야 한다. 자작나무, 오리나무, 사시나무, 버드나무류, 소나무, 잣나무, 전나무, 주목은 한대림에서도 자라는 수종으로서 내한성이 커서 동해를 거의 받지 않는다. 반면에 온대 남부지역에서 자라는 삼나무, 편백, 금송, 히말라야시다, 배롱나무, 피라칸다, 해송(곰솔), 줄사철나무, 대나무류 등은 중부지역에서 동해를 잘 입는다. 그 밖에 사철나무, 가이즈카향나무, 능소화, 벽오동, 오동나무, 포플러(특히 이태리포플러)도 동해에 약한 편이다.

병징: 피해증상은 엽육조직의 붕괴와 세포질의 응고현상을 들 수 있으며, 상록활엽수의 경우 잎의 끝과 가장자리가 피해 초기에 탈색이 되면서 물먹은 것과 같이 투명하게 보이다가 괴사하여 갈색을 띠게 된다(그림 9-4 A와 B). 침엽수의 경우도 잎의 끝에서부터 갈색으로 변한다. 회복이 가능한 피해도 있다. 동백나무, 차나무, 삼나무, 회양목에서 녹색이 어두워지면서 붉은색을 띠는 현상은 일시적으로 나타났다가 봄이 되면 다시 회복되기도 한다(그림 9-4 D). 침엽수의 1~2년생 어린 묘목도 겨울철에는 잎이 적갈색을 띠다가 봄에 다시 녹색으로 되돌아온다(그림 9-4 C).

봄 혹은 가을에 개화한 후 열매가 다음 해에 익는 수종은 겨울철 열매에 동해를 입기도 한다. 가을에 개화하는 모밀잣밤나무, 구실잣밤나무는 월동 중에 열매가 동해를 받기도 한다.

그림 9-4

동해. A: 동백나무 동해, B: 동해에 약한 줄사철나무(좌측)와 강한 사철나무(우측), C: 동해를 받은 전나무 묘목(앞쪽), 뒤쪽에 붉게 변색된 묘목은 회복이 됨, D: 회양목의 일시적 동해(붉은색으로 변했으나 봄에 회복됨)

방제: 내한싱을 고려하여 소성수들 선택함으로써 어느 정도 동해를 예방할 수 있다. 북풍이 불지 않는 곳(북풍을 막아 주는 높은 건물의 남향)에 수목을 식재하거나, 동절기에는 북풍을 막아 준다. 토양에 유기물로 멀칭을 실시하고, 작은 나무의 경우에는 짚으로 밑동과 수간을 감싸 주고, 나무 전체를 비닐로 덮어 주되 꼭대기에 통풍구를 열어 준다.

낙엽 혹은 상록 활엽수의 어린가지가 동해를 받았을 경우 봄에 동아(겨울눈)에서 새싹이 바로 나오지 않는다. 이때 가지를 미리 잘라 버리면 안 된다. 활엽수는 어린가지에 잠아가 많이 숨어 있어 동아가 얼어 죽으면 잠아가 나중에 발달하여 잎으로 자랄 수 있기 때문이다. 5월 말까지 기다린 후 가지가 죽은 것을 확인한 후 전정한다.

3. 늦서리(late frost)와 첫서리(early frost)

서리 피해는 생육기간(4~10월)에 나타난다. 만상(晩霜, 늦서리, late frost, spring frost)은 봄에 늦게 오는 서리에 의해 수목이 피해를 받는 현상이다. 한국의 경우 4월 말경 맑게 갠 날 밤, 야간 온도가 영하(−3℃~−5℃)로 떨어질 때 새로 자라 나와서 내한성이 없는 새순과 어린잎에서 발생한다. 조상(早霜, 첫서리, early frost, summer frost)은 만상과는 달리 늦여름(북구지역의 경우)이나 가을(한국의 경우)에 첫 번째 오는 서리에 의해 나타나는 피해이다. 따뜻한 가을 날씨가 지속되어 수목이 계속 생

그림 9-5

늦서리 피해. A: 전나무(좌측)와 주목(우측)의 새순, B: 쥐똥나무 새순

장하면서 아직 내한성을 가지고 있지 않을 때, 별안간 첫서리가 오면 피해를 받게 된다.

병징: 만상(晩霜)의 경우 봄에 새로 나온 새순, 잎, 꽃이 하룻밤 사이에 시들어 마른다. 남쪽과 남서쪽 수관이 더 큰 피해를 본다. 활엽수의 경우 잎이 검은색으로 변색되고, 침엽수의 경우 붉은색으로 변색되었다가 결국 말라 죽는다. 활엽수 중에 목련, 튤립나무, 모과나무, 단풍나무, 철쭉, 영산홍, 쥐똥나무(그림 9-5 B)에서, 그리고 침엽수 중에 주목, 전나무, 낙엽송에서 심하게 나타난다(그림 9-5 A). 주목의 경우는 1년 이상 된 잎들은 이미 경화가 되어서 피해가 없으며, 새순(신초)만 급격히 적갈색으로 말라 죽는데, 봄철에 기상변화를 주의 깊게 관찰하면 쉽게 구별해낼 수 있다. 특히 한 지역에서 자라는 같은 수종의 모든 나무가 하루 이틀 사이에 별안간 동일한 병징을 보이므로, 세밀히 관찰하면 원인을 찾아낼 수 있다. 만상 피해는 새순에만 주로 오고, 봄철 식물호르몬이 왕성하게 생성되어 잠아로부터 곧 새순이 나오기 때문에 나무에 치명적인 피해는 주지 않는다.

조상(早霜)은 산악지역 찬 공기가 지상 1~3m 높이에서 정체되는 분지(盆地, frost pocket)에서 가끔 나타난다. 키가 3m보다 작은 나무에서 큰 피해를 주며, 병징은 새순과 잎에서 나타나는데, 소나무의 경우 잎의 기부가 피해를 입어 잎이 밑으로 처진다. 조상은 모든 새순을 죽여 그 후유증이 1~2년간 지속되어 만상보다 더 심각하게 나무의 모양을 훼손시킨다. 나무가 왜성 혹은 관목형으로 변하기도 한다.

방제: 조상(첫서리) 피해를 막으려면 늦여름 시비를 자제하여 가을에 생장을 일찍 정지시킴으로써 피해의 기회를 줄여 준다. 일기예보에 따라서 서리가 오기 전에 스프링클러로 안개비를 만들거나 연기를 발생시키거나 송풍기로 바람을 만들면 관목과 소교목의 피해를 줄일 수 있다. 차나무와 감귤 농장에서 응용되기도 한다.

4. 서릿발(상주, 霜柱, frost heaving)

서릿발은 상주라고도 하며, 초겨울 혹은 이른 봄에 습기가 많은 땅에 서리가 내리면서 표면의 흙이 위로 솟아오르는 현상이다. 이때 묘포장에서 키가 작은 1~2년생 묘목은 서릿발과 함께 위쪽으로 치켜 올라가서 뿌리가 노출되어 말라 죽는 경우가 자주 있다. 서릿발에 의한 피해를 방지하려면 평소에 배수를 철저히 해서 서릿발이 생기지 않도록 해야 하며, 노출되어 있는 땅바닥을 유기물로 만든 볏짚, 톱밥, 바크, 우드칩 등으로 멀칭(mulching)한다. 멀칭 시에는 두께를 5cm 이내로 해야 한다. 모래를 넣어 토성을 개량한다.

5. 상열(霜裂, frost crack)

상열은 겨울철 수간이 동결하는 과정에서 바깥쪽의 변재 부위가 안쪽에 단열되어 있는 심재 부위보다 더 심하게 수축함으로써, 두 부위 간에 수축의 불균형으로 생기는 장력 때문에 종축(수직)방향으로 갈라지는 현상이다(그림 9-6). 위와 같은 현상은 마치 벌채해 놓은 통나무가 건조하면서 길게 갈라지는 것과 흡사한 원리로 일어난다. 상열이 나타나는 위치는 주로 낮에 햇빛에 의해 온도가 올라가서 온도 차가 더 많은 남서쪽 수간이며, 침엽수보다 활엽수에서 더 자주 관찰된다. 상열은 직경 15~30cm가량 되는 나무에서 주로 관찰된다. 그 이유는 직경이 15cm보다 작으면 열전도가 쉽게 이루어져 수축불균형이 줄어들고, 직경이 30cm보다 크면 변재와 심재 간 수축현상이 나타나더라도 수간의 부피가 커서 갈라지려는 힘보다 저항이 더 크기 때문이다.

상열 피해를 막기 위해서는 여름철의 피소현상을 방지할 때처럼 수간을 마대로 싸거나 흰색 페인트를 발라 준다. 토양 멀칭도 도움이 된다.

그림 9-6

상열 피해. A: 목련 상열, B: 은행나무 상열, C: 낙우송 상열 피해 후 상처치유

6. 동계피소(冬季皮燒, sun scald)

동계피소는 겨울철에 수피가 어는 현상을 의미한다. 한겨울에 수간의 남쪽 부위가 햇빛에 의하여 가열되면 그늘진 쪽의 수간보다 온도가 20℃ 이상 올라가서 일시적으로 조직의 해빙현상이 나타나는데, 일몰 후에 급격히 온도가 떨어지면서 조직이 동결하여 형성층 조직이 피해를 받는 현상이다. 수피가 목질부로부터 이탈한다. 대륙성 기후 지역이나 주야간 온도가 크게 벌어지는 지역에서, 수피가 얇거나 상처가 이미 있는 나무에서 관찰된다.

동계피소를 막기 위해서는 여름철의 피소와 겨울철의 상열을 방지할 때처럼 수간을 마대로 싸거나 흰색 페인트를 발라 준다. 토양 멀칭도 도움이 된다.

7. 동계건조(冬季乾燥, winter desiccation)

동계건조는 이른 봄 상록수가 과다한 증산작용으로 인해 말라 죽는 현상으로써 동해의 또 다른 예이다. 늦은 겨울 혹은 이른 봄에 날씨가 따뜻해지면, 기온은 쉽게 상승하지만 토양은 얼어 있는 상태로 남아 있는 경우가 자주 있다. 이때 상록수는 증산작용이 증가하여 겨울보다 수분이 더 많이 필요하지만, 토양이 얼어 있어서 수분 흡수가 원활하지 못해 잎과 가지가 마르게 된다. 이와 같이 따뜻한 봄철에 아직 토양이 얼어 있는 상태는 주로 고산지대 북향에 있는 지역에서 나타나므로 이 지역에서 상록수(예: 잣나무림)가 피해를 입게 된다.

동계건조의 증상은 피해 즉시 나타나지 않다가, 토양이 녹은 후, 침엽수의 경우 수관 전체가 적갈색으로 변하거나 잎이 아래로 처지면서 결국 고사하게 된다.

동계건조를 줄이는 방법은, 방풍림을 설치하여 증산작용을 최소화하든가, 토양의 배수상태를 양호하게 유지하여 기온상승 시 해토가 빨리 되도록 유도하든가, 증산억제제를 잎에 뿌려 주는 것이다. 가능하다면 지표면의 멀칭을 임시로 걷어내어 해토를 촉진시킨다.

9-1-3 기후변화 동계건조

동계건조에 의한 새로운 형태의 피해가 최근 관찰되고 있다. 대기권의 이산화탄소 증가로 인한 지구온난화(global warming)현상은 전 세계적으로 기후변화를 초래하고 있다. 최근 겨울철 이상난동(異常暖冬)현상이 자주 관찰되고 있는데, 기후변화의 한 예에 해당한다. 겨울철 따뜻한 날씨가 지속되면서 강수량이 적으면 상록수(특히 이식한 경우)가 건조 피해를 받을 수 있다. 한국과 같이 겨울철 강수량이 적은 지역에서 심각한 문제가 된다.

상록수는 낙엽수와는 달리 겨울철에도 온도가 상승하면 광합성과 증산작용을 한다. 추운 겨울이 지속될 때에는 증산작용을 적게 해서 상록수가 정상적으로 월동할 수 있다. 그러나 기온이 5℃ 이상 상승하면 상록수는 증산작용을 하면서 수분을 잃어버린다. 겨울철 따뜻한 날씨가 지속

그림 9-7

기후변화 동계건조. A: 충북 진천 잣나무림에서 겨울철 이상난동과 가뭄이 함께 와서 생긴 피해(2007년 5월)(사진: 나용준). B: A와 같은 원인으로 생긴 경남 밀양 소나무림 피해(2009년 4월 1일)

되면서 강수량이 적으면 상록수는 수분 부족을 경험하며, 봄까지 가뭄이 지속되면 잎이 누렇게 마른다. 이런 현상은 동계건조의 또 다른 형태이다. 가지가 부분적으로 죽거나 나무 전체가 동시에 마르기도 한다.

국내에서 2002년과 2014년, 특히 2007년과 2009년 봄에 전년도 가을부터 전국적으로 이상난동과 가뭄이 지속되어 소나무와 잣나무가 큰 피해를 받아 수백만 그루가 죽었다(그림 9-7). 소나무와 잣나무는 본래 추운 날씨를 선호하는 수종으로서 따뜻한 겨울 날씨에 제대로 적응하지 못한다.

기후변화로 인한 동계건조를 방지하기 위해서, 따뜻한 겨울 날씨에 가뭄이 지속되면 겨울철에도 상록수를 대상으로 관수해야 한다. 특히 가을에 이식한 상록수(예: 소나무)는 더 큰 피해를 받으므로 겨울철에 관수하거나 가을 이식을 자제할 필요가 있다.

9-1-4 풍해(風害, wind damage)

평소에 적절하게 부는 바람은 수목의 뿌리 발달과 나무 밑동의 생장을 촉진하여 초살도(梢殺度, tapering, 밑동의 직경과 상부 수간 직경의 차이)를 증가시켜 바람에 견디는 힘을 높여 주고, 수고생장을 감소시킨다. 밑가지가 살아 있거나 바람을 자주 경험하는 나무는 무게 중심이 아래쪽에 있고 밑동의 직경생장이 촉진되어 바람에 견디는 힘이 크다.

풍해(風害)는 바람에 의해 나타나는 물리적 및 생리적 피해를 의미한다. 강풍에 의한 피해는 활엽수보다 목재의 인장강도가 약한 침엽수에서 더 크며, 특히 천근성인 가문비나무와 낙엽송이 바람에 약하다(표 3-1 참조). 특히 폭우를 동반한 강풍이 불면, 토양이 부드러워져 뿌리째 뽑히는 경우가 늘어나며, 풍도(風倒, windthrow)라고 부른다. 바람의 피해를 받는 나무는 비스듬히 자라거나, 수관이 빽빽하거나 한쪽으로 쏠려 있거나, 아주 좁은 각도 혹은 아주 넓은 각도로 뻗은 가지, 병든 가지, 그리고 수간에 공동을 가지고 있는 경우가 흔하다.

병징: 강풍으로 나무가 뿌리째 뽑혀 넘어지거나, 줄기가 부러지고(그림 9-8 A), 비스듬히 누워 버린다(그림 9-8 B). 잎이 갈기갈기 찢어지거나 해진 잎이 된다. 가지가 부러진 채 수관에 매달려 있으며, 시간이 지나면서 부러진 잎과 가지가 말라 죽는다.

방제: 평소에 주기적인 가지치기를 통해 위험한 가지를 미리 제거하고, 수관의 크기를 작게 유지한다. 영국과 미국에서 관찰된 예를 보면 태풍에 의한 피해는 가지치기를 하지 않은 나무에서 심하다. 가로수의 경우 3~5년 주기로 가지치기를 통해 수형을 가다듬고 수관을 작게 유지하면 풍해를 어느 정도 줄일 수 있다. 소경목과 중경목을 이식할 경우 밑가지를 그대로 두어 밑동의 직경생장을 촉진함으로써 초살도(梢殺度)를 크게 만들고, 2년이 경과하면 지주목을 제거하여 스스로 버틸 수 있도록 훈련시킨다. 초살도가 크면 무게 중심이 아래쪽에 있어서 나무가 잘 쓰러지지 않는다.

바람이 상습적으로 강한 곳에서는 처음부터 심근성 수종을 선정하여 식재하는 것이 바람직하며, 이러한 수종은 방풍림(防風林, windbreak)으로도 적합하다(표 3-1 참조). 그러나 뿌리의 발달은 토양의 특수성, 즉 토심과 토성에 따라서 크게 달라지기 때문에 근본적으로 풍해를 방지하기는 어렵다.

9-1-5 침수(浸水, water-logging)

침수는 짧은 기간에 많은 비가 내려 토양이 일시적으로 물에 잠기는 것을 말한다. 뿌리는 잎과 마찬가지로 숨을 쉬기 때문에 지속적으로 산소를 요구한다. 수경재배(水耕栽培, hydroponic culture)의 경우 뿌리가 물속에 잠겨 있지만 공기(산소)를 지속적으로 공급하기 때문에 뿌리가 숨을 쉴 수 있다. 그러나 토양이 침수되면 산소공급이 중단되어 수목 뿌리가 숨을 쉴 수 없다. 침수 피해는 침수기간에 따라서 다르게 나타난다. 2~3일 이내 짧은 기간의 침수는 수목에 피해를 주지 않는다. 5일이 경과하면 예민한 수종에서 먼저 피해가 나타나며, 10일이 지나면 대부분의 수목이 피해를 본다(그림 9-8 C). 낙우송은 장기간 침수된 상태에서도 잘 견디는 수종으로서 기근(knee root)을 물위로 내보내어 호흡을 도모한다. 버드나무도 공기를 효율적으로 아래 뿌리 쪽으로 내려보내어 저항성이 있으므로 빈번한 침수지역에서 견디며, 흙이 쌓이면 새 뿌리를 만든다(그림 9-8 D).

병징: 침수된 뿌리에서 에틸렌 가스가 생산되어 줄기로 올라가서 황화현상, 줄기의 신장 억제 및 비대 촉진을 가져오고, 엽병의 위쪽이 더 빨리 자라 잎이 안쪽으로 말려들어 가는 상편생장(上片生長, epinasty)을 유도하면서 조기낙엽이 진다. 시간이 경과하면 부정근이 발생하면서 뿌리도 서서히 썩는다.

방제: 침수 피해를 줄이는 방법은 침수된 물을 빠른 시간 내에 밖으로 배출시키는 것이다. 5일 이내에 물이 빠지도록 노력한다.

그림 9-8

풍해와 침수 피해. A. 2002년 루사 태풍으로 부러진 버드나무, B: 돌풍과 폭우로 넘어진 서울시 통의동 백송(1990년 7월), C: 침수로 죽은 호숫가의 나무들, D: 홍수에 적응하는 버드나무(4회 홍수로 흙이 쌓이면서 새로운 뿌리가 4회 발달했음)

9-1-6 조풍(潮風, ocean salt spray)

조풍 피해는 바닷가에서 소금을 함유한 바람(조풍)이 불어와서 수목에 피해를 주는 경우이다. 바닷가에서 잘 자라는 수목은 천연으로 내염성 혹은 내조성이 있다고 할 수 있다. 곰솔이 대표적인 예로서 바닷가로부터 4km 내륙까지 자란다. 조풍 피해는 바닷가에서 비를 동반하지 않은 강풍이 불 때 나타난다. 2012년 8월 28일 볼라벤 태풍이 비를 동반하지 않고 제주도와 서해안에 상륙하여 큰 피해를 주었다.

병징: 조풍 피해는 바람이 불어오는 쪽(windward) 수관의 잎이 더 심하게 피해를 보인다. 활엽수의 경우 잎의 가장자리가 타들어가고, 갈색 반점이 불규칙하게 나타나면서 수관 전체에 퍼진다. 침엽수의 경우 잎의 끝부터 갈색으로 죽는다(그림 9-9 A). 수목에 따라서 초기증상이 갈색, 자색, 홍색 등으로 다양하게 나타나지만, 후반부에는 대개 갈색 반점으로 변하고 조직이 검게 괴사한다. 심하면 조기단풍이 들면서 낙엽이 지거나, 눈이 더 이상 자라지 않고 가지가 죽는다(그림 9-9 B).

표 9-2 내염성(조풍에 대한 저항성)에 따른 수목의 분류(본 명단의 일부는 필자의 새만금간척지 내염성시험결과를 반영한 것임)(이경준 등, 2015)

내염성	침엽수	활엽수
강함	곰솔, 낙우송, 노간주나무, 리기다소나무, 주목, 풍겐스가문비나무, 향나무	가죽나무, 감탕나무, 굴거리나무, 꾸지뽕나무, 낙상홍, 난쟁이조릿대, 녹나무, 느티나무, 능수버들, 동백나무, 때죽나무, 모감주나무, 무궁화, 버즘단풍나무, 벽오동, 보리수나무, 서양버즘나무, 소사나무, 순비기나무, 식나무, 아까시나무, 아왜나무, 양버들, 위성류, 자귀나무, 주엽나무, 쥐똥나무, 참나무류, 칠엽수, 팥배나무, 해당화, 후박나무, 회양목, 회화나무
약함	가문비나무, 낙엽송, 삼나무, 소나무, 스트로브잣나무, 은행나무, 전나무, 측백나무, 히말라야시다	가시나무류, 개나리, 국수나무, 단풍나무류, 대왕참나무, 덜꿩나무, 마가목, 목련류, 백합나무, 벚나무, 사철나무, 생강나무, 수수꽃다리, 음나무, 자작나무, 조팝나무, 팽나무, 피나무, 피라칸다

그러나 초기증상은 생장감소와 조기낙엽현상이기 때문에 다른 생리적 피해와 쉽게 구별이 안 된다.

방제: 조풍 피해를 줄이는 방법은 태풍이 지나간 다음 물로 잎을 씻어 주는 것이다. 바닷가와 임해매립지에는 염해에 강한 수종을 식재해야 한다(표 9-2).

9-1-7 해일(海溢, seismic wave)

해일은 큰 너울이 바닷가를 뒤덮는 현상을 말하는데, 쓰나미(tsunami)라고도 부른다. 해일은 염분을 대량으로 육지로 운반하기 때문에 수목에 큰 피해를 준다. 바닷가에 적응한 열대지방의 망그로브(mangrove), 야자나무(coconut), 해변무궁화(sea hibiscus)만 해일에 저항성을 가지고 있다. 곰솔과 순비기나무는 해풍에 견딜 뿐이며, 해일로 짠물이 토양을 뒤덮을 경우에는 죽는다. 국내에서 자라는 수종 중에서 해일에 견디는 수종은 없다(그림 9-9 C와 D).

바닷물의 염분농도는 3~4%로서 전기전도도가 50~55dS/m이다. 대부분 작물에 사용 가능한 관개수의 염분 허용치는 0.75dS/m 이하이다. 내염성 작물에 제한적으로 사용 가능한 관개수는 0.75~2.0dS/m이며, 2.0dS/m 이상의 관개수는 장기적으로 농업용수로 사용할 수 없다. 참고로 WHO(세계보건기구) 기준에 의한 음용수의 염분 허용치는 0.8dS/m이며, 시판하는 생수에는 0.05dS/m(50uS/cm)의 염분이 있다.

간척지에서 토양 중 염분에 의한 전기전도도와 작물 생육과의 관계를 보면, 0~2dS/m에서는 일반 작물이 제한 없이 자랄 수 있고, 2~4dS/m에서는 민감한 엽채류의 생육장애가 나타나며, 4~8dS/m에서는 내염성 작물만을 재배할 수 있다. 해일 피해는 바닷물이 침투한 곳에서만 나타나며, 침투한 바닷물의 양과 체류시간에 비례하여 피해를 준다. 피해증상은 조풍 피해와 동일하다.

토양 중에 있는 염분을 제거하고자 할 때에는 충분한 양의 물로 토양을 세척하고, 토양이 마른 후에 숯가루를 넣어 소금을 흡착시킨다. 150mm의 관수는 이론적으로 표토 30cm 깊이에 있는 염분의 1/2 정도를, 300mm의 관수는 4/5를 씻어낼 수 있다.

그림 9-9

조풍과 해일. A: 바닷가 측백나무(바람이 불어오는 쪽만 갈색으로 변함), B: 바닷가의 상수리나무(조풍으로 가지가 말라 죽으면서 맹아가 발생함), C: 해일로 낮은 곳에 있는 곰솔만 죽어 감, D: 해일 피해 받은 곰솔 잎의 갈변

9-1-8 설해(雪害, snow damage)와 우박(雨雹, hail)

설해는 겨울철 눈이 나무 위에 쌓여서 생기는 피해와 눈사태로 인해서 나무가 매몰되는 피해를 의미한다. 눈이 많이 오는 지역에서 자라는 침엽수들은 수관에 눈이 쌓일 경우 눈의 무게를 감당하지 못해 가지가 부러지거나 나무 전체가 쓰러지는 피해를 본다(그림 9-10 A). 특히 나무가 비스듬하게 서 있을 경우에는 눈의 무게로 인해 쉽게 쓰러지기 때문에, 눈이 많이 오는 지역일수록 오랜 세월 동안 진화 과정을 통해서 침엽수가 곧게 자라는 성질을 가지게 되었다. 또한 원추형의 수관을 가짐으로써 눈이 쌓일 경우에도 무게 중심이 아래쪽에 머물도록 하여 도복을 방지한다. 노르웨이가 원산지인 독일가문비(*Picea abies*)는 눈이 쌓이는 것을 최소화하기 위해 측지(側枝)와 소지(小枝)가 밑으로 처져 있는 것이 특징이며, 이로써 조경수로서의 가치가 크다.

눈사태(avalanche)는 높은 고산지역, 예를 들면 유럽의 알프스산맥과 동양의 히말라야산맥을 끼고 있는 지역에서 자주 관찰되며, 한국에서도 강원도 태백산맥 지역에서 가끔 볼 수 있다. 산이 높을수록, 사면이 길수록, 그리고 경사도가 심할수록 눈사태는 자주 일어나며, 사면에 입목밀도가 높을수록 적게 일어난다.

그림 9-10
설해와 우박. A: 적설로 줄기가 굽은 측백나무, B: 우박 피해를 받은 전나무 가로수

설해 피해를 적게 하는 방법은 침엽수의 수관이 너무 크거나 과밀할 경우 가지치기를 통해 가지와 잎을 솎아 주는 것이다. 정원수의 경우 나뭇가지 위에 쌓인 눈을 속히 제거하여 무게를 줄여 줄 수 있다. 회양목이나 사철나무처럼 키가 작은 상록관목의 경우에는 다양한 모양으로 가지치기를 한다. 눈이 쌓여 옆으로 쓰러진 가지들을 그대로 방치해 두면 눈이 녹은 후에도 원래의 모양으로 돌아가지 않기 때문에 즉시 눈을 제거해야 한다.

우박(雨雹, hail)은 과수원과 채소 농장에 큰 피해를 주지만, 조경수의 경우에는 잎이 찢어지고 잔가지가 부러지고 수피에 상처를 만드는 등의 가벼운 피해를 준다(그림 9-10 B). 우박은 위에서 떨어지면서 잔가지 수피의 위쪽에만 상처를 만들기 때문에 가지 전체에 퍼지는 동고병(胴枯病)과 구별할 수 있다.

9-1-9 낙뢰(落雷, lightning)

수목은 낙뢰에 의해 피해를 받는다. 홀로 자라거나, 모여 있는 나무 중에서 수고가 가장 높거나, 가장자리에 있거나, 물가에서 자라는 나무에 낙뢰가 떨어질 가능성이 더 높다. 미국의 경우 산악지대에 마른번개가 자주 일어나는데, 서부지역에서 산불의 주요 원인이 된다. 한국의 경우 낙뢰는 주로 폭우와 동반하여 나타나기 때문에 번개로 인한 산불 피해는 거의 없으나, 젖은 나무에 낙뢰가 떨어질 가능성이 높다. 미국의 경우 귤과수원에서 한 번의 뇌우(雷雨, thunderstorm)로 52ha 내에 있는 3,255본의 귤나무가 피해를 보아 6개월 후 이 중에서 70%가 죽은 예가 있다.

병징: 전기가 수간을 타고 밑으로 땅속까지 들어간 통로를 따라서 작용하여 수피가 깊게 파이거나 갈라진다. 언뜻 보기에는 겨울철에 상열로 수피가 수직방향으로 갈라진 경우와 병징이 비슷하게 보인다. 그러나 상열은 주로 남서쪽 수간에서 관찰되며, 직경이 15~30cm가량 되는 나무에서 관찰된다. 낙뢰는 키가 큰 거목일수록 피해 확률이 높다. 낙뢰 피해는 나무 꼭대기에서 밑동으로

내려가면서 갈라진 수피의 폭이 넓어지는 것이 일반적인 증상이다. 낙뢰의 정도에 따라 수피만 얇게 타서 벗겨지는 경우와 목질부까지 깊게 갈라지면서 검게 타는 경우가 있다(그림 9-11 A~C).

수종에 따라서 낙뢰 피해 정도가 다른 것으로 알려져 있다(표 9-3). 참나무류, 느릅나무, 소나무, 튤립나무, 포플러, 물푸레나무는 낙뢰 피해가 크고, 자작나무, 마로니에는 피해가 작다. 수종에 따른 차이점은 체내 구성성분 중 전분의 함량과 수피의 특징에 따라서 다른 것으로 해석된다.

방제: 도시에는 고층건물들이 많고 대개 피뢰침이 설치되어 있기 때문에 그 근처의 조경수에는 낙뢰 피해가 적다. 그러나 한적한 곳에서 혼자 자라는 거목에는 낙뢰의 가능성이 크므로 피뢰침을

표 9-3 수종별 낙뢰 위험도 비교

낙뇌 위험도	수종의 예
높음	느릅나무, 단풍나무, 물푸레나무, 솔송나무, 아까시나무, 야자수, 참나무류, 백합나무, 포플러
보통	가문비나무, 개오동, 버즘나무, 소나무류, 자작나무
낮음	너도밤나무, 마로니에, 호랑가시나무

그림 9-11

낙뢰 피해. A: 낙뢰 후 살아남은 강릉 산계리 산돌배나무, B: 인천공항 소나무(살아 있음), C: 익산 신작리 천연기념물 곰솔(낙뢰 피해 직후, 2007년 8월), D: 신작리 곰솔(낙뢰 8개월 후 고사, 2008년 4월)

설치하여 낙뢰로부터 보호할 필요가 있다.

피뢰침(避雷針, lightning rod)은 반드시 꼬아서 만든 동선(직경 1cm가량)을 사용하며 나무의 가장 높은 곳보다 더 높게 설치한다. 동선을, 수간을 따라 내린 후, 땅속에 일단 묻은 후 다시 수관 가장자리보다 더 밖으로 뽑아 수평으로 묻고, 3m가량 땅속에 수직으로 묻힌 구리 막대기(직경 1cm가량)에 연결시킨다. 흉고직경이 1m 이상의 거목일 경우에는 2개 이상의 피뢰침을 나무 꼭대기에서부터 독립된 동선에 연결하여 각각 땅속에 묻는다.

낙뢰 피해를 받은 나무는 우선 노출된 상처를 부직포나 비닐로 덮어 건조를 막아 준다. 낙뢰가 떨어질 때 전기가 땅속까지 들어가기 때문에 뿌리까지 손상을 입어 나무가 죽는 경우가 있으므로, 3개월 이상 그대로 두면서 살아날 가능성을 관찰하는 것이 좋다(그림 9-11 D). 상처가 자연적으로 치유되도록 유도하거나, 특별 보호 대상이 되는 나무라면 외과수술로 상처를 보호한다.

외과수술 요령은 낙뢰로 노출된 목질부의 좌우에 형성층의 살아 있는 조직을 예리한 칼로 수직방향으로 노출시켜서, 세포분열을 촉진시켜 유상조직(callus)이 자라 나오도록 유도한다. 노출된 목질부에는 연 2회가량 티오파네이트(thiophanate) 도포제 혹은 테부코나졸(tebuconazole) 도포제를 발라 준다. 피해를 받은 나무는 병해충과 바람에 약하므로 특별한 조치가 필요하다.

9-1-10 일조량 부족(日照量不足, low light intensity)

햇빛이 부족한 환경에서 자란 나무는 햇빛을 충분하게 받고 자란 나무와 비교하여 상당히 다른 형태를 보인다. 그늘에서 일조량이 부족하면 마디와 마디 사이가 길어지는 절간생장(節間生長, internodal growth, 마디생장이라고도 함)이 촉진되어 햇빛에서 자란 나무보다 키가 더 크게 자라는 반면, 직경생장이 저조하여 줄기가 가늘어 바람에 잘 넘어진다. 또한 잎의 양(엽량, 葉量)이 적고 수관이 엉성하게 형성되어 속이 들여다보이므로, 건강한 나무라고 할 수 없다(그림 4-1, 그림 9-12 B). 그늘에서 자란 나무는 흰가루병에 잘 감염되며 내한성도 약해져서 결과적으로 내병성이 적어진다고 할 수 있다. 높은 건물의 북향에 나무를 심으면 건물 쪽으로 뻗은 가지들은 햇빛 부족으로 죽어서 수관이 불균형을 이룬다(그림 9-12 C).

그늘진 곳에 음수(陰樹, 예: 주목, 단풍나무, 사철나무, 회양목)를 배식(配植)하면 일조량 부족을 어느 정도 극복할 수 있다(표 4-2 참조).

그림 9-12

일조량 부족. A: 자유생장을 하는 느티나무의 여름철 새순의 황화현상(7월 초 장마철 햇빛 부족으로 인한 일시적인 현상), B: 그늘에서 자라는 산수유의 잎이 햇빛 부족으로 연녹색을 띠며 생장이 저조함, C: 고층건물의 북향에 심어 지속적인 햇빛 부족으로 안쪽 가지가 죽은 주목

9-2 토양적 요인에 의한 병

9-2-1 건조(乾燥, drought)

수목은 낮에 증산작용을 하기 때문에 수분을 과다하게 잃고 수분 부족 현상을 경험한다. 건조 초기의 단순한 시들음은 야간에 수분상태가 좋아지면 회복이 가능하다. 그러나 만성적인 건조는 광합성을 저조하게 만들며, 직경생장도 급격히 감소하여, 나이테가 좁아지면서 위연륜(僞年輪, false annual ring)을 만든다. 일반적으로 낮에 시들었던 잎이나 가지가 밤에 회복되는 것이 정상이다. 만일 시들음현상이 낮과 밤 관계없이 지속해서 나타나면 건조 피해가 있다고 판단한다. 요즘 대경목(大徑木)을 철저한 준비 없이 마구 이식하고, 이식 후 제대로 관수하지 않는 관행으로 인해 건조 피해가 자주 발생한다.

병징: 건조에 의한 피해는 활엽수와 침엽수가 서로 다르게 나타난다. 활엽수의 경우 어린잎과 줄기의 시들음현상(위조, 萎凋, wilting)이다(그림 9-13 A와 B). 시들은 잎이 가장자리부터 엽맥 사이 조직에서 갈색으로 고사하면서 말려들어 간다. 오후 햇빛이 드는 남서향의 가지와 바람에 노출된 부분이 먼저 영향을 받는데 더 피해가 진전되면 낙엽이 진다(그림 9-13 C와 D). 수목이 수분스트레스를 받으면 잎의 크기가 작아지고 새 가지 생장이 위축되어 엽면적(leaf area)이 감소하며, 가지 끝

부터 서서히 죽어 내려온다.

침엽수의 경우에는 건조 피해가 초기에 잘 나타나지 않기 때문에 주의를 요한다. 소나무의 경우 건조에 대한 저항성이 커서 탈수상태에 있더라도 초기에 잎에 가시적인 증상이 나타나지 않는다. 가시적으로 잎이 쪼그라들고 녹색이 퇴색하여 연녹색으로 되는 후기증상이 나타날 때에는 이미 나무가 죽기 직전까지 도달한 상태여서, 관수를 하더라도 나무가 회복되지 않는다.

건조 피해가 잘 나타나는 수목은 주로 천근성 수종이거나 토심이 낮은 곳에서 자라는 개체이다. 건조 피해로 쉽게 잎이 말리거나 고사하는 수종은 단풍나무류, 마로니에, 층층나무, 물푸레나무, 느릅나무를 예로 들 수 있다(표 9-4).

수분 부족으로 인한 잎과 줄기의 건조 피해는 서서히 가지 끝에서 나타난다. 이와 흡사하게 전염성 병인 줄기마름병이나 시들음병(예: 소나무 재선충병, 참나무 시들음병)으로 인한 피해와 다른 원인으로 뿌리에 손상을 입은 경우에도 비슷한 증상을 보이므로 서로 구별하기 어려워서 진단 시 주의를 요한다.

방제: 조경수에서 건조 피해는 이식목에서 제일 먼저 나타나게 마련이다. 적절하게 근분을 제작하여 이식한 나무라도 처음 2년 동안 수분이 절대적으로 부족하며, 회복하는 데 5년이 걸린다. 건조 피해를 줄이기 위해 관수해야 할 경우에는 1회를 실시하더라도 하층토까지 완전히 젖을 때까지 충분히 관수하는 것이 같은 양의 물을 여러 번으로 나누어서 표층토만 젖을 만큼 주는 것보다 훨씬 더 나무에 도움이 된다. 이식 시 근분 주변에 물구덩이를 설치하여 주기적으로 충분히 관수해야 한다. 건조기에 스프링클러로 대면적을 관수하는 것은 효율적인 방법이 아니다. 점적관수법(點滴灌水法, drip irrigation)을 이용하여 나무 밑동에만 조금씩 물을 흘려보내는 방법이 바람직하다.

이식목의 건조 피해를 막으려면, 이식하기 1~2년 전 뿌리 돌림, 충분한 근분 직경 유지, 이식 시 물구덩이 설치, 이식 후 반드시 주기적 관수를 해야 한다. 건조에 강한 소나무도 예외일 수 없다. 특히 가을에 이식한 상록수는 겨울철 날씨가 따뜻하면 관수해야 한다. 교목 밑에 관목이나 화초를 심는 것은 강우량이나 관수량이 적을 때 교목이 흡수해야 할 수분을 관목이나 화초가 먼저 빼앗아 가기 때문에 바람직하지 않다.

현재 수목이식 시 시방서(示方書)에 '물구덩이' 설치가 명기되거나 의무화되어 있지 않은데, 물구덩이는 반드시 설치해야 하며, 비가 오지 않을 때 반드시 주기적으로 관수해야 한다. 한국의 기

표 9-4 수종별 내건성 비교

내건성	침엽수	활엽수
높음	곰솔, 노간주나무, 눈향나무, 섬잣나무, 소나무, 향나무	가죽나무, 물오리나무, 보리수나무, 사시나무, 사철나무, 아까시나무, 호랑가시나무, 회화나무
낮음	낙우송, 삼나무	느릅나무, 능수버들, 단풍나무, 동백나무, 마로니에, 물푸레나무, 주엽나무, 층층나무, 황매화

그림 9-13
토양수분 부족으로 인한 건조 피해. A: 라일락(회복 가능한 상태), B: 개나리(회복 가능한 상태), C: 거의 말라 죽은 영산홍(내건성이 있는 회양목은 녹색으로 살아 있음), D: 이식한 단풍나무(수관이 불규칙하게 죽음)

후는 봄과 가을에 비가 적게 오기 때문에 관수하지 않을 경우 이식목이 수분 부족으로 죽는 예가 자주 있다.

9-2-2 과습(過濕, excess water, wet soil)

토양 입자의 크기는 진흙은 0.002mm보다 작고, 미사는 0.002~0.02mm, 모래는 0.02~2.0mm로서 입자의 종류에 따라서 다양하다. 토양 입자와 입자 사이에는 공극(孔隙, pore space)이 있으며, 이 공극을 물과 공기가 상호 보완적으로 채우고 있다. 즉 공극에서 수분이 없어진 만큼 대신 공기로 채워지며, 공기가 없어진 만큼 수분으로 채워진다. 뿌리는 토양의 물을 흡수하므로 토양 중에 물이 많을수록 뿌리가 물을 많이 빨아들일 것으로 생각하기 쉽다. 그러나 뿌리는 잎과 마찬가지로 호흡을 하기 때문에 산소를 필요로 하며, 산소는 토양 중의 공기 속에 들어 있으므로, 토양 중에는 공기도 있어야 한다. 따라서 토양 중에 수분과 산소가 동시에 알맞은 비율로 함께 있어야 뿌리가 정상으로 자랄 수 있다. 토양 중에 수분이 너무 많으면 과습(過濕)해지고 배수불량(排水不良, poor drainage)한 토양이 되며, 산소 부족으로 인해 뿌리가 제 기능을 하지 못한다. 진흙을 많이 함유한 토양에서 자주 관찰된다.

병징: 초기증상은 엽병(잎자루)이 누렇게 변하면서 아래로 처지는 현상이다(그림 9-14 H). 이것은 뿌리에서 에틸렌 가스가 생산되어 잎으로 이동하기 때문에 나타난다. 과습이 더 진행되면 잎이 작아지고 황화현상을 보이며 가지생장이 둔화된다. 더 진전되면 잎이 마르고 어린가지가 고사하며, 겨울철 동해에도 약하다(그림 9-14 A). 주목에서는 검은색의 수종(水腫, edema)이 발생하여 마치 사마귀처럼 표피가 튀어나오기도 한다(그림 9-14 I). 병에 대한 저항성이 낮아져 *Phytophthora* 병균에 의한 뿌리썩음병이 쉽게 생긴다. 또한 부정근(不定根, adventitious root)이 발생하기도 하고, 결국 뿌리가 검은색으로 썩어 껍질이 벗겨진다(그림 9-14 E~G).

과습에 의한 뿌리 고사로 인해 지상부에 나타나는 가장 확실한 후기 병징은 수관 꼭대기에서부터 가지가 밑으로 죽어 내려오면서 수관이 축소되는 현상이다. 과습은 보통 1년 이내로 나무를 죽게 한다.

표 9-5 과습 토양에 대한 수종별 저항성

저항성	침엽수	활엽수
높음	낙우송, 메타세쿼이아	단풍나무류(은단풍, 네군도, 루부룸), 물푸레나무, 미국느릅나무, 버드나무류, 버즘나무류(단풍, 서양), 오리나무류, 주엽나무(허니로커스트), 페칸, 포플러류, 히코리
낮음	가문비나무, 서양측백나무, 소나무, 전나무, 주목, 향나무류, 해송	단풍나무류(설탕, 노르웨이), 벚나무류, 사시나무, 아까시나무, 자작나무류, 층층나무

그림 9-14

과습 피해. A: 느티나무가 배수불량(과습)으로 여름철 불규칙하게 조기단풍이 듦(사진: 이승제), B: 지속적인 관수(수막 분수)로 주목의 잎과 가지가 지저분한 색으로 죽어 있음, C: 낮은 지대에 진흙이 많아 배수불량으로 죽어 가는 측백나무, D: 진흙이 많은 토양에서 과습으로 죽을 경우 잎이 적갈색을 띰(스트로브잣나무), E: D의 잣나무의 뿌리가 검게 변해 있음, F: D의 잣나무 죽은 뿌리의 껍질이 죽어서 쉽게 벗겨짐, G: 2년생 잣나무 묘목의 뿌리가 과습으로 검게 변해 있음, H: 진흙 토양에서 과습으로 잎이 처지고 밑동 수피가 죽은 금송, I: 과습 피해를 입은 주목 잎에 생긴 물혹(수종, edema)(사진 I: 문성철과 이상길, 2014)

방제: 토양이 침수(浸水, water-logging)되어 있을 때, 침수된 물을 5일 이내에 배수시키지 않으면 뿌리가 치명적인 피해를 보게 된다. 배수가 불량한 토양은 비가 많이 온 후 웅덩이(깊이 1m)의 물이 5일이 경과한 이후에도 그대로 남아 있다. 이를 기준으로 하여 배수불량 토양을 찾아낸다. 나무 주변에 새로운 건축물이 설치되거나 토양의 형상이 바뀌면 배수가 제대로 되는지 점검해야 한다. 배수가 안 되면 땅에 모래를 섞어 토성을 개량하거나, 명거배수(明渠排水, 노출된 도랑) 혹은 암

거배수(暗渠排水, 땅속 깊이 묻혀 있는 도랑) 시설을 통해 과습상태를 개선해야 한다. 부득이한 경우 과습 토양에서 잘 견디는 수종을 골라 식재함으로써 과습 피해를 예방한다. 일반적으로 활엽수가 침엽수보다 습한 토양에서 견디는 힘이 크다(표 9-5).

9-2-3 양분결핍(養分缺乏, nutrient deficiency)

양분결핍은 토양 내 양분이 절대적으로 부족하거나 혹은 양분이 충분히 있더라도 수목이 흡수할 수 없는 형태로 존재하는 경우에 나타난다. 식물은 토양 내 무기물의 형태로 존재하는 양분만 흡수하기 때문에 무기양분(mineral nutrients)으로 칭한다. 질소, 인, 칼륨, 마그네슘은 체내 이동이 쉬운 이동성 원소(移動性元素, mobile elements)로서 부족할 경우 성숙 잎에서 어린잎으로 원소를 쉽게 이동시키기 때문에 그 부족 현상은 성숙 잎에서 먼저 나타난다. 반면에 칼슘, 철, 붕소, 망간은 체내 이동이 쉽게 되지 않는 부동성 원소(不動性元素, immobile elements)로서 어린잎과 가지, 열매에서 결핍현상이 먼저 관찰된다. 그 밖에 황, 아연, 구리, 몰리브덴은 이동성이 중간 정도에 속하므로 어린잎과 성숙 잎에서 동시에 결핍증상이 나타난다.

병징: 가장 흔한 증상은 잎에 생기는 황화현상, 괴사, 백화현상, 작은 반점, 불규칙한 얼룩반점, 비틀림, 타죽음, 낙엽현상이다. 가지에는 로젯트형(rosette, 마디의 생장이 안 되어 잎이 촘촘히 붙어 있는 상태), 왜성형, 고사, 변색현상 등이 나타난다. 열매에는 기형, 변색, 왜소화가 흔하다. 잎에서 황화현상이 나타날 때에도 잎이 전체적으로 황색으로 되거나(질소, 인, 칼륨, 황), 가장자리가 변색하거나(마그네슘), 엽맥은 녹색을 유지하면서 엽맥과 엽맥 사이의 조직만 황색으로 되는(칼륨, 철, 망간) 다양한 증세를 보이기 때문에, 부족한 원소를 찾아내는 진단에 도움이 된다.

방제: 양분(원소)별로 토양 시비를 통한 치료법은 표 9-6과 표 9-7에 기술하고, 수간주사와 엽면시비법은 제10장 수목의 치료에서 다룬다. 수목용 완효성 복합비료를 사용한다.

1. 질소(窒素, nitrogen)

질소(N)는 아미노산, 단백질, 효소, 핵산, 식물호르몬, 엽록소의 구성성분이기 때문에 생물의 여러 가지 대사의 핵심 역할을 하는 원소이다. 수목의 여러 부위 중에서 잎이 광합성, 호흡, 당분 저장과 이동 등의 대사작용을 가장 왕성하게 수행하기 때문에 잎 속에 질소 함량이 가장 많다. 수목의 경우 잎 건중량의 1.5~2.5%(콩과식물 3%, 소나무 1.5%)가량이 질소로 되어 있으며, 대량원소(大量元素, macro-elements, 조직 내 0.1% 이상 함유)의 일종이다. 표 9-6에 대량원소의 결핍증상과 결핍 시 시비방법을 기술했다(그림 9-15 A).

2. 인(燐, phosphorus)

인(P)은 염색체와 인지질로 만들어진 원형질막의 구성성분이며, 에너지를 생산하고 전달하는 ATP의 형태로 존재하여 광합성과 호흡작용에서 당류와 결합하여 여러 가지 대사를 주도한다. 인은 체내에 건중량의 약 0.12~0.15%가량 함유되어 있는데, 질소 다음으로 부족하기 쉬운 양분이다. 인은 산성토양(pH 4.5 이하)에서는 알루미늄(Al) 혹은 철(Fe)과 결합하고, 알칼리성 토양(pH 8.0 이상)에서는 칼슘(Ca)과 결합하여 물에 녹지 않는 불용성(不溶性) 인산(insoluble phosphate)으로 바뀌어 식물이 흡수할 수 없기 때문에, 중성 토양이 아닐 경우 부족 현상이 자주 나타난다. 토양조사에서 토양 속에 함유되어 있는 인의 함량은 식물이 흡수할 수 있는 수용성 인산(soluble phosphate)만을 조사하여 유용인산(有用燐酸, available phosphate)이라는 명칭으로 표시한다. 한국의 산림토양은 산성토양(전국산림토양의 평균 pH: 5.3)이며, 인의 함량이 매우 적은 편이므로 산흙(산토, 山土)으로 조경공사를 실시할 때에는 인을 퇴비의 형태로 공급할 필요가 있다(그림 9-15 B).

3. 칼륨(potassium)

칼륨(K)은 건중량의 약 1%(활엽수 1.0~1.5%, 침엽수 0.4~1.0%)로서 많은 양이 조직 내에 들어 있지만, 조직의 구성성분이 아니기 때문에 유기질 형태가 아닌 자유 이온(ion)의 형태로 세포질에 존재한다. 광합성과 호흡작용에서 효소의 활성제 역할을 하며, 세포의 삼투압을 조절하는 물질이며, 이로써 기공의 개폐에 직접 관여한다. 빗물이 수관을 통과할 때(특히 산성비의 경우) 잎으로부터 칼륨을 용탈(溶脫, leaching)시켜 결핍증을 가속화하기도 한다. 칼륨이 부족하면 서리 피해에 약해지고, 곰팡이에 의한 병 중에서 *Verticillium* 같은 병균에 대한 저항성도 감소한다. 시비 시 모래 성분이 많은 토양에는 천천히 녹아 나오는 완효성(緩效性, slow-release) 칼륨 비료를 쓴다. 유기물을 멀칭으로 토양에 덮어두면 유기물로부터 칼륨이 쉽게 용탈되어 효과를 볼 수 있다(그림 9-15 C).

4. 마그네슘(magnesium)

마그네슘(Mg)은 엽록소의 구성성분이며, ATP와 결합하여 ATP가 제 기능을 하도록 활성화한다. 광합성, 호흡작용, 그리고 핵산 합성에 관여하는 효소의 활성제 역할을 한다. 체내 함량은 건중량의 0.1~0.2% 정도이다. 마그네슘의 결핍 현상은 일반 토양에서는 거의 볼 수 없으나, 최근 산성비로 인해 토양이 산성화된 경우에 마그네슘이 불용성으로 바뀌어 식물이 흡수할 수 없게 된다. 산성비 피해가 심한 유럽과 북미주의 산림에서 나타나고 있다(그림 9-15 D).

5. 철(鐵, iron)

철(Fe)은 미량원소(微量元素, micro-elements, 체내 함량이 건중량의 0.1% 미만으로 존재하는 원소)의 한 종류이다. 철은 광합성과 호흡작용에서 전자를 전달하는 단백질(ferredoxin, cytochrome)과 효소의 구성성분이며, 엽록소 단백질의 합성에 관여한다. 체내 함량은 건중량의 40~100ppm(1%=10,000ppm)가량 되며, 철의 결핍현상은 수목의 미량원소 중에서 가장 흔하게 나타나는데, 산성 토양에서는 철이 쉽게 흡수되어 결핍되지 않고, 대신 석회암지대의 알칼리성 토양에서 자주 관찰된다(그림 9-15 E와 F). 결핍증을 없애기 위해 Fe-EDTA를 $100m^2$당 0.2~0.5kg(용액의 경우 200ppm) 시비한다(표 9-7). 철 결핍을 진단하는 간단한 방법은 황화현상을 보이는 잎(예: 철쭉과 영산홍)에 0.1% $FeCl_3$(제2염화철) 용액을 분무한 후 녹색이 회복되는 반응을 관찰하는 것이다.

그림 9-15

양분 결핍증. A: 질소(귤나무 성숙엽의 황화), B: 인(단풍나무 성숙엽의 황화), C: 칼륨(포플러 성숙엽의 황화), D: 마그네슘(자작나무의 성숙엽), E: 철(풍향수의 유엽의 황화, 맨 왼쪽), F: 철 결핍의 후기증상(풍향수)(사진: A, B, D~F: Costello 등, 2003)

표 9-6 활엽수와 침엽수에서 무기양분 중 대량원소의 결핍증상과 치료법(Harris 등, 2004)

원소	치료법 (토양 시비)	결핍증상	
		활엽수	침엽수
질소 (N)	요소 $(NH_2)_2CO$, 황산암모늄 $(NH_4)_2SO_4$, 질산나트륨 $NaNO_3$ 1~2kg/100m^2	잎: 성숙엽이 황록색으로 균일하게 변함. 잎이 작고 얇아짐. 조기낙엽. 복엽은 소엽의 숫자가 감소/가지: 가늘고 짧아짐/꽃: 늦게 많이 핌/열매: 작고 가벼움, 일찍 성숙함	잎: 짧고 노란색을 띰. 잎 배열이 엉성하고 수관하부가 먼저 노란색으로 변색
인 (P)	과린산석회(과석) $Ca(H_2PO_4)_2H_2O$ 1~2kg/100m^2	잎: 성숙엽이 녹색 혹은 짙은 녹색. 엽맥, 엽병, 잎의 뒷면이 동색~보라색으로 변함. 약간 뒤틀리며 엉성하게 부착. 조기낙엽/가지: 길이는 정상이나 가늘게 보임/꽃: 적게 달림/열매: 적게 달리고 작음	잎: 색이 어두운 청색~회녹색으로 변함/뿌리: 엉성함
칼륨 (K)	황산칼륨 K_2SO_4, 염화칼륨 KCl 2~8kg/100m^2	잎: 성숙엽에서 가장자리와 엽맥 사이 조직이 황화현상. 후에 검은 반점 생김. 괴사/가지: 여름에 고사함. 측지가 꼬불꼬불 자라며 길이가 짧음/꽃: 적게 달림/열매: 작고 색깔이 빈약함	잎: 성숙엽이 처음에 어두운 청록색, 후에 황색, 적갈색으로 변함. 나중에 잎끝이 괴사함. 길이가 짧음/서리 피해에 약함
칼슘 (Ca)	석고 $CaSO_42H_2O$ 40~75kg/100m^2	잎: 유엽이 황화 및 괴사. 잎이 작고 기형화(뒤틀리며, 끝부분이 뒤로 젖혀짐)/가지: 왜성화하며 끝이 고사/뿌리: 끝부분이 고사, 생장이 감소함	잎: 끝이 꼬부라지고 눈이 왜성화, 수관 상부의 어린잎에서 가장 심한 증세가 나타남
마그네슘 (Mg)	황산마그네슘 $MgSO_47H_2O$, 석회석 $CaCO_3$ 12~25kg/100m^2	잎: 성숙엽의 엽맥 사이와 가장자리가 붉은색으로 변색하며(엽맥은 정상) 후에 엽맥 사이 조직 괴사. 잎이 얇고 조기낙엽/가지: 결핍될 때까지 정상 생육	잎: 끝이 오렌지~적색으로 변색. 성숙엽에서 그리고 수관 하부에서 먼저 나타남. 잎에서 변색된 곳과 녹색의 경계가 뚜렷함
황 (S)	석고 $CaSO_42H_2O$ 5~8kg/100m^2	잎: 유엽과 성숙엽에서 잎 전체가 담녹색을 띰. 잎이 작고, 질소 결핍증과 흡사함/가지: 왜성화	잎: 질소 결핍증과 흡사함. 성숙엽에서 잎끝이 황화, 적색화하며 후에 괴사함. 잎이 조기낙엽

표 9-7 활엽수와 침엽수에서 무기양분 중 미량원소의 결핍증상과 치료법(Harris 등, 2004)

원소	치료법 (토양시비)	결핍증상	
		활엽수	침엽수
철 (Fe)	황산철 $FeSO_4H_2O$ 12kg/100m^2, 킬레이트철 FeEDTA 0.2~0.5 kg/100m^2	잎: 유엽의 엽맥 사이가 황화(엽맥은 정상). 가지 기부에 있는 성숙엽은 짙은 녹색으로 남아 있음. 황화된 잎은 변색으로 변하며 잎의 가장자리와 끝이 타들어감. 낙엽짐. 잎이 작고 쌀쌀한 봄에 심하게 나타남/가지: 가늘고 길어짐. 고사함/열매: 색깔이 빈약함	새순이 황화현상과 왜성화. 성숙엽과 수관하부는 정상적으로 녹색을 유지함(알칼리성 토양에서 자주 나타남)
붕소 (B)	붕사 $Na_2B_4O_710H_2O$ 0.2~0.5kg/100m^2	잎: 유엽이 동색, 적색으로 변하며 타서 죽음. 잎이 작고 두껍고 잘 부서짐/가지: 로젯트병, 변색, 새순이 꼬불꼬불, 짧고, 두툼해진 후 고사함/꽃: 적게 달림/열매: 기형(갈라짐, 괴사, 반점, 딱딱해짐). 조기낙과 심함	가지 끝이 꼬부라짐. 눈의 분열조직이 갈라짐. 눈을 확대기로 보면 괴사 반점이 보이며 결국 눈이 고사함. 나무가 관목 같은 인상을 줌
망간 (Mn)	황산망간 $MnSO_42H_2O$ 2~10kg/100m^2	잎: 엽맥 사이가 황화현상(엽맥은 넓게 그대로 있음), 엽맥 사이가 반점으로 괴사하며 잎이 나긋나긋해짐/가지: 생장감소/열매: 작아짐	철 결핍증과 구별이 잘 안 됨. 새순의 생장이 왜성화 및 황화. 성숙엽과 수관 하부는 정상임(알칼리성 토양에서 드물게 나타날 수 있음)

표 9-7 계속

원소	치료법(토양시비)	결핍증상	
		활엽수	침엽수
아연 (Zn)	킬레이트 아연 1kg/100m^2	잎: 잎이 왜소하며 뾰족한 모양이 됨. 전체적으로 황화현상, 괴사반점으로 얼룩짐. 성숙낙엽/가지: 마디가 짧고 가지 끝에만 잎이 남아 있고 후에 고사함/열매: 왜소화, 뾰족하고 다양한 색깔을 띰	잎과 가지가 극히 왜소화됨. 잎은 황화현상, 성숙엽은 낙엽이 되어 없어지고, 가지(주지) 고사함(알칼리성 토양에서 드물게 나타날 수 있음)
구리 (Cu)	황산구리 $CuSO_4 5H_2O$ 0.5~1.5kg/100m^2	잎: 왜소화, 어린잎에서 갈색으로 반점/가지: 왜성화, 고사로 관목 같은 인상을 줌	잎: 가지 끝에 있는 어린잎이 갈색으로 변색하고 겨울철 낙엽현상/가지: 밑으로 처져 꼬부라짐
몰리브덴 (Mo)	몰리브덴 나트륨 $Na_2MoO_4 2H_2O$ 2~20g/100m^2	잎: (질소 결핍과 같이) 황화현상, 가장자리가 타고 말린다/가지: 마디 간격이 짧다/꽃: 적게 달리고 작음	잎: 끝부분부터 황화현상과 괴사현상

9-2-4 극단적인 토양산도(土壤酸度, soil acidity)

토양산도는 토양 입자에 흡착되어 있는 수소(H) 이온 농도에 의해 토양이 산성화되어 있는 정도를 나타낸다. 토양산도는 무기양분이 수용성(水溶性, solubility) 형태로 존재하여 식물이 흡수할 수 있도록 하는 정도, 식물이 토양 중의 중금속을 흡수하는 정도, 그리고 유기물을 분해하는 토양 미생물의 활동 정도를 결정하기 때문에 식물생장에 매우 큰 영향을 준다.

산성 토양에서는 무기양분 중에서 인, 칼슘, 마그네슘, 붕소가 식물이 흡수할 수 없는 형태, 즉 불용성(不溶性) 형태(insoluble form)로 존재하며, 식물이 중금속 중에서 알루미늄, 망간, 구리를 과다하게 흡수하여 독성을 나타내기 쉽다. 금광폐석지에서 볼 수 있다. 반면 알칼리성 토양에서는 철, 아연, 망간이 불용성으로 존재하여 결핍현상이 일어나기도 한다.

병징: 토양의 산도가 극단적(extreme soil pH)일 때에는 무기양분의 흡수가 저해되고, 중금속에 의한 독성이 나타나며, 토양 미생물의 활동이 둔화되어, 양분 결핍 현상과 중금속에 의한 독성 피해가 동시에 나타난다. 산성토양에서는 인과 붕소의 결핍현상이 자주 관찰된다. 이로 인해 생장이 둔화되고, 잎의 황화현상과 고사, 가지마름현상이 관찰된다. 알칼리성 토양에서는 철의 결핍현상이 자주 나타난다(그림 9–16 B). 알칼리성 토양에서 아연과 망간의 결핍증상은 수목이 본래 미량을 요구하기 때문에 매우 드물게 관찰된다(그림 9–16 A). 산성비에 의한 피해를 수십 년간 지속적으로 받은 곳에서는 토양 산성화가 진행되어 알루미늄에 의한 독성으로 세근의 발달이 억제되고, 칼슘과 마그네슘의 결핍현상이 보이기도 한다. 이로 인해 산림쇠퇴(山林衰退, forest decline)현상이 북미와 유럽의 공업 단지 주변의 숲에서 나타난 적이 있다.

방제: 산성토양은 보통 석회석(石灰石, limestone, $CaCO_3$)이나 백운석(dolomite, $CaCO_3$+$MgCO_3$)으로

그림 9-16

극단적인 토양산도 피해. A: 알칼리성 토양에서 철, 아연, 망간 결핍증(단풍나무), B: 알칼리성 토양에서 철 결핍(팽나무) (사진 A, B: Costello 등, 2003)

pH를 높일 수 있다. 분말석회석처럼 입자가 작을수록 교정효과가 크다. 생석회(quicklime, CaO)와 소석회[slaked lime, $Ca(OH)_2$]는 석회석보다 효과가 크지만, 고가이며 취급하기가 힘들다. 석회석을 이용할 때에는 토양에 골고루 뿌려야 하며, 밑의 흙과 섞어야 한다. 시비량은 토성과 유기물 함량에 따라서 크게 차이가 있지만, 점토와 유기물의 함량이 많을수록 더 많은 양의 석회석을 사용해야 같은 단위의 pH만큼 중화시킬 수 있다. 한국에서 농경지의 경우 10a(1,000m^2)당 200kg의 석회를 사용하는 것을 기준으로 한다. 회분(灰分, wood ash)도 산성토양을 중화시킬 수 있는데, 석회석보다 효과가 50% 정도 작다. 활엽수의 회분은 침엽수의 회분보다 칼슘의 함량이 높아서 중화효과가 더 크며, 칼륨비료로도 훌륭하다.

알칼리성 토양은 황(黃), 석고(CaSO4.2H_2O), 황산알루미늄[$Al_2(SO_4)_3$]을 사용하여 pH를 낮출 수 있다. 곱게 가루로 만든 황이 거친 농업용 황보다 효과가 크지만 값이 더 비싸다. 황산알루미늄은 황보다 효과가 훨씬 작아서, 황 사용량의 7배 정도를 더 사용해야 같은 효과를 볼 수 있으며, 과다하게 사용할 때는 알루미늄의 독성이 나타난다. 시비요령은 석회석과 같다.

9-2-5 중금속(重金屬, heavy metals)

토양 중의 중금속(重金屬)은 암석의 풍화작용으로 생기는 것보다 인위적인 요인으로 발생하는 것이 더 많다. 중금속 중에서 수목의 생장에 피해를 줄 만큼 고농도로 존재하는 것에는 카드뮴(Cd), 납(Pb), 구리(Cu), 아연(Zn), 망간(Mn), 알루미늄(Al), 수은(Hg), 비소(As)를 열거할 수 있으며, 광산지역과 폐광지역에서 높게 나타난다. 이 중에서 구리, 아연, 망간은 식물이 필수적으로 필요한 미량원소이지만, 극히 적은 양만을 요구하며, 과다하게 토양에 존재할 경우 독성이 나타난다.

중금속의 피해는 엽록소 함량의 감소로 인한 광합성 방해, 탄수화물 대사의 불균형, 토양에서 흡수한 질산 이온의 단백질화 과정을 담당하는 질산환원효소(nitrate reductase)의 불활성화, 이온 운반과 치환 방해 등을 유발한다. 이러한 독성은 중금속이 활성산소를 생산하여 지질을 산화시킴으로써 식물 색소와 세포막을 파괴하고, 효소의 활성화를 막기 때문이다.

수목은 중금속이 생성한 활성산소의 독성을 제거하기 위해 노력한다. 저항성이 있거나 건강한 개체는 항산화효소(抗酸化酵素, 예: superoxide dismutase, glutathione reductase)를 만들어 활성산소를 제거하거나, 중금속과 결합하여 독성을 제거하는 중금속결합단백질을 생산하려고 노력한다. 이러한 과정은 에너지를 소모하기 때문에 생장이 둔화되기도 한다.

병징: 중금속에 의한 피해증상은 잎, 줄기, 뿌리의 모든 부위에서 나타난다. 잎의 황화현상과 왜소화, 뒤틀림, 괴사, 조기낙엽, 잎의 숫자 감소와 엽면적의 감소, 줄기 신장의 억제, 뿌리의 신장과 측근의 발달을 억제하여 수목의 생장이 극히 저조해진다.

중독 증상은 중금속에 따라서 약간 다르게 나타나지만, 잎에 반점을 형성하는 것이 공통점이라고 할 수 있다. 카드뮴(Cd) 중독의 증상은 수종에 따라서 약간 차이가 있으나, 박달나무는 초기에 잎의 엽맥 부근에 카드뮴이 축적되어 엽맥 부근에서 검은 반점이 먼저 나타나기 시작하다가 잎의 전면으로 불규칙하게 퍼진다(그림 9-17 A). 현사시의 경우에는 초기부터 잎의 전면에 불규칙하게 반점이 생긴다. 붕소(B)의 경우에는 잎의 가장자리부터 검은색의 작은 반점들이 생기기 시작한다(그림 9-17 B).

방제: 쓰레기 매립지의 경우 산업폐기물에 혼합되어 있는 중금속에 의해 피해가 나타날 수 있는데, 나무를 심기 전에 주변 토양을 들어내고 깨끗한 흙으로 객토한 후 식재한다. 광산지역과 같이 중금속의 농도가 높을 경우에는 객토와 더불어 주위에 활성탄(活性炭, activated charcoal)을 함께 섞어서 중금속을 흡착시키기도 한다. 중금속 내성은 수종에 따라서 차이가 있으므로 광산지역에는 내성이 있는 수종을 선별하여 식재한다. 현사시(은수원사시나무)는 카드뮴에 대한 내성이 크며, 카드뮴을 대량으로 흡수하는 성질이 있어 광산지역에서 중금속을 제거하는 한 수단으로 수목을 이용하는 식물복원법(植物復元法, phytoremediation)에 응용할 수 있다.

그림 9-17

중금속 피해. A: 토양 속 카드뮴 피해(박달나무), B: 토양 속 붕소 피해(느릅나무)(사진 A: 국립산림과학원 유전자원부; B: Costello 등, 2003)

9-3 생물적 요인에 의한 병

9-3-1 만경식물(蔓莖植物, vine)

만경식물(덩굴)은 기생식물이 아니지만 수목생장에 지장을 줄 수 있다. 나무를 감고 올라가서 공간을 차지하고 햇빛을 차단하며, 물과 양분 이동을 방해함으로써 치명적 피해를 준다. 이 중에서 칡은 콩과식물로서 척박한 땅에서도 잘 자라며, 번식력이 왕성하여 골칫거리로 취급되고 있다.

병징: 여러 가지 만경식물 중에서 덩굴이 가늘게 자라는 1년생 초본류는 다른 나무를 감고 올라가더라도 나무에 큰 피해를 주지 않는다. 그러나 담쟁이덩굴, 칡과 다래는 덩굴이 굵어지고 피해목의 수간을 타고 올라가서 나무 전체를 뒤덮어 피해목의 광합성을 방해한다. 담쟁이덩굴은 광합성을 방해하며, 칡과 다래는 자체의 줄기가 굵어져 물리적인 압박을 가해 기주 수간에 깊은 골을 만들어 수분과 양분의 이동을 방해한다. 덩굴식물이 수간을 압박하여 탄수화물의 아래쪽 이동이 방해되면 수간 부위가 굵게 비대해져 후에 덩굴을 제거하더라도 기형으로 계속하여 자란다(그림 9-18 A). 또한 덩굴의 무성한 잎들이 햇빛을 차단하여 피해목의 수세가 급격히 약해지면서 나무가 서서히 죽게 된다.

방제: 만경류는 피해목의 수간을 감고 올라오는 덩굴의 아랫부분을 잘라 버리면 해결되지만, 잘린 부분에서 곧 새싹이 나와서 다시 자라 올라오므로 주변의 덩굴을 모두 제거하는 것이 바람직하다. 잘린 덩굴의 그루터기에는 글라신 액제 같은 농약을 원액의 형태로 발라 주고 비닐로 피복하면 효과가 크다. 칡은 생활력이 강하여 사방으로 포복경(runner)을 뻗으면서 반복하여 뿌리를 내리기 때문에 제일 먼저 자리 잡을 때 생성된 직근성 굵은 뿌리와 주위의 포복경을 함께 제거해야 한다.

9-3-2 착생식물(着生植物, epiphyte)

이끼(moss)와 지의류(地衣類, 바위옷, lichen)는 다른 식물의 표면에 붙어서 자라는 착생식물이다. 수피에 부착하여 자라지만 양분을 빼앗아 가지 않기 때문에 대부분 나무에 피해를 주지 않는다. 그러나 원시림과 같이 숲이 우거진 곳, 비가 자주 오는 곳, 공중습도가 높은 야외 온천, 물방울이 계속해서 튀는 폭포 근처에서 자라는 이끼류는 너무 왕성하게 자라서 나무에 피해를 준다. 따뜻한 남쪽 지방, 가지 위에서 길게 늘어지는 이끼(Spanish moss, 실제로는 꽃이 피는 bromelia 류)는 독특한 경관을 만들어 조경 가치를 높여 주지만, 햇빛을 차단하여 피해를 준다. 온천과 폭포 주변의 이끼와 바위옷은 너무 왕성하게 번져 가지 전체를 뒤덮고 잎의 생장을 물리적으로 방해하고 햇빛을 차단하여 잎과 가지가 죽기도 한다(그림 9-18 B).

길게 늘어지는 이끼는 갈퀴로 긁어서 제거한다. 지의류는 대기오염에 가장 예민한 식물로 알려져 있어, 대기오염의 지표식물(指標植物, indicator plant)로 사용될 정도이다. 대신 도시에서는 잘 자라지 못한다. 보르도액이나 황산동 용액을 살포하면 없앨 수 있다.

9-3-3 동물(動物, animal)

동물에 의한 피해는 도시의 조경수에 큰 위협이 되지 않지만, 지역에 따라서 상황이 다르다. 동물에 의한 피해는 씹거나, 쪼거나, 기어오르거나, 뜯거나, 배설하거나, 파헤치는 행동에 의해 생긴다. 두더지는 지표면 바로 아래에 굴을 파면서 뿌리를 해치기도 한다. 들쥐, 토끼, 노루는 여름철에는 어린 잎 및 가지를 먹이로 이용하며, 겨울철 눈이 많이 쌓여 먹이가 부족할 때에는 어린나무의 껍질을 벗겨 먹는다.

다람쥐와 청설모는 밤, 호두, 잣 같은 견과를 주로 먹지만, 어린가지를 씹어 놓기도 한다. 날짐승과 개는 물리적 피해보다는 배설물과 방뇨로 인한 피해가 더 클 수 있는데, 백로류(왜가리, 쇠백로, 황로 등)와 해오라기가 나무 위에 둥지를 틀 경우 배설물에 의한 피해가 심하다. 딱따구리는 주로 죽은 나무에 구멍을 파지만, 간혹 살아 있는 줄기 주변을 돌아가면서 환상으로 깊게 상처를 만들어 수분과 탄수화물 이동을 방해하기도 한다. 개가 어떤 한 나무를 주기적으로 방문하여 방뇨할 경우 피해가 생기는데, 큰 개인 경우 시간이 지나면 피해가 커진다.

병징: 동물의 피해는 동물의 종류와 나무의 크기에 따라서 다르게 나타난다. 설치류는 나무 밑동에 주로 피해를 만들며, 어린나무의 경우에는 토끼와 사슴이 새순과 나무껍질을 벗겨 먹는 피해가 나타난다. 동물의 이빨 자국이 가장 뚜렷한 동물 피해의 증거가 되며, 곰에 의한 피해는 발톱 자국과 껍질이 넓게 벗겨진 경우를 들 수 있다(그림 9-18 C와 D). 백로류와 왜가리의 피해는 소나무와 참나무류에서 산성을 띤 배설물에 의해 가지가 집단으로 고사한다. 도시에서 새가 나무나 전선 위 같은 장소에서 계속적으로 배설하면 그 밑의 나무 잎이 피해를 받아 갈색으로 변해 죽는다.

개에 의한 피해는 좁은 정원에서 개를 놓아 기를 경우 발생할 수 있는데, 큰 개가 주기적으로 한 나무 밑에 방뇨할 경우 수개월 후에 잎이 고사하여 수관 전체가 갈색으로 변한다. 이 경우 뿌리가 먼저 썩고 후에 잎에서 병징이 나타나게 된다. 특히 작은 나무의 경우 쉽게 피해를 받을 수 있다.

방제: 나무에 동물이 접근할 수 없도록 밑동을 철망, 플라스틱 파이프 등으로 보호하든가, 울타리를 설치한다(그림 9-18 E). 쥐나 다람쥐가 열매를 먹기 위해 올라갈 수 없도록 매끄러운 철판으로 감싸는 방법도 있다(그림 9-18 F). 딱따구리가 줄기 주변을 돌아가면서 목질부 속까지 깊게 상처를 낼 경우에는 환상박피(girdling)가 되는데, 이를 그대로 두면 줄기의 윗부분이 말라서 죽는다. 이런 경우에는 수피이식(樹皮移植, bark implant)이나 교접(橋接, bridge grafting)을 통해 위아래로 단절된 수

그림 9-18

만경식물, 착생식물, 야생동물 피해. A: 칡덩굴 피해, B: 대형 폭포 근처에서 이끼에 의한 전나무 피해, C: 곰 발톱 피해, D: 곰에 의한 피해, E: 노루 피해를 막기 위한 플라스틱 튜브 설치, F: 동물의 접근을 막기 위한 코코넛의 미끄럼판

피를 서로 연결시켜 소생시킬 수 있다. 이른 봄에 실시할 경우 형성층의 세포분열이 왕성해서 가장 성공률이 높다. 제10장 10-5-3의 수피이식 요령을 참조한다.

9-4 인위적 요인에 의한 병

9-4-1 답압(踏壓, soil compaction)

답압은 인간이나 장비에 의해 표토가 다져져서 견밀화되는 토양 경화 현상을 의미한다. 일반적으로 조경공사가 이루어지기 전에 토목공사가 실시되면서 중장비에 의해 표토가 다져진다. 사람이 빈번하게 다니는 곳은 발길에 의해 땅이 딱딱해진다. 수목은 새로운 잔뿌리를 계속해서 만들기 때문에 세포분열을 위해 왕성하게 호흡을 한다. 이때 토양 내 산소를 필요로 하는데, 산소(토양 속의 공기에 포함됨)는 토양 입자 사이의 공극에 존재한다. 토양은 공극이 많을수록 용적비중(容積比重, bulk density, 단위 부피당 무게)이 낮아지고, 통기성이 좋고 배수가 잘되어 뿌리생장에 유리하다. 그러나 토양 답압이 진행되면, 수분과 산소를 함유하는 토양 공극이 없어져 수분과 산소가 부족하게 되고 뿌리가 딱딱한 토양을 뚫고 나갈 수 없게 되어 양분도 부족해지는데, 따라서 뿌리의 발달이 극히 저조해진다.

병징: 답압에 의한 피해증상은 토양 내 수분, 산소, 무기양분이 부족해서 나타나는 현상을 합쳐 놓은 것과 흡사하다. 즉 답압이 장기간에 걸쳐 만성적으로 지속되면, 마치 척박한 땅에서 자라는 것 같은 증상을 보인다(그림 9-19 A). 잎이 작아지고 가지의 생장이 둔화되며, 장기적으로 지속될 경우 잎에 황화현상이 나타나며, 수관의 꼭대기부터 밑으로 내려오면서 가지가 고사하고 수관이 엉성해진다.

중장비에 의한 답압은 매우 심하게 이루어져 건축공사가 끝난 후 그 위에 수목을 식재하면 수목생장이 거의 불가능하다. 반면 사람에 의한 등산로변의 답압은 경미하게 이루어지므로 수목생장에 치명적인 영향은 주지 않는다.

방제: 토목공사를 할 때 중장비가 다니는 길에는 토양의 답압을 막을 수 있는 방법을 강구해야 한다. 토양 멀칭이 가장 바람직한데, 구멍을 뚫어 놓은 연결 철판(PSP, 복공판, 2차 세계대전 당시 비상 활주로용으로 쓰였던 철판)이 효과가 크며, 그 밖에 모래, 자갈, 목재 등을 사용할 수 있다.

답압토양을 개량하는 방법은 천공법과 도랑 설치와 같은 적극적인 방법과 멀칭과 같은 소극적인 방법으로 나눌 수 있다. 천공법(穿孔法)은 토양 표면에 구멍을 뚫고 모래, 유기물, 다공성 물질(펄라이트, 버미큘라이트)을 넣는 것이다. 동력오가(power auger)를 이용하여 직경 5cm 내외의 구멍을 30cm 깊이로 뚫는다. 천공 대신 방사상 방향으로 도랑을 파고 다공성 물질을 집어넣기도 한다.

토양 멀칭(mulching)은 다공성 유기물을 토양 표면에 깔아 두는 것이며, 이미 다져진 토양의 답압을 더 이상 진행되지 않도록 하는 조치로서 미관상으로도 좋다. 멀칭으로 쓰는 유기물로는 바크(bark), 우드칩(wood chip), 솔방울, 솔잎, 볏짚 등이 있으며, 입자가 굵어서 통기성이 좋아야 하며, 5cm 이내의 깊이로 깔아야 한다. 자갈은 영구적으로 쓸 수 있다는 장점 외에는 토양개량 효과가 거의 없다.

9-4-2 도로포장(道路鋪裝, road pavement)

가로수와 주차장 주변에서 자라는 수목의 뿌리가 도로포장으로 인해 덮이게 되면 아스팔트와 콘크리트 물질 자체도 뿌리에 피해를 주지만, 뿌리가 수분과 산소 부족을 경험한다.

도로포장으로 인한 병징은 답압과 복토에서 설명한 것과 흡사하다. 호흡곤란으로 뿌리의 건강이 나빠지면서 지상부에도 병징이 나타나는데, 초기의 지상부 병징은 잎이 황화현상을 보이면서 작아지고, 가지 끝부터 서서히 밑으로 죽어 내려오면서 수관이 축소되는 현상이다. 초기증상이 영양결핍증상처럼 보이며, 매우 서서히 진행된다.

해결책은 도로포장을 걷어내는 것이지만, 그렇지 못할 경우 구멍을 몇 군데 뚫어 공기 유통이 되도록 토양환경을 개선한다. 플라타너스, 은행나무는 도로포장 상태에서 잘 견디는 반면 소나무는 그렇지 않으므로 가로수 선정에서 참고할 필요가 있다.

9-4-3 기계와 장비(裝備, machinery)

조경수는 인간의 생활 주변에 식재되기 때문에 기계와 장비(裝備)에 의해 물리적 상처(mechanical injury)를 잘 받는다. 자동차와 중장비에 의한 충돌사고, 굴착기에 의한 뿌리 손상, 수목을 의도적으로 파괴하는 행위(vandalism) 등으로 인해 수피에 상처를 받는다. 가장 심각한 것은 잔디 깎는 기계와 예초기에 의해 수피가 약한 봄철과 이른 여름에 나무 밑동에 상처를 만드는 행위이다. 그 밖에 환풍기와 냉방기에서 나오는 더운 바람, 건물 밖으로 배출시키는 뜨거운 스팀, 제때에 제거하지 못한 지주목 주변에 얽어 놓은 철사도 해당된다(그림 9-19 B).

병징: 기계와 중장비에 의한 수목의 피해는 주로 나무 밑동과 수간에 물리적 상처로 나타난다. 상처를 통해 소나무의 경우 송진, 벚나무의 경우 검, 단풍나무의 경우 수액이 흘러나온다. 나무 밑동에 생기는 상처는 단기적으로는 수목의 건강에 큰 영향을 미치지 않지만, 반복적으로 피해를 입으면 환상박피(環狀剝皮, girdling)현상으로 진전되어 나무가 말라 죽기도 한다. 장기적으로 보면 상처 부위가 서서히 썩어들어가서 수간이 부패하여 결국 수세가 약해지고 나무가 쓰러지기도 한다.

방제: 잔디 깎는 기계에 의한 피해를 줄이기 위한 적극적인 방법은 나무 밑동 주변에 플라스틱 파이프로 만든 수피보호대(樹皮保護袋, tree guard)를 씌워 보호하는 것이다. 소극적인 방법은 나무 밑동 근처에 잔디를 심지 말고 대신 유기물로 멀칭을 실시하여 기계가 접근할 필요가 없도록 한다. 지하에 전선을 매설할 경우 뿌리를 최소한 손상시키는 방법을 도입해야 한다. 지상부로부터 도랑 형태로 파서 내려가면 많은 뿌리가 잘리므로, 가능하다면 조금 떨어진 곳에서 터널을 뚫어서 수평

그림 9-19
답압과 장비 피해. A: 초등학교 운동장에서 답압 피해를 받고 있는 은행나무, B: 에어컨의 더운 바람 피해를 받은 금식나무

방향으로 파이프를 매설한 후 전선을 삽입한다.

9-4-4 휘감는 뿌리(권근, 卷根, circling roots, girdling roots)와 갇힌 뿌리

휘감는 뿌리는 나무 밑동 주변을 휘감으면서 자라는 뿌리를 뜻한다. 자연적으로 종자가 땅에 떨어져서 생긴 나무의 경우에는 뿌리가 밑동에서 사방으로 퍼져 나가기 때문에 밑동을 휘감는 뿌리를 볼 수 없다. 대신 묘목을 용기(容器, container) 속에 담아서 양묘할 경우 자주 볼 수 있다. 뿌리가 용기 주변을 맴돌 경우, 그대로 옮겨 심으면 후에 휘감는 뿌리로 발달한다(그림 9-20 B). 딱딱한 토양에 작은 구덩이를 파고 나무를 심으면 긴 뿌리가 구부러진 뿌리(kinked roots)로 되면서 구덩이 안에서 맴돌 경우에 휘감는 뿌리로 자랄 수 있다.

갇힌 뿌리(restricted roots)는 가로수로 심어진 나무 중에서 식수대(植樹垈, planter) 속에 오래 갇혀 있는 동안 뿌리의 발달이 억제되어 기형으로 자라는 경우를 뜻한다. 이로 인해 나무의 생장이 제한된다.

병징: 휘감는 뿌리는 나무 밑동을 휘감아서 밑동을 조이면서 직경이 굵어진다. 시간이 지나면서 더욱 압박하여 수피 속으로 파고들어 가서 수분과 양분의 이동을 방해한다(그림 9-20 A). 사부를 통한 설탕의 이동이 제한을 받으면서 협착이 일어나는 윗부분의 수간이 아랫부분보다 더 굵어지기도 한다. 10년 혹은 20년의 세월이 경과하면 밑동이 제대로 굵어지지 못하고 물리적으로 밑동을 협착함으로써 밑동이 잘록해진다. 이런 나무는 센 바람에 쓰러지기도 하며, 수세가 전반적으로 약해져서 가을에 단풍이 먼저 들고 낙엽 시기도 빨라진다.

방제: 용기에 담아서 기른 어린 묘목을 옮겨 심을 때 휘감는 뿌리가 발견되면, 용기를 제거하고 예리한 도구를 이용하여 휘감는 뿌리만을 골라 감고 있는 직각방향으로 자른다. 묘목을 더 오래 기르기 위해 작은 용기에서 큰 용기로 바꿀 때에는 휘감는 뿌리가 있는지 확인하여 미리 제거한

그림 9-20

휘감는 뿌리. A: 밑동을 파고드는 뿌리, B: 용기 속에서 휘돌던 뿌리(사진: Costello 등, 2003)

후 옮겨 심어야 한다.

갇힌 뿌리는 식수대를 헐고 더 크게 공간을 확보해 주면 우선 해결이 된다. 그러나 공간이 넓어진 후에도 당분간 뿌리가 정상으로 넓게 뻗지 못한다. 근본적으로 방지하는 방법은 가로수의 식수대를 더 크게 설계하여 뿌리가 넓게 퍼지도록 유도하는 것이다.

9-4-5 심식(深植, deep planting)

심식은 나무를 옮겨 심을 때 예전에 나무가 묻혀 있던 깊이보다 더 깊게 심는 행위를 말하는데, 나무가 쓰러지지 않게 하기 위함이다. 토성(土性)에 따라서 다르지만, 일반적으로 15cm를 넘으면 심식으로 간주한다. 심식은 깊이 묻힌 정도에 비례하여 나무에 피해를 준다. 모래땅에 낮게 묻힌 경우에는 피해가 거의 없지만, 깊게 묻히면, 특히 통기성(通氣性, aeration)이 좋지 않은 진흙으로 묻힌 경우에는 심각해진다.

수목의 뿌리는 호흡을 하기 때문에 산소를 필요로 하며, 산소공급이 원활한 토양의 표면 근처에 집중적으로 모여 있다. 특히 양분과 수분을 흡수하는 역할을 맡고 있는 세근(細根, 가는 뿌리)의 90%가량이 표토 20cm 깊이에 모여 있을 만큼 토양 내 산소공급은 매우 중요하다. 심식이 되면 토양 내 산소 부족으로 인해 뿌리의 호흡이 방해를 받아 결국 나무의 건강이 나빠진다. 조경공사에서 절대 해서는 안 되는 사항이 심식과 복토이다.

병징: 심식은 뿌리 주변에 산소를 부족하게 만들어 뿌리 호흡이 방해되면서 뿌리의 발달이 둔화된다. 이로 인해서 수분과 양분 흡수가 제대로 일어나지 않고, 그 영향이 지상부에 미쳐 가지생장이 둔화되면서 잎이 작아지고 황화현상이 나타나며, 더 진전되면 가지 끝이 서서히 말라 죽는다(그림 9-21 A). 심식으로 인한 피해증상은 전반적으로 뿌리의 호흡을 방해하는 토양상태(과습, 배수불량, 복토, 답압, 도로포장)에서 나타나는 증상과 비슷하게 보인다.

그림 9-21
심식 피해. A: 1m 심식되어 5월 하순까지 싹이 트지 않는 은행나무, B: 심식된 이식목의 밑동이 썩어 있음(사진 B: 이승제).

심식 피해는 매우 천천히 진행되어, 식재 후 수년이 경과해야 증세가 서서히 시작되므로 그 원인을 잘못 진단하는 경우가 대부분이다. 세월이 더 경과하면 땅속에 묻힌 밑동 부분의 수피가 썩기 시작하여 결국 나무가 죽게 된다(그림 9-21 B).

방제: 심식이 된 나무는 발견되는 즉시 예전에 묻혀 있던 높이까지 표토를 제거한다. 혹시 뿌리가 위로 상승하여 올라와 있을 경우 밑동 주변만이라도 흙을 제거하여 수피가 더 썩는 것을 막아야 한다. 표토를 제거하여 나무 주변이 낮아져 배수가 잘 되지 않을 경우에는 물웅덩이에 물이 고이지 않게 특별히 배수를 위한 조치를 취해야 한다.

9-4-6 복토(覆土, fill soil)와 석축(石築, masonry)

복토와 석축 피해는, 한국에서, 조경수 관련 여러 가지 피해 중에서 가장 흔하게 관찰되고 가장 심각하게 나타나는 피해로서 가장 주의해야 할 사항이다. 국내 건설현장에서 정지작업은 조경전문가의 자문 없이 토목전문가들이 실시하는데, 공사 과정에서 남은 흙으로 이미 자라고 있는 수목 주변을 덮어 버림으로써 복토를 유발하고 있다.

객토(客土)는 농사를 시작하기 전에 외부에서 흙을 가져온 후 밭을 갈아엎고 씨를 뿌리는 행위이며, 성토(盛土, banking)는 외부의 흙으로 공사장의 지표면을 높이는 행위이다. 복토(覆土)는 이와 달리 이미 심어져 있는 나무 위에 높이 15cm 이상 흙을 덮어 수목의 뿌리 호흡을 방해하는 경우를 의미한다. 복토에 의한 피해는 심식(深植)에 의한 피해와 동일하다. 그런데 복토와 심식 피해는 매우 느리게 진행되기 때문에 그 심각성이 잘 알려져 있지 않다.

석축(石築) 조성 후 그 안에 흙을 채우는 복토로 인한 피해는 국내에서 자주 관찰된다. 1970년대 시작한 새마을사업으로 마을마다 정자목(亭子木) 주변에 석축으로 쌓고, 복토를 했거나 콘크리트로 포장했다. 이로 인해 마을 정자목의 30% 이상이 고사한 것으로 조사되었다.

그림 9-22

복토와 석축 피해. A~B(속리산 정이품송), A: 50cm 복토로 밑동이 잘록해짐, B: 복토로 밑동수피의 3/4 정도가 죽어 있음. C~E(충북 보은의 백송), C: 1m 높이로 쌓은 석축과 복토, D: 복토 20년 후 고사 중임, E: 고사 후 땅속에 묻힌 밑동이 완전히 썩어 있음을 확인함. F~G(서울 정동 회화나무), F: 수차례에 걸친 도로포장으로 60cm 높이로 복토됨, G: 복토된 흙을 일부 제거하고 마른 우물을 설치하여 보전함, H: 석축을 쌓고 복토된 느티나무 천연기념물 노거수(老巨樹) 중에도 복토 피해를 받은 사례가 많다. 충북 보은의 백송은 1m 높이의 석축과 복토로 20년 후 죽었다(그림 9-22 C~E). 보은 속리산의 정이품송(正二品松)은 60cm 높이로 복토가 되었다가 후에 걷어냈는데, 후유증으로 밑동의 3/4가량이 죽어 잘록하게 되었다(그림 9-22 A와 B). 제주도 성읍리 팽나무도 70cm 높이로 복토된 것을 걷어낸 후 건강을 되찾았다. 서울시 중구 정동의 560년생 회화나무도 여러 차례의 도로포장에 의해 60cm 깊이로 묻혀 있었으며, 이로 인해 건강이 나빠졌다(그림 9-22 F와 G).

병징: 복토 피해는 토양 속의 산소 부족으로 인해 뿌리의 활력이 나빠지면서 지상부에 증세가 매우 서서히 나타난다. 활엽수의 경우 초기증상은 잎에 황화현상이 나타나면서 잎이 작아지고 새 가지의 길이가 짧아지는 등의 생장감소현상으로서 마치 영양결핍처럼 보인다(그림 9-23 A~C). 더 진전되면 수관의 맨 꼭대기에 있는 가지부터 잎이 탈락하면서 서서히 죽기 시작하여 밑으로 확산되면서 여기저기에서 맹아가 발생한다. 결국 수관이 축소되면서 나무의 건강이 극도로 악화된다(그림 9-23 D). 이때 뿌리를 파서 보면 잔뿌리의 발달이 거의 없고, 뿌리껍질이 힘없이 벗겨져 죽어 있다. 세월이 10년 이상 더 경과된 경우 나무 밑동을 파 보면, 땅에 묻혀 있는 껍질이 완전히 썩어서 탄수화물 이동이 안 되어 뿌리가 굶어 죽은 것을 알 수 있다.

침엽수의 경우에는 잎의 황화현상이 활엽수처럼 뚜렷하게 나타나지 않고 대신 잎의 녹색이 퇴색하는 편이며, 불규칙하게 여기저기 가지가 마르기 시작하여 나무가 쇠퇴함을 보여준다. 소나무를 포함한 침엽수류는 잎이 뻣뻣하기 때문에, 가지고 있는 양분과 에너지를 모두 소진할 때까지 잎에 병증을 나타내지 않다가 그 가지가 별안간 말라 죽는다. 수관 전체에서 잎의 색깔이 퇴색하고 마르는 병증이 나타날 때에는 어떤 치료로도 나무를 재생시킬 수 없다.

병징이 지상부에서 처음 나타나는 속도는 복토의 깊이와 복토된 흙의 성질(토성)에 따라서 다르다. 진흙으로 두껍게(예: 50cm 이상) 복토하면 2~3개월부터 잎의 황화현상이 나타나지만, 모래흙으로 복토하면 수년 후까지 증세가 나타나지 않기도 한다.

이와 같은 활엽수와 침엽수의 복토 반응은 뿌리의 활력이 나빠지면서 무기양분의 흡수가 지연되어 지상부에 양분결핍을 초래하면서 잎과 가지가 죽고, 세월이 경과하면서 땅속에 묻힌 밑동의 껍질이 습기로 인해 썩으면서 탄수화물이 뿌리로 전달되지 못해 뿌리가 굶어 죽는 현상이라고 할 수 있다.

방제: 자라고 있는 나무 밑에 20cm 이상의 복토를 절대 하지 말아야 하며, 복토된 것을 발견할 때는 즉시 흙을 제거한다. 혹시 복토된 흙 속으로 뿌리가 상승하여 자라 올라와 있더라도 밑동 둘레만이라도 흙을 제거하여 밑동이 습기로 인해 썩는 것을 방지해야 한다. 흙을 제거한 후 나무 주변이 낮아져서 배수가 잘 되지 않을 경우에는 배수구를 만들어서 배수되도록 한다. 복토에 대한 저항성은 수종에 따라서 약간의 차이가 있으므로 이를 고려한다(표 9-8).

부득이한 복토 방법: 사정상 나무 주변에 꼭 복토를 해야 할 경우에는 뿌리가 숨을 쉬고 토양에 물

그림 9-23

느티나무 복토 피해의 진전 단계. A: 초기 잎의 황화현상, B: 황화현상이 더 진전됨, C: 잎의 왜소화와 황화현상, D: 후기에 가지가 끝에서부터 죽어 수관이 축소됨(사진: 이승제).

이 들어가도록 조처하면 된다. 우선 나무 주변에 물이 고이지 않도록 바깥쪽으로 약간의 경사를 유지하면서 토양 표면을 정리한다. 그다음 나무 밑동이 흙속에 묻혀 썩지 않게 밑동 주변에 반경 60cm 이상의 공간을 두고 원형으로 돌을 쌓아 마른 우물(dry well)을 만들고, 물이 주변으로 빠지면서 뿌리에 산소와 수분이 공급되도록 한다. 바닥에 자갈을 깔고, 수평 유공관(有孔管, perforated pipe)을 마른 우물로부터 방사방향으로 수레바퀴의 살처럼 8방으로 설치하고, 가장자리를 원형으로 서로 연결시킨 후, 수직 유공관을 8방으로 8개 이상 설치한 후, 복토를 한다. 이렇게 실시하면 1m 이상 복토를 해도 나무뿌리는 숨을 쉬면서 흙의 하중을 견딜 수 있다(그림 9-23 E).

표 9-8 복토에 대한 수종별 저항성. 저항성이 있는 수종도 깊이 묻히면 결국 죽음(Harris 등, 2004)

복토에 대한 저항성	침엽수	활엽수
약간 있음	곰솔, 독일가문비, 스트로브잣나무, 은행나무	미국풍나무, 루부룸단풍나무, 주엽나무(허니로커스트), 참느릅나무, 양버즘나무, 버드나무, 포플러
거의 없음	글라우카가문비나무, 풍겐스가문비나무, 측백나무류, 소나무	미국느릅나무, 미국피나무, 벚나무류, 참나무류, 사과나무, 설탕단풍나무, 양버들, 층층나무

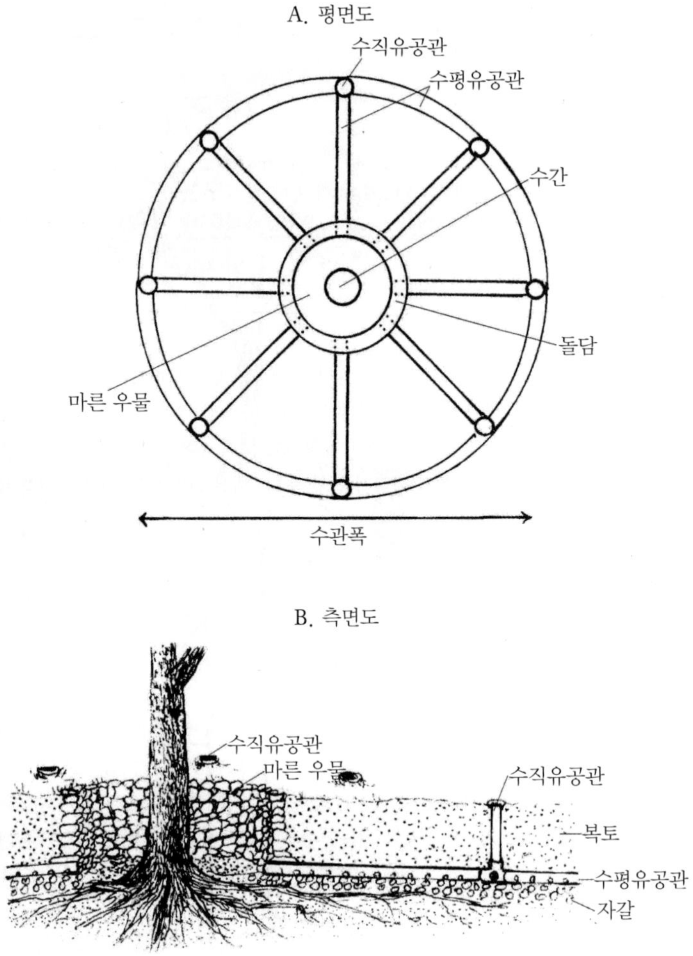

그림 9-23 E
복토가 불가피한 경우 복토하는 요령(A: 이경준과 이승제, 2011, B: Harris 등, 2004)

9-4-7 절토(切土, soil cut)

절토는 뿌리가 뻗고 있는 토양의 일부를 걷어내거나 수직방향으로 잘라내는 것을 뜻한다. 절토는 뿌리의 일부가 제거되기 때문에 복토 못지않게 나무에 큰 피해를 준다. 수목의 뿌리는 일반 토양에서 수직방향으로 1~2m 정도 내려가며, 잔뿌리의 90% 이상이 표토 20cm 깊이에 모여 있다. 따라서 나무 주변의 모든 흙을 30cm 깊이로 제거한다면 잔뿌리가 모두 제거되어 나무가 살 수 없게 된다(그림 9-24 A).

병징: 나무의 한쪽 방향으로만 절토가 이루어질 경우에는 절토의 정도에 따라서 나무에 피해를 주는 정도가 다르다. 수관의 한쪽 가장자리 끝에서 절토가 이루어지면 전체 뿌리의 15%가 제거되

그림 9-24
서울시 보호수 음나무의 절토 피해. A: 과도한 절토, B: 절토로 일부 수관이 죽음.

며, 수관폭(樹冠幅, crown width) 반경의 절반 부근에서 절토가 이루어지면 뿌리의 30%가 제거된다. 그 이상의 절토가 이루어지면 수관에 피해가 나타나기 시작한다(그림 9-24 B). 뿌리가 잘린 쪽의 수관이 마르기 시작하여 가지가 고사한다. 활엽수의 경우 도관(물관)이 수간을 따라서 곧게 올라가기 때문에 뿌리가 잘린 쪽의 수관이 피해를 본다. 반면에 침엽수의 경우 나이를 먹을수록 가도관(헛물관)이 수간을 따라서 나선상으로 올라가는 경향이 있어 뿌리가 잘리지 않은 반대쪽 수관에서 피해가 나타나기도 한다.

방제: 토목공사를 하면서 나무 주변의 흙을 제거해야만 할 경우에는 수관폭의 2/3만큼 원형으로 흙을 남겨 놓고 절토된 부분에 석축을 쌓아 흙이 더 이상 무너지는 것을 방지하면 나무를 살릴 수 있다. 더 이상 흙을 제거하면 나무의 모양이 훼손된다.

9-4-8 대기오염(大氣汚染, air pollution)

대기오염은 대기 중에 있는 물질이 정상적인 농도 이상으로 존재할 때 일컫는 말이다. 1970년대 한국에서는 석탄 사용으로 인해 아황산가스(SO_2)가 주요 대기오염물질이었으며, 후진국에서 주로 석탄을 사용하기 때문에 후진국형 대기오염이라고 칭한다. 검댕과 먼지는 도시에서 식물생장에 지장을 줄만큼 높은 수준으로 존재하는 미립자(微粒子, particulates)이다(표 9-9).

최근 한국에서 가장 큰 문제가 되는 대기오염물질은 오존(ozone)과 질소산화물이다. 질소산화물(窒素酸化物, nitrogen oxides)은 NOx라고도 하는데, NO, NO_2, N_2O와 같은 산화된 질소화합물로서 자동차 엔진의 연소 과정에서 생기는 화합물이다. 오존(O_3)은 성층권에서 태양의 자외선을 차단하는 고마운 역할을 하지만, 대기권에서는 생물에 유해한 가스이다. 대기권의 오존은 주로 자동차 매연가스에서 2차적으로 생성된다.

여름철 기온이 30°C 이상 되는 맑은 날 자동차 매연으로 발생한 질소산화물(NOx)과 탄화수소

표 9-9 수목생장에 영향을 주는 대기오염물질의 분류

형태	종류
황화합물	황산화물(SOx), 황화수소(H_2S)
질소화합물	암모니아(NH_3), 질소산화물(NOx)
탄화수소와 산소화물	메탄(CH_4), 아세칠렌(C_2H_2), 알코올, 에테르, 페놀, 알데히드
할로겐 화합물	불화수소(HF), 불화탄소(CF_4), 불화암모늄(NH_4F), 브롬화수소(HBr)
광화학산화물	오존(O_3), PAN
미립자	검댕, 먼지, 미세먼지, 중금속(납, 비소, 티타늄)

(炭化水素, hydrocarbons)가 강한 자외선에 의해 산화반응을 일으켜 오존과 PAN(peroxyacetyl nitrate)이 만들어진다.

$$NOx + hydrocarbons = O_3 + PAN$$

오존 가스는 생선 비린내와 비슷한 냄새를 가지고 있으며, 오존 가스와 PAN은 강력한 산화력을 가진 물질(oxidant)이다. 오존은 여름철에 자동차가 많은 대도시에서만 주로 문제가 되기 때문에 선진국형 대기오염이라고도 한다. 현재 서울에서는 대기 중 오존의 농도가 0.12ppm을 초과하면 오존 주의보(主意報)를, 그리고 0.3ppm을 초과하면 오존 경보(警報)를 발령하고 있다.

대기오염은 아주 경미할 때에는 수목에 피해가 없다. 그러나 만성적으로 오염의 정도가 증가하면 광합성과 무기양분의 흡수를 방해하여 건강상태가 나빠져 2차적으로 병해충의 감염을 유발한다.

산성비(酸性雨, acid rain)는 산도가 pH 5.6 이하 되는 강우를 뜻한다. 대기 중에 오염되어 있는 아황산가스(SO_2)와 질소산화물(NOx)이 햇빛에 의해 산화되어 각각 황산과 질산으로 변한 후 빗물에 녹아 산성비가 된다. 빗물에 수용성 황과 질소가 함유되어 있기 때문에 산성비가 내리는 초기에는 비료 역할을 하여 수목의 생장이 촉진되기도 한다. 그러나 산성비가 지속되면 토양이 산성화되어 토양 내 알루미늄(Al)의 독성이 나타나고 칼슘과 마그네슘의 흡수가 방해되어 결핍증상을 유발한다.

잎의 표면에는 왁스 성질을 띤 큐티클층(cuticular layer)이 있어서 증산작용을 억제하고 잎에서 무기물이 용탈되는 것을 방지한다. 산성비는 이러한 큐티클층을 용해시켜 얇게 만들고, 이로 인해 칼륨(K) 같은 무기물이 용탈되기도 한다. 큐티클층을 용해시킨 산성비는 물방울이 잎에 부착할 때 생기는 접촉각(接觸角, contact angle)을 작게 만드는데, 이 원리를 이용하여 대기오염과 산성비의 정도를 측정하는 수단으로 사용한다.

표 9-10 대기오염물질에 의한 수목의 병징, 독성기작, 발단농도(Smith, 1990에서 요약)

오염물질	병 징		발단농도(ppm)
	활엽수	침엽수	
아황산가스 (SO_2)	잎의 끝부분과 엽맥 사이 조직의 괴사, 물에 젖은 듯한 모양(엽육조직 피해)	물에 젖은 듯한 모양, 적갈색 변색	민감수종: 0.3~0.6ppm에서 3시간, 1.0~1.5ppm에서 5분 저항수종: 0.8ppm에서 3시간, 2.0ppm에서 5분
질소산화물 (NOx)	초기: 흩어진 회녹색 반점, 잎의 가장자리 괴사, 엽맥 사이 조직 괴사(엽육조직 피해)	초기: 잎끝의 자홍색-적갈색 변색, 잎의 기부까지 확대된다. 고사부위와 건강 부위의 경계선이 뚜렷하다.	1ppm에서 100시간, 1.6~2.6ppm에서 48시간, 20ppm에서 1시간
오존(O_3)	잎 표면에 주근깨 같은 반점 형성, 책상조직이 먼저 붕괴된다. 반점이 합쳐져 표면이 백색화	잎끝의 괴사, 황화현상의 반점, 왜성 황화된 잎	60~170ppb에서 4시간, 100~250ppb에서 2시간, 200~510ppb에서 1시간
peroxyacetyl nitrate (PAN)	잎 뒷면에 광택이 나면서 후에 청동색으로 변한다. 고농도에서 잎 표면도 피해(엽육조직 피해)	황화현상, 조기낙엽	200~300ppb에서 8시간
불화수소 (HF)	초기: 잎끝의 황화, 잎 가장자리로 확대, 중륵을 따라 안으로 확대된다. 황화조직의 고사	잎끝의 고사, 고사 부위와 건강 부위의 경계선이 뚜렷하다.	조직 내 함량: 민감수종: 100㎍/g 저항수종: 4000㎍/g 0.75~50㎍/m^3 노출에서 수 시간 혹은 수일간
중금속 (heavy metals)	엽맥 사이 조직의 황화현상, 잎끝과 가장자리의 고사, 조기낙엽, 잎의 왜성화, 유엽에서 먼저 발병	잎의 신장억제, 유엽 끝의 황화현상, 잎 기부로 고사 확대	조직 내 함량(ppm): Cd 7.0, Cu 128, Pb 135, Hg 25, Ni 37, V 7.7, Zn 740

병징: 대기오염에 의한 피해는 수목에서, 살아 있는 유세포(柔細胞, parenchyma cell)가 가장 많이 모여 있으며 가장 왕성한 대사작용을 수행하는, 잎에서 제일 먼저 나타난다. 급성 피해를 받으면 활엽수에서는 엽맥 사이 조직, 잎 가장자리, 잎끝의 황화와 괴사, 주근깨 같은 반점 형성, 백화현상, 그리고 조기낙엽 등의 증세를 관찰할 수 있다. 침엽수의 잎에서는 황화현상, 잎끝의 적갈색 변색과 괴사현상을 볼 수 있다(그림 9-25 A~F).

낮은 농도에서 장기간에 걸친 만성적인 대기오염 피해는 황화현상으로 먼저 나타나는데, 다른 요인에 의한 생장불량의 증세와 구별이 잘 되지 않아 가려내기가 어렵다. 잎이 작아지고 활력이 감소하며, 연녹색을 띠며, 조기낙엽이 된다. 검댕이나 먼지는 잎과 줄기의 표면에 붙거나 기공을 막아서 광합성을 방해함으로써 생장이 나빠지고, 낙엽, 가지고사 등의 증세를 보인다(표 9-10).

대기오염의 피해와 비슷한 증상을 나타내는 병 중에는 영양결핍현상이 있으며, 또한 곰팡이, 세균, 바이러스에 의한 병 중에는 잎에 점 모양의 무늬를 만드는 점무늬병(반점병)이 있다. 일반적으로 염화칼슘 피해와 엽소현상도 비슷한 증세를 보인다. 그 밖에 진딧물과 응애류의 피해를 받으면 잎에 작은 점무늬가 만들어지는데, 이와도 혼동하지 말아야 한다. 급성 피해는 그 지역의 대기

그림 9-25

대기오염 피해. A: 은행나무 아황산가스 피해, B: 백합나무 오존 피해(전형적 오존 피해는 작은 주근깨 같은 반점이 많이 생김), C: 잎끝이 죽은 해송 오존 피해, D: 포플러 급성 오존 피해, E: 해송의 급성 대기오염 피해, F: 해송의 급성 대기오염 피해(좌측, 잎 끝부분이 피해를 받으며 경계선이 뚜렷함)(사진 B와 C: 국립과학원 유전자원부)

오염물질 배출원에 대한 지식과 기상정보를 참조하여 피해양상을 분석한 이후 최종적으로 판단해야 한다.

방제: 대기오염이 심각한 도시지역에서 조경수 관리의 첫 단계는 대기오염에 저항성이 있는 수종을 선택하여 식재하는 것이다. 수종에 따라서 대기오염에 대한 내성이 다르므로, 식재지역의 특성에 맞게 조경수를 선택해야 한다(표 9-11).

분진을 없애기 위해 잎을 주기적으로 물로 세척하는 것이 바람직하며, 분진이 자동차 매연과 혼합되어 있을 때에는 기름성분이 있으므로 세제를 물에 풀어서 세척할 필요가 있다.

표 9-11 대기오염에 대한 여러 조경수종의 저항성 비교

대기오염에 대한 저항성	침엽수	활엽수
강함	은행나무, 편백, 향나무류	가죽나무, 감탕나무, 개나리, 굴거리나무, 녹나무, 대나무류, 돈나무, 동백나무, 때죽나무, 매자나무, 먼나무, 물푸레나무, 미루나무, 버드나무류, 벽오동, 병꽃나무, 뽕나무, 사철나무, 산사나무, 송악, 아까시나무, 아왜나무, 양버들, 월계수, 은단풍, 자작나무, 졸가시나무, 쥐똥나무, 참느릅나무, 층층나무, 태산목, 팥배나무, 풀명자, 플라타너스, 피나무, 피라칸다, 현사시, 호랑가시나무, 회양목, 후피향나무
약함	가문비나무, 반송, 삼나무, 소나무, 오엽송, 잣나무, 전나무, 측백나무, 히말라야시다	가시나무류, 감나무, 느티나무, 단풍나무, 라일락, 매실나무, 명자나무, 목서류, 목련, 무화과나무, 박태기나무, 벚나무류, 수국, 이태리포플러, 자귀나무, 진달래, 백합나무(튤립나무), 화살나무

관수를 자주하여 기공이 많이 열려 있으면, 대기오염에 예민해지므로, 적절한 수준에서 나무에 수분스트레스를 주는 것이 좋다. 같은 이유로 공기 중의 관계습도가 낮을 경우 대기오염에 대한 저항성이 증가한다. 그러나 급성의 대기오염에 노출되었을 경우에는 즉시 물로 잎과 가지를 씻어 주면 피해 정도를 줄일 수 있다.

수목이 왕성한 생장을 하고 있을 때에는 대기오염에 예민해지므로, 생장억제제(生長抑制劑, growth retardants)를 살포하여 생장을 둔화시키면 저항성을 높일 수 있다. 오존이나 PAN과 같은 강력한 산화물질은 잎의 조직을 산화하여 붕괴시키는데, 수목에 적절한 수준으로 시비하면 수목이 항산화물질(antioxidants)을 생산하여 이에 대응하는 능력이 증가하게 된다. 질소비료를 적게 주는 대신 인과 칼륨 비료를 쓰며, 토양에 석회질 비료를 주면 도움이 된다. 봄과 가을에 질산칼륨(KNO_3)이나 질산칼슘[$Ca(NO_3)_2$]을 0.2~0.5% 용액으로 만들어 각 2회씩 엽면시비(葉面施肥, foliar spray)하여 건강도를 높여 준다.

9-4-9 농약(農藥, agricultural chemicals)과 비료(肥料, fertilizers)

농약과 비료 사용에 의해 일어나는 약해(藥害, chemical injury, phytotoxicity)는 제초제(herbicides), 살충제(insecticides), 생장조절제(주로 생장억제제, growth retardants), 과다한 비료(fertilizers) 사용 등에 의해 일어난다. 살균제(fungicides)에 의한 피해는 적은 편이며, 일반적으로 권장농도로 사용할 경우 잘 나타나지 않는다. 농약 피해는 살포 대상 수종을 잘못 선정하거나, 농약을 권장 농도 이상으로 너무 진하게 사용하거나, 한곳에 너무 많이 살포하거나, 농약이 바람에 의해 이웃 나무로 비산되거나, 두 가지 이상의 농약을 함께 사용할 때에 생긴다.

제초제와 생장조절제는 주로 식물호르몬이 주성분으로 되어 있다. 가장 많이 쓰는 제초제는 식물호르몬 중에서 옥신(auxins) 계통을 이용하여 만드는데, 아주 적은 농도로 사용할 때에는 발근

을 촉진하고 식물생장에 도움이 되지만, 높은 농도로 살포하면 제초제가 된다. 수목이 뿌리를 통해 제초제를 흡수하거나 제초제가 잎에 묻으면 수목의 호르몬 대사가 균형을 잃으면서 피해가 나타난다.

두 가지 이상의 농약을 섞어 한꺼번에 살포하는 농약혼용은 시간과 인긴비를 절약하기 위해 많이 이용된다. 농약혼용은 약효가 커지거나 독성이 작아지는 경우도 있으나, 반대로 약효가 없어지거나 독성이 커지는 경우가 더 많아서 정확한 지식을 가지고 사용해야 한다.

일반적으로 살충제와 살균제를 섞어서 쓰는 경우가 대부분인데, 살충제는 유제 형태이고, 살균제는 수화제 형태인 경우가 많아서, 두 가지를 섞으면 유제의 입자가 수화제의 증량제에 흡착되어 응집함으로써 약해를 나타내게 된다. 약효가 급격히 적어지는 가장 흔한 경우는 알칼리성 약제와 다른 약제를 혼용할 때이다. 즉 유기인계 혹은 카바메이트계 농약과 알칼리성인 석회보르도액이나 석회황합제를 섞는 경우에 약효가 없어진다. 그 밖에 유기염소계나 유기황계 농약을 알칼리성 농약과 혼합해도 약효가 떨어지고 약해가 나타난다. 따라서 '농약혼용 적부표'를 반드시 참고해야 하며, 어떤 약제들은 혼합 후 즉시 사용해야만 약효를 유지할 수 있는 조합도 있다.

식물생장조절제(plant growth regulator)는 수목이 너무 빨리 자라거나 꽃과 열매가 너무 많이 달려서 문제가 될 경우 생장과 결실을 조절(억제)하는 약제를 뜻한다. 수목의 생장을 촉진하고자 할 경우에는 약제보다는 햇빛, 시비, 관수, 병해충 구제 등으로 생육 조건을 개선해 주는 것이 바람직하다. 조경수 관리에서 생장촉진제(growth promoter)는 발근촉진을 위한 경우 이외에는 거의 사용하지 않는다. 대신 생장억제제(growth retardant)와 결실억제제를 사용하면 효과를 볼 수 있다.

병징: 피해를 받은 잎에서 말림, 뒤틀림, 기형, 왜소화, 변색, 황화, 반점, 부분 괴사, 전체 고사, 낙엽, 그리고 가지의 휨, 뒤틀림, 비대 등의 증세로 나타난다(그림 9-26). 약해의 증세는 약제 살포 후 수 시간 혹은 수일 내로 나타나거나, 토양에 살포한 제초제와 같이 몇 달 혹은 다음 해까지 나타나기도 하는데, 수종에 따라서 그리고 약제에 따라서 다르게 나타난다. 활엽수에 살충제 피해가 나타날 경우에는 잎의 가장자리가 타들어가며, 불규칙한 반점이 생긴다. 소나무의 제초제 피해의 경우에는 신초가 생장 중일 때에는 신초가 갈색으로 변하며(그림 9-26 I), 잎이 뒤틀리거나 밑으로 처지거나 끝이 적갈색으로 변한다. 소나무의 경우 맹아력이 약하지만, 봄철에 신초가 죽는 경우 피해가 가벼우면 새순이 나오기도 한다.

생장조절제 중에서 선택성 제초제는 식물호르몬제제인데, 2,4-D는 잎이 타면서 말려들어 가고, 디캄바(Dicamba) 유제를 사용하면 활엽수의 잎은 기형으로 자라면서 비대생장을 한다(그림 9-26 C). 소나무의 경우에는 새 가지 끝이 굵어지면서 꼬부라지고(그림 9-26 G), 잎이 붙어 있는 가지 끝이 비대생장하며(그림 9-26 H), 은행나무는 잎끝이 말려들어 가고, 주목은 황화현상을 보인다(그림 9-26 K). 비선택성 제초제(non-selective herbicides)의 경우 활엽수의 잎은 갈색으로 말라 죽고, 주목, 향나무, 측백나무는 새잎의 끝부분이 황화현상을 보인다.

그림 9-26 A~H

제초제 피해의 다양한 병징. A: 말발도리의 작은 잎 생산, B: 산수유의 작고 구부러진 잎, C: 가시나무류의 길어진 가지와 잎의 뒤틀림, D: 라일락 초기증상으로 잎의 오그라짐(수분 부족의 경우인 그림 9-13 A와 비교), E: 라일락의 후기증상, F: 디캄바 피해로 소나무의 처진 잎, G: 소나무의 뒤틀린 잎, H: 디캄바 피해로 뒤틀리고 끝이 굵어진 소나무 가지(사진 C, H: 이승제)

그림 9-26 I~P

제초제 피해의 다양한 병징. I: 소나무의 동아가 자라다가 죽음, J: 소나무 피해목 잎의 갈변, K: 주목의 초기 황화현상, L: 주목 잎의 황화와 갈변, M: 주목 수관 전체 피해, N: 칠엽수 제초제 접촉 피해, O: 소나무 제초제 피해(왜소엽 형성), P: 두 가지 농약혼용 피해(섬잣나무)(사진 P: 이승제)

방제: 살충제는 토양 중에 장기간 잔류하지 않지만, 제초제는 보통 반감기가 90일 이상 되므로 피해는 2년간 지속되기도 한다. 토양에 잔류하고 있는 농약이 뿌리로 흡수되어 피해를 일으킬 경우에는 관수로 잔류 농약을 씻어낸다. 그러나 관수 후 배수가 잘 되지 않으면 농약에 대한 저항력을 저하시킬 수도 있다. 겉흙을 잔뿌리가 훼손되지 않는 범위 내에서 걷어내고 신선한 토양으로 대체하며, 토양 속에 활성탄(活性炭, activated charcoal)을 집어넣어 농약을 흡착시켜 농약의 농도를 낮춘다. 활성탄 대신에 부엽토나 완숙퇴비를 사용해도 된다. 무기양분을 토양관주하여 농약 대신 양분을 흡수하도록 유도한다. 엽면시비나 수간주사로 피해 수목을 건강하게 관리한다.

두 가지 농약을 섞어 함께 사용할 때에는 '농약혼용 적부표(農藥混用適否表)'를 반드시 점검하여 약해가 생기는지를 먼저 확인한다. 그리고 권장하는 농도를 지키고, 안전 장비를 착용한 후 농약이 비산되지 않도록 조심해서 살포해야 한다. 연속하여 다른 농약을 사용할 때 용기와 호스를 세탁용 탄산소다 혹은 암모니아수로 깨끗하게 세척하는 것도 중요하다.

농약 살포 당시 나무의 상태와 기상조건은 약해를 일으키는 데 큰 영향을 미친다. 약제가 쉽게 수목의 조직 속으로 침투할 수 있는 상황일 경우 약해가 더 커질 수 있다. 일조량이 부족하거나 그늘에서 자라서 나무의 조직이 연약한 경우에는 약제가 쉽게 침투한다. 혹은 태풍이 지나간 직후 잎과 가지에 마찰에 의한 상처가 많을 때에도 비슷한 결과를 가져온다. 기온이 높을 때 약제를 살포하거나 혹은 가뭄이 계속되어 잎에 탈수현상이 있으면 수분을 쉽게 흡수하기 때문에 약액 흡수도 빨라져 피해가 커진다. 반면에 바람이 강하게 불 때에는 약제가 비산하여 날아가 버리므로 약효가 작아진다. 또한 농약을 살포한 직후에 비가 오면 약제가 씻겨 내려와서 효력이 작아진다. 위와 같은 기상조건에 따른 약효와 약해를 감안한다면, 가장 이상적인 약제 살포시기는 바람이 적고 갠 날 오전 혹은 늦은 오후라고 할 수 있다.

살균제(예: 보르도액)를 살포하고 연이어 다른 살균제 혹은 살충제를 살포할 때에도 약해가 나타나는 경우가 있으므로 주의해야 한다. 특히 조심해야 할 사항은 디프수화제의 사용이다. 디프수화제(예: trichlorfon)를 핵과식물(예: 벚나무, 복숭아나무, 앵도나무)에 살포하면, 농도와 관계없이 잎이 황화현상을 보이면서 낙엽이 진다.

생장억제제에는 두 종류가 있다. 정아를 억제시키고 대신 측아를 발달시키려면 옥신 제제(NAA)와 멜릭하이드라지드(maleic hydrazide, MH)를 사용하며, 마디생장을 억제하려면 항지베렐린(antigibberellins) 약제로서 daminozide, paclobutrazol 등을 사용한다. 개화결실 억제제에는 NAA와 ethephon이 있으며, 주맹아(trunk sprout) 억제제에는 NAA(0.1%)와 chloroflurenol이 있다.

풀, 볏짚, 낙엽, 톱밥과 같이 식물에서 기원한 유기물이 충분히 썩어서 된 완숙퇴비(compost)는 비료 성분이 적게 포함되어 있어 토양 중에 다량으로 투입하더라도 약해가 나타나지 않는다. 반면 화학비료와 유기질 비료는 비료의 함량이 높아 과다하게 시비하면 과비(過肥) 피해가 나타난다. 동물 배설물이 완전히 발효되지 않아 냄새가 나는 것을 사용하거나 감미료 제조의 부산물로 만들어진 유기질 비료를 토양 용적을 기준으로 5% 이상 사용하면 피해가 나타난다.

9-4-10 잘못된 가지치기(전정, 剪定, improper pruning)

가지치기는 전정(剪定)이라고도 하는데, 나무의 모양(수형)을 조절하기 위해 조경수 관리에서 필수적이며, 조경수의 건강 유지에 큰 영향을 미친다. 가지치기를 하면 상처가 생기는데, 나무가 나타내는 상처 방어는 미국의 Shigo 박사가 1970년대에 연구한 CODIT(Compartmentalization of Decay in Trees, 목재부후 구획화) 이론으로 설명된다. 나무에 상처가 생기면 나무는 부후균의 확산을 막기 위해 상처 주위에 물리적 그리고 화학적 방어벽을 네 방향에서 입체적으로 만든다(단원 11-1-2 참조).

'방어벽 1'은 부후균이 상처의 아래와 위 방향(수직방향 혹은 섬유방향)으로 확산되는 것을 막기 위해 도관이나 가도관을 폐쇄시키면서 만든 벽이다. '방어벽 2'는 부후균이 수선을 따라서 목재의 중앙 부위(수평으로 방사방향)로 침투하는 것을 막기 위해 나이테의 접선단면에 만든 방어벽이다. '방어벽 3'은 부후균이 나이테를 따라서 둘레방향으로, 즉 접선방향으로 확산되는 것을 방지하기 위해 방사단면에 만든 벽이다. '방어벽 4'는 노출된 외부 상처를 밖에서 에워싸기 위해 형성층이 세포분열을 통해 만드는 새살로 된 방어벽이다. 위의 네 가지 벽 중에서 방어벽 4가 가장 강력한 벽이며, 방어벽 1이 가장 약하다.

올바른 가지치기 방법은 Shigo 박사의 CODIT 이론에 근거하여 만들어졌으며, 가지터기(branch stub)를 남기지 않고 바짝 자르는 것이다(그림 10-3 참조). 바짝 자를 경우에는 가지가 붙어 있던 원줄기의 형성층이 타원형으로 노출되면서 형성층이 유상조직(癒傷組織, callus)을 만들어 상처를 서서히 감싸 덮어 버림으로써 더 이상의 부패가 일어나지 않는다.

병징: 잘못된 가지치기는 가지터기(branch stub)를 길게 남긴 것(그림 9-27 A), 너무 바짝 잘라서 형성층이 과다하게 노출된 것, 가지치기하면서 수피가 길게 찢어진 것 등을 뜻한다(그림 9-27 B). 가지터기를 길게 남길 경우 가지터기는 서서히 죽어가면서 썩어들어가서 버섯(예: 치마버섯, *Schizophyllum commune*)이 발생한다. 수년이 경과하면 가지터기가 붙어 있던 원줄기의 밑 부분이 움푹 파이면서 원줄기에 커다란 구멍이 남는다(그림 10-2 참조). 이 구멍을 통해 빗물과 부후균이 들어가 원줄기가 부패하게 되며, 상처는 더욱 크게 확대된다. 고목의 줄기와 밑동이 썩는 현상은 바람에 의해 가지가 거칠게 잘못 부러졌거나 잘못된 가지치기에서 시작된다.

방제: 가지치기를 할 때 CODIT 원리에 맞추어 바짝 자르는 원칙을 지키면 가지치기로 인한 피해를 최소화할 수 있다(그림 10-3 참조). 잘못된 가지치기를 발견하면 즉시 가지터기를 바짝 잘라서 바로잡는다. 가지치기가 끝난 다음에는 노출된 형성층에 티오파네이트(thiophanate) 도포제 혹은 테부코나졸(tebuconazole) 도포제를 연 2회 이상 발라 준다(그림 10-5 참조). 위의 도포제는 살균제와 방수제가 함께 포함되어 있어서 병원균의 침투를 억제하고 과다한 수분 증발도 방지한다.

그림 9-27

가지치기 후유증. A: 가지터기를 길게 남겨 놓아서 후에 썩어들어가는 가지터기(느티나무). 새살이 나와서 상처를 감싸는 것을 가지터기가 방해하고 있다. B: 벚나무는 가지치기 혹은 줄기를 자르면 상처 회복이 잘 되지 않는다.

굵은 가지를 자를 때에 한 번에 자르면 가지의 무게로 인해 가지 밑 부분이 찢어져 수간에 큰 상처를 남긴다. 따라서 최종 자르려는 위치보다 20cm가량 위쪽 가지 밑에서 위를 향해 직경의 40%가량을 자른 후, 이보다 3cm 위쪽에서 위에서 아래로 톱질하여 우선 가지의 무게를 제거한 후, 전정톱(pruning saw)으로 가지터기를 바싹 잘라 버린다(그림 10-3 참조).

9-4-11 해빙염(解氷鹽, deicing salt)

도시에서 발생하는 염해(鹽害)는 겨울철 빙판길에 식염(염화나트륨, NaCl)이나 염화칼슘($CaCl_2$)과 같은 해빙염을 사용함으로써 주변의 수목에서 생긴다. 소진염(消塵鹽, de-dusting salt)은 비포장도로에 먼지 발생을 막기 위해 사용되며, 주로 염화칼슘을 쓴다. 이러한 소금 피해는 소금사용량, 수목에 묻은 양, 토양에 축적된 양, 토성, 배수상태, 강우량, 그리고 수종의 소금에 대한 저항성에 따라서 다양하게 나타난다. 해빙염 피해는 겨울에도 잎이 붙어 있는 상록수에서 피해가 더 크다.

병징: 피해를 본 수목들이 주로 경사진 도로변에 위치하거나 소금이 빗물에 씻겨 모이는 곳에서 관찰되므로 진단에 도움이 된다. 고속도로변에서는 바람에 소금이 날려 도로에 인접한 상록수에서만, 그리고 한쪽 수관에서만 피해가 나타나므로 쉽게 진단할 수 있다(그림 9-28 C). 겨울철에 사용한 해빙염의 피해는 상록수의 경우 봄이 오기 전에 잎에 나타나지만, 낙엽수의 경우는 봄에 새싹이 한참 자란 후에 나타난다. 침엽수의 경우는 잎끝에서부터 황화현상이 발생하면서 갈색으로 변하는데, 심하면 낙엽이 진다(그림 9-28 D). 낙엽수의 경우는 봄에 새싹이 나오면서 잎이 어느 정도 자라다가 잎의 끝부분과 가장자리부터 황색으로 변하면서 갈색이 되어 마르기 시작한다(그림 9-28 B). 더 진전되면 눈이 형성되지 않고 가지가 고사한다. 침엽수와 활엽수 모두 잎에서 피해 부위와 건전 부위의 경계선이 뚜렷하게 나타난다. 반면 전염성 병의 경우에는 병반 주위에서 변색이 점진적으로 진행되는 것이 일반적이다.

해빙염 피해는 침엽수와 활엽수에서 서로 다른 수관 위치에서 나타난다. 침엽수의 수액이동은 수간을 돌면서 올라가기 때문에 동쪽 뿌리에서 흡수된 염분이 서쪽 수관으로도 옮겨 가서 피해를 보인다. 그러나 활엽수의 경우 수직방향으로 곧바로 상승하므로 같은 방향에서만 피해가 나타나므로 진단에 도움이 된다(그림 9-28 A).

간척지와 같이 본래 토양 중에 염분의 함량이 많은 경우에는 생장 초기부터 뿌리가 서서히 검게 썩으면서 뿌리로부터 과도한 소금이 흡수되어 지상부에 축적되면 염해가 나타난다. 오래된 성숙 잎에 소금이 더 많이 축적되어 어린잎보다 피해가 먼저 나타난다. 피해증상은 해빙염 피해와 비슷하다. 해빙염의 피해는 0.5% 농도 시험에서 활엽수가 침엽수보다 더 예민하게 나타난다.

방제: 소금을 뿌리기 전에 나무가 심겨진 도로변의 토양을 비닐로 덮어서 소금의 침투를 막는 것이 가장 바람직하고 경제적이다. 상록수의 경우 증산억제제(蒸散抑制劑, antitranspirant)를 평소보다 조금 더 진하게 희석하여 잎에 미리 뿌려 보호막을 형성하는 것도 효과가 있다.

소금이 묻은 후에 비가 오지 않았다면, 잎에 묻어 있는 소금을 우선으로 물로 씻는 것이 가장 효과적이다. 물의 양을 많이 사용할수록 토양에 축적된 소금을 더 많이 제거할 수 있다. 이론적으로 표토 30cm 깊이에 있는 소금을 제거하기 위해 150mm의 물을 이용하면 토양 중 소금의 1/2 정도를 씻어낼 수 있으며, 300mm의 물로는 소금의 4/5를 씻어낼 수 있다. 땅이 얼어 있는 상태에서

그림 9-28

염화칼슘 피해. A: 5월 초 염화칼슘 피해를 받은 느티나무. 염화칼슘을 뿌린 주차장 쪽을 향한 가지에만 증세가 나타남. B: 잎의 가장자리부터 갈변하는 느티나무. C: 고속도로변의 스트로브잣나무. D: 잎의 끝 부분부터 갈변함(스트로브잣나무).

는 물로 세척하더라도 소금이 제거되지 않으므로 해토가 될 때까지 기다려야 한다. 소금으로 인해 토양의 물리적 성질, 즉 입단 구조와 배수가 불량해졌을 경우에는 석고(gypsum, $CaSO_4$, calcium sulfate)와 황(S)을 사용할 수 있다. 가능하면 해빙염 대신 모래, 쇄석, 톱밥을 사용하도록 하고, 내염성 수종을 골라서 식재하는 것이 바람직하다.

9-4-12 유해 가스(toxic gases)

유해(有害) 가스 피해는 배수불량 지역, 쓰레기 매립지, 도시가스 배관 지역과 같이 토양 속에서 발생하는 가스에 의한 피해와 하수구의 맨홀이나 공업단지와 같이 지상부에서 발생하는 가스에 의한 피해로 나눌 수 있는데, 만성적인 비전염성 병의 대표적인 예이다. 주로 메탄가스(CH_4)와 이산화탄소(CO_2)가 문제가 되며, 일산화탄소(CO)는 100ppm 이하에서는 식물에 피해를 주지 않는다. 유해 가스가 있으면 토양 중에 이산화탄소가 많고 산소가 부족하기 때문에 토양의 통기성이나 배수가 불량한 경우의 피해증상과 비슷하게 보인다.

병징: 매립지의 경우 토양의 색깔이 청회색이나 흑회색을 띠며, 유화수소(H_2S) 가스에 의한 계란 썩는 냄새가 난다. 피해 증세는 서서히 수년에 걸쳐서 모든 나무에서 나타나는데, 뿌리가 청색을 띠면서 물에 젖은 것 같은 색깔을 나타내며, 뿌리의 발달이 저조해지면서 지상부의 생장이 불량해진다. 초기에는 가지가 엉성하고 잎이 작아지다가 더 진전되면 가지가 마르고 갈색으로 변한다. 지상부로 분출되는 유해 가스는 급성 피해를 가져오는데, 가스에 직접 노출된 잎이 별안간 갈색으로 변하면서 가스가 유출되는 쪽의 수관이 말라 죽게 된다. 가스가 유출되는 곳을 찾으면 원인을 쉽게 판별할 수 있다.

방제: 매립지에서 수목을 보호하는 가장 효율적인 방법은 배기 파이프를 설치하여 메탄가스를 밖으로 배출시키고 산소공급을 촉진시키는 것이다. 아까시나무, 버드나무는 과거 서울 난지도 쓰레기 매립지에서 자생할 만큼 저항성이 있으며, 현사시도 이에 해당된다.

9-4-13 건물세척제(建物洗滌劑, detergent)와 화학물질

건물의 외벽이나 유리창을 세척할 때 쓰는 세척제와 세탁기에서 배출되는 오수(汚水)에는 수목생장에 지장을 주는 성분이 들어 있다. 건물세척제는 원칙적으로 중성을 띤 중성세제(中性洗劑)를 써야 한다. 그러나 잘 제거되지 않는 먼지와 검댕을 효과적으로 없애기 위해 산성 세척제를 쓰면 주변에서 자라는 조경수에 큰 피해를 줄 수 있다. 세탁기 오수에는 붕사(硼砂, borax)가 다량으로 함유되어 있어 수목에 피해를 준다. 토양에 화학물질(예: 디젤)이 오염되어 있을 경우 이를 흡수하여 기름에 젖은 듯한 독특한 병징을 보인다(그림 9-29 B).

그림 9-29
건물세척제와 화학물질 피해. A: 벚나무 건물세척제 피해, B: 토양 디젤 기름 흡수 피해(식나무)

병징: 건물을 세척할 때 산성 세척제를 사용하면 세척제가 주변으로 튀거나 물로 닦아낼 때 세척제가 나뭇잎에 묻을 수 있는데, 이때 잎이 갈색으로 변하면서 피해를 본다. 심할 경우 침엽수에 치명적인 피해를 주기도 하며, 활엽수의 경우 미관상 나쁘다(그림 9–29 A). 침엽수의 경우 잎의 끝부분부터 갈색으로 변하면서 말라 죽는다. 이병조직과 건전조직의 경계선이 뚜렷하게 만들어지기 때문에 전염성 병에 의한 병징과 쉽게 구별이 된다.
방제: 세척제는 중성세제를 사용해야 하며, 세제와 씻어낸 물이 나뭇잎에 닿지 않도록 주의해야 한다. 세탁기의 오수는 수목으로부터 멀리 배수되도록 노력한다. 피해를 발견한 즉시 충분한 물로 세척해 준다.

9-4-14 불(fire)

화산, 지진, 산불, 화재, 낙뢰로 발생하는 불로 인해 수목이 피해를 보는 경우이다. 수목의 잎은 150℃ 이상 되는 고열이나 불꽃에 순간적으로 노출되어도 피해를 본다. 어린가지는 잎보다 저항성이 약간 더 있지만, 고열에 약한 것은 비슷하다. 그러나 줄기와 밑동은 수피(樹皮, bark)로 보호되어 있어 그 수피의 두께에 따라서 불에 대한 저항성이 매우 다르다. 얇은 수피를 가진 수종(백송, 오동나무, 배롱나무, 단풍나무)은 불에 약한 반면에 두꺼운 수피를 가진 수종(은행나무, 버드나무, 참나무류)은 불에 견디는 힘이 강하다. 미국에서 거목으로서 2000년 이상 장수하는 수종인 세쿼이아(*Sequoia*) 나무는 수피의 두께가 50cm까지 되고 송진을 함유하고 있지 않아 수피가 타더라도 겉 부분만 타기 때문에 잦은 산불에 살아남는다.
병징: 불꽃이나 고열에 노출된 잎은 순간적으로 말라서 곧 갈색으로 퇴색하며, 가지는 서서히 말라 죽는다(그림 9–30). 수피는 불꽃과 접촉하면 검게 숯으로 변하지만 접촉한 시간에 따라서 피해 정도가 다르다. 수피의 안쪽에 있는 코르크 형성층이 피해를 보더라도 더 안쪽에 있는 형성층이

살아남으면 코르크 형성층(cork cambium)을 다시 만들 수 있다. 그러나 형성층이 피해를 보면 그 부위는 재생이 되지 않아 목부조직이 노출되고, 시간이 지나면 목부가 썩어들어간다.

방제: 불로 겉이 검게 그을린 부분이라도 수피 안쪽에 잠아(潛芽)가 살아남는 경우가 있으므로 몇 개월 기다린 후 완전히 죽은 부위가 판별되면 그때 죽은 부위를 잘라낸다. 형성층이 노출되었을 때는 형성층 주변에 죽은 조직을 깨끗하게 없애 버리고 티오파네이트(thiophanate) 도포제 혹은 테부코나졸(tebuconazole) 도포제를 바르고, 유상조직이 재생되기를 기다린다.

9-4-15 접목불화합성(接木不和合性, grafting incompatibility)

접목을 실시할 때 대목의 장점을 살리기 위해 서로 다른 수종을 사용하는 경우가 있다. 접목불화합성은 접수와 대목 간에 서로 생리적으로 원활한 대사가 이루어지지 못하는 경우를 뜻한다. 접목 부위에서 위아래 사부조직이 서로 제대로 연결되지 못해 잎에서 만들어진 설탕이 사부를 타고 내려오면서 접목 부위에서 정체되어 접수가 대목보다 빨리 자라서 생기는 현상이다. 접목불화합성은 대목과 접수의 수종이 일치하는 경우에도 일어난다.

병징: 접목불화합성으로 접목 부위에 금이 가는 경우가 자주 있다(그림 9-30 C). 또는 윗부분의 접

그림 9-30

불 피해와 접목불화합성. A: 전나무 화재 피해(잎이 적갈색), B: 불로 잎이 회갈색으로 변한 주목, C: 밤나무의 접목 부위에 금이 가 있어 도복 위험이 있음, D: 밤나무의 대목이 접수 부위보다 더 빨리 자라는 대승(臺勝)현상

수(椄穗, graft)가 아랫부분의 대목(臺木, scion)보다 빨리 자라서 윗부분의 직경이 아랫부분의 직경보다 굵어지는 대부(臺負)현상이 생기거나 반대로 대목이 더 빨리 자라는 대승(臺勝)현상이 생기기도 한다(그림 9–30 D). 이러한 증상은 접목 후 수년 혹은 수십 년이 경과한 후에도 지속되는데, 증세가 심할 경우에는 접목 부위가 부러진다.

방제: 접목불화합성이 자주 나타날 경우에는 접수와 대목의 수종을 서로 일치시키도록 한다.

9-4-16 이식 후유증(移植後遺症, transplanting stress)

수목을 이식하면 나무가 심한 스트레스를 받는다. 소경목(小徑木)을 이식할 경우 근분을 크게 제작할 수 있어 상대적으로 뿌리의 손실량이 적어 이식 후 수분 부족이나 스트레스가 적은 편이다. 그러나 대경목(大徑木)을 이식할 경우 근분의 직경이 근원경에 비해서 상대적으로 작아지게 되므로 뿌리 손실이 크고 이에 비례하여 스트레스가 커진다. 대경목은 선진국에서는 부득이한 경우 혹은 특별한 가치를 가진 수목에 한하여 실시하지만, 국내에서는 주로 대경목을 이식하여 후유증이 자주 관찰된다. 이로 인해 대부분의 경우 수형이 파괴되어 대경목을 이식하는 명분이 없어진다. 오히려 작은 나무를 근분을 크게 제작하여 조기 활착을 유도하는 것이 아름다운 수형을 그대로 유지하는 실속이 있는 조경이라고 할 수 있다.

병징: 이식한 나무의 후유증은 뿌리를 대량으로 제거했기 때문에 수분 부족으로부터 오며, 이로 인해 지상부가 피해를 받는다. 기존의 잎이 갈변하면서 낙엽이 지고(그림 9–31 A), 새잎의 크기가 작아진다(그림 9–31 C와 D). 수관의 맨 꼭대기 가지들이 먼저 고사하면서 밑으로 확산되어 수관의 크기가 축소된다(그림 9–31 B와 E). 고정생장을 하는 수목은 마디생장이 둔화되어 당년에 마디가 짧아지며(그림 9–31 G), 활착이 진행될 때에는 마디가 익년부터 조금씩 다시 길어진다. 자유생장을 하는 수종은 일시적으로 고정생장으로 바뀌어 수고생장이 둔화된다.

방제: 이식 전에 잎을 훑어 주거나 잎에 증산억제제를 뿌려 주고, 근분을 크게 제작하며, 수송과정에서 잎이 마르지 않게 하고, 분이 마르거나 깨지지 않도록 조심한다. 근분의 표면을 싸고 있는 포장물질들을 모두 제거하여 뿌리 발달이 용이하게 한다. 고무바는 한국에서만 사용하고 있는데, 고무바가 토양 내의 연속적인 모세관 현상을 차단하기 때문에 분 안으로 수분이 들어올 수 없게 되므로 이를 모두 제거해야 한다(그림 9–31 H). 요즘에는 고무바 대신 쉽게 썩고 탄력이 좋아 근분을 조일 수 있는 천연밴드를 쓰고 있다. 이식 후 물구덩이를 만들어 반드시 주기적으로 관수를 실시한다. 관수할 때에는 표토 60cm 깊이까지 젖도록 충분히 물을 주어야 한다. 상록수는 한겨울에도 이상난동과 겨울가뭄이 함께 올 경우 관수해야 한다.

그림 9-31

이식 후유증. A: 동백나무의 잎 시들음과 갈변, B: 벚나무의 수관 상부 고사, C: 은행나무 잎의 왜소화, D: 소나무 잎의 왜소화, E: 메타세쿼이아 낙엽 후 맹아 발생, F: 소나무 잎의 황화현상과 낙엽, G: 스트로브잣나무는 이식 첫해 마디가 짧아졌다가 매년 조금씩 길어져 회복함, H: 고무바를 사용한 향나무. 이식 후 10년 동안 발근이 전혀 안 됨.

9-5 기타 요인에 의한 비정상적인 현상

9-5-1 조기낙엽(早期落葉, early leaf fall)과 조기단풍

목본식물에서 잎의 수명은 매우 다양하다. 낙엽수에서 봄 일찍 처음 나온 잎이 가을 이전에 낙엽으로 떨어지는 경우(예: 감나무)와 상록활엽수에서 여름에 생성된 잎이 이듬해 봄에 새잎이 나온 후 떨어지는 경우(예: 사철나무, 영산홍)는 잎의 수명이 수개월밖에 되지 않는다. 동백나무는 한 번 자란 잎이 만 3년간 살아남는다. 반면 알프스의 고산지대와 같이 양분 순환이 느린 곳에서 자라는 상록침엽수(예: 전나무류)에서는 잎의 수명이 20년 정도 되며, 세계에서 가장 장수하는 룽가에바잣나무(*Pinus longaeva*)의 잎은 30년간 살아남는다고 한다.

한국소나무의 잎은 세 번의 생육기간(3년)을 완료한 후 떨어지는 것이 정상이며, 잣나무의 잎은 건강하고 추운 곳에서 자랄 경우 4년까지 살아남는다. 한국에서 전나무류(예: 구상나무)의 경우는 고산지대에서 잎이 5~6년 정도 살아 있는 것이 정상이다. 수목이 생리적으로 정상인 성장을 할 때에는 낙엽수의 경우 가을에 낙엽이 진다. 상록수의 경우 연중 서서히 낙엽이 지지만, 스트레스를 지속해서 받으면 묵은 잎들이 가을에 한꺼번에 낙엽이 지는 것을 자주 볼 수 있다(그림 9-32 A와 B).

수목이 스트레스를 받으면 건강상태가 빨리 나빠져 늦여름에 조기낙엽(早期落葉, early leaf fall)이 진다. 수목이 환경스트레스를 받는 경우는 영양결핍, 병충해, 이식, 대기오염, 산성비, 지구온난화, 도시의 열섬 효과로 인한 여름철 고온과 건조 등을 나열할 수 있다. 이 중에서 영양결핍과 병충해를 제외한 나머지 요인들은 인간에 의해 생긴다.

봄에 일찍 나온 잎은 여름이나 가을에 새로 나온 잎보다 더 일찍 노화하기 때문에 가을에 먼저 단풍이 든다. 이 경우 봄 잎이 모여 있는 수관의 중간 부위가 초가을에 조기단풍(早期丹楓)이 들고, 가지 끝에 있는 여름 잎(혹은 가을 잎)은 늦가을까지 녹색을 유지하게 된다.

병징: 낙엽활엽수가 정상적인 단풍 계절인 가을이 되기 전에 먼저 단풍이 들면서 낙엽이 진다. 큰 나무를 옮겨 심을 경우 뿌리가 많이 잘려서 수목은 엄청난 스트레스를 받으며, 이로 인해 늦여름이나 초가을에 조기낙엽현상이 생긴다. 이때 단풍이 들면서 낙엽이 지면 수목의 건강상태는 살아남을 정도라고 판단할 수 있다. 그러나 나무의 건강이 급속히 나빠져 조기단풍이 들면서 겨울눈이 제대로 만들어지지 못하면 월동 후 죽을 가능성이 높아진다.

소나무와 잣나무의 경우 2년차 잎이 가을(10월 말이나 11월 초)에 일시에 갈색으로 변하면서 낙엽이 지면 조기낙엽이라고 할 수 있다(그림 9-32). 잣나무는 서늘한 기후를 선호하는데 도시의 열섬효과가 있는 곳에 심으면 여름철의 고온과 건조로 인해 2년차 잎이 늦가을에 일시에 갈색으로 바뀌어 마치 병에 걸린 것으로 착각할 수 있다.

그림 9-32

조기낙엽. A: 정이품송 후계목 이식 스트레스로 2년차 잎이 조기낙엽됨. B: 섬잣나무의 건강 이상으로 2년차 잎이 조기낙엽됨.

방제: 위에 열거한 조기낙엽은 수목의 건강이 나쁘다는 증거를 보여주고 있지만, 당장 나무가 죽을 정도에 달한 것은 아니다. 대기오염, 산성비, 지구온난화, 여름철 고온과 건조 등에 노출시키지 않으면 이를 예방할 수 있다. 관수와 시비를 통해 수목을 건강하게 기르고, 이식할 때에는 근분의 크기를 크게 만들고, 수시로 관수한다. 미관상 보기 싫으면 가을철 변색된 상록수의 잎을 장대로 한꺼번에 털어버리면 된다.

9-5-2 왜소엽(矮小葉, dwarf leaf)

수목 잎의 크기는 환경조건에 따라 크게 혹은 작게 자라기도 한다. 나무의 생육환경과 영양상태가 양호해지면 잎이 일시적으로 커진다. 가지치기 혹은 솎아베기를 실시한 후, 햇빛의 자극을 받아 나오는 도장지(徒長枝, sprout)와 맹아지(萌芽枝, sucker)는 왕성하게 자라 올라와서 정상보다 훨씬 더 큰 잎을 만들며, 잎의 모양도 본래 수종 고유의 형태를 띠지 않는다. 잎이 작아져 왜소엽(矮小葉, dwarf leaf)이 되는 경우는 토양 조건이 악화되거나 뿌리가 손상을 입을 때이다. 극심한 건조, 복토, 과습, 나무 이식 등으로 영양상태가 나빠질 때 초기증상으로 나타나며, 이식목이 뿌리를 뻗어 활착이 끝나면 왜소엽은 사라진다.

병징: 나무가 정상적으로 자라면서 잎이 작아지는 경우가 있다. 느티나무는 봄에 꽃이 핀 후 종자가 자라기 시작하면 종자가 달린 가지의 잎은 더 이상의 생장을 정지하고 그 상태로 가을까지 남아 있게 된다(그림 9-33 A). 특히 종자가 많이 붙어 있는 잎은 더 작은 상태가 되며, 가을에 조기단풍이 든다(그림 9-33 B). 이러한 왜소엽은 정상적인 생리현상이며 종자가 달려 있는 가지에서만 관찰된다. 이 경우 잎이 자라지 않는 이유는 종자가 식물호르몬을 생산하여 잎으로 갈 양분을 독점하여 빼앗아 가기 때문인 것으로 해석된다. 즉 충실한 종자를 생산하기 위해 느티나무가 발휘하는 독특한 생존전략이라고 할 수 있다.

그림 9-33

느티나무의 왜소엽. A: 열매 달린 가지(우측)의 잎이 더 이상 자라지 못해 왜소엽으로 남아 있지만, 생리적인 현상으로서 병이 아니다. B: 왜소엽(갈색)은 열매에게 양분을 빼앗기고 가을에 보통 잎(노란색)보다 먼저 갈색으로 단풍이 든다.

9-5-3 성전환(性轉換, sex transformation)

소나무는 암수한몸(자웅동주, monoecious)이지만, 암꽃과 수꽃이 서로 다른 가지에 달린다. 암꽃은 햇빛을 잘 받는 수관 상부의 활력(vigor)이 높은 가지(활력지)에 달리는데, 이 가지에는 잎의 숫자가 많아서 광합성을 많이 하여 충실한 종자를 생산한다. 반면 수꽃은 활력이 낮은 수관 하부의 가지(쇠약지)에 달리는데, 수꽃의 개수만큼 잎의 숫자가 줄어들어 광합성을 적게 하여 계속 활력이 낮은 가지로 남아 있다.

수목에서 성전환은 자주 관찰되는 현상이 아니다. 암수한몸과 암수딴몸이 섞여 있는 포플러와 주목은 암나무와 수나무의 구별이 애매한 경우가 자주 있다. 소나무의 한 품종으로 알려진 반송(盤松, *Pinus densiflora* for. *multicaulis*)에서는 성전환이 자주 관찰된다. 이 경우 대부분 수꽃이 암꽃으로 성전환하는 것을 볼 수 있으며, 암꽃이 수꽃으로 되는 경우는 관찰되지 않는다. 성전환이 일어나는 개체에서는 거의 매년 관찰되며, 매년 그 정도 차이가 있을 뿐이다.

반송에서 수꽃은 봄에 새로 나오는 가지(신초, 新梢)의 아랫부분에 달린다. 수꽃이 새로 나올 때부터 암꽃으로 변하여 나오는 경우와 수꽃으로 나오다가 중간에 암꽃으로 바뀌는 경우도 있다. 후자의 경우에는 꽃 1개(1개의 화서에 해당함) 내에서 수꽃과 암꽃이 동시에 만들어져 비정상적인 기형이 된다. 수꽃이 암꽃으로 바뀌어 가지의 아래쪽에 수십 개의 솔방울이 밀착하여 붙어 있는 것을 남복송(男福松)이라고 한다(그림 9-34 A와 B). 암꽃이 정상적으로 달리는 위치인 가지의 위쪽에 솔방울이 수십 개 모여 있는 것을 여복송(女福松)이라고 하며, 잎이 암꽃으로 바뀐 경우이다(그림 9-34 C와 D). 반송에서 성전환의 원인은 자세히 밝혀져 있지 않지만, 암꽃이 분비하는 호르몬의 영향으로 추측된다.

그림 9-34

성전환. A: 반송의 남복송(수꽃이 암꽃으로 성전환), B: 소나무의 남복송(본래 가지의 아래쪽에 달렸던 수꽃이 성전환하여 암꽃이 되었기 때문에 아래쪽에 솔방울이 달림), C: 반송의 여복송(잎이 암꽃으로 변함), D: 소나무의 여복송(암꽃이 가지의 위쪽에 달림)

9-5-4 노출된 뿌리(exposed root)

수목은 한 자리에서 수백 년 동안 뿌리를 내리고 살아간다. 세월이 지나면서 뿌리가 서서히 굵어지고, 겉흙 가까이 자라는 굵은 뿌리는 점점 더 땅 밖으로 올라와서 노출된다. 이와 더불어 겉흙 혹은 표토(表土, surface soil, top soil)는 빗물로 인해 서서히 씻겨 나가고, 표토 유실 현상은 경사지에서 더 심하게 진행된다. 결국 오래된 고목 주변의 뿌리는 노출되게 마련이다. 최근에는 등산로 주변에서 인간의 발길로 인해 뿌리가 서서히 심하게 노출된 나무들을 자주 볼 수 있다.

위와 같이 수십 년의 장기간에 걸친 뿌리 노출은 서서히 진행되기 때문에 갑자기 진행되는 산사태로 인한 뿌리 노출과 비교하여 생리적인 측면에서 볼 때 근본적으로 다른 점이 있다. 뿌리 노출이 서서히 진행될 때에는, 수목의 뿌리는 햇빛에 반하여 땅속으로 들어가는 특성인 굴지성(屈地性, geotropism)이 있어 노출된 굵은 뿌리를 제외한 나머지 뿌리들은 모두 그 밑으로 내려가서 정상적으로 자라게 된다. 특히 수분과 양분을 흡수하는 가는 뿌리(세근, 細根, fine roots)는, 답압이 심하지 않은 경우에는 모두 그 밑에서 정상으로 자라고 있기 때문에 아무런 문제가 되지 않는다. 그러나 답압으로 뿌리가 숨을 쉬지 못할 경우에는 생장이 둔화된다. 반면에 산사태로 갑자기 뿌리가 노출되면 지금까지 땅속에 있던 가는 뿌리와 굵은 뿌리가 한꺼번에 노출되기 때문에 뿌리가 대량으로 말라 죽어서 나무에 피해를 주게 된다.

원시림에 가까운 숲 속에서는 죽은 나무 등걸 위에 종자가 떨어져 뿌리를 내리며 자라는 경우가 있다. 이때 노출된 뿌리가 수 미터를 자라 내려와서 땅속으로 들어가는데, 노출된 뿌리는 정상적으로 자란다. 낙우송은 늪지대에서 자라면서 기근(氣根, knee root)을 수면 밖으로 돌출시켜 산소 호흡을 도모하면서 정상적으로 자란다.

병징: 한 자리에서 오랜 세월 자란 고목의 뿌리는 빗물로 인해 그리고 등산로 주변에서 자라는 나

그림 9-35
노출되었으나 정상적으로 자라고 있는 뿌리. A: 등산로에서 노출된 소나무 뿌리, B: 바닷가에서 노출된 곰솔 뿌리

무의 뿌리는 사람의 발길로 인해 노출되어 있다(그림 9-35 A). 이때 주로 굵은 뿌리들이 밖으로 나와 있으며, 지상부의 잎과 가지에는 가시적인 피해가 보이지 않는다. 등산로 주변에서는, 뿌리가 노출되었기 때문이 아니고, 토양 답압으로 인한 뿌리의 산소 부족으로 나무의 생장이 둔화된다. 굵은 뿌리가 서서히 노출되는 현상은 나무생장에 지장을 주지 않아 생리학적으로 병 혹은 피해라고 할 수 없다. 이는 가는 뿌리는 이미 밑으로 내려가서 정상적으로 자리 잡고 있기 때문이다(그림 9-35 B).

방제: 서서히 노출된 뿌리는 그대로 두어야 하며, 그 위에 흙을 덮으면 안 된다. 흙을 덮는 것은 복토(覆土)에 해당하며, 그 밑에 있는 뿌리들의 산소 호흡을 방해하여 피해를 준다. 고목의 노출된 뿌리는 거대한 밑동과 더불어 우람한 운동선수의 다리 근육을 연상케 하는 자연의 아름다움이며, 그대로 보존해야 나무가 정상적으로 자란다. 등산로 주변에 노출되어 있는 뿌리도 그대로 놓아두어야 한다. 흙이 씻겨 나가는 것과 답압을 방지하기 위해서는 통기성이 있는 물질로 토양에 멀칭(mulching)을 실시하여 보호한다. 환경친화적인 바크(bark), 우드칩(wood chip), 거적(혹은 부직포), 폐타이어 매트 등을 사용한다.

9-5-5 돌연변이(突然變異, mutation)와 대화(帶化, fasciation)현상

살아 있는 세포는 핵(核, nucleus) 속의 DNA에 담겨 있는 유전정보에 따라서 새로운 세포와 물질을 합성하면서 자란다. 이때 유전정보를 잘못 판독하거나 복제과정에서 오류가 발생하기도 한다. 1개의 세포 내에서 오류가 발생할 수 있는 확률은 매우 낮지만, 한 개체를 구성하는 세포 숫자가 엄청나기 때문에 이 중에서 일부 세포가 오류를 범하여 변이를 보이기도 한다. 이렇게 생긴 부분적인 기형(奇形, abnormality)을 돌연변이라고 하는데, 생물의 진화과정에서 새로운 종이 태어나는 수단으로 해석되고 있다.

수목의 경우 부분적으로 나타난 돌연변이가 생장에 치명적인 불이익이나 손상을 가져오지 않으면 수목이 그 상태를 유지하면서 자란다. 잎이 흰색으로 되는 백화(白化)현상 혹은 알비노(albino) 현상은 소나무에서 종자 발아 직후 엽록소가 결핍되는 현상인데, 광합성을 하지 못하기 때문에 묘목이 일찍 죽게 된다. 관상수에서는 잎의 일부분이 흰색으로 되어 얼룩 잎(variegated leaf)을 가지게 되면 이것을 영양번식시켜서 새로운 품종을 만들기도 한다. 향나무에서는 잎의 백화현상이 자주 나타나는데, 여름이 되면 잎이 정상이 되는 것과 연중 흰색을 유지하는 품종이 있으며, 정상적으로 자란다(그림 9-36 A). 황금소나무, 황금측백 등은 엽록소의 합성이 이루어지지 않고 대신 카로티노이드(carotenoid)가 만들어져 잎이 황색을 띤다(그림 9-36 B와 C).

대화현상은 줄기 일부가 납작해져 마치 벨트 모양으로 되는 현상을 말한다. 사철나무, 돈나무 등에서 가끔 관찰된다. 대화현상은 그 원인이 밝혀져 있지 않은데, 돌연변이로 인한 현상으로 알려져 있지만 다음 세대로 유전되지 않아 의문이 있고, 바이러스에 의한 감염이라고도 추측하지만 아직 그 증거가 없다. 수목생장에 큰 지장을 주지 않으며, 나무 전체로 퍼지지 않는다(그림 9-36 F)

9-5-6 옹이(혹, burl)와 다아현상(多芽現象, multiple buds)

나무줄기에 생기는 혹(gall, tumor)은 대부분 박테리아, 곰팡이, 곤충, 겨우살이, 외부 상처 등에 의해 유발되는 병적인 형태이다. 그 밖에 나무생장에 큰 지장을 주지 않으면서 크게 자라는 옹이, 혹, 나무옹두리(burl)는 생리적으로 비정상적 현상으로 해석되며, 그 원인이 아직 밝혀져 있지 않다. 침엽수의 경우 가문비나무, 콘토르타소나무, 세쿼이아에서 자주 발견된다. 세쿼이아(sequoia)의 혹은 많은 눈을 가지고 있다가 후에 싹을 틔우기도 하는데, 정교한 나뭇결(목리, 木理, wood grain)을 가지고 있어 조각품으로 널리 쓰인다.

활엽수의 경우 벚나무, 설탕단풍나무, 흑호두나무에 생기며, 왕버들은 버드나무 중에서 장수하는 수종으로서 나이를 먹을수록 혹이 많아지고 커지면서 줄기에 독특한 아름다움을 만든다. 이러한 활엽수에서는 혹 속에 무수히 많은 눈(잠아)이 숨어 있다가 움으로 튀어나오기도 한다(그림 9-36 E). 은행나무는 노목이 되면서 가지에서 혹이 길게 자라 밑으로 처지는데 이를 유주(乳柱)라고 부르며, 일본과 같이 다습한 곳에서 자라는 개체에서 더 흔하게 볼 수 있다(그림 9-36 D). 이러한 현상은 비정상적이지만, 병으로 취급되지는 않는다.

다아현상은 가지의 한 곳에 많은 수의 눈이 모여서 발생하는 현상을 말하며, 곰솔에서 자주 관찰된다. 소나무의 경우 소나무혹응애(pine rosette gall mite)가 기생하면서 생긴다고 알려져 있으며, 그 밖에 바이러스에 의한 병인 경우와 유전적인 원인에 의해 발생하는 경우로 알려져 있다(그림 9-37 A).

그림 9-36

돌연변이와 옹이. 향나무(A)와 사철나무(B)에서 아조변이로 인한 얼룩 잎, C: 아조 변이체로 증식시킨 황금소나무, D: 은행나무 유주(습기가 많을 때 생성), E: 아까시나무에서 맹아를 무수히 생산하는 옹이, F: 사철나무에서 관찰되는 대화현상

9-5-7 연리지(連理枝, grafted branch)와 연리근(連理根, grafted root)

연리지는 같은 개체 내에서 혹은 다른 개체 간에 이웃한 가지가 서로 맞닿아 융합된 형태의 가지를 뜻한다. 연리지는 단순히 물리적인 현상으로서 이웃한 가지끼리 부딪히거나 마찰을 통해 수피에 상처가 생기면서 형성층이 서로 맞닿아 하나로 붙어 버리면서 생긴다. 따라서 같은 수종 혹은 서로 다른 수종 간에도 생길 수 있으며, 유합조직(callus)이 형성되면 성공적으로 마무리될 수 있다. 연리지를 통해 양분을 상호교환할 수 있으며, 병원균이 서로 전파되기도 한다(그림 9-37 B).

그림 9-37

다아(多芽)현상과 연리지. A: 소나무의 다아현상, B: 모과나무의 연리지(왼쪽 줄기를 가지치기한 후 오른쪽 줄기와의 지속적인 마찰로 상처가 생긴 후 생성됨)

연리지가 쉽게 만들어지는 수종으로 느릅나무, 단풍나무, 등, 모과나무, 물푸레나무, 밤나무, 배롱나무, 버드나무, 버즘나무, 층층나무, 피나무를 열거할 수 있다.

연리지 현상은 뿌리에서도 관찰되며, 연리근(連理根, grafted root) 혹은 근접(根接, grafted root)이라고 부른다. 뿌리가 땅속에서 자라면서 서로 엉겨붙어 같은 수종 혹은 서로 다른 수종 간에 마치 접목을 실시한 것처럼 이웃한 뿌리가 붙어 버리는 현상이다. 뿌리가 물리적으로 맞닿으면 수종과 관계없이 근접이 이루어진다. 근접을 통해 병원균도 전파된다. 대표적인 예로 1960년대 미국에서 대유행했던 느릅나무 줄기마름병(Dutch elm disease)은 매개충과 근접으로 퍼져 미국의 느릅나무 가로수를 전멸시켰다. 그 밖에 국내에는 아직 보고되지 않은 *Verticillium* 시들음병도 근접으로 퍼진다.

그림 9-38

발삼전나무 뿌리의 연리근(근접) 현상. 이웃한 뿌리끼리 물리적인 접촉으로 인하여 서로 붙어 있다(Kozlowski와 Cooley, 1961).

제10장

수목의 치료

피해(被害, damage)는 수목이 어떤 원인으로 인해 몸 일부가 변색 혹은 훼손되거나 가시적으로 나타난 비정상적인 상태를 말하며, 발병으로 인한 후유증이라고 할 수 있다. 치료(治療, treatment)는 피해목(被害木, damaged tree)의 건상회복을 위한 처치에 해당하며, 내과적 치료와 외과적 치료로 나눌 수 있다. 내과적(內科的) 치료는 약물을 이용한 수간주사와 엽면시비 같은 생리적 활성증진법으로서 나무 전체에 대한 간접적인 치료법이다. 외과적(外科的) 치료는 전정, 상처치료, 외과수술, 지지보조물 설치 같은 물리적 요법으로서 피해 부위에 대한 직접적인 치료법이다. 제10장에서는 위와 같은 내과적 및 외과적 치료법을 다룬다. 그 밖에 피해를 유발하는 생물적 혹은 환경적 요인에 대한 사전 준비적인 대책은 예방(豫防, prevention)이며, 병원체와 해충의 구체적 억제수단은 방제(防除, control)에 해당하며, 예방과 방제는 제11장에서 다룬다.

10-1 수간주사(樹幹注射, trunk injection)

수간주사는 뿌리가 제구실을 못하고 다른 치료방법이 없을 때 그리고 빠른 수세 회복을 원할 때 사용하는데, 제대로 실시하면 가장 확실한 치료법이다. 철분(Fe)이나 붕소(B)와 같은 미량원소가 부족할 때, 그리고 원하는 나무에만 선별적으로 살충제, 살균제를 투여하고자 할 때 사용하며, 적은 양으로 최대의 효과를 가져올 수 있고, 환경오염을 거의 유발하지 않기 때문에 최근에 많이 사용한다. 그러나 엽면 살포나 토양 살포는 원하는 약제를 대량으로 투여할 수 있지만, 수간주사는 투여량이 적은 편이며, 수간에 상처를 남긴다.

10-1-1 수간주사의 특징과 원리

수목은 인간처럼 동맥과 정맥이 없지만, 대신 뿌리에서 흡수한 물을 잎까지 올려보내는 목부조직과 잎에서 만든 탄수화물(설탕)을 뿌리까지 내려보내는 사부조직이 있으며, 이를 합쳐 통도조직(通道組織, vascular tissue)이라고 부른다. 이 중에서 물을 이동시키는 목부조직은 형성층 안쪽에 자리잡고 있다. 수간주사(trunk injection)는 수목이 증산작용으로 물을 위쪽으로 이동시킬 때 수간의 목부조직에 구멍을 뚫고 약액을 투여함으로써 약액이 물과 함께 올라가도록 하는 원리를 이용한 것이다. 따라서 수간주사는 잎이 달려 있는 4월 중순부터 10월 초까지 생육기간에 실시할 수 있으며, 청명한 날, 낮시간에 이용하는 것이 효율적이다. 수간주사로 투입한 약제는 수액을 따라서 위로만 올라가기 때문에 수관으로 퍼지지만, 밑에 있는 뿌리에는 약제가 이동하지 않는다.

이런 원리 때문에 약제 중에서 수액을 따라서 이동할 수 있는 약제, 즉 수용성 무기양분과 침투이행성 약제(systemic pesticide)만 사용할 수 있다. 각종 무기양분(대량원소와 미량원소), 살충제, 살균제, 항생제를 수간주사로 투여할 수 있다.

10-1-2 수간주사 방법

수간주사는 형성층 안쪽의 목부까지 구멍을 뚫고 약제를 넣어야 한다. 위치는 수간의 밑동 근처(낮을수록 좋으며, 지상부에서 60cm 이내)에, 드릴로 직경 0.45cm의 구멍을 20~30도가량 경사지게 세워서 뚫는다. 노출된 굵은 뿌리가 있으면 대신 이용할 수 있는데, 뿌리의 상처치유 속도가 더 빠르기 때문에 수간보다 더 유리하다. 구멍의 깊이는 수피의 두께가 수종, 개체별로 다르기 때문에 수피를 기준으로 하지 않는다. 수피를 통과한 후 2cm가량 더 목부의 안쪽으로 들어가야 한다.

엄밀히 말하면 수종에 따라서 물을 이동시키는 목부의 위치가 다르다. 침엽수는 직경이 작은 가도관(假導管)으로 되어 있어 변재 중에서 마지막으로 만들어진 나이테(가장 젊은 세포) 1~5개를 이용해 물이 올라간다. 활엽수의 경우 단풍나무와 같이 도관의 직경이 작은 산공재(散孔材)로 되어 있는 수종은 마지막 나이테 1~3개를 이용하며, 참나무류와 같이 도관의 직경이 큰 환공재(環孔材)를 가진 수종은 마지막 나이테 1개만 사용한다. 수종에 따라서 구멍의 깊이가 달라야 하지만, 현장에서 이런 특성을 미리 알기 어려우므로 일괄적으로 수피에서 2cm가량을 뚫으면 수종과 관계없이 서너 개의 나이테를 관통시킬 수 있어 소기의 목적을 달성할 수 있다.

수간주사는 약액이 들어가는 원리에 따라서 중력식과 압력식으로 나눈다. 중력식(重力式) 수간주사(gravitational injection)는 중력에 의해 약액이 들어가는 경우이며, 약액의 농도가 낮거나 부피가 클 때 사용한다. 일반적으로 병원에서 쓰는 1리터 용량의 5% 포도당 링거병(Ringer's bottle)에 약액을 첨가해 구멍의 위치보다 1m 이상 더 높은 곳에 붙들어 맨다. 중력식은 수목이 증산작용을 하고 있을 때에만 약액이 들어간다(그림 10-1 A).

압력식(壓力式) 수간주사(pressurized injection)는 압력에 의해 약액이 강제로 들어가는 경우이므로 잎이 아직 나오지 않은 봄에도 사용할 수 있다. 미량원소, 살충제, 살균제의 농축액을 사용하며, 인공적으로 용기 내의 압력을 상승시킨 후 구멍에 삽입한다. 10ml 용량의 모젯식(Mauget system) 수간주사기가 개발되어 있는데, 사용하기 직전에 손으로 용기를 압축하여 용기 내부 압력으로 약액이 들어간다. 송진이 나오는 소나무류에는 구멍이 송진으로 막혀 약액이 거의 들어가지 않기 때문에 중력식 주사를 쓸 수 없으며, 대신 압력식을 써야 한다(그림 10-1 B).

목부수액은 침엽수의 경우 수간을 돌면서 올라가지만, 활엽수의 경우 거의 수직선상으로 올라가는 경향이 있다. 따라서 침엽수의 경우 1개의 주사로 수관 전체에 약제가 퍼지게 할 수 있지만, 활엽수의 경우 동쪽과 서쪽 밑동에 2개의 주사기를 써야 수관에 골고루 약제가 퍼지게 된다. 약액이 올라가는 속도는 침엽수의 경우 1시간에 0.5m 정도로 느린 반면, 활엽수의 경우 산공재 수종은 2~4m 정도이며, 환공재 수종은 4~40m로 매우 빠르다.

수간주사 시 몇 가지 주의사항이 있다. 인체의 정맥주사 시 공기가 들어가지 않게 해야 하듯이, 수간주사도 뚫어 놓은 구멍 속에 공기가 남아 있으면 물기둥이 연결되지 않아 약액이 제대로 들어가지 못하므로 구멍 속에 먼저 약액을 넣어 공기를 제거한 후 주사기를 꽂아야 한다. 송진이 나오는 소나무의 경우 약액을 넣기 직전에 에틸알코올(ethyl alcohol)을 먼저 넣어 송진을 녹이면 도움이 된다. 구멍의 직경(일반적으로 0.45cm)과 주사기의 직경이 일치해야 약액이 새지 않으며, 구멍 속의 톱밥을 써내야 약액이 쉽게 들어간다. 비가 오는 날은 약액이 잘 들어가지 않으며, 약액이 밖으로 새어 나오더라도 잘 알 수 없어 실시해서는 안 된다. 주사가 끝나면 구멍에 상처도포제

그림 10-1
수간주사법. A: 중력식, B: 압력식(모젯식: 사용 직전에 용기를 압축하여 내부 압력으로 약제가 들어가는 원리)

(傷處塗布劑, wound dressing)를 발라서 병균이나 빗물이 들어가지 않게 해야 한다. 끝으로 중요한 것은 시판되고 있는 압력식 약제는 농축액으로 되어 있어 직경 6cm 미만의 작은 나무와 엽량이 적은 나무에 주사하면 약해를 받을 수 있다는 점이다.

10-1-3 약액 조제

약액 조제는 압력식의 경우 제조하는 회사마다 다르게 만들고 있어 성분을 기술하기 어렵지만 미량원소, 살충제 혹은 살균제를 농축액으로 담고 있다. 중력식은 묽은 용액을 쓰는데, 시판되는 것이 없어서 나무병원마다 서로 다르게 만들어 쓰고 있다. 요즘 원예에서 수경재배(水耕栽培, hydroponic culture)가 일반화되어 있기 때문에 호글랜드 용액(Hoagland solution)을 기준으로 하여 조제하여 중력식 수간주사에 사용하면 된다(표 10-1). 병원에서 5% 포도당 혈관 주사용으로 사용하는 링거용액(Ringer's solution)에 무기염(미네랄)을 혼합하여 쓴다. 호글랜드 용액은 무기염의 총 농도가 약 0.2% 정도 되는데, 이 정도 염류는 전기전도도가 약 1.5~2.0dS/m(mS/cm)로서 수간주사용으로 안전하다. 수경재배의 경우 엽채류는 그대로 쓰고, 생장이 빠른 토마토 재배 시에는 이보다 2배 더 진하게 만들어 쓰고, 생장이 느린 딸기 재배 시에는 1/2로 희석하여 쓴다.

조경수는 일반 작물보다 생장이 느리기 때문에 표 10-1의 질소를 함유하고 있는 제1인산암

표 10-1 중력식 수간주사용으로 사용할 수 있는 호글랜드 용액(Hoagland solution)의 조제법. 평소에 '보관원액(stock solution, 실온에서 보관)'을 만들어 놓았다가 사용 직전에 '사용용액'으로 희석하여 조제한다. 생장이 빠른 작물은 $NH_4H_2PO_4$를 사용하고, 생장이 느린 수목은 KH_2PO_4로 대체하는 것이 바람직하다.

구분	약품명		'사용용액' 내 함량	'보관원액' 내 함량(g/l)	사용용액 1l 당 보관원액 첨가량(ml)
대량원소	KNO_3	질산칼륨	0.607g/l	101.1	6.0
	$Ca(NO_3)_2 \cdot 4H_2O$	질산칼슘	0.945g/l	236.2	4.0
	$NH_4H_2PO_4$	제1인산암모늄	0.230g/l	115.1	2.0
	$MgSO_4 \cdot 7H_2O$	황산마그네슘	0.247g/l	246.5	1.0
미량원소	KCl	염화칼륨	3.73mg/l	3.73	1.0
	H_3BO_3	붕산	1.55mg/l	1.55	
	$MnSO_4 \cdot H_2O$	황산망간	0.34mg/l	0.34	
	$ZnSO_4 \cdot 7H_2O$	황산아연	0.58mg/l	0.58	
	$CuSO_4 \cdot 5H_2O$	황산동	0.13mg/l	0.13	
	H_2MoO_4	몰리브덴산	0.08mg/l	0.08	
	Fe-EDTA	철분	6.92mg/l	6.92	1.0

모늄($NH_4H_2PO_4$) 대신 제1인산칼륨(KH_2PO_4)으로 대체하는 것이 더 바람직하다. 질소 대신 칼륨을 보충하면 조경수의 건강과 이식목의 활착에 더 유리해진다.

10-2 엽면시비(葉面施肥, foliar application)

엽면시비는 수목이 필요로 하는 무기양분을 배부식(背負式, 등에 지고 뿌리는 형식) 분무기나 고압분무기로 공급하는 시비 형태를 말하며, 잎의 숨구멍(기공, 氣孔)뿐만 아니라 어린가지의 수피 표면과 피목(皮目)을 통해 흡수된다. 이식하여 건강상태가 나쁘거나 뿌리가 제구실을 못하거나 병해충으로 나무가 쇠약할 때 양분을 응급조치로 공급할 수 있는 수단이며, 그 효과가 즉시 나타난다.

식물이 필요로 하는 무기양분은 총 14가지이며(표 4-9 참조), 이 중에서 질소(N), 인(P), 칼륨(K), 칼슘(Ca), 마그네슘(Mg), 황(S)의 6가지를 가장 많이 요구하여 '대량원소'라고 한다. 철, 붕소, 몰리브덴, 망간, 아연, 구리, 염소, 니켈은 아주 적은 양을 요구하여 '미량원소'라고 한다. 미량원소 중에서 철(Fe)과 붕소(B)는 결핍현상이 자주 일어나는 원소이다. 그 밖에 체내에서 이동이 잘 되지 않는 아연, 망간, 구리의 결핍증상을 치료할 때 엽면시비법을 쓴다.

엽면시비에서 사용하는 약제는 주로 대량원소에 속하는 6가지 원소를 함유한 화합물이다. 시비 용액 1리터당 질산칼슘($Ca(NO_3)_2$ 1g, 질산칼륨(KNO_3) 0.5g, 제1인산칼륨(KH_2PO_4) 0.5g, 황산미그네슘($MgSO_4$) 0.5g, 요소(urea) 2g, 전착세 0.25ml를 섞으면 위의 6가지 대량원소를 모두 공급할 수 있다. 이때 유의할 점은 여러 종류의 약제를 혼합할 때 침전이 생기지 않아야 한다. 위에 열거한 화합물이 서로 섞인 상태에서 장기간 놓아두면 침전이 생기므로, 사용하기 직전에 조제하든가, 아니면 따로 진하게 만들어 보관원액(stock solution)으로 보관하다가 사용 직전에 혼합하면서 희석한다. 위의 약제만을 사용하면 물방울의 표면장력이 커서 잎 위에 머물지 않고 굴러떨어진다. 따라서 약제에 전착제(展着劑)(표 11-6 참조) 혹은 계면활성제(界面活性劑, surfactant)를 넣어 물방울이 잎 위에 오랫동안 머물게 한다. 1리터당 0.25~0.5ml 정도 첨가한다.

엽면시비를 할 때 주의할 점은 용액 내 무기염의 총 농도이다. 약제를 너무 많이 혼합해 농도가 진해지면 약해를 받을 수 있다. 엽면시비 시 무기양분의 최종 농도를 0.5% 이하로 유지하여 사용해야 한다. 바닷물의 염도가 평균 3.5%인데, 바닷물이 나뭇잎에 직접 닿으면 염해를 일으키므로 이보다 낮아야 한다. 바닷물을 7~10배 정도 희석한 용액이라고 할 수 있다. 시중에서 파는 액비(液肥)를 구매해서 쓸 경우에도 이 원칙을 지켜야 한다.

엽면시비를 할 때에는 기상상태도 고려해야 한다. 증산작용을 왕성하게 할 때에 양분이 더 잘 흡수되지만, 여름철 고온에 실시하면 잎에 묻은 물방울이 기공을 통해 흡수되기 전에 증발해 버려 흡수 효율이 떨어진다. 따라서 구름이 낀 날이나, 아침과 저녁이 더 바람직하다. 반복적으로 시비하고자 할 경우에는 10~15일 간격으로 2~3회 실시한다.

10-3 토양관주(土壤灌注, soil injection)

토양관주는 영양결핍이 있을 때 땅속에 영양액을 넣어 무기양분을 공급하거나 토양 훈증을 할 때 훈증액을 집어넣는 방법을 의미하지만, 여기에서는 영양액 공급만을 언급하고자 한다. 쇠꼬챙이에 고압분무기(hydraulic sprayer)를 연결하여 액상비료를 주입한다. 액상비료는 엽면시비액과 같은 약품과 농도를 그대로 쓸 수 있다. 주입 압력은 10~15kg/cm^2(150~200psi) 정도로 하며, 토양 15cm 깊이에 구멍당 5리터씩 주입하여 100m^{2}당 800리터가량을 관주한다. 고압분무기가 없을 경우에는 토양에 직경 5cm, 깊이 30cm의 구멍을 50cm 간격으로 뚫고 엽면시비액을 관주한다. 토양관주는 비가 자주 오지 않을 때에는 1회 실시하며, 장마 후에는 다시 관주해도 된다.

토양관주 혹은 토양시비를 할 경우 조심할 것은 토성에 따라서 약액 혹은 비료의 양을 조절해야 한다는 점이다. 토성(土性, soil texture)이란 토양 내 진흙(점토, clay, 지름 0.002mm 이하), 미사(silt, 지름 0.002~0.02mm), 모래(sand, 지름 0.02~2mm)의 상대적인 혼합 비율을 의미한다. 모래가 많을수록 무기양분을 흡착할 수 있는 양이온치환용량(cation exchange capacity)이 작아서 적은 양의 비료를 사용해야 한다. 반면 진흙이 많을수록 양이온치환용량이 커서 더 많이 시비해도 된다. 그런데 이와 관련하여 일반인들이 잘못 알고 있는 것이 있다. 모래가 많은 땅이 척박하여 많은 비료를 요구함으로써 더 많이 시비해야 한다고 생각하지만, 이 경우 비료가 토양 입자에 제대로 흡착되지 않아 약해를 받을 수 있다. 진흙 토양은 비료가 모래 토양보다 더 많이 흡착되므로 더 많이 시비해도 안전하다.

10-4 부러진 가지 치료: 전정(剪定, pruning)

수목의 가지와 줄기는 바람과 쌓인 눈으로 인해 부러지기 쉽다. 가느다란 가지는 부러지더라도 상처가 쉽게 아물지만, 굵은 가지와 줄기가 부러질 경우 그 상처는 자연적으로 치유되지 않는다. 전정을 통해 상처를 깨끗하게 마무리해야 새살이 나와 상처를 덮으면서 나무가 다시 건강하게 자랄 수 있다.

10-4-1 과거 전정의 문제점

전정(pruning)은 최근에 임업에서 가지치기(지타, 枝打)라고 부르며, 숲 가꾸기 작업의 주요한 부분이지만, 조경수 재배에서는 전정이란 말을 더 많이 쓴다. 예전에 전정은 가지와 줄기를 바짝 자르지 않고 가지터기(branch stub)를 길게 남겨 놓는 것이 관례였다. 너무 바짝 자를 경우 크게 노출된 상처가 마르거나 상처를 통해서 부후균이 침입할 수 있다고 판단했기 때문이다.

굵은 가지의 전정 후 가지터기가 길게 남아 있을 경우, 초기에는 나무에 별 이상을 초래하지 않는다. 그러나 세월이 경과하면 가지터기가 서서히 부패하면서 원줄기 속으로 썩어들어가기 시작한다. 가지터기가 죽어 가는 초기에 원줄기의 분지점에서 형성층이 새살을 만들어 상처를 감싸려고 노력한다. 그러나 아직 남아 있은 가지터기의 물리적 방해 때문에 새살의 생성이 중단되고, 더 이상 상처를 치유할 기회를 놓치게 된다. 결국 후에 가지터기가 썩어서 없어지면 원줄기에 커다란 구멍이 생기고, 그 피해로 원줄기의 부패 범위가 확대된다(그림 10-2).

그 이후 위의 문제점을 개선한 것이 밀착절단 혹은 평절(平切, flush cut)이다. 평절은 가지터기를 남기지 않고 수직방향으로 바짝 자르는 기술이지만, 가지밑살까지 제거하면서 상처가 너무 크게 남고 원줄기가 썩는 문제점을 가지고 있었다.

그림 10-2

잘못된 전정 후유증. A: 가지터기를 길게 남겨 놓은 후 세월이 20년 이상 경과하면서 가지터기가 썩어 없어지고 대신 생긴 구멍(단풍나무), B: 굵은 가지를 톱으로 한 번에 잘라 가지 밑이 길게 찢어짐.

10-4-2 새로운 전정법: 자연표적전정(NTP): 가지밑살 남기기

새로운 전정법은 가지터기를 남기지 않고 자르되 가지밑살을 남겨두는 기술이다. 이 기술은 미국 Shigo 박사에 의해 1979년 자연표적전정(自然標的剪定, natural target pruning, NTP)이라는 표현으로 제창되었다. 가지밑살(지륭, 枝隆, branch collar)은 원줄기가 부패하는 것을 방지하는 화학물질을 생산하기 때문에 남겨두어야 한다는 이론이다.

가지나 줄기를 바짝 자르면, 가지터기를 길게 남겨 놓는 경우보다 노출된 상처(목부에 해당)가 더 커진다. 그러나 대신 노출된 목부 주변의 형성층이 자극을 받아 세포분열을 하면서 유합조직(愈合組織, callus)에 해당하는 새살을 만들어 노출된 상처를 감싸게 된다. 바짝 잘라 상처가 커지더라도 상처를 빨리 감싸게 유도하는 것이 더 바람직하다는 점을 평절에서 강조했다. 그러니 이때 바짝 자르지만, 가지밑살을 남겨두라는 것이 새로운 전정법이다.

1. 옆가지(측지) 전정

전정 시 가느다란 곁가지는 톱을 사용하여 한 번에 자를 수 있다. 그러나 굵기가 5cm 이상 되는 옆가지는 한 번에 위에서 아래로 자를 경우 가지의 무게 때문에 수피가 밑으로 찢어진다. 이런 수피 찢어짐을 방지하기 위해서 우선 가지를 길게 남겨 놓고 자른 후 남아 있는 가지터기를 완전히 제거해야 한다. 이렇게 하기 위해 전정을 세 단계로 나누어 실시한다(그림 10-3).

첫 번째 절단은 가지를 20~30cm가량 남겨 놓을 수 있는 위치에서 가지 직경의 1/3 깊이까지 가지의 아래 면에서 위(하늘) 방향으로 자른다(under cut). 두 번째 절단은 첫 번째 절단 위치보다 2cm가량 더 위쪽(바깥쪽)에 가지의 윗면에서 아래(땅) 방향으로 가지가 부러질 때까지 자른다(top cut). 이때 가지터기가 일시적으로 남아 있게 되지만, 무거운 윗가지가 완전히 분리되어 가지

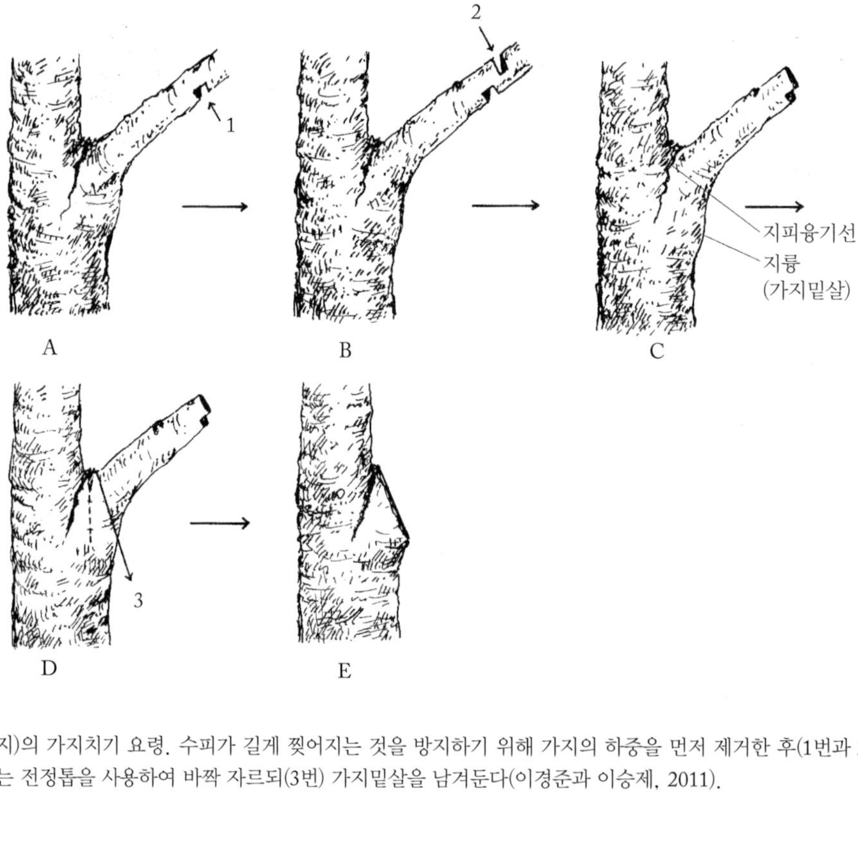

그림 10-3

옆가지(측지)의 가지치기 요령. 수피가 길게 찢어지는 것을 방지하기 위해 가지의 하중을 먼저 제거한 후(1번과 2번), 최종적으로 가는 전정톱을 사용하여 바짝 자르되(3번) 가지밑살을 남겨둔다(이경준과 이승제, 2011).

의 무게가 없어진다. 세 번째 절단은 분지점에 가까운 곳에서 남아 있는 가지터기를 제거하되, 상처 부위를 최소로 할 수 있는 각도로 실시한다. 이때 지피융기선(枝皮隆起線, branch bark ridge, 두 가지가 서로 맞닿아서 생긴 주름살)을 기준으로 하여 가지밑살을 그대로 남겨둘 수 있는 각도로 바짝 자른다. 따라서 이때의 절단은 수직이 되지 않고 자연히 바깥쪽으로 약간의 각도를 가지게 된다. 분지 사이가 비좁기 때문에 각도를 유지하기 위해 전정톱(등이 좁은 가는 톱, pruning saw)을 써서 위에서 아래로 매끈하게 마무리해야 한다. 굵은 가지를 자를 경우에는 첫 번째와 두 번째 단계에서만 기계톱(chain saw)을 쓸 수 있다.

가지밑살(branch collar)은 지륭(枝隆)이라고도 부르며, 가지가 자신의 무게를 지탱하기 위해 가지 밑쪽에 발달시킨 불룩한 조직이며, 나이테가 비대생장을 하여 만들어진다. 가지밑살은 목질부를 보호하기 위해 화학적 보호층을 가지고 있기 때문에 전정할 때 제거하지 않도록 주의해야 한다. 활엽수의 경우 가지밑살이 눈에 보이게 발달해 있는 경우에는 위의 요령대로 전정을 실시하며, 가지밑살이 눈에 띄게 발달하지 않은 경우에는 좀 더 안쪽으로 잘라도 된다. 그러나 침엽수의 경우 가지밑살이 잘 발달하지 않고 대신 여러 층의 주름살 모양의 동심원 형태의 비대생장 조직이 만들어진다. 이 경우 바깥쪽 비대생장의 경계선에서 수직으로 가지를 자른다.

2. 원가지(주지)와 원줄기 전정

원가지나 원줄기가 바람에 의해 거칠게 부러지면 이를 말끔하게 정돈해야 한다. 원줄기를 제거하

그림 10-4

원가지를 제거하는 요령. A: 원가지의 하중을 제거한 후(1번과 2번), 최종적으로 비스듬히 자른다(3번). B: 큰 나무에서 원줄기를 제거한 모습(이경준과 이승제, 2011)

면 상처 부위가 크게 노출되지만, 기본 요령은 옆 가지 제거와 같이 세 단계로 나누어 실시한다. 그림 10-4와 같이 원줄기를 바짝 자르되, 지피융기선을 그대로 두기 위해 위쪽으로 비스듬히 각도를 유지하여 마지막 절단을 시도한다. 이때 '다'의 위치는 지피융기선이 끝나는 곳과 같은 높이로 한다. 지상부 가까이 있는 수간을 자를 때에도 바짝 자르는 원칙을 적용해야 한다.

3. 죽은 가지 전정

건강한 나무에서 이미 죽어 있는 가지를 자세히 관찰해 보면 나무가 스스로 새살을 만들어 보호층을 만들면서 죽은 가지를 분리시키려고 노력한 흔적을 볼 수 있다(그림 9-27 A 참조). 이때 죽은 가지가 이미 떨어져 나가서 없으면 보호층(형성층의 일부)이 상처를 자연스럽게 완전히 감싸게 되지만, 그렇지 않으면 죽은 가지의 물리적 방해 때문에 더 이상 새살이 자라지 못한다. 위와 같은 수목의 치유 생리를 이용하여 죽은 가지는 가지밑살이 튀어나와 있는 경우에도 가지밑살의 바깥부분에서 바짝 잘라야 한다(자연표적전정, natural target pruning, NTP). 이때 더 바짝 안쪽으로 자르면 가지밑살이 다치게 되어 상처가 마무리되지 않는다.

10-4-3 전정 시기

태풍으로 인해 가지가 피해를 받았을 때에는 비상조치로 피해를 받은 즉시 가지를 정돈할 필요가 있다. 그러나 일반적으로 전정을 실시하는 시기는 수종에 따라서 약간의 차이가 있지만, 수목이 휴면상태에 있을 때가 가장 적기이다. 한국의 경우 늦겨울이 가장 바람직하다. 따라서 중부지방의 경우 2월 중순부터 하순이 적기라고 할 수 있다. 상처를 치유하는 형성층의 세포분열은 봄에 개엽과 더불어 시작되기 때문에, 잎이 나온 후 상처가 가장 왕성하게 치유되는 특성을 이용하여 봄 일찍 전정을 한다. 그러나 죽은 가지, 부러진 가지, 병든 가지의 제거, 가벼운 전정, 위험전정(hazard pruning)은 연중 아무 때나 할 수 있다. 특히 죽은 가지는 잎이 붙어 있는 살아 있는 가지와 쉽게 구별되기 때문이다. 반면 골격 전정(scaffold cut), 수관 솎아베기(crown thinning), 수관 축소(crown reduction), 수관 높이기(crown lifting) 등의 굵은 가지 제거 작업은 휴면기에 하는 것이 원칙이다.

일반적으로 활엽수는 가을에 낙엽이 진 후 봄에 생장을 개시하기 전까지 휴면기간에는 아무 때나 전정을 할 수 있으며, 침엽수는 이른 봄에 새 가지가 나오기 전에 실시하는 것이 가장 좋다. 그러나 추운 지방에서는 가을에 전정하면 상처 부위가 동해를 입을 수 있기 때문에 가급적이면 이른 봄에 실시하는 것이 더 바람직하다. 특히 굵은 줄기를 대량으로 제거하는 두절작업(頭切作業, tree topping)은 한여름에 실시하면 가을철 월동 준비가 되지 않아 내한성이 약해지기 때문에 추운 지방에서는 금물이다. 이른 봄에 상처에서 수액이 흘러나오는 수종(예: 자작나무, 단풍나무)의 경우에는 늦가을이나 겨울 초기, 아니면 잎이 완전히 나온 후 전정을 실시한다.

10-4-4 전정 후 상처보호: 상처도포제

전정을 실시하면 상처 부위가 노출된다. 수목은 자체적으로 상처 주변에 화학적 방어구역을 만들어 보호를 도모하지만, 한계가 있다. 노출된 부위는 목재부후균과 천공성 해충의 공격을 받고 자연적으로 말라서 금이 가기도 하므로, 상처도포제(傷處塗布劑, wound dressing)를 처리하여 보호하여야 한다. 종전에는 상처도포제로 가정용 페인트, 아스팔트, 바니쉬 페인트, 크레오소트, 콜타르 등의 방부제를 사용하기도 했으나, 예민한 형성층 세포에 피해를 주기 때문에 사용해서는 안 된다. 위 약제들은 미국에서 그 효과가 부정적으로 나타나서 상처도포제 자체를 권장하지 않는다. 대신 티오파네이트(thiophanate) 도포제(티오판 도포제)나 테부코나졸(tebuconazole) 도포제를 사용해야 한다. 전자는 일본에서 톱신(그림 10-5 B) 그리고 후자는 독일에서 실바코(그림 10-5 A)라는 상표명으로, 주로 원예용으로 개발한 도포제이다. 상처도포제는 얇게 바르는 것이 바람직하며, 첫해에 수차례 도포하도록 한다. 상처가 아물 때까지 수년간 발라 주면 좋다. 한 번에 두껍게 바르면 나중에 보호막에 금이 간 후 물이 스며들어 더 습해지는 경향이 있다.

그림 10-5

상처도포제를 바른 모습. A: 테부코나졸(tebuconazole) 도포제, B: 티오파네이트(thiophanate) 도포제

10-5 수피 상처치료

10-5-1 상처 부위 손질과 보호

수피는 죽어 있는 외수피와 살아 있는 내수피로 나눈다. 수목의 상처는 수피 전체가 벗겨지거나 형성층을 통과해 목(질)부까지 깊이 생길 때 문제가 된다. 코르크 조직에 생긴 상처는 그 안쪽에

있는 형성층이 그대로 살아 있고, 사부조직의 유세포가 새로운 코르크 조직을 재생시키므로 걱정하지 않아도 된다. 우리 조상들은 예전에 굴참나무에서 껍질을 벗길 때 형성층과 사부조직을 그대로 두고 바깥쪽에 있는 코르크만 벗겨내어 코르크 조직이 재생되도록 했다.

나무줄기가 상처를 받으면 상처가 마르기 전에 즉시 치료를 해야 한다. 이식과정에서 형성층이 이탈되거나 부서진 경우, 조각이 마르기 전이라면 사고 현장에서 즉시 조각을 수습하여 제자리에 다시 붙이면 재생시킬 수 있기 때문이다. 목질부와 수피 사이에 있는 이물질이나 부서진 조각을 제거한다. 상처 부위를 손질하기 위해 우선 수피 중에서 들떠 있거나 말라 있는 부분만을 예리한 칼로 제거한다. 이런 곳에 해충들이 숨어 있기 때문이다. 이때 상처의 가장자리를 둥글게 혹은 방추형으로 예쁘게 가다듬는 것은 상처의 폭을 넓히기 때문에 해서는 안 된다. 특히 살아서 붙어 있는 수피를 그대로 둠으로써 노출되는 면적을 가급적 줄여야 하며, 그림 10-6과 같이 뾰족하게 나와 있는 반도형 가장자리도 그대로 두어야 한다.

일단 상처 부위를 깨끗하게 손질한 후 표면을 보호하기 위해 상처도포제(wound dressing)를 바른다. 티오파네이트 도포제(티오판 도포제)나 테부코나졸 도포제가 널리 쓰이고 있으며, 전정할 때 쓰는 것과 같은 도포제이다. 얇게 바르는 것이 중요하며 필요하면 마른 다음 반복해서 발라 준다. 두껍게 발라서 코팅에 금이 가면 습기가 스며들어 더 나쁜 효과를 가져온다.

그림 10-6

상처 부위 손질 요령. 노출된 상처를 매끈하게 가다듬는 것보다는 뾰족한 가장자리(화살표 부분)를 그대로 두어야 유상조직이 더 빠르게 서로 합칠 수 있다.

10-5-2 들뜬 수피의 고정

봄과 초여름에 형성층이 가장 왕성하게 세포분열을 하는데, 이때 수피에 힘을 가하면 수피가 쉽게 분리되어 들뜨거나 문드러진다. 상처를 받은 지 2~3일 내 즉시 조치하면 형성층을 살릴 수 있다. 우선 들뜬 부분을 면밀히 관찰하여 목질부와 수피 사이에 부서진 조각이나 이물질이 있으면 제거한다. 그다음 들뜬 수피를 제자리에 밀착시키고 작은 못을 박거나 테이프로 붙여서 고정한다. 그리고 상처 부위 전체를 젖은 천, 부엌용 종이수건 혹은 보습제(피트모스)로 패드(pad)를 만들어 습기를 유지하도록 덮은 다음 마르지 않도록 최종적으로 비닐로 패드 부분을 덮어 한 바퀴 돌려 맨 후 끈으로 압박하면서 단단히 고정한다. 상처 부위를 햇빛이 직접 비치지 않도록 녹화마대나 색깔이 있는 테이프로 가려 준다.

위와 같은 상태로 3~4주 정도 기다린 후 서로 맞닿은 수피의 틈새로 유상조직이 자라고 있는가를 확인한다. 유상조직이 자라고 있을 경우에는 비닐과 패드를 제거한 후 햇빛이 비치지 않도록 차단한다. 유상조직이 생기지 않을 경우에는 죽은 수피 조각을 제거하고 상처를 노출시키는 것이 더 낫다.

10-5-3 수피이식(樹皮移植, bark implant)

환상으로 수피가 벗겨져 있는 경우 그대로 두면 수목이 결국 죽게 된다. 수목을 이식하는 과정에서 밧줄을 잘못 감거나, 딱따구리가 나무줄기에 상처를 만들어 환상으로 수피가 벗겨지는 경우가 있다. 그림 10-7 A와 같이 최근에 수피가 벗겨지고 그 간격이 좁다면 수피이식을 통해 살릴 수 있다. 상처 부위를 깨끗하게 청소한 다음 상처의 위아래에서 높이 2cm가량의 살아 있는 수피를 수평방향으로 벗겨내고(그림 10-7 B), 격리된 상하 상처 부위에 다른 나무에서 벗겨 온 비슷

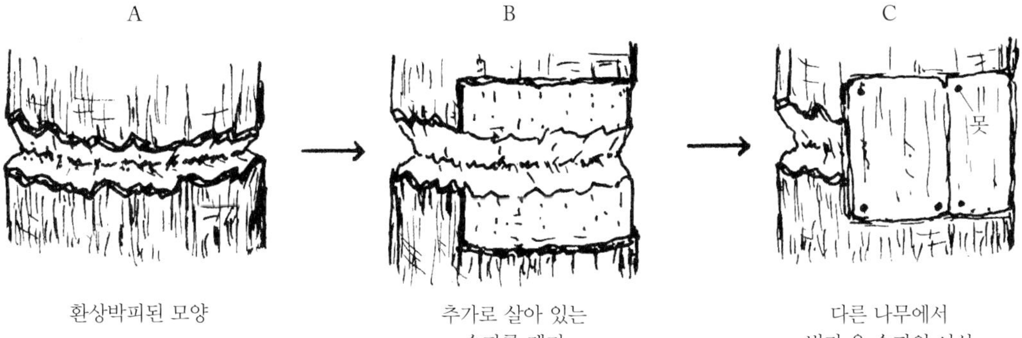

그림 10-7 수피이식 요령(Harris 등, 2004)

한 두께의 신선한 수피를 이식하여 덮어 준다. 이때 건강한 나무에서 벗겨 온 수피가 마르지 않게 하고, 수피의 위 방향과 아래 방향이 바뀌지 않게 조심해야 한다. 가지와 줄기에는 극성(極性, polarity)이 있어 위와 아래가 구별되어 있기 때문이다. 상처가 수평방향으로 길게 이어져 있을 경우에는 이식하려는 수피를 약 5cm 길이로 잘라서 연속적으로 밀착하여 부착시킨 후 작은 못으로 고정시킨다(그림 10-7 C). 수피이식이 끝나면 젖은 천으로 패드를 만들어 덮은 다음 비닐로 덮어 건조하지 않게 하고 그늘을 만들어 준다. 수피이식은 형성층의 세포분열이 왕성한 이른 봄에 실시할 때 성공률이 가장 높다.

10-5-4 교접(橋接, bridge graft)

교접은 기계, 설치류(예: 토끼), 병 혹은 동해(凍害)에 의해 수피가 환상으로 벗겨지거나 죽어 있으면서 피해 부위의 위아래 간격이 넓어 수피이식으로 해결할 수 없을 때 접목(接木, grafting)을 이용해 수피를 서로 연결하는 기술이다. 수피이식과 같이 격리된 수피를 서로 연결하되 여러 개의 살아 있는 가지를 이용해 다리를 놓는 형식이다.

그림 10-8과 같이 실시하는데, 적기는 이른 봄이다. 같거나 유사한 수종에서 이른 봄 눈이 트기 전 건강한 1년생 가지(직경 6~13mm)를 채취하여 위, 아래를 표시해 놓고, 접수(接穗, graft)로 사용하며, 작업이 시작될 때까지 냉장고에 보관한다(그림 10-8 D). 봄철 싹이 이미 나와 있는 경우에는 새순을 제거한 가지를 사용한다.

교접의 첫 단계로 상처 부위를 가다듬기 위해 찢어졌거나 죽은 수피 조직을 예리한 칼로 깨끗하게 정돈하여 살아 있는 조직만 남긴다(그림 10-8 B). 가다듬은 수피의 격리된 양쪽 가장자리를 따라 5~7cm 간격으로 수간을 한 바퀴 돌면서 'ㄷ'자 모양으로 홈을 파서 접수를 삽입할 수 있게 준비한다(그림 10-8 C). 그다음 보관 중인 접수의 양쪽 끝부분을 조제한다. 예리한 칼로 접수의 한쪽은 길게, 그리고 반대편은 짧게 사선으로 잘라서 형성층을 노출시키되 위와 아래, 길게 혹은 짧게 노출된 형성층이 같은 방향을 향하도록 해야 한다(그림 10-8 E). 조제된 접수의 위, 아래를 구분하여 수간에 마련된 'ㄷ'자 홈에 맞춰 넣는다. 이때 접수의 길게 자른 사면이 안쪽을 향하도록 한다. 그리고 홈을 만들 때 홈의 안쪽으로 수피를 약간 들뜨게 하여 '덮개'처럼 만들고, 덮개 밑으로 접수 끝이 들어와서 접수의 짧게 자른 사면이 덮개와 밀착되도록 한다. 접수는 약간 아치 형태의 휜 상태로 홈에 끼워 맞춰지도록 처음부터 실제 상처의 간격보다 더 길게 조제해야 한다. 각 홈 끝의 덮개 부분에 가느다란 못을 박아서 접수가 빠져나오지 못하게 고정한다(그림 10-8 F).

접목을 실시할 때 꼭 염두에 두어야 하는 것이 접수의 위아래를 구분하는 극성이다. 극성이란, 자석에 남과 북이 있듯, 살아 있는 가지와 줄기에 천연으로 위와 아래가 구별되어 있는 성질을 뜻하며, 수목 내 물질 이동의 방향을 결정하는 중요한 특성이다. 접수를 채취할 때 접수의 윗

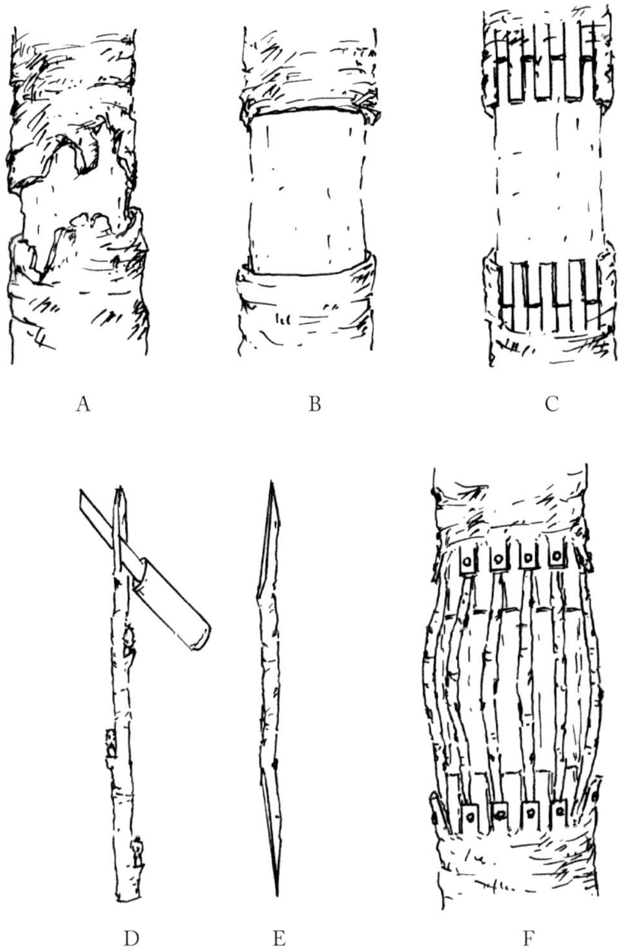

그림 10-8

교접(bridge grafting) 요령. 서로 격리된 상하의 수피를 연결하기 위해 다리를 놓듯이 같은 수종의 건강한 가지를 잘라서 수피에 홈을 파고 삽입하여 촘촘히 서로 연결시킨다(Hartmann 등, 1997).

부분(distal end)은 수목의 지제부(地際部, 줄기와 뿌리가 만나는 부분, stem-root junction)로부터 더 멀리 떨어져 있는 가지의 위쪽 끝부분을 말하며, 아랫부분(proximal end)은 지제부로부터 더 가까운 가지의 아래쪽 끝부분이다. 수간의 홈에 접수를 끼워 넣을 때 접수의 위와 아래가 뒤바뀌지 않게 조심해야 한다. 뒤바뀌면 접수의 생장이 불량하여 교접이 제대로 되지 않는다.

연결이 끝나면 교접 부위가 마르지 않게 접목용 왁스(grafting wax)를 바르고, 축축한 패드와 비닐로 피복하여 보호한다. 이로써 잎에서 만든 탄수화물(설탕)이 뿌리 쪽으로 이동할 수 있는 통로가 만들어진 셈이다. 세월이 경과하면 가지들이 굵게 자라면서 서로 붙는 연리지(連理枝) 현상으로 융합되어 수피이식을 한 것과 같은 결과를 가져온다. 수피이식과 교접은 이른 봄에 실시할 경우 수피가 쉽게 벗겨져 작업이 쉽고, 유합조직이 가장 빨리 만들어진다.

10-6 수간 외과수술(樹幹外科手術, trunk surgery)

10-6-1 외과수술의 배경

나무는 자라는 동안 기상적 요인, 병해충, 동물 혹은 인간에 의해 각종 상처를 입는다. 작은 상처를 입을 때에는 자기방어능력에 의해 자연적으로 상처치유(wound healing)가 된다. 그러나 상처가 크면 자연적인 치유가 되지 않아 목질부가 부패하면서 구멍이 커져 공동(空洞, cavity)으로 진전된다. 수간의 외과수술은 이러한 공동이 더 이상 커지지 않게 조치하는 수술이다.

외과수술은 서양에서 18세기에 석회, 모래, 숯을 이용해 공동을 메꾸는 시도가 있었으며, 그 이후 20세기 초까지 목재, 벽돌, 철근 콘크리트, 아스팔트를 이용하기도 했으나 표면에 금이 가거나 독성이 있어서 만족할 만한 결과를 얻지 못했다. 20세기 후반에 들어와서 석유화학이 발달하면서 우레탄폼(polyurethane foam)을 사용해 공동을 메꾸는 방법이 개발되어 쓰이고 있다. 우레탄폼은 공동의 구석까지 침투하여 공간을 메꾸어 주는 장점이 있지만, 너무 가벼워 강도가 낮고 직사광선에 의해 부서지는 약점을 가지고 있다.

외국에서는 공동을 메꾸면 내부가 더 습해진다는 부정적인 생각을 가지고 있어, 외과수술에 대해 매우 소극적이다. 단지 공동 내 썩은 조직을 걷어내고 건조시키는 정도로 그치고, 대신 수목을 건강하게 키움으로써 상처 주변에 수목이 능동적으로 만드는 방어벽의 형성(compartmentalization)을 촉진하고, 부패하는 것보다 더 빠른 속도로 새로운 목질부 조직을 추가시키면 된다고 기술하고 있다. 반면, 국내에서는 나무병원들이 새로운 방법을 개발하여 최근에는 널리 이용되고 있다. 외과수술은 제대로 실시하면 효과를 볼 수 있지만, 부실하게 하면 공동 내

그림 10-9
자연치유되는 상처. A: 자연방어벽을 이미 만들어 놓고, 형성층에서 유합조직(새살)이 왕성하게 나오고 있으므로 외과수술을 실시해서는 안 된다(은행나무). B: 자연방어벽을 만드는 향나무는 외과수술이 필요 없다.

부로 물이 들어가 더 습해져 오히려 부패를 조장할 수 있다. 외과수술 시에는 나무 고유의 능동적 방어벽 형성에 대한 이론을 이해하고 이를 파괴하지 않으면서 제대로 실시해야 한다.

수종 중에는 외과수술이 전혀 필요 없는 경우도 있다. 본래 장수하는 경향이 있는 수종은 상처치유 능력이 뛰어나거나 조직 내에 방부성 물질을 함유하고 있어 부후 곰팡이가 잘 침투하지 못한다. 이런 수종에 외과수술을 실시하면 자연방어벽을 건드려 오히려 상처가 악화될 수 있다. 향나무와 주목을 예로 들 수 있으며, 부러진 가지를 바짝 잘라 주는 정도에 그쳐야 한다(그림 10-9).

10-6-2 수간 부패와 공동 탐색

외과수술을 계획하기 전에 수간이 어느 정도 부패해 있는지를 먼저 확인해야 한다. 개괄적인 부패진단은 고무망치를 이용해 실시한다. 고무망치로 수간을 두들겨서 탱탱하게 탄력이 있고 튀기는 소리가 나면 목질부가 살아 있다는 증거이며, 탄력이 없고 둔탁한 소리가 나면 목질부가 썩어 있다는 뜻이다. 정확한 형성층의 사활은 제6장 6-6에서 기술한 대로 샤이고미터(Shigometer)를 이용해 죽은 형성층의 위치와 크기를 알 수 있다. 내부의 공동은 드릴로 구멍을 뚫어 생장추로 확인하거나 X-선, 초음파, 샤이고미터의 전극 삽입으로 확인할 수 있다.

10-6-3 외과수술의 개요

수간 외과수술의 목적은 공동이 더 이상 부패하지 않게 조치하며, 수간의 물리적 지지력을 높여주며, 미관상 자연스러운 외형을 갖도록 하는 것이다. 따라서 위의 세 가지 목적에 맞게 다음과 같이 단계적으로 실시한다.

1) 부패부 제거: 푸석푸석한 죽은 조직을 완전히 제거함.
2) 살균, 살충, 방부 처리: 살균제, 살충제, 방부제로 공동 표면의 조직을 처리함.
3) 내부 건조와 방수막 처리: 공동 표면에 방수막을 만들어 수분의 침투를 차단함.
4) 공동 가장자리의 형성층 노출: 유합조직에 해당하는 새살이 자라 나오도록 형성층에 상처를 만들어 노출시킴.
5) 공동 충전: 실리콘 봉합제나 우레탄폼으로 공동 내부를 채움.
6) 인공 수피 조성: 실리콘 봉합제, 코르크, 염료를 섞어 자연스러운 수피를 만들어 덮음.

수간의 물리적 지지력을 높여 주는 것은 예전에 철근과 시멘트를 사용할 때에는 가능했지만, 쉽게 이탈하거나 금이 가는 단점이 있어 더 이상 사용하지 않으며, 위에 기술한 공법에서는 지지력의 보강이 미약하다. 공동이 매우 클 경우 그 안에 두꺼운 PVC 파이프를 수직으로 세워 여러 겹으로 묶어 집어넣을 수 있지만, 공동 안에서 힘받이할 자리, 즉 앵커가 마땅치 않을 경우 큰 효과를 보기 어렵다.

외과수술의 적기는 봄부터 초여름이다. 수술 시 노출시킨 형성층이 왕성하게 상처유합재(傷處癒合材, woundwood)를 만들어 가을이 오기 전까지, 충전층의 가장자리와 노출시킨 형성층이 서로 밀착하여 충전층이 튼튼하게 고정되고 공동 안으로 물이 들어가지 않게 하기 위해서이다. 봄에 실시하는 외과수술은 가을까지 형성층에서 새살이 나올 수 있는 기간이 길어 더 바람직하다.

10-6-4 수간 외과수술 방법

1. 부패부 제거

공동은 지저분하고 습기를 가지고 있어서 각종 미생물과 곤충의 서식처 역할을 한다. 부패한 조직을 자귀, 긁기, 대형 드라이버, 끌 등을 이용하여 완전히 제거하고 깨끗하게 청소한다. 조직이 푸석푸석하거나 부스러지는 부분은 부패한 것이므로 조금씩 긁어내면서 모두 제거한다. 그러나 목질부의 색깔이 변색되어 있거나 단단하게 남아 있는 부분을 제거하면 안 된다. 예전에는 목재가 변색되어 있는 부분을 제거했으나, 1970년대 후반 Shigo 박사에 의해 이 부분에 나무가 적극적으로 만들어 놓은 방어벽(CODIT, barrier zone)이 있다는 것이 알려졌으며, 변색된 부분을 제거하거나 훼손시키지 않아야 한다. 즉 이 벽은 나무가 미생물이 침입할 때 자체적으로 만드는 최후의 방어벽이며, 방어벽이 무너지면 부패가 빠른 속도로 진행된다.

구석진 곳에 남아 있는 썩은 조직은 공기압축기(air compressor)를 이용해 제거한다. 에어건(air gun) 모드로 압축공기를 분사하여 썩은 조직을 떼어내고, 후에 흡입건(vacuum gun) 모드로 부스러기를 흡입하여 모두 제거한다(그림 10-10 A와 B).

2. 살균, 살충, 방부 처리

깨끗하게 정돈이 끝난 공동이라도 내부의 요철 부위와 손이 닿지 않는 구석에 병균과 곤충이 남아 있을 가능성이 항상 있다. 공동의 추가 부패와 해충의 피해를 막기 위해 살균제, 살충제, 방부제를 차례로 처리한다. 살균제로서 포르마린, 크레오소트, 승홍, 콜타르를 쓸 수 있으나, 이보다 70% 에틸알코올이 가장 효과적이고 부작용이 적으며 저렴한데, 살균력이 좋고 곧 증발하기 때문이다. 살충제로 침투성이 좋은 스미치온(200배액), 훈증 효과가 있는 다이아톤(100배액)을 혼합하여 분무기로 구석까지 처리한다. 코니도를 사용해도 된다. 살충제는 엽면살포할 때보다 더 농축된 용액을 사용해도 되며, 목질부 표면에 장기간 남아 있도록 한다.

공동 내에 습기가 차면 다시 부패할 가능성이 크다. 따라서 방부제를 처리하면 도움이 된다. 방부제로서 유기화합물보다 무기화합물이 더 오랫동안 효과를 발휘하는데, 유산동($CuSO_4$, 10% 용액)을 권장하며, 충분하게 여러 차례 뿌려 준다. 유산동은 변질되지 않으며 나무에 피해를 주지 않고 조직 내에 오래도록 남아 있으며 살균과 살충 효과도 겸하고 있다. 그러나 환경오염을 유발하고 인체에도 유해하므로 취급에 조심해야 한다. 중크롬산카리, 크롬이나 비산은 효과가 있지만 인체에 독성이 크므로 사용을 자제한다.

3. 내부 건조와 방수막 처리

위에서 언급한 소독과 방부 과정이 끝나면 공동의 내부를 충분하게 건조시켜야 한다. 공동 내에 습기가 남아 있는 상태에서 공동을 메꾸면 목질부가 다시 썩을 가능성이 높아진다. 자연상태에서는 며칠을 기다려도 공동 내부가 완전하게 건조되지 않으며, 기상상태에 따라서는 완전 건조가 불가능하다. 따라서 동력송풍기를 이용해 2시간 정도 바람을 불어넣어 공동 내부를 완전히 건조시킨다.

건조가 끝나면 마지막으로 방수막을 만들어 준다. 방수막은 살균, 살충, 방부 처리 후 더 이상 다른 미생물이 들어갈 수 없게 차단하면서 추가로 습기가 목질부로 침투하지 않게 막아 주는 마지막 보호막이다. 전정에서 쓰는 도포제를 여기에서 사용한다. 티오파네이트(thiophanate) 도포제(티오판 도포제)나 테부코나졸 도포제를 쓴다. 이 경우에는 두껍게 충분히 발라 주는 것이 좋다.

부패가 오랜 세월 동안 진전되면 공동이 크게 만들어지면서 지제부가 썩어 공동 속의 지표면이 노출되어 있는 경우가 자주 있다. 이 경우에 땅바닥으로부터 습기가 지속적으로 올라와서 공동 내부가 습해지고, 공동이 쉽게 부패할 수 있다. 이를 방지하기 위해 땅바닥에 방수 물질을 깔아야 한다. 이전에는 콜타르(coal tar)를 사용했지만, 나무에 유해한 독성이 있다. 그 대신 실리콘 봉합제(silicone sealant)를 사용하는데, 독성이 거의 없다. 코르크 가루와 섞어 10cm 두께로 깔아 준다(나용준, 2012).

4. 공동 가장자리의 형성층 노출

형성층 노출은 수간 외과수술에서 매우 중요한 필수과정이다. 공동을 충전제(充塡劑)로 채울 경우 충전제와 공동 가장자리 수피 간 서로 접촉하는 경계가 시간이 경과하면서 서로 밀착되어야 하는데, 이를 가능케 하는 것이 형성층의 노출이다. 노출된 형성층에서 새살(상처유합조직, callus)이 자라 나와서 충전제를 감싸게 할 수 있기 때문이다. 즉 공동 충전제와 수피가 서로 분리되는 것을 방지하고, 수피와 충전제와의 경계선을 새로 자라 나오는 형성층 조직이 완전히 감싸도록 유도하기 위해 살아 있는 형성층 조직을 일부 노출시켜 세포분열을 촉진시키는 것이다. 이렇게 조금씩 자란 유합조직은 궁극적으로 공동 표면을 모두 덮어 공동이 완전히 밀봉되기를 희망하는 것이다.

예리한 칼로 공동의 가장자리를 따라서 안쪽으로 말려들어 가고 있는 형성층의 바깥 부분을 도려낸다. 형성층의 바깥 부분이란 예전에 목질부가 살아 있었을 때 형성층의 위치에 해당하며,

그림 10-10

공동 청소와 형성층 처리. A: 작은 공동 청소, B: 큰 공동의 청소와 공동 가장자리의 형성층 노출(흰색 띠로 보이는 부분)(사진: 이승제), C: 노출된 형성층을 테이프로 감싸 보호함.

실제로는 맨 바깥층으로부터 약 0.5~1cm 정도 깊이를 말한다. 폭이 1cm 정도 되도록 기다란 띠 모양으로 형성층을 도려낸다(그림 10-10 B). 노출된 형성층은 쉽게 마르기 때문에 즉시 표면에 상처도포제를 발라 주어야 한다. 공동에 충전제를 넣을 때에는 충전제의 독성으로부터 노출된 여린 형성층 세포를 보호하기 위해 마스킹 테이프로 표면을 덮어야 한다. 충전 작업이 모두 끝나면 테이프를 제거한다(나용준, 2012)(그림 10-10 C).

5. 공동충전(空洞充塡, cavity filling)

1) 공동(空洞, cavity)이 작은 경우

공동의 크기가 작을 경우에는 공동 내부를 모두 실리콘 봉합제로 채울 수 있다. 실리콘 봉합제(silicone sealant)는 실리콘 수지(silicone resin)로서 건축에서 유리창, 싱크대, 화장실의 방수용 마감제로 쓰인다. 방수성, 강력한 접착력과 탄력을 가지고 있어 진동에 잘 견디며, 광선에 의해 산화되지 않고, 특히 독성이 거의 없다. 실리콘은 탄력이 좋아서 나무가 바람에 흔들릴 때 금이 가지 않기 때문에 지금까지 개발된 어떤 물질보다 수목의 외과수술에서 최고의 충전제(充塡劑)로 꼽힌다. 흰색, 검은색, 목재색, 진한 갈색, 회색 등 여러 가지 색상으로 제조되어 판매되므로 수피 색깔을 조절할 수 있다. 경우에 따라서는 별도의 염료를 넣어 다른 색깔도 만들 수 있다.

대신 실리콘은 약간 고가이면서 자연적인 질감이 부족하기 때문에 실리콘을 희석하는 차원에서 코르크 가루를 첨가한다. 먼저 실리콘을 원하는 색깔로 맞춘 다음 코르크 가루를 넣는다. 코르크 가루는 직경 3mm 정도 되는 것을 사용하며, 배합 비율은 실리콘 500ml에 코르크 가루 100g이다. 코르크가 매우 가볍기 때문에 실제로 부피로 환산하면 거의 1:1의 비율에 가깝게 된다. 충전제로 채우기 전에 공동 입구를 고무바로 촘촘하게 둘러매고(그림 10-11 A), 배합된 충전제로 공동을 빈틈없이 채워 넣는다. 충전제의 마감은 충전제의 최종 높이를 고려해서 실시한다. 충전제를 노출된 형성층 높이보다 1cm 정도 낮게 채워서 마무리한다(나용준, 2012).

2) 공동(空洞, cavity)이 큰 경우

큰 공동은 곤충과 빗물이 들어가지 않도록, 그리고 수간의 지지력을 보강해 주기 위해 어떤 물질로 채워야 한다. 충전제(充塡劑)로 예전에는 콘크리트, 목재, 벽돌, 고무 밀납 등을 사용했다. 콘크리트는 지지력은 크지만 신축성이 없어 금이 쉽게 가고, 목질부와 접착이 안 되어 결국 빗물이 스며든다. 아스팔트는 수목 자체에 피해를 주며, 공동이 클 경우 마무리 작업을 하기가 곤란하다. 목재는 그 자체만으로는 성형이 어렵기 때문에 다른 재료와 함께 사용되었는데, 공동이 커서 지지력을 보강할 필요가 있을 때 쇠소임 대신 중앙 부분에 이용하기도 한다.

최근에 합성수지로 공동을 채우는 기법이 널리 사용되고 있다. 합성수지에는 여러 가지 종류가 있는데, 부피가 늘어나지 않는 비발포성 수지와 부피가 늘어나는 발포성 수지로 나눌 수 있다. 비발포성 수지에는 에폭시 수지(epoxy resin), 불포화 폴리에스테르 수지(unsaturated polyester resin),

그림 10-11

공동 메꾸기. A: 발포제를 채우기 전 작은 공동 입구의 밀폐 작업, B: 큰 공동에 발포제 채우기(사진: 이승제), C: 발포제로 공동을 메꾼 모양

실리콘 수지(silicone resin), 우레탄 고무(urethane rubber)가 있다. 부피가 늘어나지 않는 단점이 있지만, 탄력이 어느 정도 있고 수술용으로 사용 가능하여 인공수피를 만들 때 사용해 왔다. 이 중에서 우레탄 고무는 귀중한 문화재의 시술용으로 쓸 수 있으며, 실리콘 수지는 예산이 허락하면 대량으로 쓸 수 있는 가장 적합한 충전제이다.

발포성 수지는 부피가 수십 배로 늘어나기 때문에 커다란 공동을 채울 때 유리하며, 공동의 구석까지 빈틈없이 채울 수 있는 장점이 있다. 이 중에서 폴리우레탄 폼(polyurethane foam)이 가장 편리한데, 경제적이며 작업하기 쉬우나 강도가 약한 것이 흠이다. 이 약제는 주제(P. P. G.)와 발포경화제(M. D. I.)로 나뉘어 있는데, 사용하기 직전에 1:1로 배합하면 중합반응을 일으켜 부피가 15~20배 정도 늘어난다. 온도가 20~30℃일 때 반응이 가장 잘 일어나므로 날씨가 추울 때에는 실내에 보관했다가 사용한다. 정확하게 비율을 맞추고 잘 섞어야 한다. 최근에는 두 약제를 미리 섞어 작은 크기의 1액형과 서로 분리된 대형 크기의 2액형을 만들어 시판하고 있으며, 압력 통(캔)에 담겨 있어 분사하면 밖으로 나온다.

발포성 수지를 공동에 채워 넣으려면 열려 있는 공동의 입구를 막아야 한다. 두꺼운 비닐포로 입구를 막고, 고무 밧줄이나 튼튼한 끈으로 수간 주변을 둘러매어 고정시킨다(그림 10-11 B). 공동 안으로 우레탄폼을 넣어 공동을 모두 채운다. 1시간 정도만 지나면 우레탄폼이 굳기 시작하며, 48시간이 경과하면 완전히 굳는다(그림 10-11 C)(나용준, 2012).

6. 인공수피(人工樹皮, artificial bark) 제작

공동을 메꾼 우레탄폼은 가볍고 부드러워서 외부 충격에 약하고 햇빛에 의해 쉽게 산화된다. 따라서 방수성이면서 탄력이 있고 충격에 견디는 물질로 인공수피를 만들어 표면을 씌워야 한다. 우레탄폼이 굳으면 비닐포를 제거하고 1~2일 동안 기다려 휘발성 물질이 모두 날아가도록 한다. 이때 빗물이 안으로 들어가지 않게 조치를 해야 한다.

비닐포를 벗기면 우레탄폼의 표면은 불규칙하게 마련이지만, 우레탄폼은 매우 부드럽기 때문에 예리한 칼로 원하는 높이만큼 자르거나 조정할 수 있는데, 표면의 성형(成形)이라고 부를 수 있다. 우레탄폼의 최종 높이는 인공수피를 씌울 것을 고려하여 잘 맞춰야 한다. 공동 가장자리에 노출된 형성층은 인공수피를 씌운 후 인공수피보다 0.5~1.0cm 정도 높아야 한다. 그 높이를 유지해야 형성층에서 새살(상처유합조직)이 자라 나오면서 인공수피를 감싸게 된다. 따라서 인공수피를 두께 3~4cm 정도로 조성한다면, 결국 우레탄폼의 높이는 형성층보다 4~5cm 정도 낮아야 한다는 계산이다(그림 10-12 B).

인공수피의 재료는 앞에서 언급한 작은 공동을 충전할 때 권장하는 똑같은 건축용 실리콘 수지(silicone resin)이다. 실리콘 봉합제(silicone sealant)는 다양한 색상으로 판매되고 있으므로, 수피와 흡사한 색깔을 선택할 수 있고 혹은 다른 염료를 섞어서 원하는 수피 색깔을 만들 수 있다. 자연

그림 10-12

인공수피 제작. A: 코르크 가루와 실리콘 실런트 배합 과정, B: 작은 공동의 인공수피 제작 완성, C: 큰 공동의 인공수피 완성

적인 질감을 높이기 위해 코르크 가루를 섞는다(그림 10-12 A). 실리콘 봉합제를 직경 3mm 정도의 코르크 가루와 잘 섞은 후 우레탄폼 위에 두께 3~4cm로 골고루 펴 발라서 인공수피 역할을 할 수 있게 한다. 배합 비율은 실리콘 500ml에 코르크 가루 100g이다. 실리콘은 탄력이 좋아서 바람에 의해 나무가 흔들릴 때 금이 가지 않는다. 예전에 썼던 에폭시 수지로 만든 인공수피는 부직포로 보강하여 단단하기는 하지만, 탄력이 없어 쉽게 금이 가곤 했다(그림 10-12 C)(나용준, 2012).

7. 외과수술 후의 작업

수간 외과수술은 미용(美容)수술에 해당하는 작업이다. 공동을 메꾸고 인공수피를 씌움으로써 우선 외형적으로 나무의 모양은 가다듬었으나, 외과수술로 수목이 더 건강해지지는 않는다. 수간을 썩게 한 근본적인 원인에 대한 진단과 대책이 세워지지 않으면 수간은 계속해서 부패하게 된다. 우선 수술한 나무의 건강을 증진시키기 위해 전정, 엽면시비, 수간주사, 토양시비, 토양 멀칭 등의 조치를 강구한다. 그 밖에 수간 부패의 원인이 복토, 석축, 과습, 답압, 천공성 해충 등 뿌리와 줄기에 피해를 주는 토양 요인이라면, 그 근본 원인을 제거해야 추가적인 수간의 부패를 방지할 수 있다.

10-7 뿌리 수술(root surgery)

뿌리 수술은 지상부가 병해충으로 이미 심하게 피해를 받고 동시에 대부분 뿌리가 죽어 가고 있음이 확인되어, 그대로 두면 나무가 죽을 것으로 진단될 때에만 실시하는 마지막 비상수단이다. 별로 피해를 받지 않은 나무를 상대로 뿌리 외과수술을 실시하면 건강한 뿌리까지 훼손되어 나무의 건강이 급속하게 나빠지므로 함부로 실시해서는 안 된다.

10-7-1 뿌리 부패의 진단

땅속에 있는 뿌리는 눈에 보이지 않지만, 지상부의 잎이나 줄기와 똑같이 살아서 숨도 쉬고 계속해서 자란다. 지상부의 잎과 가지가 아주 건강하게 자라고 있을 때에는 뿌리도 건강하다고 추측할 수 있다. 그러나 잎과 가지가 병해충에 의해 지속적으로 피해를 심하게 받으면서 비정상적인 증세를 보이면 뿌리에도 이상이 온다. 즉 잎의 색깔이 변하는 경우, 수세가 쇠퇴하여 가지의 발생과 생장이 저조한 경우, 잎과 꽃의 숫자가 줄고 크기가 작아지는 경우, 가지의 끝부분이 고사하는 경우, 밑동에서 버섯이 발생하는 경우 등의 증세가 나타나면 뿌리가 제대로 기능을 발휘하고 있는지 우선으로 확인해야 한다.

토양이 상습적으로 과습하면, 수관에서 부분적으로 잎이 마르고 엽병이 누렇게 변하면서 어린가지가 고사한다. 지표면이 복토되어 뿌리가 호흡을 못하면 잎의 왜소현상과 어린가지의 고사현상이 나타난다. 진흙으로 복토되면 당년에 지상부에 피해가 나타나며, 모래흙으로 복토되면 서서히 증세가 나타난다. 토양이 다져지는 답압현상이 지속되면 복토 증세와 유사한 증세를 보인다. 그 밖에 콘크리트 포장, 토양오염, 유해 가스 등 위에서 언급한 뿌리에 생리적 피해를 가져올 수 있는 요인이 생기면, 뿌리가 먼저 죽어 가면서 나중에 서서히 지상부에 이상이 나타난다.

뿌리가 살아 있는지를 확인하기 위해 삽이나 오가(auger, 뿌리 검토장, 檢土杖)를 이용하여 지표 20cm 이내에 잔뿌리가 있는가를 본다. 잔뿌리가 나타나지 않으면 복토되었을 가능성이 있다. 수관폭 바깥에서 시작하여 안으로 들어오면서 몇 군데 더 뿌리를 파서 보고 굵은 뿌리에서 수피의 색을 먼저 관찰한다. 살아 있는 뿌리는 밝은 갈색을 띠며, 죽은 뿌리는 검게 변색되어 있다. 수피를 벗겨 보면 살아 있는 뿌리는 흰색의 형성층이 나타나며, 죽은 뿌리는 수피가 힘없이 벗겨지고 형성층이 검게 착색되어 있다. 수관폭 외곽과 내부에서 대부분 뿌리가 죽어 있다면 심각한 상태라고 할 수 있으며, 귀중한 나무라면 뿌리의 수술을 고려할 수 있다.

10-7-2 뿌리 수술 방법

뿌리 수술은 수간 외과수술보다 비교적 간단한 원리로 할 수 있으나 흙을 파내야 하는 번거로움이 따른다. 기본적으로 뿌리의 수술은 뿌리 중에서 아직 살아 있는 부분을 찾아서 죽은 뿌리를 절단하고, 살아 있는 뿌리에 박피를 실시함으로써 새로운 뿌리의 발달을 촉진하고, 토양을 개량하여 양분 흡수를 용이하게 해 주는 과정이다. 수술 적기는 봄이지만 9월까지 뿌리가 자라므로 생육기간 중에는 실시할 수 있다.

1. 흙파기

나무의 지상부가 죽을 때 가지 끝에서부터 밑으로 죽어 내려오면서 수관이 축소되듯이, 뿌리도 가장자리부터 안쪽으로 밑동을 향해 죽어 간다. 따라서 죽은 뿌리를 찾기 위해서는 수관폭 바깥에서부터 밑동을 향해 안쪽으로 접근해야 한다(그림 10-13 A). 수관폭 내에 콘크리트나 아스팔트가 깔려 있다면 모두 제거하고, 수술이 끝난 후에 다시 덮지 않는다. 수관폭 바깥에서부터 시작해서 원형으로 밑동을 향해 흙을 파서 들어간다. 과거에 복토가 되지 않았다면, 깊이 15~30cm 이내에 수평근이 있고 잔뿌리가 대량으로 있어야 한다. 복토된 경우에는 잔뿌리가 위로 올라와서 자라기도 한다. 잔뿌리가 모두 살아 있고, 대량으로 나타난다면 뿌리 수술을 필요로 하지 않는 건강한 상태이다. 잔뿌리가 없거나 굵은 뿌리가 모두 죽어 있으면(그림 10-13 A) 살아 있는 뿌리가 나타날 때까지 더 깊게 (1m 혹은 그 이상 더 깊게 파는 경우가 많음) 그리고 밑동을 향해 땅을 파서 들어간다(그림 10-13 B). 살아 있는 가는 뿌리가 대량으로 발견되는 부분은 더 이상 파헤치지 말고 다른 부분으로 이동한다. 과거 뿌리 주변에 복토를 실시했다면, 이 기회에 흙을 모두 제거하여 원래의 높이로 낮추어 주어야 한다. 이 과정을 생략하면 뿌리 수술을 해도 효과를 볼 수 없다.

그림 10-13 A, B

뿌리 수술(땅파기). A: 수관 가장자리 지면에서 중앙의 밑동을 향해 땅파기를 시작하여 살아 있는 뿌리를 찾음(사진: 이승제), B: 살아 있는 뿌리가 나타날 때까지 중앙을 향해 땅파기를 계속한다(이경준과 이승제, 2011).

2. 뿌리 절단과 박피

살아 있는 뿌리가 나타나기 시작하면 우선 죽어 있는 부분을 절단해서 제거하는데, 반드시 살아 있는 쪽에서 예리하게 칼로 절단해야 한다. 살아 있는 뿌리가 발견되면, 손상되지 않게 조심하면서 예리한 칼로 3cm 폭으로 환상박피(環狀剝皮, 한 바퀴 돌아가면서 수피를 벗기는 것)하거나 7~10cm 길이로 띠 모양 부분 박피를 실시한다. 직경이 작은 뿌리는 이보다 좁게 혹은 짧게 수피를 벗긴다. 절단되거나 박피된 곳에는 발근촉진제인 옥신(IBA를 주로 씀)을 10~50ppm 분제로 조제하여 뿌리고 상처도포제(티오판 도포제)를 발라 준다. 살아 있는 뿌리에서 절단하고 박피함으로써 새로운 뿌리의 발달을 유도할 수 있다(그림 10-13 C).

3. 토양소독과 토양개량

토양 중에 있는 각종 병균과 해충을 구제하기 위해 토양 살균제와 살충제를 굴착한 토양에 뿌린다. 살균제로 캡탄(captan) 분제, 티오판 수화제(thiophanate methyl, 톱신 M)를 쓰고, 살충제로 다이아톤을 쓴다. 흙을 들어낸 기회를 이용하여 토양을 개량하면, 새로운 뿌리의 발달과 무기양분 흡수에도 도움이 될 수 있다. 되메꾸기를 하기 전에 굴착한 흙의 일부에 모래, 완숙퇴비, 질석, 펄라이트, 석회를 적절히 섞어 토양의 물리적 성질(이 경우에 배수와 통기성)과 화학적 성질(이 경우에 무기양분과 토양산도)을 동시에 개량하도록 한다. 퇴비는 총 부피의 10% 이상 되도록 하며, 반드시 완숙된 퇴비를 써야 한다.

4. 되메꾸기와 기타 토양 처리

되메꾸기는 개량된 흙을 노출된 뿌리 주변과 굴착한 도랑에 집어넣는 과정이다. 이때 조심해야 할 것은 최종적인 지표면의 높이를 예전의 높이와 똑같이 해야 하며, 조금이라도 복토가 되면 안 된다. 그러나 유기물 멀칭은 허용된다. 절대로 콘크리트나 아스팔트를 입혀서는 안 된다. 부득이 복토해야 할 경우에는 제9장의 9-4-6 복토 요령을 따라야 한다.

그 밖에 상습적으로 과습한 지역이라면, 되메꾸기를 하기 전 이미 굴착한 도랑 바닥에 수평 유공관을 설치하고 흙으로 덮어 암거배수(暗渠排水)를 시도하거나 자갈을 깔고 도랑을 노출시키는 명거배수(明渠排水)를 시도한다. 상습적으로 답압이 심한 지역이라면 수직으로 유공관을 여러 곳에 묻어서 공기 유통을 도모해야 한다. 그리고 추가 답압을 막기 위해 울타리를 설치하는 것이 가장 바람직하며, 그렇지 않으면 우드칩이나 바크로 두께 5cm 이내로 멀칭한다(그림 10-13 D).

5. 지상부 처리

뿌리 수술을 시행할 만큼 뿌리가 많이 죽어 있고, 뿌리 수술 과정에서 추가로 뿌리 손상이 일어나므로 지상부와의 균형을 맞추어야 한다. 가지치기를 통해 쇠약지, 고사지, 도장지를 제거하고, 솎

그림 10-13 C, D

뿌리 수술(박피와 마무리). C: 살아 있는 뿌리의 박피(부분적인 환상박피도 가능함)와 발근촉진제 분무 처리. D: 뿌리 수술이 끝난 후 흙을 되메꾸기할 때 유공관을 설치한다(사진: 이승제).

음전정을 통해 엽량을 줄여 준다. 그리고 빠른 회복을 위해 엽면시비와 수간주사를 통해 무기양분을 추가로 공급해 준다. 엽면시비는 요소 0.5% 용액 혹은 질산칼슘, 제1인산칼륨, 황산마그네슘, 염화철을 각각 0.01~0.1% 용액으로 만들어 사용한다.

10-8 지지보조물(支持補助物, supplement support) 설치

지지보조물은 나무에 물리적인 힘을 보태기 위해 설치하는 공작물을 의미하며, 지주(prop), 쇠조임(bracing), 줄당김(cabling), 당김줄(guying)을 예로 들 수 있다. 태풍으로 나무가 쓰러지거나, 비스듬히 서 있는 나무의 도복이 우려되거나, 나무를 옮겨 심거나, 줄기 공동이 크거나, 하중으로 줄기가 갈라지거나 할 때 물리적으로 지탱하기 위한 수단이다.

10-8-1 지주(支柱, prop 혹은 stake)

지주는 지상부에 고정시킨 기둥으로 수목 일부를 떠받치는 형태를 의미한다. 큰 나무의 굵은 가지는 세월이 지나면서 밑으로 처지는 경향이 있다. 이를 그대로 두면 바람에 의해 가지의 진동폭이 커져 부러질 위험이 있으므로, 이를 지주로 받친다. 일단 피해를 받으면 원형으로 복구가 어렵고, 재발의 위험이 커지므로 지주 설치는 예방 차원에서 미리 조치해야 한다. 지주는 조경수의 미관을 해치므로 쇠조임이나 당김줄로 해결되지 않을 때나 나무를 옮겨 심을 때 설치한다.

1. 재료

지주(prop)의 재료로는 쓰러진 다른 나무의 꼿꼿한 줄기나 목재를 사용할 수 있는데, 수명이 짧지만 자연적 재료라는 장점도 있다. 대부분 지주는 철제로 된 파이프나 철제빔을 사용하는데, 반영구적이고 목재보다 가는 직경으로 더 큰 무게를 지탱할 수 있다. 지주의 굵기는 지주의 길이와 받치려는 가지의 굵기에 따라서 적절히 조절하여 눈이 쌓이더라도 충분히 하중을 견딜 만한 규격으로 한다. 일반적으로 직경 10~15cm이며, 무게를 많이 받을 경우 15~20cm 철제 파이프를 사용한다.

2. 형태

지주의 형태는 1자형, X자형, A자형, Y자형이 있다(그림 10-14). 1자형 지주는 안정되게 자라는 수목의 가지가 낮게 수평방향으로 뻗고 있을 때 간단히 설치하는 방법으로써, 받치려는 가지의 밑부분의 수피를 약간 파서 1자 모양의 파이프를 박아서 넣되, 파이프의 끝부분을 캡으로 씌워서 충격을 완화시켜 준다(그림 10-14 A).

X자형 지주는 비교적 낮은 가지의 경우 2개의 쇠파이프를 서로 X자로 교차되게 세우고, 교차부위 위에 가지를 얹어서 받쳐 주는 형태이다(그림 10-14 B). 가지가 이미 찢어졌거나 금이 가 있을 때 가지가 더 이상 움직이지 않도록 확실하게 고정할 수 있는 장치이지만, 정확한 높이를 맞추

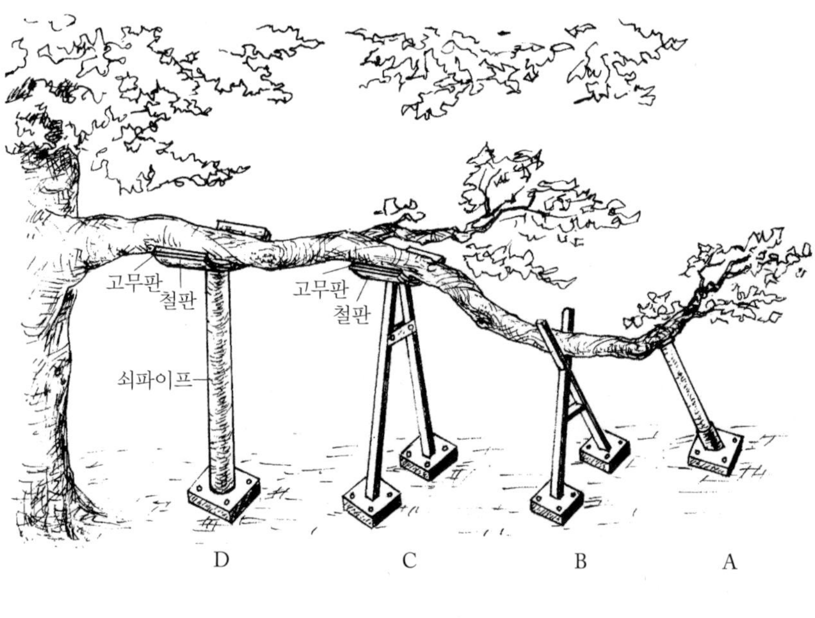

그림 10-14

지주의 다양한 형태. A: 낮은 가지에 살짝 박아 넣는 1자형 지주, B: X자형 지주, C: A자형 지주, D: Y자형 지주(철판 3~5mm 두께, 가지 직경의 2배 폭, 쇠파이프: 직경 10~20cm)(이경준과 이승제, 2011).

기가 쉽지 않으며 교차 부위에 구멍을 뚫고 너트로 단단히 고정하거나 용접해야 하며, 각도를 고정하기 위해 수평바를 하나 설치해야 한다.

A자형 지주는 2개의 파이프를 일정한 각도로 맞붙여서 사용하는 것인데, 가지가 좌우로 많이 흔들려서 1개의 다리로 고정이 안 될 경우에 사용한다. 2개의 파이프를 일정한 각도로 맞붙인 후 수평바로 고정한다. 그리고 맞붙인 곳을 수평으로 깎아 내고 용접한 후 그 위에 수평 철판을 얹어서 다시 용접하고 고무판을 깔고, 가지를 올려놓는 방식이다(그림 10-4 C).

Y자형은 1자형 파이프의 끝부분에 접시 모양으로 구부린 강판을 수평방향으로 용접으로 붙여서 고정하는 형태이다. 이때 강판의 두께는 3~5mm로 하며, 접시의 길이(가지가 뻗는 방향)는 20~30cm가량으로 한다. 접시의 폭(가지의 직경방향)은 줄기 직경의 2배 정도로 하여 줄기가 바람에 의해 좌우로 약간 움직일 수 있도록 한다. 철판 위에는 고무판을 부착시켜 마찰에 의한 상처를 최소한으로 한다(그림 10-14 D).

3. 설치

위에 열거한 모든 방법에서 지주의 아랫부분은 지상부에 단단히 고정하는데, 미관을 해치거나 땅을 마구 파헤치지 않는 범위 내에서 돌 위에 홈을 파서 올려놓거나 콘크리트 구조물에 연결시켜야 한다. 지주를 지상부에 고정하기 전에 가지를 살짝 들어 올린 상태에서 지상구조물에 올려놓도록 지주의 길이가 약간 길어야 한다. 이렇게 함으로써 가지가 지주 위에 확실히 올라앉게 되며, 가지의 하중으로 지주가 흔들리지 않게 된다. 여름철 잎이 무성하게 달려 있는 상태에서 공사를 할 경우에는 20~30cm가량 들어 올리고, 겨울철 잎이 없을 때에는 가지가 약간 올라가 있으므로 10~20cm가량 들어 올린다. 마무리 작업으로 부식을 막기 위해 철제 파이프에는 페인트를, 그리고 목재에는 방부제를 표면에 처리한다.

지주와 가지 밑이 서로 닿는 부분은 수평 좌우방향으로 약간 움직일 수 있는 여유가 있어야 한다. 바람이 불어 가지가 흔들릴 경우 여유가 없으면 오히려 고정 부위가 부러지기 쉽다.

10-8-2 쇠조임(bracing)

쇠조임과 줄당김은 쇠막대기나 철사줄을 이용하여 찢어진 가지를 붙들어 매거나, 혼자 지탱할 능력이 없는 가지를 더 튼튼한 옆가지와 붙들어 매기 위해 실시하는 작업이다. 이 방법은 물리적 힘에 의한 스트레스를 해소하거나 재분배시키는 역할을 한다.

최근 외국에서는 쇠조임이나 줄당김을 많이 권장하지 않는다. 그 이유는 이러한 보조장치가 수목의 재난을 막아 준다는 보장을 할 수 없기 때문이다. 국내에서는 대개 사고가 발생한 후 상처를 치료하기 위해 실시하는 경향이 있다. 쇠조임이나 줄당김을 계획할 때에는 우선 대상수목의 수

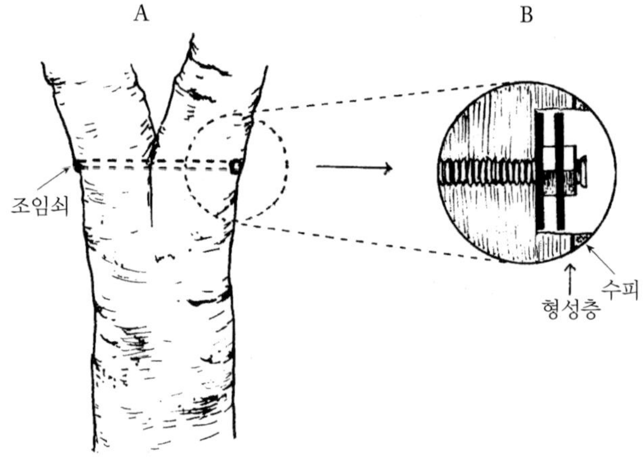

그림 10-15

약한 가지에 쇠조임 설치 요령. Y자형의 분지된 바로 아랫부분에 조임쇠를 설치하여(A), 볼트와 너트를 형성층 안쪽의 목질부까지 집어넣어(B) 이후에 형성층이 유합조직으로 너트를 완전히 감싸도록 유도함(Harris 등, 2004).

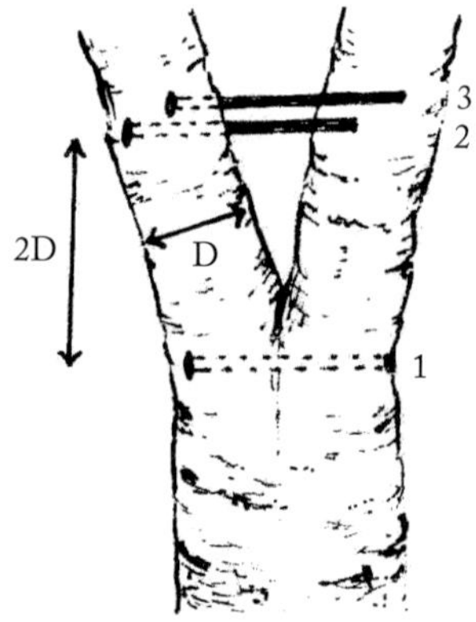

그림 10-16

가지가 굵거나 이미 찢어진 경우의 쇠조임 요령. 1번과 2번 쇠조임의 거리는 가지직경(D)의 2배(2D)로 한다(Harris 등, 2004).

간이나 가지의 심재가 부패한 정도를 파악하여, 이러한 보조장치에 의한 추가적인 힘을 견딜 수 있는가를 판단해야 한다. 특히 거목의 아주 굵은 가지를 받치고자 할 경우 무게가 너무 나가기 때문에 보조장치가 제구실을 못하는 경우가 많다.

쇠조임(bracing)은 쇠막대기를 이용하여 수간이나 가지를 관통시켜서 약한 분지점을 보완하거나 찢어진 곳을 봉합하는 작업이다. 쇠조임은 여러 가지 재료를 쓸 수 있으나, 그중에서 가장 튼튼한 것은 줄기에 구멍을 뚫고 쇠막대기형의 볼트(bolt)와 너트(nut)로 고정하는 방법이다. 줄기가 좁은 각도로 분지(分枝)되어 있는 경우 두 줄기의 직경이 굵어지면서 팽창 압력에 의해 갈라진 곳(분지점 혹은 아귀, crotch)이 찢어지기 쉽다. 이때 조임쇠를 가지 갈라진 곳 바로 아랫부분에 수평으로 설치해야 한다(그림 10-15 A).

구멍을 뚫을 때 구멍이 너무 크면 빗물이 스며들기 때문에 쇠막대기가 꼭 맞을 만큼 구멍이

그림 10-17
노거수에 공동이 크게 생겼을 때의 쇠조임 요령. 조임틀로 꽉 조인다(이경준과 이승제, 2011).

커야 한다. 너트로 한쪽 끝을 고정할 때 워셔(washer)를 이중으로 쓴다. 우선 수피를 필요한 만큼 원형으로 벗겨 내고, 형성층 안쪽의 목질부까지 깊이 너트를 박아 넣어야 한다(그림 10-15 B). 설치 후 형성층의 조직이 자라 나와서 너트를 완전히 감싸게 되므로 더 튼튼해지며 나무에 해가 되지 않는다. 가지가 굵거나 이미 찢어진 가지를 봉합하고자 할 때에는 1개의 조임쇠로는 부족하므로 윗부분에 2개를 추가로 설치한다(그림 10-16). 이때 분지점으로부터 쇠조임을 설치하는 거리를 가지직경의 2배로 하는 것이 역학적으로 가장 튼튼하다. 중앙에 공동이 있을 때에는 그림 10-17과 같이 공동을 가로질러서 조임쇠를 2개 이상 설치한다.

10-8-3 줄당김(cabling)

줄당김은 꼬아 만든 굵은 철선(cable)을 이용하여 가지와 가지 사이 혹은 가지와 수간 사이를 서로 붙들어 매어 줌으로써 구조적으로 보강하는 작업이다. 줄당김(cabling)은 나무의 몸체끼리 서로 연결하는 보강장치이며, 당김줄(guying)은 나무를 주변에 있는 고정장치(구조물)에 연결하는 장치로서 서로 차이가 있다.

줄당김을 실시하기 전에 하중을 줄일 수 있도록 전정을 통해 수형을 바로잡을 수 있는지를 먼저 검토해야 한다. 전정이 끝나면 보강하려는 가지의 크기, 각도, 분지점, 부패 정도를 고려하여 가장 효율적인 줄당김 형태를 결정한다. 가장 쉬운 형태는 그림 10-18과 같이 처지는 가지를 굵은 수간에 붙들어 매는 것이다. 이때 가지와 철선과의 각도를 45도 이상이 되도록 위쪽에 매어야 안전하다. 수간이 밑동에서 여러 개로 갈라져 있는 상태에서 밖으로 수간이 기울어지려고 할 때에

그림 10-18

가장 간단한 줄당김 형태. 건전한 원줄기(A)를 관통시킨 쇠조임에 처진 가지(B)를 관통시킨 쇠조임을 서로 고리볼트로 연결시킨다. 처진 가지와 당김줄의 각도를 45도 이상이 되도록 해야 한다(이경준과 이승제, 2011).

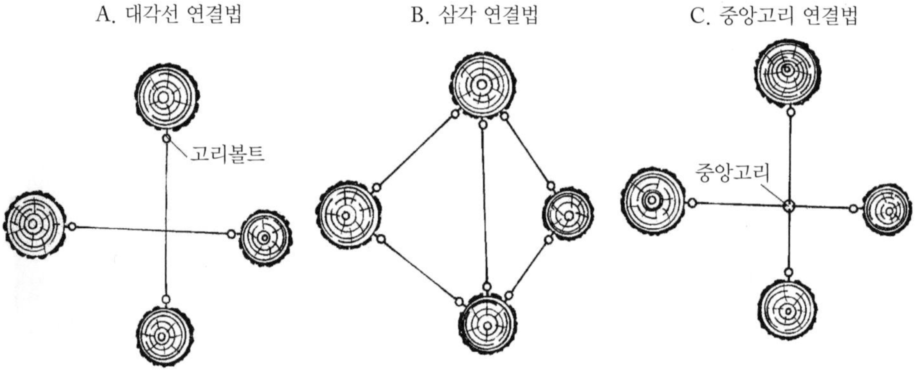

그림 10-19

수간이 여러 개로 갈라져 있는 교목이 바깥쪽으로 기울어지려고 할 때, 평면도상에서 본 줄당김의 세 가지 방법. 모든 고리볼트는 반대편에서 수간을 관통시켜 설치해야 한다(이경준과 이승제, 2011).

는 수간끼리 서로 의지하도록 수평으로 연결할 수 있으며, 대각선 연결법, 삼각연결법 혹은 중앙고리 연결법을 쓰면 된다(그림 10-19).

철선을 설치할 때 철선에 충분한 하중을 실어 주기 위해 철선이 가지나 줄기에 견고하게 연결되어야 한다. 철선을 가지 둘레에 단순하게 돌려 매는 것은 세월이 지나면서 가지의 직경이 굵어지므로 절대 금물이다. 단, 쓰러지는 나무를 응급조치로 잠깐 붙들어 맬 경우에는 허용된다. 가장 힘을 많이 받을 수 있는 철선의 연결방식은 쇠조임의 경우와 같이 가지를 관통시키는 쇠막대 볼트식이다. 즉 가지를 관통하여 쇠막대를 집어넣는데, 반대편 끝에 고리볼트가 있는 쇠막대(쇠봉)를

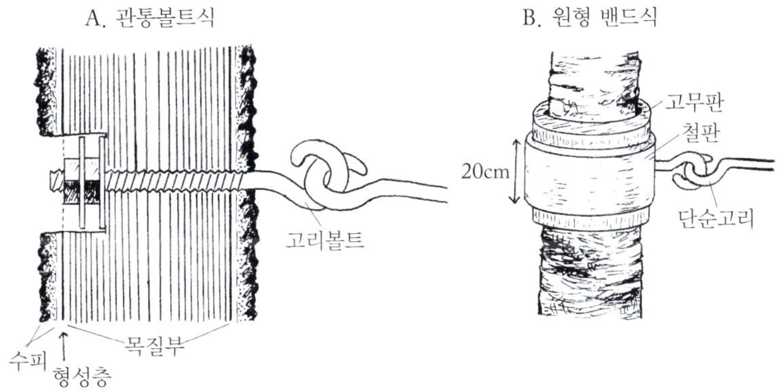

그림 10-20

줄당김의 설치 요령. A(관통볼트식)와 같이 수간을 관통시켜서 설치해야 한다. B(원형 밴드식)는 임시적인 방법으로서 가지가 굵어지면 다시 설치해야 한다(이경준과 이승제, 2011).

A

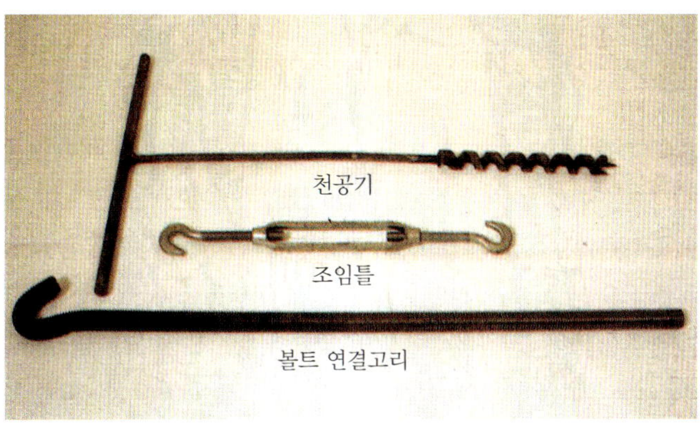

B

그림 10-21

쇠조임에 쓰는 기구. A: 조임틀(turnbuckle), B: 가지에 구멍을 뚫을 때 쓰는 천공기, 볼트 연결고리(이경준과 이승제, 2011)

사용한다(그림 10-20 A). 이때 너트가 목질부에 묻히도록 깊숙이 넣어야 형성층이 자라서 유합조직을 만드는 데 방해가 안 된다(그림 10-22).

위와 같이 가지를 관통시키는 쇠막대 볼트를 설치하기가 어려울 경우 원형 밴드를 이용할 수 있다. 원형 밴드식은 폭 20cm가량의 철판을 원통형으로 제작하고 안쪽에 고무판을 부착한 후 한 쪽 끝에 고리를 부착하여 철선을 연결하는 방식이다(그림 10-20 B). 이 방식은 밴드를 여유 있게

그림 10-22
줄당김의 예. A: 느티나무에 설치한 관통볼트형 줄당김, B: 단풍나무의 원형 고리형 줄당김

만들면 부착 부위가 움직이며, 밴드를 꽉 맞게 제작하면 가지가 굵어지면서 밴드로 인해 압박을 받게 되는 단점이 있어서 최근에 널리 쓰이지 않는다.

철선을 연결시킬 때에는 꼬아서 만든 철사를 쓰며, 팽팽하게 조이기 위해 조임틀(turnbuckle)을 중간에 사용해야 한다(그림 10-21).

10-8-4 당김줄 설치(guying)

당김줄(guy)은 지지를 보강하기 위해 수간과 주변에 있는 고정장치(구조물) 사이를 강철이나 합성섬유로 연결하는 줄을 말한다. 주변에 있는 고정장치란 땅, 다른 나무 혹은 주변의 튼튼한 구조물을 의미한다. Cable과 guy는 근본적으로 같은 재료로 만든 철선(wire)을 사용하지만, 나무의 몸체끼리 서로 연결할 때 굵은 철선을 사용하면 cable에 해당하며, 나무와 주변 고정장치(구조물)를 서로 연결할 때 가는 철선을 쓰면 guy로 칭한다(그림 10-23).

당김줄 설치는 주로 다음 세 가지 경우에 응용되는데, 직경이 큰 나무를 옮겨 심으면서 나무를 견고하게 세우고자 할 때, 바람에 기울어진 나무를 다시 곧게 세우고자 할 때, 그리고 보행자가 많은 번화한 상가에서 고정장치를 땅속에 설치하고자 할 때 응용한다.

철선을 가지나 줄기에 고정시킬 때에는 철선에 완충재(hose buffer, 쿠션 혹은 고무호스)를 씌워서 가지가 갈라진 곳에 돌려 맨다(그림 10-22 B). 당김줄이 역학적으로 최대의 지지력을 발휘하기 위해 철선은 땅과 45도의 각도를 유지하여 여러 방향으로 3개 혹은 4개를 설치하고, 철선을 붙들어 매는 높이는 수고의 2/3 정도 되어야 한다. 철선의 길이와 탄력을 조정하기 위해 중간에 조임틀(turnbuckle)을 설치한다. 철선이 잘 보이지 않으므로 철선 위에 깃발을 달아야 한다.

철선을 땅에 고정시킬 때에는 나무의 크기에 따라서 땅속에 콘크리트 블럭, 쇠파이프, 각목, 철제 닻(anchor)을 사용하여 깊게 묻는다. 번화한 상가에서 지상부에 공작물이나 철선을 노출시키

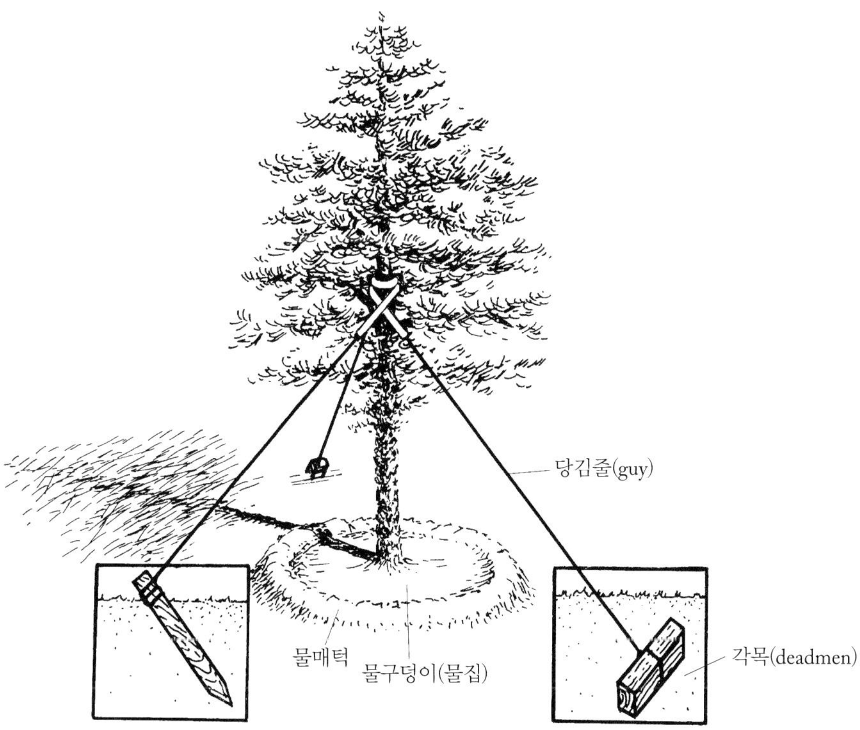

그림 10-23

당김줄 설치. 쓰러지는 나무 혹은 새로 이식한 나무에 당김줄을 설치할 때에 삼각 혹은 사각으로 당김줄을 설치하며, 대경목의 경우에는 중간에 조임틀을 삽입하여 팽팽하게 당긴다. 땅속에 콘크리트 블럭, 기둥, 각목, 철제 닻을 묻어 고정시킨다(이경준과 이승제, 2011).

지 않고 근분(根盆, root ball)을 움직이지 않게 고정하기 위해서는 이식 구덩이 옆에 각목(deadmen)을 먼저 묻고, 나무를 심은 다음, 근분 위를 가로질러 철선을 설치하는데, 철선이 각목과 45도 각도가 되게 서로 연결한다.

한 나무에서 이웃 나무로 철선을 서로 연결할 경우에는 지지를 받는 나무 수관의 1/2 이상 위치에서 지지해 주는 나무 수관의 1/2 이하로 연결해야 하며, 지지해 주는 나무의 줄기가 튼튼하고 물리적 손상이 없어야 한다.

제11장

수목의 병해충 방제

수목에서 병해충의 방제(防除, control)는 전염성 병과 해충의 피해를 방지하는 각종 수단을 포함하며, 병해충을 사전에 미리 막는 예방(豫防, prevention)과 발생 후에 없애는 구제(驅除, extermination)의 두 분야로 나눌 수 있다. 비전염성 병(생리적 피해)은 주로 부적절한 생육환경과 생물적 요인 중에서 동물과 인간에 의해 발생하므로, 제12장 수목의 건강관리에서 다루고자 한다.

전염성 병이 발생하기 위해서는 병에 대한 저항성이 약한 감수성을 가진 수목(기주)이 전염성을 가진 병원체와 접촉해야 하며, 환경이 발병에 유리한 상태에 있어야 한다. 즉 그림 5-3에서 기술한 대로 '병의 삼각형'에 해당하는 기주(소인), 병원체(주인), 환경(유인)의 세 요인이 모두 발병에 적합한 상태에 있을 때 드디어 병이 생긴다. 따라서 병해충의 방제는 위의 세 가지 요인이 서로 만나거나 적합한 상태에 이르지 않게 배제하고 격리하면서 기주의 저항성을 높이고, 병원체를 약화시키거나 제거하고, 환경을 개선하는 수단을 통해 가능해진다.

11-1 수목의 병해충 저항성

지구상에 있는 대부분 생물은 일반적인 다양한 병원체에 대한 저항성을 가지고 있다. 인체에 병을 일으키는 병원균은 수목에 병을 일으키지 않으며, 참나무는 잣나무털녹병에 걸리지 않고, 포플러는 밤나무 동고병(줄기마름병)에 걸리지 않는다. 대신 병원균은 특수 기주식물만을 목표로 하여 병을 일으키는 기주특이성(기주선택성)이 있다. 반면 수목은 긴 세월 진화하면서 침입하는 대부분 병원균에 저항하는 구조와 기작(mechanism)을 가지고 있기 때문에, 건강할 때 수목은 저항성을 발휘한다. 병원균은 기회주의자이다. 평소에 수목이 딱딱한 수피와 잎의 큐티클층으로 된 방어벽을 가지고 있지만, 수피와 잎에 상처가 생기면 병원균은 방어벽을 뚫고 침입하여 감염시킨다.

11-1-1 화학물질 생산

수목이 병원균과 해충에 저항하는 수단으로 화학물질을 생산하여 체내에 축적한다. 잎에 타닌(tannin) 함량이 높으면 곤충이 잎을 잘 먹지 않는다. 곤충이 잎을 가해하면 잎의 타닌의 함량이 증가하여 곤충이 싫어하게 만든다. phenol 화합물도 가지에 축적되는데, 특히 소나무류의 어린가지에는 건중량의 20% 정도가 phenol 계통 화합물로서 초식동물과 곤충들이 기피한다.

건강한 나무는 수피에 상처를 받으면 침엽수와 활엽수 모두 형성층과 사부조직의 유세포가 커지고 숫자가 늘어나면서 코르크 조직(주피, 周皮)을 재생시켜 상처를 감싸며, 미생물이 분해하지 못하는 수베린(suberin)을 축적시킨다. 침엽수는 수지도(樹脂導, resin duct)를 형성하여 수지(resin)를 분비하고(그림 11-1), terpene류와 phenol류 화합물이 증가하여 반응대(反應帶)를 형성한다. 활엽수 중에서 환공재를 가진 수종의 경우(예: 참나무류, 음나무), 오래된 도관을 전충체(塡充體, tylose)로 채워 폐쇄시켜 목재부후균의 이동을 막기도 한다. 부후균이 침입하여 목재가 변색된 부분에는 4-methylcatechol, lignan류, stilbene류, phenylbenzofuran 등 다양한 phenol류 화합물이 축적되어 미생물의 추가 부패를 방지한다. 이런 물질은 작물에서 관찰된 항미생물적 물질인 phytoalexin(예: 강낭콩의 phaseollin과 완두콩의 pisatin)에 해당한다.

그림 11-1
곰솔의 송진 생산은 병해충에 대한 저항성을 높여준다.

11-1-2 물리적 방어벽(physical barrier) 형성

수목이 가지고 있는 병균에 대한 물리적 저항성을 가장 잘 보여주는 예가 목재부후균에 대한 자체 방어벽 형성능력이라고 할 수 있다.

식물의 세포는 세포벽을 가지고 있어 딱딱하고, 몸은 대부분 세포벽의 주성분인 섬유소(cellulose)로 되어 있다. 박테리아는 섬유소를 분해하지 못하는 반면, 곰팡이는 효소를 분비하여 이를 분해하는 능력을 갖추고 있다. 그래서 곰팡이는 살아 있거나 죽은 나무에 침입하여 목부조직을 파괴한다.

목부조직(2차 목부)은 1970년대 초까지는 죽어 있어 반응을 보이지 않는 조직으로 알려져 왔다. 현미경을 통해 보면 목부조직의 대부분을 차지하는 도관, 가도관, 섬유세포는 모두 죽어 있는 세포들이기 때문이다. 그러나 낮은 비율이지만 살아 있는 유세포(柔細胞, parenchyma)가 있다. 미국의 Shigo는 1970년대에 지금까지 죽어 있는 것으로 알려졌던 목부조직이 살아 있으면서 침입하는 미생물에 대한 적극적인 방어를 한다는 것을 발견했다. 그는 이 이론에 CODIT(코딧)이라는 말을 붙였는데, '수목부후 구획화'라고 번역할 수 있다. 즉 미생물의 확산을 막기 위해 나무가 방어벽을 입체적으로 그리고 4차원적으로 만들어 미생물을 가두어 구획화(區劃化) 한다는 뜻이다(Shigo, 1989)(그림 11-2 A).

방어벽 1(wall 1)은 미생물이 줄기를 따라서 상처의 위아래로 종축방향(longitudinal direction)으로 확산되는 것을 막는 벽이다. 나무는 뿌리에서 흡수한 물(수액)을, 목부조직을 통해 위쪽으로 보낸다. 미생물이 수액을 따라서 이동하면 온몸에 쉽게 퍼질 수 있다. 따라서 나무는 미생물의 상하 이동을 우선으로 막으려고 한다. 활엽수 중에서 환공재를 가진 수종의 경우 살아 있는 유세포가 자신의 세포내용물을 도관 속으로 집어넣어 전충체(tylose)의 형태로 도관을 막는다. 산공재 수종(예: 피나무, 단풍나무)의 경우 검(gum)과 과립(granular) 물질을 분비해 도관을 막는다. 침엽수의 경우 유세포가 송진과 테르펜류(terpene)를 분비하거나 막공(pit) 폐쇄로 가도관을 막아 버린다. 방어벽 1은 약한 벽이라서 미생물을 철저히 막지 못하며, 참나무류에서는 강한 벽을 만들지만, 포플러류와 팽나무류에서는 이 벽이 약하다.

방어벽 2(wall 2)는 미생물이 나무의 중심부를 향해 수선(ray)을 따라서 방사방향(radial direction)으로 침투하는 것을 막는 벽이다. 상처의 안쪽과 바깥쪽으로 두꺼운 세포벽을 가진 추재를 형성하여 접선방향으로 방어벽을 형성하여 미생물이 중앙으로 침투하는 것을 막는다.

방어벽 3(wall 3)은 미생물이 나이테를 따라서 원을 그리면서 원 둘레 방향으로, 즉 접선방향(tangential direction)으로 퍼지는 것을 막는 벽이다. 목재조직에는 우산살처럼 방사방향으로 퍼진 수선조직(ray)이 있는데, 유세포로 구성되어 있으며, 이 수선 유세포가 방어벽을 만들어 미생물이 나이테의 둥근 선을 따라 접선방향으로 둥글게 휘면서 이동하는 것을 차단한다.

방어벽 4(wall 4)는 형성층에 의한 방어벽이다. 상처 발생 당시에 이미 있었던 목부조직(나이테)과 새롭게 만들어지는 목부조직을 서로 격리시키기 위해 형성층이 만든 벽이다(그림 11-2 B).

위에 언급한 네 가지 방어벽은 입체적으로 네 방향에서 미생물의 이동을 차단하면서 미생물을 벽으로 둘러싸서 가두어 놓아 구획화한다는 것을 알 수 있다. 이 중에서 네 번째 벽이 가장 강력한 방어벽이며, 첫 번째 벽이 가장 약하다. 즉 미생물이 줄기를 따라서 상처의 위아래로 쉽게 퍼져나간다는 뜻이다.

표 11-1 수종에 따른 '목재부후 구획화' 능력의 비교(이규화 역, 2013)

구획능력이 약한 수종	구획능력이 강한 수종
서양측백나무	소나무류
솔송나무류	리기다소나무
단풍나무류(버즘, 네군도, 설탕)	주목류
마로니에	느릅나무류 중 일부
미국피나무	단풍나무류(루브룸, 은단풍)
박태기나무류	배롱나무류
버드나무류	서어나무류
벚나무류	아까시나무
사시나무류	유럽밤나무
오동나무류	주엽나무류
자작나무류	참나무류 중 일부(알바, 로부르, 루브라)
팽나무류	호두나무류

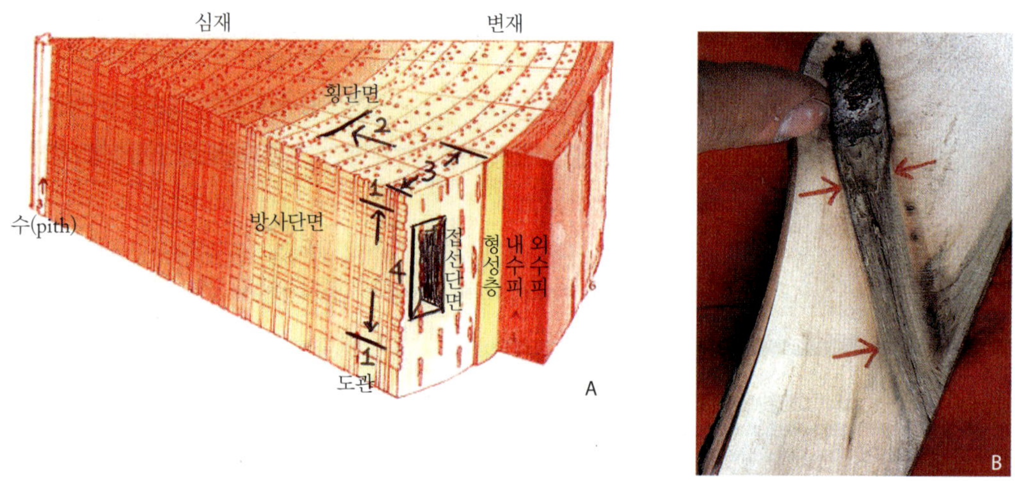

그림 11-2

수목의 방어벽 형성. A: Shigo 박사의 수목부후 구획화(CODIT) 이론. 방어벽의 형성 방향과 명칭을 숫자로 표시함(사진: USDA Forest Service, 1974), B: 죽은 옹이 상처가 자연적으로 치유된 결과(사진: Shigo, 1989)

수목의 CODIT(수목부후 구획화) 능력은 수종에 따라서 상당한 차이를 보인다. 목질부가 잘 썩는 수종이 있는가 하면 장수하면서 목질부가 잘 부패하지 않는 수종이 있다. 표 11-1에 수종별로 목재부후의 구획화 능력을 구분했다. 이 표에서 보듯이 수명이 짧은 수종에 속하는 버드나무류, 벚나무류, 사시나무류, 오동나무류, 자작나무류는 구획능력이 약하고, 수명이 긴 수종에 속하는 소나무류, 주목류, 참나무류는 구획능력이 강한 것으로 나타나서, 구획능력이 수명을 연장한다고 할 수 있다. 한편 예외적으로 팽나무는 국내에서 수명이 긴 수종인데, 이 표에서는 약한 것으로 나타났다.

11-2 국가적 및 법적 방제(regulatory control)

국가적 및 법적 방제는 병원체와 해충의 확산을 막기 위해 국가가 직접 관여하여 국경선과 지방정부의 경계선을 넘을 때 식물검역(植物檢疫, quarantine)을 실시하여 병해충의 국내 반입과 지역간 이동을 봉쇄하는 행위를 말한다. 자생지의 식물은 외국 혹은 외부에서 들어온 새로운 병해충에 노출된 적이 없어 저항성이 약하거나 없기 때문에, 도입된 병해충이 재앙 수준으로 번지는 경우가 자주 발생한다. 국가간 검역이 제대로 실시되지 않았던 20세기에 극동지방에서 미국으로 들어간 밤나무 동고병(chestnut blight)과 유럽에서 미국으로 들어간 느릅나무 줄기마름병(Dutch elm disease)이 각각 미국의 밤나무와 느릅나무를 전멸시킨 예는 유명하다.

법적 방제는 특수 식물을 보호하기 위해 특정 지역에 특정 식물을 식재하지 못하게 법으로 제한하는 것을 말한다. 향나무 녹병균은 봄과 여름을 사과나무와 배나무 같은 장미과 식물에서 보내면서 붉은별무늬병(적성병)을 일으킨다. 향나무보다 경제성이 더 크고 붉은별무늬병(녹병)에 예민한 배나무를 보호하기 위해 전남 나주시는 행정구역 내에 향나무 식재를 아예 조례로 금지하고 있다.

11-3 유전적 방제(genetic control)

여러 가지 병해충 방제 수단 중에서 가장 바람직한 것은 유전적 방제이다. 병해충에 대한 저항성과 감수성은 수종에 따라서 큰 차이가 있으며, 같은 수종 내에서도 품종에 따라서 차이를 보인다. 조경수 중에는 병해충이 많아 관리하기 어려운 수종이 있는가 하면, 병해충이 거의 없어 관리하기 쉬운 수종도 있다. 미국의 경우 동부지역에서 흔히 심는 수종 중에서 사과나무속(*Malus*), 벚나무속(*Prunus*), 층층나무속(*Cornus*), 장미속(*Rosa*), 피라칸사속(*Pyracantha*)은 병해충과 환경스트레스를 쉽게 받는 수종들이며, 반면 주목속(*Taxus*), 개나리속(*Forsythia*), 가막살나무속(*Viburnum*), 아까시나무, 알바참나무, 백합나무, 히코리는 거의 문제를 일으키지 않는 수종들이다. 국내 수종의 경우 소나무, 잣나무, 벚나무류, 단풍나무류는 병해충이 많고, 주목, 낙우송, 은행나무, 목련, 백합나무, 회화나무는 병해충이 적은 편이다. 이런 수종 고유의 특성을 고려해서 조경수를 선택하면 가장 환경친화적으로 수목을 관리할 수 있다.

한 수종 내에서도 병해충에 대한 저항성은 품종에 따라서 큰 차이를 보인다. 이러한 저항성의 차이는 형태적 혹은 생리적 요인에 의한 것이다. 잎이 딱딱하거나 큐티클층이 두꺼워서 병균이 침투하지 못하거나 해충이 싫어하는 물질이 잎에 함유되어 있기도 하다. 혹은 피해를 받아도 회복하는 능력이 큰 경우도 있다. 잣나무 털녹병에 대한 저항성은 잣나무류의 수종에 따라서 차이가 있으며, 내병성 육종을 통해 저항성 개체를 육종하기도 한다. 포플러 녹병은 조기낙엽을 초래하는 병인데, 내병성을 가진 수종(예: 은수원사시나무) 혹은 개체를 육종해서 내병성 품종을 대량으로 번식시켜 식재함으로써 예방한다. 밤나무혹벌의 경우에도 내충성 국내 품종으로 산목률, 순역, 상림, 옥광률, 도입 품종으로 유마, 은기, 축파, 단택, 삼조생이 이미 개발되어 있으며, 내충성 품종을 식재하여 이를 극복할 수 있다.

11-4 생물적 방제(biological control)

생물적 방제는 해충의 경우 천적을 활용하고, 병원균의 경우 길항미생물을 활용하는 방제를 뜻한다.

11-4-1 천적(天敵, natural enemy) 활용

해충 방제에서 천적 이용은 장기적으로 도움이 되며, 경제성이 있으며, 생태계를 가장 적게 교란시키는 방제법으로서, 과학적으로 사용하면 효과가 있다. 해충의 천적으로 포식동물(양서류, 파충류, 조류, 포유류, 곤충), 기생성 동물(주로 곤충), 병원미생물을 들 수 있다. 현재 한국에서 수목에 실용화할 수 있는 천적에는 해충을 잡아먹는 포식성 곤충, 해충체 내에 기생하는 병균과 곤충의 세 가지가 있다(표 11-2).

첫째, 포식성 곤충(predator)인 무당벌레(ladybug), 풀잠자리(lacewing)와 거미는 잎벌, 잎벌레, 나방류, 진딧물, 깍지벌레를 잡아먹는다(그림 11-3). 미국에서는 풀잠자리의 알을 시판하고 있다. 그 밖에 노린재목과 파리목에도 포식성 곤충이 있다.

둘째, 나비목, 파리목, 매미목, 딱정벌레목에 기생하는 곤충병원성곰팡이(entomopathogenic fungi)를 이용한다. 자낭균의 일종인 백강균(白彊菌, *Beauveria bassiana*)과 *Lecanicillium*(옛 이름 *Verticillium*)을 살포하여 솔나방 등을 구제할 수 있다. 그람(gram) 양성(+) 박테리아의 일종인 *Bacillus thuringiensis*(Bt)는 나비목, 파리목, 딱정벌레목에 병원성을 보이는데, 나방류 중에서 명나방, 흰불나방, 매미나방 등의 구제에 쓰이고 있다. 이 세균을 대량으로 증식하여 살충제와 마찬가지로 제제화하여 '비티(Bt)수화제'라는 이름으로 시판되고 있는데, 특히 나비목 해충에 효과적이다. 그 밖

표 11-2 국내 조경수 해충의 천적(우건석, 2009)

가해습성	해충 종류	포식성 천적	기생성 천적	병원균
식엽성 해충	잎벌류	무당벌레, 풀잠자리, 거미	좀벌, 맵시벌, 기생파리	
	벼룩바구미류	무당벌레, 풀잠자리, 거미		
	잎벌레류	무당벌레, 노린재		
	풍뎅이류	무당벌레, 풀잠자리, 거미	기생파리	
	나방류	무당벌레, 풀잠자리, 거미, 응애	좀벌, 맵시벌, 알좀벌, 고치벌, 기생파리	Bt 균, 핵다각체바이러스
	호랑나비류	무당벌레, 풀잠자리, 거미	맵시벌, 기생파리	
흡즙성 해충	깍지벌레류	무당벌레, 풀잠자리	좀벌, 기생봉	
	진딧물류	무당벌레	기생봉	
	거품벌레류			기생균
	나무이류	칠성무당벌레	기생봉, 가루이좀벌	
	총채벌레류	풀잠자리, 노린재, 응애	기생벌	백강균
천공성 해충	하늘소류	딱다구리	좀벌, 맵시벌, 기생파리	백강균
	명나방류	무당벌레, 풀잠자리, 거미	좀벌, 맵시벌, 알좀벌, 기생파리	
충영형성 해충	혹파리류	무당벌레, 풀잠자리, 침노린재	먹좀벌, 기생벌, 기생파리	
	밤나무혹벌류		꼬리좀벌	

그림 11-3
천적(풀잠자리)을 활용한 방제. A: 장미에 산란한 풀잠자리 알. 불교에서는 우담바라로 알려져 있다. B: 풀잠자리 성충(곤충 표본: 우건석)

에 베큘로바이러스(Baculovirus)를 이용하기도 한다. 이 중에서 NPV(nucleopolyhedrovirus)는 나비목, 매미목, 파리목에서 발견되는 바이러스인데, 밤나방류와 집시나방의 방제에 쓰이고 있다(제연호, 2012).

셋째, 해충에 기생하는 곤충(parasitoid)을 이용하는 방법인데, 먹좀벌류를 예로 들 수 있다. 이 중에서 솔잎혹파리먹좀벌(*Inostemma seoulis*), 혹파리살이먹좀벌이 가장 집중적으로 연구되었는데, 먹좀벌이 솔잎혹파리 유충의 몸에 산란하여 먹좀벌의 유충이 자라면서 혹파리 유충이 결국 죽게 된다. 먹좀벌을 대량으로 사육하여 방사함으로써 솔잎혹파리의 숫자를 어느 정도 줄일 수 있으나, 현재 천적 기생률이 5% 정도로 너무 낮아서 구제책으로써 제구실을 못하고 있다. 천적 기생률이 30%를 넘으면 소나무의 생존율이 높아져 소나무와 해충과의 자연적인 균형이 이루어질 수 있다고 한다. 반면 아까시잎혹파리는 2000년부터 전국적으로 창궐하여 한때 큰 피해를 주었으나, 최근 천적 기생률이 65%에 달하면서 피해가 거의 없어진 상태이다. 그 밖에 밤나무혹벌에 기생하는 꼬리좀벌류(중국긴꼬리좀벌, 남색긴꼬리좀벌, 노랑꼬리좀벌)가 있다.

11-4-2 길항미생물(拮抗微生物, antagonistic microorganism) 활용

병원균 방제에서 길항미생물 활용은 발병 이전 혹은 이후에 그 병원균에 길항작용을 가지고 있는 다른 미생물을 접종하여 병원균을 억제하는 수단을 쓴다. 작물에서 집중적인 연구가 이루어지면서 많은 성과를 거두고 있으며, 수목에서도 몇 가지 사례가 알려져 있다.

침엽수의 벌근(伐根, stump)에 발생하는 근부병(butt rot)은 *Heterobasidion annosum*(벽돌빛잣나비버섯류)에 의해 전염되는데, 최근 자른 소나무 그루터기에 균이 침입하여 뿌리를 통해 인접한 나무로 번진다. *Peniophora gigantea*(껍질고약버섯속) 분열포자를 소나무 벌근에 바르면 이 균이 벌근의 표면을 먼저 점령하여 병균의 침입을 막는다. 현탁액 혹은 분말로 벌근 표면에 바르거나, 기계톱 표면에 분열포자를 윤활유에 섞어서 바른다.

밤나무 줄기마름병(chestnut blight)의 경우 병을 거의 일으키지 않으면서 병원균을 억제할 수 있는 바이러스(dsRNA)에 감염된 같은 병원균의 저병원성 균주(hypovirulent strain)를 개발하여 이탈리아와 프랑스에서 밤나무에 인공접종하여 방제한다.

소나무류의 경우 천연으로 그리고 필수적으로 균근(菌根, mycorrhiza)을 형성하는데, 소나무 균근은 뿌리썩음병을 유발하는 *Phytophthora cinnamomi* 병원균에 대한 저항성, 그리고 미송 균근은 *Fusarium oxysporum* 병원균에 대한 저항성을 가진다. 소나무가 천연으로 송이버섯(*Tricholoma matsudake*)과 함께 균근을 형성하면서 공생함으로써 얻게 되는 이득이라고 할 수 있다. 균근 곰팡이가 뿌리를 먼저 점령하여 다른 병원균의 접근을 물리적으로 막고 항생제를 생산한다. 숲에서 발생하는 버섯 중에서, 특히 땅바닥에서 직접 나오는 버섯 중에는 나무뿌리와 공생하는 균근곰팡이가 많다. 산에서 흔히 채집되는 광대버섯(*Amanita*), 무당버섯(*Russula*), 젖버섯(*Lactarius*), 그물버섯(*Boletus*), 비단그물버섯(*Suillus*), 싸리버섯(*Ramaria*), 꾀꼬리버섯(*Cantharellus*), 능이(*Sarcodon*), 까치버섯(*Polyozellus*), 모래밭버섯(*Pitholithus*), 알버섯(*Rhizopogon*) 등이 대표적인 균근 곰팡이이다(그림 11-4).

그림 11-4

균근버섯은 항생제를 생산해 기주의 내병성을 높여 준다. A: 광대버섯류 중 달걀버섯(*Amanita hemibapha*). B: 애기젖버섯(*Lactarius gerardii*)

마지막 예로 목재 부패를 억제하는 미생물로 *Trichoderma harzianum*/*T. polysporum*을 BINAB T라는 상표명으로 생산하고 있으나, 크게 활용되고 있지는 않다.

11-5 재배적 방제(cultural control)

재배적 방제는 수목을 식재하기 이전에 수종과 품종 선정부터 그리고 식재 후 관리하고 무육(撫育, tending care)하면서 생육환경을 변화시켜 병해충이 제대로 자라지 못하게 억제하는 방제를 뜻한다. 전통적인 수목 재배 및 관리법 중에서 수목을 건강하게 유지해 병해충 억제에 유리한 환경을 만드는 기술이라고 할 수 있다.

1. 수종과 품종 다양화

모든 전염성 병해충은 기주선택성이 있으므로, 특정 수종과 유사한 그룹의 수종만 가해한다. 따라서 조경수종을 다양화하면 특수 병해충의 창궐을 막을 수 있고, 대부분의 나머지 수종들은 안전하게 된다. 단순림(pure forest)을 조성하거나 한 가지 수종 혹은 단일 품종을 대규모로 심으면 병해충이 가해할 수 있는 기주를 쉽게 발견하여 그 피해 규모가 커질 가능성이 높아진다. 미국의 경우 어떤 지역에서는 느릅나무가 전체 조경수의 75%를 차지했는데, 1960년대 유럽에서 들어온 줄기마름병이 전국으로 퍼지면서 대재앙을 맞았다.

품종을 단순화하는 것도 같은 결과를 가져온다. 고유의 특징을 가진 품종을 선호하여 이를 대량으로 심을 경우 모든 개체가 동일한 유전적 구조로 되어 있어 새로운 병해충에 대해 저항성이 없을 경우 집단으로 피해를 받을 수 있다.

2. 무병주(無病株) 식재

병원균에 감염되지 않은 무병주를 심는 것은 전염성 병 방제의 기본이다. 접목이나 삽목으로 번식시키는 원예식물은 번식과정에서 박테리아와 바이러스에 쉽게 감염된다. 박테리아와 바이러스에 의한 병은 조경수에서 자주 나타나지는 않지만, 삽목과 접목으로 번식할 경우 칼과 접목 기구의 청결과 소독에 각별히 노력해야 한다. 파이토플라스마(phytoplasma)에 의한 병은 조경수에서 비교적 자주 관찰된다. 이 병은 벡터(vector)에 의해 전파되며, 대개 매개충이 벡터 역할을 한다. 감염 초기에 잠복기가 있는데, 이 기간 중에는 병징이 잘 나타나지 않아서 병에 걸린 개체를 심는 경우가 자주 있으므로 무병주를 심어야 한다. 대추나무 빗자루병이 좋은 예이다. 소나무 재선충병도 1~3개월가량의 잠복기가 있어 이 기간 나무를 다른 곳으로 옮겨 심으면 이 병이 퍼진다. 현재 국내에서 전국적으로 퍼지고 있는 소나무재선충은 매개충인 솔수염하늘소의 천연적인 확산보다는 감염된 개체와 죽은 개체의 목재를 인간이 다른 곳으로 운반하기 때문에 야기된 인재(人災)이다.

3. 중간기주(中間寄主, alternate host) 식물 제거

녹병(수병, 銹病, rust)은 작물과 조경수에서 심각한 병을 일으키는데, 중간기주를 가지고 있는 경우가 대부분이다. 이 경우 중간기주를 제거하면 녹병을 억제할 수 있다. 중간기주가 경제적으로 중요하지 않은 식물이라면 중간기주를 제거한다. 대표적인 예를 잣나무 털녹병에서 찾아볼 수 있다. 이 병은 1970년대 세계적으로 큰 문제를 일으켰으며, 국내에서도 이 병이 심각한 수준에 있었다. 정부 주관으로 대규모 인력을 동원해서 중간기주인 송이풀(*Pedicularis resupinata*, 외국에서는 까치밥나무)을 잣나무 조림지에서 제거하여 이 병을 억제했다. 그 밖에 소나무 잎녹병은 참취, 쑥부쟁이가 중간기주이므로, 이를 제거하면 되지만, 전국에 흔한 풀이기 때문에 제거가 쉽지 않다.

포플러 잎녹병, 버드나무 잎녹병은 낙엽송이 중간기주인데, 세 수종 모두 조경수로 흔히 쓰이기 때문에 어느 한쪽을 배제하기가 힘들다. 그러나 대규모 조림을 계획할 때에는 포플러와 버드나무 조림지 근처에 낙엽송을 심지 않도록 하면 된다. 소나무 혹병은 흔하거나 심각한 병은 아니지만, 지역에 따라서 심한 경우도 간혹 있다. 중간기주가 참나무류이다. 두 수종 모두 주요한 천연 수종이므로 한쪽을 배제하기가 어렵다.

4. 수목과 숲의 적절한 관리

수목을 적절하게 관리하여 건강하게 기르면 내병충성이 증가한다. 뿌리썩음병은 배수(drainage)가 제대로 되지 않을 때 주로 발생하므로, 배수를 철저히 하여 뿌리의 건강을 도모한다. 적절한 관수(irrigation)도 수목 건강에 크게 도움이 된다. 반대로 건조 피해를 받으면 소나무의 경우 내생균인 *Cenangium*이 가지마름병을 유발한다. 흰가루병은 통풍과 햇빛이 부족할 때 주로 발생하므로 통풍과 채광을 도모한다. 풀베기와 덩굴치기를 하여 어린 묘목에서 생기는 잿빛곰팡이병이나 페스탈로티아병(*Pestalotia*) 등을 예방한다. 가지치기(pruning)는 전반적으로 병해충을 억제하거나 줄일 수 있다. 탄저병과 흰가루병이 감소하며, 약하거나 병든 가지를 제거함으로써 천공성 해충의 번식처를 제거할 수 있다. 조림지의 경우 병든 이병목이나 수세가 약한 개체를 제거하는 위생간벌(sanitation thinning)을 실시한다.

시비(fertilization)는 전반적으로 수목의 건강을 증진하고 내병충성을 높인다. 질소 시비는 조직이 연해지고 성숙과 개화를 지연시켜 여러 가지 병에 대한 저항성을 약화시키는 경향이 있지만, 인, 칼륨, 칼슘, 기타 비료는 병에 대한 저항성을 증가시킨다. 토양 멀칭(mulching)은 잡초의 발생을 억제하여 잡초를 먹이로 하거나 잡초에서 월동하는 해충을 억제하고, 지표면에 곰팡이 포자를 가지고 있는 흙이 빗물에 튀어 퍼지는 것을 막아 준다. 솎아베기(간벌, thinning)는 수목간의 경쟁을 줄이고 광합성과 양분 흡수를 촉진하여 수목의 건강을 도모하여 내병충성이 증가한다.

5. 전염원(傳染原, infection source) 제거: 위생관리

수목이 자라고 있는 주변 환경의 위생(衛生, sanitation)은 병해충 관리에서 매우 중요하다. 주변 환경을 깨끗하게 관리하여 병해충의 서식처, 잠복소, 월동 장소를 제거해야 한다. 병해충의 전염원이 되는 것, 즉 감염되었거나 죽었거나, 땅에 떨어진 낙엽, 가지, 열매, 고사목(이병목)을 제거하면 병원균, 해충, 설치류, 선충을 억제하는 데 도움이 된다. 특히 소나무 잎떨림병을 포함하여 많은 병원균이 낙엽층에서 월동하기 때문에 이런 전염성 병이 심각할 경우 낙엽을 제거하거나 태우거나 땅속에 묻는다(그림 11-5).

그림 11-5

전염원 제거. 소나무 잎떨림병원균은 낙엽층에서 월동하므로 전염원에 해당하는 낙엽을 제거한다.

6. 입화(入火, prescribed burning)

입화는 미국에서는 흔히 사용하는 방법인데, 국내에서는 거의 활용되고 있지 않다. 미국에서는 연간 7만 건 이상의 산불이 발생하기 때문에 큰 산불을 막기 위해 인위적으로 연료에 해당하는 낙엽과 관목을 바람이 불지 않을 때 미리 태우는 입화를 시도한다. 입화는 이병목, 감염된 낙엽과 낙지, 원하지 않는 잡초, 하층식생, 관목을 제거해 주며, 박테리아에 의한 불마름병(화상병, *Erwinia* 균)과 느릅나무 줄기마름병(*Ceratocystis* 균), 참나무 뿌리썩음병(*Armillaria* 균)을 억제하는 데 도움을 준다. 국내에서도 공원에 소규모로 적용할 수 있으며, 경제적인 방제법이다.

11-6 매개충(媒介蟲, insect vector) 제거

전염성 병 중에는 매개체(vector)에 의해 전파되고 감염되는 것들이 있다. 대개 매개충에 의해 병원균이나 선충이 전파되며, 매개충을 없애면 병을 방제할 수 있다. 표 11-3에 국내에서 매개충에 의해 전파되는 수목의 전염성 병을 나열하고, 해당되는 매개충을 밝혔다. 일반적으로 박테리아, 바이러스, 파이토플라스마를 옮기는 매개충의 방제가 병원균 자체의 방제보다 더 쉽다고 할 수 있다.

표 11-3 국내 수목에서 전염성 병을 전파시키는 매개충의 종류(이범영과 정영진, 1997; 우건석, 2009; 나용준, 2009)

전염성 병명	병원균의 종류	매개충명	비고
참나무 시들음병	자낭균(*Raffaelea*)	광릉긴나무좀	매개충은 균낭(mycangia)을 가진 ambrosia beetle임
아까시나무 모자이크병	모자이크바이러스	복숭아혹진딧물, 아까시나무진딧물	
오동나무 빗자루병	파이토플라스마	담배장님노린재, 오동나무애매미충	
대추나무 빗자루병	파이토플라스마	마름무늬매미충, 모무늬매미충	
소나무류 재선충병	재선충(*Bursaphelenchus*)	솔수염하늘소, 북방수염하늘소	지상의 목질부에 재선충이 기생함

11-7 기계적 방제(mechanical control)

기계적 방제는 인력과 간단한 기구를 동원해 해충을 구제하는 것을 말하며, 가장 환경친화적이다. 예를 들면 해충이 풀에서 서식할 경우 풀을 제거하는 등의 방제를 뜻한다. 천공성 해충인 박쥐나방의 유충은 풀을 먹고 자라므로 풀을 제거하여 방제한다. 알을 한 장소에 집중적으로 산란하는 해충은 난괴(卵塊)를 채집하여 태우거나 묻을 수 있으며, 짚시나방, 텐트나방, 흰불나방, 어스렝이나방, 꽃매미에 적용한다. 부화 직후 유충이 한 장소에 모여 있는 경우에는 유충이 퍼지기 전에 잎과 가지를 절단하여 제거하는데, 불나방류, 재주나방류, 독나방류에 적용한다.

유충이 월동하기 위해 줄기를 타고 내려올 경우 줄기에 짚이나 녹화마대로 만든 잠복소(潛伏所, insect trap)를 설치하여 포살한다. 최근의 연구에서는 잠복소 설치가 해충보다 익충과 천적을 더 많이 죽이기 때문에 잠복소를 설치해서는 안 된다고 권고하고 있다. 솔잎혹파리의 경우 늦가을 유충이 잎에서 땅으로 떨어져 땅속에서 월동하는데, 지표면에 비닐을 깔아 유충이 땅속으로 들어가는 것을 막고, 이듬해 봄 성충이 땅속에서 부화해 나오는 것을 차단할 수 있다.

유충이 줄기 속에 구멍을 뚫고 서식하는 천공성 해충의 경우 철사를 이용해 찔러서 죽일 수 있는데, 유리나방, 박쥐나방, 굴벌레나방, 하늘소에 응용한다. 잎에 붙어서 가해하는 식엽성 해충 중에서 풍뎅이류, 잎벌레류는 나무를 흔들어 떨어뜨려 포살할 수 있다. 건강이 약해진 나무 혹은 이식한 나무만 골라서 산란하는 소나무좀류와 바구미류와 같은 천공성 해충의 경우 이식한 나무 주변에 살아 있는 나무를 잘라서 유인목(誘引木, trap log)을 만들어 세워 놓아 산란을 유도한 후 제거한다.

유아등(誘蛾燈, light trap)은 풍뎅이처럼 밝은 빛에 유인되는 해충의 구제에 도움이 되며, 특히 잔디를 많이 심은 공원, 운동장, 골프장에서 효과가 크다. 자외선 근처의 파장(320~400nm)을 가진 15W 형광BL등(Black Light)을 사용한다.

페로몬 트랩(pheromone trap)을 이용해 해충을 예찰하는 경우 구제의 수단으로도 쓸 수 있으나 수컷만 유인하여 한계가 있다.

11-8 화학적 방제(chemical control)

화학적 방제는 주로 화학약품(chemical)을 사용하여 병해충을 방제하는 것을 말한다. 화학약품을 이용해 종자, 온실, 토양을 소독하고, 수목에 직접 도포, 삽입, 살포하거나 토양에 뿌리기도 한다.

11-8-1 농약(農藥, pesticide)의 분류

농약(pesticide, agricultural chemical)은 식물의 생장과 건강을 도모하기 위해 사용하는 각종 약제를 의미하며, 최근 작물보호제라는 이름을 쓰기도 한다. 여러 가지 분류법이 있지만, 주로 사용 대상(목적), 주성분, 그리고 제제 형태에 따라서 구분한다. 여기에서는 조경수 관리에 관련되는 농약만 골라서 분류하고자 한다.

1. 사용대상(사용목적)에 따른 분류

농약은 사용대상에 따라서 곰팡이와 세균을 구제하기 위한 살균제(殺菌劑, fungicide), 해충을 구제하기 위한 살충제(殺蟲劑, insecticide), 응애를 구제하기 위한 살비제(殺蜱劑, acaricide), 선충을 죽이기 위한 살선충제(殺線蟲劑, nematocide), 잡초를 방제하기 위한 제초제(除草劑, herbicide), 식물의 생장을 촉진하거나 억제하기 위한 식물생장조절제(植物生長調節劑, plant growth regulator)로 나눈다. 표 11-4에 사용대상에 따른 농약의 분류를 나열했다.

표 11-4 사용대상(사용목적)에 따른 농약의 분류(Agrios, 2005; 김정한, 2012; 2019 작물보호제 지침서)

사용대상에 따른 분류	작용기작에 따른 분류	내용	농약 예
살균제	직접살균제(eradicant)	식물 내 침입을 막거나 침입한 병균을 죽여 치료함	benomyl, myclobutanil, pyraclostrobin, oxytetracylcine
	보호살균제(protectant)	병균의 침입을 예방하여 막음	석회보르도액, chlorothalonil, mancozeb
	종자소독제(seed infectant)	종자 표면을 소독함	fludioxonil, ipconazole, prochloraz
	토양소독제 (soil disinfectant)	토양에 넣어 균을 죽임	dazomet, metalaxyl, flusulfamide, DMDS
	과실방부제	표면에 뿌려 과실이 썩는 것을 방지함	황, SO_2, borax, biphenyl, 염소화 물
살충제	소화중독제 (stomach poison)	해충이 먹어 소화기관 내에서 독성을 발휘함	유기인제, Bt제
	접촉독제(contact poison)	해충의 피부에 닿아 독작용을 보임	유기인제, 카바메이트계
	신경마비제(neurotoxin)	해충의 신경계통을 마비시킴	imidacloprid, pyrethroid계, acetamiprid
	침투성살충제 (systemic insecticide)	식물의 체내에서 전신으로 이행하여 흡즙성 해충을 죽임	유기인제, 카바메이트계, neonicotinoid계
	훈증제(fumigant)	토양 해충과 줄기 천공성 해충을 가스로 죽임	dimethyl disulfide(DMDS), metam sodium
	생물농약(biotic pesticide)	해충의 천적이 되는 병균을 이용	Bt제
	유인제(attractant)	해충을 유인하여 살멸시킴	oryzanone

표 11-4 계속

사용대상에 따른 분류	작용기작에 따른 분류	내용	농약 예
살충제	기피제(repellent)	식물에 해충이 접근하지 못하게 함	lauryl alcohol
	불임제(chemosterilant)	불임으로 자손을 낳지 못하게 함	amethopterin, tepa
살비제	acaricide	응애를 죽임	abamectin, amitraz, hexathiazox, clofentezine, mecarbam
살선충제	nematocide	토양에 서식하는 선충을 죽임	carbofuran, avermectin, dazomet, imicyafos, DMDS
살조류제	algicide	담수와 해수의 녹조류를 억제함	copper-triethanolamine
살연체동물제	molluscicide	달팽이류를 죽임	TBT, nicosamide, methiocarb
살서제	rodenticide	설치류를 죽임(쥐약)	warfarin
살조제	avicide	조류(새)를 죽임	avitrol
살어제	piscicide	비선택적으로 어류를 죽임	rotenone
제초제	비선택성 제초제 (nonselective herbicide)	모든 식물에 피해를 줌	glyphosate, glufosinate, linuron, monuron, diuron, bromacil, simazine
	선택성 제초제 (selective herbicide)	광엽 잡초에 피해를 줌	2,4-D, dicamba, pyribenzoxim, butachlor, alachlor, propanil, mecoprop, bentazon
식물생장 조절제	생장촉진제 (growth promoter)	생장, 개화, 착색, 발근 촉진을 함	gibberelliic acid, 1-naphthylacetamide, 6-benzylaminopurine, 4-CPA
	생장억제제 (growth retardant)	생장을 억제하기 위한 약제	maleic hydrazide, decyl alcohol, ethephon, chlormequat, paclobutrazol

살균제는 표 11-4에 분류된 것 이외에 종자의 싹이 나기 이전에 사용하는 발아전처리제(pre-emergence)와 발아후처리제(post-emergence)로 나누며, 전자를 토양처리제로, 후자를 경엽(莖葉)처리제로 부르기도 한다. 살충제는 표 11-4에 나열한 것 중에서 해충을 일정한 장소로 유인해 포살하는 유인제(誘引劑, attractant), 식물에 해충이 접근하지 못하게 하는 기피제(忌避劑, repellent), 해충이 자손을 낳지 못하게 하는 불임제(不姙劑, chemosterilant)가 있는데, 이런 약제들은 개발되어 있지만 아직 조경수에 실용화되지 않은 상태이다.

2. 주성분에 의한 분류

각종 화합물이 작물과 수목을 보호하기 위해 훈증제, 토양소독제, 살포제, 수간주사제, 도포제, 침투성 농약 등으로 사용된다. 무기화합물 중에서는 구리(Cu), 황(S), 인산(phosphate)이 주로 사용되며, 유기화합물 중에서는 유기황, 유기염소, 유기인산, 페놀류(phenols), 항생제, 광유

표 11-5 주성분에 따른 농약의 분류(2019 작물보호제 지침서 참조)

농약 분류	영명	주성분	용도	농약 예(품목명)
유기인계	organophosphate	인(P)	살충제	dimethoate, phosphamidon, chlorpyrifos, imicyafos, penthoate, profenofos
			살균제	fosetyl-Al, carbofuran, kitazin, pyrazophos
			제초제	glyphosate
카바메이트계	carbamate	carbamic acid, amine	살충제	BPMC, oxamyl, carbosulfan, cartap, thiodicarb, aldicarb, carbofuran
			살균제	carbendazim, carbosulfan, thiram, propamocarb HCl, thiophanate methyl
유기염소계	organochloride	유기 염소(Cl)	살충제	methoxychlor, aldrin, dieldrin, heptachlor
			살균제	captan
			제초제	dicamba
황계	inorganic sulfur	무기 황(S)	살균제	석회황합제, 황수화제
	organic sulfur	유기 황(S)	살균제	thiram, maneb, zineb, mancozeb
동계	inorganic copper	무기 동(Cu)	살균제	석회보르도(Bordeaux)액, 동수화제
	organic copper	유기 동(Cu)	살균제	oxin copper, copper hydroxyquinoline, cuprous oxide
유기비소계	organoarsenic	유기 비소(As)	살균제	Neo-Asozin
항생물질계	antibiotic	미생물의 항생물질	살균제	oxytetracycline, streptomycin, abamectin
피레스로이드계	pyrethroid	제충국의 pyrethrin	살충제	deltamethrin, bifenthrin, cyfluthrin, etopenprox, fenvalerate
페녹시계	phenoxy	phenoxy 기	제초제	2,4-D, MCPA, dicamba, bentazone
방향족계	aromatic	benzyl 기	살균제	PCNB
생장조정제	plant growth regulator	auxin	식물생장 조정	1-naphthylacetamide
	insect growth regulator	juvenile hormone 등	곤충생장 조정	diflubenzuron, teflubenzuron
요소계	urea	urea	제초제	linuron, monuron, DCMU(diuron), bensulfuron-methyl, azimsulfuron, imazosulfuron
기타	others	quinone	살균제	chloranil, dichlone, penthiopyrad
		benzimidazole		benomyl, thiophanate, Thiabendazole, carbendazim
		neonicotinoid	살충제	acetamiprid, dinotefuran, imidacloprid
		nitril, acetanilide, amide, triazolinone, triazine	제초제	dichlobenil, butachlor, benzobicyclon, bentazone, bromobutide, cafentrazone-ethyl, hexazinone, simazine

(鑛油, mineral oil) 등이 쓰인다. 표 11-5에 농약의 주성분에 따른 분류를 시도했다. 피레스로이드(pyrethroid)계 농약은 제충국(除蟲菊)에 함유되어 있는 pyrethrin 성분을 살충제로 쓰고 있다.

3. 제제 형태에 따른 분류

제제(製劑, formulation)는 농약의 유효성분(원제)을 보조제와 섞은 후 살포하기 알맞게 조제한 것을 의미한다. 보조제(補助劑)란 유효성분의 효력을 증진시키기 위해 사용하는 약제로서, 증량제(增量劑, diluent, carrier)는 유효성분을 희석하기 위해 첨가하며, 계면활성제(界面活性劑, surfactant) 혹은

표 11-6 제제형태에 따른 농약의 분류(사용 금지된 농약 포함)

농약 분류	제제 형태	사용 형태	특성	조경수에 사용하는 약품의 예
유제 (emulsifiable concentrate, EC)	용액	유탁액	기름에만 녹는 원제를 유기용매에 녹인 후 계면활성제를 첨가한 용액. 인화성이 있음	메프유제, 메치온유제, 파프유제, 비피유제
액제 (liquid, Lq)	용액	수용액	수용성 원제를 물에 녹인 용액. 겨울철에 동파의 위험성이 있음	포스팜액제, 메토밀액제
수화제 (wettable powder, WP)	분말	현탁액	물에 녹지 않는 원제를 증량제와 계면활성제와 섞어서 만든 분말	베노밀수화제, 디프수화제, 만코지수화제, 티오판수화제
수용제 (soluble powder, SP)	분말	수용액	원제를 증량제와 섞어서 만든 분말임. 물에 녹여 씀	칼탑수용제
분제(dust, D)	분말	분말	원제에 증량제와 보조제를 섞어서 만든 분말임. 가루가 멀리 날아감	나드 분제
DL 분제 (driftless dust)	분말	분말	분제가 멀리 날아가지 않게 응집제를 첨가하여 개량한 분제	
입제 (granule, G)	입제	입제	원제에 증량제와 보조제를 섞어서 만든 입자 큰 입제	imidacloprid 입제
미립제 (microgranule, MG)	입제	입제	입제(G)보다 입자의 크기가 62~210μm로 작은 입제	
훈증제(fumigant)	기체, 액체, 고체	기체	비등점이 낮은 원제를 액체, 고체, 압축가스 형태로 용기에 충전함	methyl bromide, chloropicrin, metam sodium, DMDS
도포제(paste)	연고	연고	원제를 풀처럼 만들어 놓은 연고	thiophanate 도포제
보조제 (supplement agent, adjuvant)	증량제	분말	유효성분을 희석하기 위해 첨가하는 분말	talc, kaolin, bentonite, 규조토(diatom earth)
	전착제	액제	유효성분이 잎에 쉽게 부착하도록 첨가하는 계면활성 약제	polyoxy ethylene계, paraffin wax, siloxane, quinoclamine
	용제	액제	유제와 액제의 농약을 원제에 녹이는 물질	xylene, benzene

전착제(展着劑, spreader)는 농약이 잎에 쉽게 그리고 오랫동안 부착할 수 있도록 물방울의 표면장력을 줄이기 위해 사용한다. 표 11-6에 제제 형태에 따른 농약의 분류를 제시했다.

4. 농약의 품목명과 상표명

농약에는 많은 종류가 있고, 그 명칭이 복잡하다. 화학약품은 본래 국제화학명명협회(Internationl Union of Pure and Applied Chemistry Nomenclature, IUPAC)의 규약에 따라서 체계적인 화학적 명칭을 붙이는 것이 원칙이지만, 너무 복잡하여 쉬운 방법을 쓰고 있다. 새로운 농약이 개발되어 등록될 때 고유의 명칭은 개발회사가 그 농약의 주성분을 고려하여 품목명(品目名, registered name)을 정하고, 상업적으로 판매하기 위한 상표명(商表名, trade name)을 정한다. 따라서 일반 학술서적에는 농약을 대개 화학명과 품목명으로 기술하며, 상표명은 개인회사를 홍보한다는 오해와 1개 이상 되는 경우도 많아 참고사항으로 적는다. 그러나 시중에서 농약이 상표명으로 호칭되는 경우가 더 많기 때문에, 여기에 독자들의 도움을 위해서 본 교과서에 기술된 농약에 대해 상표명이 널리 알려져 있는 경우 소개했다(표 11-7). 예를 들면 토양살충제로서 널리 쓰였던 테믹(Temik)은 품목명 aldicarb의 상표명, 후라단(Furadan)은 carbofuran의 상표명, 다이메크론(Dimecron)은 phophamidon의 상표명이다. 상처도포제로 널리 쓰이고 있는 톱신(Topsin)은 thiophanate의 상표명이다. 국내에는 다른 관행이 있다. 사과나무 붉은별무늬병에 쓰이는 유기황계의 저독성 살균제의 일종인 만코지수화제는 품목명에 제제의 형태를 첨가한 것이며, 상표명은 다이센 M-45이다.

표 11-7 주요 농약의 품목명과 대표적 상표명의 대조표(사용 금지된 품목명 포함)

품목명	상표명	품목명	상표명
aldicarb	Temik	fenitrothion	Sumithion
benomyl	Benlate	fosetyl-Al	Aliette
carbofuran	Furadan	glyphosate	Roundup
carbendazim	Eertavas	IBP	Kitazin
carboxin	Vitavax	metalaxyl	Apron
chlorothalonil	Bravo	oxytetracycline	Terramycin
chlorpyrifos	Dursban	PCNB	Quintozene
DCMU	Diuron	phosphamidon	Dimecron
dicamba	Banvel, Diablo	tetracycline	Achromycin
dichloran(DCNA)	Botran	tebuconazole	Silvacur
diquat	Aquacide, Dextrone	thiophanate	Topsin(M)
dithiocarbamate	Thiram	vinclozolin	Ornalin
DMDS	Paladin	zineb	Amitan

11-8-2 종자소독(種子消毒, seed sterilization)

종자소독은 종자 표면에 있는 병원균을 농약으로 억제하는 것을 말한다. 농약의 분말(dust)을 뿌리거나, 반죽(slurry)된 것을 바르거나, 농약 용액에 담근 후 건조시킨다. 혹은 X-ray로 조사하여 표면의 병균을 죽일 수도 있다. 이때 종자의 활력이 떨어지지 않게 조심해야 하지만, 충분한 양의 농약이 묻어 있어 발아 후 주변 토양을 소독하는 효과를 내도록 해야 한다. 종자 표면에 뿌리면 야생조류의 피해도 막을 수 있다.

종자소독제(seed infectant)용으로 다양한 농약이 개발되어 있는데, 1960년대까지 유기수은이 사용되었으나 독성이 강해 더 이상 사용되지 않는다. 그 이후 유기농약으로서 dithiocarbamate(상표명 Thiram)가 개발되었다. 그 밖에 captan, pentachloronitrobenzene(PCNB), chloranil, dichlone, chloroneb, maneb, mancozeb, ferbam이 있으며, 침투이행성(systemic)인 carboxin, benomyl, thiophanate-methyl, thiabendazole, metalaxyl, triadimenol을 사용한다(Agrios, 2005).

11-8-3 토양소독(土壤消毒, soil sterilization)

토양소독은 농작물에서 자주 실시하는데, 가장 골칫거리인 선충뿐만 아니라 곰팡이(예: *Fusarium*, *Verticillium*), 세균, 해충, 잡초도 함께 구제할 수 있다. 입고병, 유묘불마름병, 근두암병, 뿌리썩음병 등을 방제하는 데 효과가 크다. 주로 사용하는 살균제는 PCNB, captan, diazoben, chloroneb, metalaxyl, triadimefon, ethazol, propamocarb 등이며, 분말, 액체, 입자로 토양 속에 삽입한다. 침투이행성 살균제는 관개수와 함께 토양과 잎에 산포할 수 있어서 살균관수(殺菌灌水, fungigation)라는 말을 쓴다.

토양에 있는 병균, 선충, 해충을 죽이는 가장 효과적인 방법은 토양훈증(土壤燻蒸, soil fumigation)이다. 훈증제(fumigant)는 비등점이 낮은 원제를 액체, 고체 또는 압축가스의 형태로 용기에 충전한 것이다. 밀폐된 공간, 즉 건물이나 토양에서 사용할 때 일정한 시간 내 기화하여 훈증 효과를 나타내야 하므로 휘발성이 큰 약제만을 훈증제로 쓸 수 있다. 그 밖에 인화성이 없고 구석까지 침투하는 확산능력이 있어야 한다. chloropicrin, methyl bromide, dazomet, metam sodium, mylone, vapam, vortex는 휘발성이 커서 대부분의 토양 병해충을 죽인다(그림 11-6 A). 접촉성 살선충제(nematicide)인 carbofuran, aldicarb, oxamyl, fensulfothion, ethoprop은 휘발성은 낮지만, 파종 전과 파종 후에도 쓸 수 있으며, 해충 방제에도 효과가 있다.

살선충제는 액체, 현탁액 혹은 입자로 판매되며, 토양 표면에 산포(broadcast)하거나 이랑에만 뿌릴 수 있다(row treatment). 토양 15cm 깊이로 넣어 비닐로 덮어 최소 48시간 동안 밀봉상태로 둔다. 처리 후에는 1주 정도 기다려 유독가스를 제거해야 한다(Agrios, 2005)(그림 11-6 B).

그림 11-6

토양소독. A: methyl bromide 가스는 토양소독(이 경우 훈증) 목적으로 가장 적합하다. B: 양묘장에 밀폐용 텐트를 깔고 methyl bromide 가스를 넣어 토양을 훈증한다.

11-8-4 온실소독(溫室消毒, greenhouse disinfestation)

온실과 관리동도 병균과 해충의 잠복과 전파를 막기 위해 주기적으로 소독을 실시해야 한다. 우선 건물을 깨끗하게 청소하고, 쓰레기와 식물의 잔해물을 모두 치우거나 태운다. 바닥과 벽을 표백 세척제와 황산동($CuSO_4$) 용액(20리터에 500g 혹은 2.5%)으로 닦은 후, 밀폐시킨다. 온실 내부의 조건은 온도를 25~30℃로 하고, 관계습도를 100%에 가깝게 유지하고, chloropicrin(최루가스)을 $17g/m^3$의 비율로 하여 최소 24시간 이상 훈증을 실시한다(Agrios, 2005).

11-8-5 전염성 병의 화학적 방제

전염성 병의 방제는 병을 유발하는 병원균의 종류에 따라서 다른 방제전략을 가져야 한다. 병원균은 고유의 생활사(life cycle)를 가지고 있다. 병원균의 생활장소, 생활방법, 전파방법, 전파시기, 기주 침입방법, 잠복기, 발병과정, 반복감염 여부 등을 파악하여, 약제로 가장 효율적으로 방제할 수 있는 방법, 약제의 종류, 살포 시기 등을 결정해야 한다.

표 7-1에 나열한 대로 수목의 전염성 병은 바이러스, 파이토플라스마, 세균, 곰팡이, 난균, 선충, 조류, 기생종자식물의 여덟 가지 병원체로 분류할 수 있다. 수목에서는 대부분의 전염성 병이 곰팡이에 의해 생기므로, 여기에서는 곰팡이에 의한 병의 방제대책에 대해서 자세히 기술하고

자 한다.

1. 사용 약제

곰팡이에 의한 병은 살균제를 사용하는데, 수화제로 된 것을 가장 많이 쓴다. 수화제(水和劑, WP, wettable powder)는 물에 녹지 않는 원제를 증량제와 계면활성제와 섞어 만든 현탁액으로 되어 있다. 유제(油劑)는 인화성이 있어 연소의 위험성이 있으며, 액제(液劑)는 겨울철에 동파의 위험이 있는 반면에 수화제는 다루기 쉽다. 베노밀수화제, 티오판수화제, 만코지수화제, (옥시)동수화제, 리포좀수화제, 치람수화제, (클로로)탈로닐수화제, 테부코나졸수화제, 훼나리수화제, 티디폰수화제 등을 가장 많이 사용한다.

2. 방제 시기

곰팡이에 의한 병은 대부분 살균제로 방제할 수 있으나, 약제를 사용하는 시기가 중요하다. 곰팡이의 생활사(生活史, life cycle)가 독특한 경우 곰팡이를 가장 효율적으로 억제할 수 있는 적기에 약제를 살포해야 한다. 가장 대표적인 병이 녹병(rust)인데, 녹병은 균에 따라서 서로 다른 생활사를 가지고 있어 균에 맞추어 다른 방제전략을 수립해야 한다. 녹병은 대부분 중간기주를 가지고 있는데, 중간기주에서 여름포자를 생성하는 녹병(예: 포플러 녹병)은 이웃 나무를 반복적으로 감염시켜 급속도로 퍼지므로 방제가 어려운 반면, 여름포자를 생성하지 않는 녹병(예: 배나무 붉은별무늬병)은 여름철 이웃 나무에 대한 반복감염이 없다. 이렇게 여름포자를 생성하지 않는 녹병의 경우 한 기주에서 다른 종류의 기주로 포자가 이동할 때 그 시기를 맞추어 집중적으로 약제를 살포하면 가장 효율적이다.

Gymnosporangium 균에 의한 향나무 녹병의 경우 4월 중순에서 하순에 비가 온 직후 겨울포자가 담자포자로 바뀌면서 향나무에서 장미과 식물(예: 사과나무, 배나무, 모과나무, 명자나무)로 비산하여 붉은별무늬병(적성병)을 유발하므로, 이때에 맞춰 약제를 살포한다. 장미과 식물로 옮긴 녹병균은 여름포자를 생산하지 않아서 여름 동안 이웃 나무를 반복하여 감염시키지 않기 때문에 봄철(4~5월)의 초기 감염만 방제하면 같은 해에 더 이상의 확산을 막을 수 있다. 붉은별무늬병은 4월과 5월 중에 비가 오지 않는 해에는 거의 발생하지 않으며, 대신 그 기간에 비가 자주 오면 심하게 발병한다(그림 11-7).

소나무류 잎녹병의 경우 여러 종의 *Coleosporium* 균에 의해 발병하는데, 소나무와 잣나무에서 담자포자로 월동하기 때문에 소나무 내에서는 반복감염이 없어 크게 퍼지지 않는다. 그러나 *C. phellodendri* 균은 중간기주인 황벽나무에서 여름포자를 만들어 반복감염을 지속하므로, 소나무에서 황벽나무로 이동하는 5월에 집중 방제해야 한다. *C. plectranthi* 균은 들깨가 중간기주로서 소나무에서 들깨로 이동한 뒤 여름철 내내 들깨를 감염시켜 들깨농사에 어려움을 주고 있지만, 소나

그림 11-7

방제시기의 중요성. 배나무 붉은별무늬병의 방제는 4~5월에 비가 온 직후에 해야 한다. 비가 온 후 향나무에서 포자가 배나무로 이동한다. 배나무에서 여름포자를 만들지 않기 때문에 이웃 나무에 반복감염을 시키지 않으므로, 봄에 한 번 방제하면 여름 내내 더 이상 퍼지지 않는다.

무에서는 크게 문제가 되지 않는다.

철쭉류 잎녹병(*Chrysomyxa* 균에 의한 녹병)도 비슷한 경우로서 가문비나무가 중간기주이며 녹포자가 철쭉으로 이동하는 4~5월에 집중적으로 약제를 살포한다. 이때를 놓치면 철쭉에서 여름포자를 만들어 반복감염을 통해 급속도로 퍼지기 때문에 여름 이후에는 방제가 어렵다.

Melampsora 균에 의한 포플러 녹병균도 여름포자를 만든다. 중간기주인 낙엽송에서 월동한 녹병균이 초여름에 녹포자의 형태로 포플러로 이동한 후, 여름포자를 만들면서 여름 내내 포플러의 한 나무에서 이웃 나무로 감염이 확산된다. 이 경우 집중적인 방제는 초여름에 실시해야 한다. 그러나 따뜻한 남쪽에서는 중간기주인 낙엽송을 거치지 않고 포플러에서 월동하면서 재감염시키기도 하므로 방제가 더 어려워진다. 반면 회화나무 녹병(혹병)은 중간기주가 없어 연중 회화나무에서 병균이 기생하기 때문에 봄부터 가을까지 지속해서 약제를 살포해야 한다.

Lophodermium 균에 의한 소나무 잎떨림병(엽진병)은 5~6월 사이에 병징(갈색 병반과 조기낙엽)이 심하게 나타나지만, 전년도의 7~9월에 성숙한 자낭 포자가 비가 온 후 새잎으로 전파되어 감염된 후 그 이듬해 봄에 육안으로 나타나는 병이므로, 포자가 비산하는 7~9월에 미리 약제를 살포해야 한다. 즉 병징이 나타나는 5~6월에 약제를 살포하면 거의 효과를 볼 수 없다.

탄저병(anthracnose)은 과수에 큰 피해를 주고 조경수에서도 자주 관찰되는데, 봄철 기온이 낮으면서 비가 오거나, 특히 여름철 기온이 높고 비가 자주 올 때 심하게 나타나기 때문에 봄부터 가을까지 지속해서 약제를 살포해야 구제할 수 있다.

점무늬병(갈반병)은 곰팡이에 의한 병 중에서 가장 흔한 병으로서 대부분 자낭균에 의해 발병한다. 점무늬병은 균의 생활사에서 독특한 점을 발견할 수 없어 방제 적기를 찾아내기가 쉽지 않다. 그러나 일반적으로 곰팡이에 의한 병은 건조한 기후보다는 비가 자주 올 때 더 심하게 발생하므로 여름에 장마가 길어질 경우 더욱 방제에 힘써야 한다.

3. 방제 횟수

병원균이 1년에 단 한 번의 병환(病環, disease cycle)을 마치는 단주기성병(單週期性病, monocyclic disease)(예: 녹병)이거나 기주가 짧은 기간에만 감수성인 경우 살균제를 1회 살포하면 된다. 그러나 기주의 감수성이 길게 지속될 경우 3~4회 간격을 두고 살포해야 완전히 방제할 수 있다. 예를 들면 녹병균에 의한 명자나무의 붉은별무늬병은 향나무에서 포자가 날아오는 4월에 약제를 살포하지만, 10일 간격으로 3~4회 실시해야 한다. 1년에 여러 세대를 반복하는 다주기성병(多週期性病, polycyclic disease)은 여러 차례 방제해야 한다. 흰가루병과 각종 점무늬병이 좋은 예가 된다. 이 경우 병 만연의 초기에 수차례 살포하면 병의 진전을 억제할 수 있으며, 생육기간 동안 여러 차례 살포해야 한다. 그 밖에 병환을 1년에 완성하지 못하지만 기주가 다년생 수목이기 때문에 병이 지속적으로 확산되는 경우를 다년성병(多年性病, polyetic disease)이라고 하며, 발병 초기에 집중적으로 방제하여 확산을 막는 것이 바람직하다.

4. 방제 부위

병원균이 토양에 서식하면서 뿌리를 가해할 때에는 토양에 살균제를 살포한다. *Pythium*, *Rhizoctonia* 균에 의한 모잘록병, *Phytophthora*, *Rhizina* 균에 의한 뿌리썩음병을 일으키는 곰팡이의 방제에 해당한다. 잎과 줄기에 기생하는 병원균의 경우에도 침투이행성 살균제로 방제할 수 있을 경우에는 토양에 살포하여 뿌리를 통해 약제가 흡수되게 하거나, 수간주사로 약제가 잎으로 이동되게 한다. 표 11-8에 침투이행성 살균제(systemic fungicides)를 나열했다. 이 중에서 oxanthiin은

표 11-8 침투이행성 살균제의 종류(Agrios, 2005; 황병국 등 2001)(사용 금지 혹은 품절된 품목 포함)

약제의 종류	약제의 품목명	유효 전염성 병
acylalanines	metalaxyl, oxadixyl	*Pythium*, *Phytophthora*에 의한 뿌리썩음병 흰가루병
Benzimidazoles	benomyl, carbendazim, thiabendazole, thiophanate	점무늬병, 흰가루병
oxanthiins	carboxin, oxycarboxin	녹병, 모잘록병, 종자소독제
organophosphate (유기인계)	pyrazophos, fosetyl-Al, kitaxin, edifenphos	흰가루병, 장미노균병
piperazines	trifoline	점무늬병, 흰가루병
pyrimidines	ethirimol, bupirimate, fenarimol, nuarimol	흰가루병, 종자소독제, 붉은별무늬병, 탄저병
triazoles	triadimefon, bitertanol, propiconazole, difenoconazole, tebuconazole	점무늬병, 흰가루병, 녹병, 불마름병
기타	chloroneb, ethazol, imazalil, prochloraz, propamocarb, triforine	종자소독제, 모잘록병, 흰가루병, 점무늬병, 줄기마름병, 녹병

1966년 개발된 최초의 침투이행성 살균제이다.

5. 박테리아에 의한 병의 화학적 방제

박테리아(세균)에 의한 병은 방제하기가 쉽지 않으며, 화학적 방제의 효과는 곰팡이에 의한 병의 경우보다 훨씬 낮다. 화학약품의 엽면시비로 방제하고자 할 경우 동(銅, copper) 화합물(석회황합제)이 제일 효과가 크며, zineb, maneb, mancozeb를 동 화합물과 합쳐서 살포하는 것이 가장 좋다. 식용이 아닌 조경수라면 항생제를 수간주사로 삽입하는 것이 효과가 있는 경우가 있으며, 이때 oxytetracycline을 사용한다. 어린 묘목이라면 streptomycin 용액에 담근 후 심기도 한다.

6. 파이토플라스마와 바이러스병의 화학적 방제

파이토플라스마에 의한 병은 박테리아의 경우처럼 항생제로 방제한다. oxytetracycline의 수간주사로 대추나무 빗자루병을 구제할 수 있으나, 초기에 처리해야 하며, 감염 후기에는 효과가 없다. 바이러스에 의한 병은 약제로 구제할 수 없으나, 작물의 경우 ribavirin을 엽면시비하거나 주사하면 방제 효과가 나타나는 경우가 있다.

11-8-6 해충의 화학적 방제

해충의 화학적 방제는 해충의 밀도가 급속히 증가하여 피해가 심각한 수준으로 커질 경우 약제(chemical)를 이용해 방제하는 것을 말한다. 약제 방제로 효율적 결과를 얻기 위해서 해충의 생리와 생태를 활용해야 한다. 해충을 포함한 모든 곤충은 고유의 생활사를 가지고 있다. 산란 시기와 장소, 부화시기, 유충의 가해습성과 시기, 월동 여부, 번데기 형성과 성충이 되는 과정, 시기, 장소, 성충의 활동시기, 장소, 가해방법, 월동 형태와 장소 등을 먼저 파악한다. 이에 근거하여 해충의 생활사 중에서 구제하기 가장 적절한 시기 혹은 해충이 약제에 가장 취약한 시점을 찾는 것이 가장 효율적인 방제 방법이 된다.

1. 사용 약제와 사용 부위

표 11−5에 나열한 것처럼 다양한 살충제가 개발되어 있다. 화학적 구조에 따라서 무기계, 유기인계, 카바마이트계, 유기염소계, 피레스로이드계, 곤충생장조정제, 미생물살충제(예: Bt제), 광물성 살충제(예: 기계유), 기타로 나눈다. 무기계 살충제는 과거에 수은과 비소를 사용했으나 독성 때문에 요즘 사용하지 않는다. 피레스로이드계(pyrethroid) 살충제는 국화과 식물인 제충국(除蟲菊)의 꽃에 함유되어 있는 pyrethrin을 추출한 약제로서 잔류독성이 없어 널리 쓰이는 대표적인 자연산 살충제이다. 광물성 살충제 중에서 기계유(機械油, machine oil)는 독성이 적어 과수의 흡즙성 해충(예:

깍지벌레) 구제에 사용하며, 잎이 아직 피지 않은 이른 봄에 가지에 바른다.

표 11-4에 기술한 대로 살충제는 작용 기작에 따라서 여러 가지로 나눈다. 곤충의 가해습성에 맞추어 살충제의 사용 부위와 방법이 다르다. 솔잎혹파리와 같이 유충이 잎의 혹 속에서 살고 있어 겉에서 유충을 볼 수 없는 충영형성 해충의 경우에는 침투이행성 살충제(systemic insecticide, 예: dimecron)를 수간주사로 주입하여 구제해야 한다. 흰불나방, 텐트나방과 같이 유충이 잎을 먹는 해충은 약제를 물에 희석하여 잎에 직접 살포하여 해충의 몸에 약제가 직접 닿아 효과를 보는 접촉독제(contact poison)를 사용한다. 풍뎅이류, 잎말이나방류, 주머니나방의 경우에는 약제를 잎에 살포하여 해충이 잎을 먹은 후 중독을 일으키는 소화중독제(stomach poison)를 사용한다.

토양 속의 거세미나방, 땅강아지, 개미, 굼벵이는 토양 훈증제로 구제하며, 하늘소, 바구미, 나무좀처럼 수간에 구멍을 뚫고 서식하는 천공성 해충의 경우에는 휘발성이 있는 약제를 수피에 대량으로 살포한 후 비닐로 밀봉하여 훈증 효과를 유발시킨다. 재선충을 전파하는 솔수염하늘소와 참나무 시들음병을 전파하는 광릉긴나무좀 같은 천공성 해충은 감염된 나무를 벌채하여 쌓아 놓고 훈증제(fumigant)로 모두 박멸한다. 천공성 해충은 접촉성 약제로는 구제할 수 없고, 대신 침투이행성 약제를 수간주사하여 방제하기도 한다.

응애는 곤충이 아니고 거미강에 속하기 때문에 일반적인 살충제로 구제할 수 없다. 보통 살충제는 곤충의 대사와 생리현상을 방해하는 화학약품이기 때문이다. 응애만을 위한 약제를 살비제(acaricides)라고 한다. 응애는 약제에 대한 저항성을 쉽게 습득하기 때문에 같은 약제를 지속해서 반복 사용하는 것은 바람직하지 않다. 계절마다 약제를 바꾼다.

2. 약제 사용 시기 및 횟수

약제 사용시기는 효율적인 해충의 구제에서 가장 중요한 고려 사항이다. 어떤 한 종류의 특수 해충 구제를 위해 연중 쉬지 않고 약제를 살포할 수 없기 때문이며, 적기에 사용하면 1회 살포로 큰 효과를 볼 수 있다. 1년에 1회 발생하는 경우 가장 적기에 맞추어 사용하면 된다.

솔잎혹파리는 1년에 1회 발생하는데, 적정 약제(예: Dimecron)를 6월에 수간주사하면 유충을 효과적으로 죽일 수 있다. 대신 솔잎혹파리의 성충을 죽이는 것은 쉽지 않다. 솔잎혹파리는 토양에서 월동한 유충이 번데기 과정을 거쳐 5~7월까지 약 2개월간 성충으로 지속적으로 우화한다. 따라서 성충을 죽여 산란을 방지하기 위해 약 2개월에 걸쳐 약제를 여러 차례 살포해야 하는 문제점이 있다.

천공성 해충은 일단 수피 속으로 들어가면 구제하기가 어렵다. 소나무좀은 수피의 안쪽 조직(사부조직 혹은 인피조직)을 가해하는 천공성 해충이다. 따라서 천공성 해충은 산란시기에 산란하지 못하게 해야 한다. 성충이 소나무에 산란하는 3월 중순부터 4월 중순까지 수간에 약제를 여러 차례 살포하여 성충을 포살하고 산란을 방지해야 한다. 향나무의 측백나무하늘소도 성충 산란시기

그림 11-8

농약 살포 횟수와 간격. 진딧물과 응애는 같은 시점에 알, 약충, 성충이 동시에 존재하는데, 알은 살충제에 저항성이 있어 죽지 않으므로 알의 부화에 맞춰 7~10일 간격으로 3회 이상 살포해야 한다(아카시아진딧물, *Aphis craccivora*).

인 3월 중순부터 4월 중순까지 수간에 약제를 살포해야 한다. 소나무재선충을 전파하는 솔수염하늘소의 경우 부화시기가 4~6월이다. 추운 지방에서는 7~8월에도 부화한다. 따라서 산란을 방지하기 위해 이 기간에 약제를 사용해야 한다. 이 경우 솔수염하늘소 대신 재선충을 우선 구제할 수 있으며, 살선충제의 수간주사로 방제할 수 있다.

1년에 2회 이상 발생하는 해충의 경우 발생시기에 맞춰 2회 이상 약제를 사용해야 한다. 흰불나방의 경우 1년에 2회 발생하지만, 처음 발생할 때 철저히 방제하면 2회 발생을 막을 수 있다. 처음 발생은 5월 말부터 6월 말까지이므로 이때 집중적으로 방제한다.

진딧물과 응애는 1년에 여러 세대를 반복하는데, 몸이 작아 약제에 예민하게 반응을 보이지만 한 세대가 짧아서 숫자가 급속히 증가한다. 더구나 같은 시점에 알, 약충, 성충 등의 다양한 형태로 존재하기 때문에 약충과 성충이 약제로 죽더라도 알은 죽지 않는다. 알로 존재하고 있을 때 난각(卵殼)이 살충제의 침투를 막아 주기 때문이다. 따라서 약제를 10일 간격으로 3회 정도 살포해야 알 상태에서 새로 부화하는 약충을 연속적으로 죽일 수 있다(그림 11-8).

3. 약제 사용 시 주의사항

1) 디프수화제(흡즙성 해충용)는 핵과식물(벚나무, 복숭아, 앵도나무 등)에서 피해가 크므로 사용하지 않는다.
2) 보르도액 살포 후 연이어서 다른 살균제와 살충제를 사용하지 않는다.
3) 농약 조제 시 권장 농도를 지킨다.
4) 살균제와 살충제를 섞어서 뿌릴 경우 약해를 방지하기 위해서 반드시 “농약혼용적부표”를 참조한다.
5) 약제 비산을 막기 위해서 바람이 없고 맑게 갠 날 오전 혹은 늦은 오후에 실시한다.

제12장

수목의 건강관리

인간의 평균수명은 지난 수 세기 동안 2배 이상 늘어났다고 한다. 영양과 위생 환경의 개선, 현대 의술의 발달은 인간을 장수할 수 있게 만들어 주었다. 현대의학은 건강을 유지하고 수명을 연장할 수 있는 여러 가지 건강관리법을 제시하고 있다. 마찬가지로 생물학의 발달은 식량증산과 식물을 건강하게 기를 수 있는 과학적인 영농법을 제시하고 있다. 수목의학은 생물학의 이론을 수목의 건강관리에 응용하는 학문분야로서 조경수의 건강을 증진하는 데 기여할 수 있다.

수목관리의 목적은 나무를 건강하게 기르면서 건강한 외형, 즉 푸른 잎과 건강한 수관을 가진 아름다운 나무로 자라도록 하는 것이다. 지금까지 이 책에서는 주로 수목의 피해, 발병, 진단, 전염성 병, 비전염성 병, 해충, 그리고 병해충의 방제에 관해 기술했다. 수목의 건강에 영향을 미치는 각종 요인, 즉 기상, 토양, 병해충, 부적절한 생육환경 등으로 스트레스를 받은 수목의 비정상적인 상태에 관하여 기술한 셈이다.

수목은 오랜 세월 진화를 통해 환경변화에 대한 적응능력과 자연방어능력을 갖추고 있다. 수목을 건강하게 기르면 수목은 이러한 적응능력과 방어능력을 최대한으로 발휘하면서 건강을 유지한다. 우리는 이러한 수목의 자연적인 능력을 최대한으로 유지할 수 있도록 나무를 관리해야 한다. 제12장은 수목 고유의 건강유지능력을 극대화할 수 있는 방안을 기술하고자 한다.

12-1 수목의 자연방어능력

지금까지 앞에서 기술한 대로 여러 가지 생물적 및 무생물적 요인이 수목의 건강에 영향을 미친다. 조경수의 경우 이러한 요인들은 인간의 부적절한 간섭이 추가되면서 더욱 복잡하게 작용하여 수목에 각종 스트레스(stress)를 유발하여 건강을 위협한다. 수목에 각종 스트레스를 최소화하면 수목은 건강하게 자랄 수 있다.

건강한 사람이 병에 잘 걸리지 않는 것처럼 수목도 건강하게 자라면 병해충에 대한 저항성과 자연방어능력이 향상된다고 알려져 왔다. 이것은 사실이며, 수목이 가지고 있는 자연방어능력을 최대한으로 살리는 것을 수목관리의 목표로 삼아야 하며, 이런 목표가 에너지를 적게 소모하면서 환경을 지키는 자연친화적 수목관리법이다.

수목의 병해충에 대한 저항성은 물리적 방어와 화학적 방어로 나눌 수 있다. 물리적 방어는 가시, 털, 잎의 두꺼운 큐티클층과 딱딱한 수피 등을 생산함으로써 병해충의 침입을 억제하는 수단이다. 가지치기와 태풍으로 물리적 상처가 생기면 자연방어벽이 무너져 병해충이 침입하기 쉬워진다.

화학적 방어는 타감물질을 생산하거나 분비함으로써 병해충을 억제하는 수단이다. 타감물질(他感物質, allelochemicals)이란 한 생물이 자신을 방어하기 위한 목적으로 다른 생물에게 영향을 주기 위해 생산한 물질을 의미한다. 가장 잘 알려진 물질은 국화과 식물인 제충국(除蟲菊)이 생산하는 피레스린(pyrethrin)으로서 천연적인 살충제로 널리 쓰이고 있다. 수목은 맛이 없고 해충이 소화시키지 못하는 리그닌(lignin), 타닌(tannin), 수베린(suberin), 페놀(phenol) 등과 같은 화학물질을 생산하여 해충의 피해를 막으려고 노력하며, 타감물질의 예에 해당한다. 침엽수가 생산하는 테르펜(terpene), 주목이 생산하는 항암성질의 택솔(taxol), 초본식물에서 관찰되는 알칼로이드(alkaloid) 등도 포함된다. 특히 소나무가 생산하는 테르펜류는 녹병의 저항성과 관련되어 있다. 테르펜은 국내에서 산림욕과 산림치유를 가능케 하는 주성분으로써 호흡기 질환을 일으키는 미생물의 생장을 억제하는 것으로 알려져 있다.

소나무가 분비하는 송진(樹脂, resin)은 천공성 해충의 침입을 막는 중요한 방어물질이다. 소나무가 건강하게 자라고 있을 때 송진을 왕성하게 분비하여 상처를 보호하고, 천공성 해충의 침입을 막는다. 소나무좀은 송진을 대량으로 분비하는 건강한 개체에는 산란하지 않는다. 목질부로 들어가려고 할 때 송진이 분비되어 진로를 막게 되며, 산란하더라도 송진이 알의 부화를 방해하기 때문이다. 따라서 소나무좀은 건강이 약해져 송진 분비가 미약한 개체를 골라서 산란한다. 예를 들면 뿌리 손실로 소나무 이식목의 건강이 나빠지면 송진을 제대로 분비하지 못한다. 소나무좀은 이런 개체만 골라 산란하기 때문에 소나무좀을 방제하지 못하면 이식에 성공할 수 없다.

짚시나방(gypsy moth)은 많은 종류의 활엽수를 가해하는데, 활엽수에 있는 타닌과 페놀을 잘 극복하지만, 알칼로이드를 함유하고 있는 수종은 잘 가해하지 않는다. 미국물푸레나무, 루부룸단풍나무, 백합나무는 알칼로이드를 함유하고 있어 짚시나방이 싫어하는 수종에 속한다.

12-2 환경스트레스(environmental stress)와 수목의 건강

환경스트레스는 수목이 정상적으로 생육하는 데 지장을 주는 외부의 환경요인을 의미한다. 수목의 생장에 필수적인 수분, 무기양분, 햇빛이 부족한 경우, 이와 같은 요인은 적정 수준이지만 부적절한 온도, 토양의 통기성 부족, 배수불량과 침수, 극단적인 산도(pH), 중금속 오염, 높은 염도, 대기오염, 과도한 바람, 저온, 고온으로 인해 수목의 생장이 저조해져 스트레스를 받는 경우를 포함한다.

같은 환경조건에서 스트레스의 정도는 수종에 따라서 크게 차이가 있다. 오랜 세월 동안 진화과정을 거치면서 수종마다 서로 선호하는 환경이 많이 다르기 때문이다. 낙우송은 침수된 토양에서도 잘 자라지만 대부분 수종들은 그렇지 않다. 보통 수종은 알칼리성 토양에서 잘 견디지만, 산성 토양을 선호하는 진달래는 영양결핍이 생긴다. 소나무는 바닷가의 조풍에 약하지만 곰솔은 잘 적응한다. 배롱나무는 추위에 약하지만 자작나무는 동해를 받지 않는다. 단풍나무와 주목은 그늘에서 견디지만 자작나무는 그늘에서 견디지 못한다. 따라서 독특한 생리를 가진 수종을 적합한 환경에 심지 않거나 기후변화로 생육환경이 바뀌면 그 수목은 스트레스를 받게 되면서 건강이 나빠지게 된다.

12-2-1 제엽(除葉, defoliation)과 건강

제엽은 잎의 일부 혹은 전부가 태풍, 전염성 병과 해충에 의해 일시적으로 제거되는 것을 말한다. 경미한 제엽은 수목에 별 영향을 주지 않지만, 심한 제엽은 생장을 급속하게 감소시킨다. 제엽으로 체내 저장 에너지가 감소함으로써 상처치유능력, 추위에 견디는 내한성, 2차적으로 생기는 천공성 해충, 뿌리썩음병, 줄기궤양병에 대한 저항성이 감소하며, 심한 경우 나무가 죽는다. 봄에 새순이 나온 직후에 일어나는 제엽이 가장 피해가 큰데, 수목이 최대한으로 에너지를 소모하면서 저장물질이 모두 고갈되는 시기이기 때문이다.

50% 미만으로 제엽이 될 경우 수목은 눈에 띄는 변화를 보이지 않으면서 회복한다. 나머지 잎의 광합성이 활발해지고, 수분 부족이 개선되며, 뿌리생장과 에너지 저장 대신 줄기생장이 우선으로 이루어지면서 피해를 극복하여 잎이 다시 나온다(refoliation). 50% 이상 제엽이 되더라고 낙엽활엽수는 새잎을 생산하며, 제엽이 수년간 반복되더라도 회복하는 경향이 있다. 새잎이 나오면서 병해충에 대한 저항성은 다시 증가하지만, 저장 에너지는 고갈된다. 이 경우 여름에 제엽이 된다면 추위에 대한 내한성은 급속히 저하될 수 있다.

반면 상록침엽수는 낙엽활엽수와는 다르게 제엽에 매우 약하며, 1회의 심한 제엽으로 나무가 죽는 경우가 많다. 솔잎혹파리는 새잎에 혹을 만들어 잎의 생장이 중단되고 당년에 낙엽이 져서

그림 12-1
제엽의 효과. 솔잎혹파리는 소나무의 새잎에 혹(충영)을 만들어 잎의 생장이 정지하고 조기낙엽이 이루어져 제엽(除葉)과 같은 결과를 가져오며, 수년간 충영형성률이 70% 이상 지속되면 나무가 죽기도 한다.

제엽과 비슷한 결과를 가져오는데, 충영형성률(제엽률에 해당)이 70% 이상 수년간 지속되면 나무가 죽는다(그림 12-1). 상록침엽수는 낙엽활엽수와 달리 잎과 가지(즉 수관을 의미함)에 대부분 에너지와 양분을 저장하고 있으며, 수년에 걸쳐 생산된 잎을 함께 가지고 있어 누적된 잎의 순간적 제엽으로 더 큰 손실을 보기 때문이다.

12-2-2 시비(施肥, fertilization)와 내병충성

과거의 많은 연구는 수목에 시비하면 내충성이 감소하는 것을 보여주고 있다. 버드나무에 시비한 후 생장은 촉진되지만, 체내 전분, lignin, tannin의 함량이 감소하면서 잎을 가해하는 딱정벌레에 대한 저항성도 감소했다. 자작나무와 포플러에 시비한 경우도 방어물질이 감소하여 각각 토끼와 딱정벌레의 피해를 더 많이 받았다. 테다소나무에 시비한 경우 잎에서 페놀 화합물의 농도가 감소하여 순나방의 피해를 더 받았다. 그 밖에 시비는 진딧물, 깍지벌레, 메뚜기, 나무이, 응애와 같은 흡즙성 해충에 의한 피해를 증가시킨다. 시비로 인해 새로 자란 어리고 부드러운 조직을 해충이 더 좋아하기 때문이다.

시비는 수목의 전염성 병에 대한 저항성도 감소시키는 경향이 있다. 가장 주된 이유는 병에 대한 저항성이 약한 어린 조직이 새로 만들어지면서 동시에 저항성 물질의 생산이 감소하기 때문이다. 시비는 광합성을 촉진하기 이전에 우선으로 어린 조직의 생장을 촉진함으로써 광합성 에너지를 소모시켜 병에 대한 방어물질의 생산이 지연되기 때문이다. 또한 시비는 지하부보다 지상부의 생장을 촉진시켜 건조에 대한 저항성이 약해진다. 반면 시비하지 않은 나무는 지상부 생장이 느리지만 뿌리 발달이 더 많이 이루어지고, 내충성도 있으며, 건조에 대한 저항성도 있는 편이다.

그러나 예외도 알려져 있는데, 흑호두나무에 시비한 경우 탄저병에 대한 저항성이 증가한 경우도 있다. 또한 극히 양분이 부족한 토양에 시비하는 경우에는 소나무류의 생장이 촉진되면서 내병성 물질도 증가하고, 내충성도 증가했다. 이 경우 광합성이 촉진되면서 생장촉진과 저항성 물질의 생산이 동시에 이루어졌다고 해석할 수 있다.

위와 같은 관찰을 토대로 한다면, 조경수 관리에서 토양 양분이 적절한 경우에는 시비로 내병충성이 감소하지만, 극히 양분 결핍을 겪고 있는 토양에서는 시비로 인한 영양 개선으로 내병충성이 증가한다고 할 수 있다. 시비와 관수는 수목의 지상부 생장을 촉진시키지만 더 건강해지는 것은 아니라고 할 수 있다. 따라서 시비는 수목의 생장이 눈에 띌 정도로 저조하거나 양분 결핍증상을 보일 때 실시하는 것이 바람직하다. 더불어 화학비료의 사용은 자제하는 것이 좋으며, 꼭 필요할 경우 완숙퇴비를 사용한다.

12-2-3 건조와 내병충성

건조스트레스는 체내에 타감물질의 함량을 증가시켜 식엽성 해충에 대한 저항성을 증가시킨다고 알려져 있다. 그러나 건조는 천공성 해충에 대한 내충성을 감소시키기도 하고, 해충 피해에 거의 영향을 주지 않는 경우도 있다. 백자작나무에서 건조스트레스는 일부 품종에서 짚시나방 피해를 약간 증가시키기도 하고, 다른 품종에서는 그렇지 않은 결과를 보여주었다. 진딧물과 응애의 숫자는 건조한 환경에서 증가하는 경향이 있는데, 이것은 건조와 동반된 고온상태에서 진딧물과 응애의 번식이 왕성하기 때문으로 해석된다. 실제로 국내에서 장마철에는 진딧물의 피해가 감소하는데, 이것은 잦은 비로 진딧물이 쉽게 나무에서 씻겨 나가기 때문으로 해석된다.

건조와 전염성 병과의 관계는 일반적으로 부(否)의 상관을 나타낸다. 수목의 전염성 병은 대부분 곰팡이에 의해 생기는데, 건조한 환경에서는 균사의 생장, 포자의 생산과 발아가 제대로 되지 않기 때문이다. 따라서 비가 자주 오는 환경에서는 전염성 병이 쉽게 번식하는 반면 흡즙성 해충의 밀도는 줄어든다.

건조로 인해 증가하는 전염성 병에는 가지마름병이 있다. 특히 *Cenangium* 균은 평상시 소나무류에서 내생균(endophyte)으로 존재하다가 건조 피해를 받으면 빠른 속도로 증가하여 가지마름병으로 나타난다. 그러나 이 경우 가지가 이미 건조로 인해 죽은 다음에 병징이 나타나므로 진정한 가지마름병으로 죽었다고 할 수 없다. 최근 이상난동(異常暖冬)과 겨울가뭄이 함께 찾아오는 해에는 상록수(소나무, 잣나무)가 늦가을, 겨울, 이른봄까지 지속되는 고온과 가뭄에 견디지 못하고 말라 죽으면서 가지마름병이 늘어나고 있다. 그러나 *Cenangium* 균에 의한 가지마름병은 전염성이 매우 약해 죽은 나무를 태우거나 없앨 필요가 없다(그림 12-2). 반면 건조와 무관하게 퍼지는 *Scleroderris* 균에 의한 가지마름병은 전염성이 높아 방제에 노력해야 한다.

그림 12-2
건조와 가지마름병. 소나무가 건조 피해를 받으면 *Cenangium* 가지마름병(잎이 적갈색으로 변함)이 빠르게 퍼진다. 그러나 전염성이 매우 적다.

12-2-4 그늘과 내병충성

햇빛에 이미 적응하고 있는 수목을 그늘에서 기르면 광합성량이 급속히 감소하면서 에너지 부족으로 자신을 방어하는 타감물질의 생산이 감소한다. 그 결과로 그늘 속의 수목은 병해충에 대한 저항성이 감소하게 된다. 그늘은 나무좀, 식엽성 해충, 전염성 병균, 초식동물에 대한 저항성을 감소시키는 것으로 오랫동안 알려져 왔다.

이와 반대로 그늘에 이미 적응한 수목을 햇빛에서 기르면 스트레스를 받게 된다. 대표적인 음수인 미국 분홍꽃층층나무는 숲 속의 그늘에 적응하면서 사는데, 햇빛에 노출되면 한낮에 수분 부족으로 피해를 받게 된다. 햇빛에 적응하고 있는 수종(양수와 음수 모두 포함됨)은 이런 한낮의 수분 부족을 극복하는 능력을 가지고 있는 반면, 그늘에서 자라던 수목은 이런 능력이 없다.

12-2-5 환경스트레스와 천공성 해충의 피해

나무좀을 포함한 천공성 해충과 줄기궤양병은 수목에 치명적인 피해를 주므로 여기에서 특별히 언급하고자 한다. 이런 병해충은 물과 탄수화물의 이동을 담당하는 목부와 사부에 피해를 준다. 나무좀과 천공성 해충이 사부를 가해하는 경우 환상박피를 유발해 탄수화물 부족으로 뿌리의 발달이 둔화되면서 수분과 무기양분 흡수 저해로 수목이 죽는다.

느릅나무 줄기마름병, 참나무 시들음병은 곰팡이가 목부조직을 막아서 뿌리에서 잎으로 물과 무기양분이 이동하는 것을 방해하여 나무가 급속히 말라 죽는다. 특히 참나무는 가장 최근에 만들어진 마지막 나이테 1개를 이용해 물을 위로 빨아올리기 때문에 곰팡이가 나이테 1개만 막아도 말라 죽는다.

환경스트레스는 줄기 천공성 해충과 병균에 대한 저항성에 큰 영향을 준다. 특히 건조스트레

그림 12-3

이식스트레스와 나무좀. (소)나무좀은 이식한 나무가 스트레스를 받아 건강이 나빠져 송진 분비를 못하면 집중적으로 공격한다. 소나무좀의 성충이 탈출한 구멍이다.

스와 제엽은 천공성 해충과 줄기 가해 병균에 대한 저항성을 급격하게 감소시킨다. 송진을 생산하는 침엽수는 천공성 해충이 줄기에 상처를 만들면 이에 대응하여 송진을 생산함으로써 저항성을 높인다. 그러나 스트레스를 받아 광합성이 저조해지면 송진 생산이 둔화되어 나무좀에 대한 저항성이 떨어진다. 대표적인 스트레스는 소나무를 이식하면서 뿌리가 많이 제거되었을 때 나타나며, 광합성의 저하로 송진 생산이 감소하면 소나무좀의 피해가 급격하게 늘어나 이식한 나무가 죽게 된다(그림 12-3).

낙엽활엽수의 경우 평소에 송진을 생산하지 못하며, 대신 타감물질(他感物質, allelochem)을 만들어 병원균과 해충의 생장을 억제한다. 또한 상처 유합조직(callus)을 만들어 병균을 격리시키고, 구획화(CODIT)를 통해 병균이 주변으로 퍼지는 것을 막는다. 스트레스를 받으면 유합조직의 생성이 급격히 감소하여 병해충에 대한 저항성이 떨어진다. 이 경우 건조와 제엽에 의한 스트레스가 가장 심각한 부작용을 만든다.

12-3 식물건강관리(plant health care, PHC)

12-3-1 종합적병해충관리(Integrated Pest Management, IPM)와 식물건강관리와의 관계

식물건강관리 프로그램의 개념은 1980년대 미국에서 조경수 관리 전문가들에 의해 조경수 관리의 효율을 높이기 위해 시도되었다. 이 개념은 농작물의 생산과정에서 도입되었던 종합적병해충

관리 개념을 응용한 것이다. IPM은 다양한 방제법(기계적, 재배적, 생물학적, 화학적, 법제적 방제)을 동원하여 종합적으로 적절히 해충의 숫자를 줄이되 박멸하는 것은 아니며, 경제적 피해를 최소화하는 수준으로 발생밀도를 조절 관리하는 방법이다. 피해(damage) 여부와 피해수준은 농작물의 수확 손실액과 이를 방제하기 위한 경비를 비교하여 결정한다. IPM에서는 어느 수준을 넘어선 피해를 경제적 손실(economic loss)이라고 부른다. 농산물의 피해와 경제적 손실은 해충의 생물학적 특성, 해충이 수확량에 미친 영향, 그리고 IPM 유지 경비에 기초를 두어 개발한 수학적인 모델로 계산할 수 있다.

IPM의 기본 전제는 해충의 숫자는 주기적으로 증가하기 마련이며, 어느 수준에 도달하면 경제적 손실을 초래한다는 것이다. 경제적 손실을 가져오는 해충의 수준(숫자 혹은 밀도)을 경제적 피해수준(economic injury level, EIL)이라고 한다. 해충의 구체적인 생물학적 특성을 파악하면 과학자들은 해충의 숫자가 언제 경제적 피해수준에 도달할 것인가를 모델을 이용해서 예측할 수 있다. 이 예측된 시점을 경제적 한계(economic threshold, ET)라고 한다. 해충의 숫자가 앞으로 언제 경제적 손실을 가져올 수준에 도달할 것인가를 예측함으로써 피해가 생기기 전에 해충 구제를 위한 처방(treatment), 즉 약제 살포를 최종 결정하게 된다. 경제적 한계(ET)에서 약제를 살포하는 비용은 해충이 경제적 피해수준에 도달할 경우 초래되는 수익의 감소액보다 적어야 한다.

이러한 IPM 철학이 1970년대 미국의 조경수 관리 분야에도 처음 도입되기 시작했다. 대부분 과거의 조경수 병해충방제계획은 계절에 따른 약제 살포 계획에 근거를 두고 있었으며, 지금도 그러하다. 농작물에서 유래한 조경수 IPM의 첫 목표는 약제 살포를 결정하기 전에 다른 방법을 찾아보라는 것이다. 단순한 정찰과 모니터링만으로도 약제 사용량을 줄일 수 있다는 것이 미국에서 증명되었다. 정찰(偵察, scouting)이란 병해충에 대한 관찰, 인지, 동정, 숫자 파악, 문제를 기록하는 행위를 말한다. 여러 차례에 걸친 지속적인 정찰을 모니터링(monitoring)이라고 한다 (International Society of Arboriculture, 1997)(그림 12-4).

농작물에서 시작된 IPM의 개념을 조경수 관리에 적용하면서 발생한 문제점은 조경수의 경우 경제적 피해수준(EIL)과 경제적 한계(ET)를 농작물처럼 쉽게 결정할 수 없다는 것이다. 조경수의 피해수준과 피해로 인한 외형적 손실 정도는 조경수 소유주와 고객의 평소 생각과 기대치가 서로 다른 것처럼 개인적인 느낌에 따라서 크게 다르게 인식되기 때문에 객관적으로 쉽게 분류할 수 없다. 수목의 건강에 해로운 피해는 쉽게 인식할 수 있지만, 조경수를 구입하거나 위탁관리하는 고객은 건강 이외의 다른 요인, 즉 나무의 외형과 미적 가치에 더 관심이 많다.

미적 정서(aesthetics)와 아름다움을 양적으로 결정하기는 쉽지 않지만, 미국에서 고객을 위해 미적 한계(aesthetic threshold, AT)와 미적 피해수준(aesthetic injury level, AIL)에 대한 양적 기준을 연구를 통해 만들어내었다. 즉 각종 스트레스(생물적 및 환경적 요인)와 수종별 미적 피해 가능성과의 관계를 구체화한 것이다. 예를 들면 해충의 숫자와 해충 피해 가능성을 제시하거나 각종 스트레스

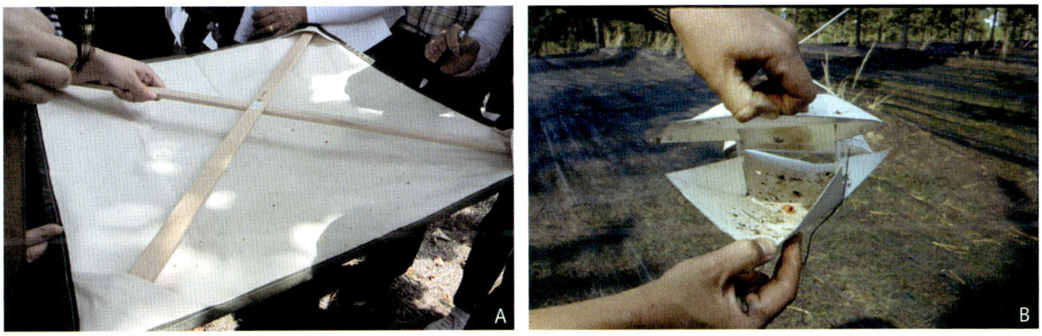

그림 12-4
해충밀도 조사방법. A: 해충밀도를 모니터링하기 위해 비팅트랩(beating trap)을 이용한다. 수관 하부의 가지를 두들겨서 비팅트랩에 떨어진 활동성이 둔하여 잘 날지 않는 곤충을 관찰한다. B: pheromone trap으로 명나방 수컷의 밀도를 조사한다.

에 의한 수종별 피해 위험 등급을 작성해 놓는 것을 뜻한다. 지금까지는 몇 안 되는 수종과 몇 가지 스트레스에 한해 AT와 AIL을 작성해 놓은 상태이므로, 이것이 상용화되기는 쉽지 않다.

12-3-2 식물건강관리 프로그램

종합적병해충관리(IPM) 개념을 조경수 관리에 응용하기 위해 개발된 것이 식물건강관리(plant health care, PHC) 프로그램이다. PHC 프로그램은 IPM을 대체하는 것이 아니며, 수목과 고객(주민, 수목 소유주)의 관점에서 기본 개념을 더 세밀하게 구체화한 것이다. 병해충의 지속적인 모니터링(monitoring)은 PHC의 가장 핵심적인 업무이지만, 전체적(holistic) 접근방법을 통해 문제(피해)의 사전 방지가 더 강조되고 있다. 피해의 사전 방지를 위해 처음부터 수종 선택, 식재지 선정, 수목 관리를 최적화하도록 노력해야 한다. 그리고 문제가 발생하면 약제 살포를 결정하기 전에 다각적인 수단을 동원해서 그 문제를 해결한다.

PHC는 수목과 그리고 관련된 스트레스만을 다루는 것이 아니며, 특별히 문제가 되는 수종의 파악, 그 지역에서 발생하는 중요한 스트레스의 유형, 수목의 역사, 고객의 의견과 희망 등을 고려하여 종합적인 관리단지 현황조사(site inventory)를 한다. 가장 바람직한 PHC 프로그램은 조경 설계와 수목 식재 단계부터 시작된다.

식물건강관리 프로그램을 개발하고 유지하는 데에는 많은 과정이 필요하다. 가장 바람직한 것은 수목관리전문가가 초기의 조경설계에 참여하여 식재 수종과 식재 장소를 선정해 주는 것이지만, 실제로 그렇게 하기는 쉽지 않다. 특수 문제(예: 병징, 해충, 기상이변 등)가 발생하면 그때마다 수목관리자가 적절한 대응을 할 필요가 있는지를 결정해야 한다. 이런 것을 적절대응과정(appropriate response process, ARP)이라고 한다. ARP는 단순한 작업지시나 약품처방 과정이 아니며 전문지식, 경험, 관련 정보를 종합적으로 수집하여 어떤 구체적인 대처방안이 필요한지를 판단하는 것이다.

1. 수목 자체(plant)

PHC에서 가장 기본적인 것은 수목 식별과 그 수목의 생리에 대한 지식이다. 수종명과 품종명은 수목관리자가 그 수종의 각종 스트레스(생물적 및 무생물적)에 대한 예민성(susceptibility)과 생리에 근거한 활력(vitality)을 이해하는 데 필수적이다. 특히 건물 주변에 있는 나무의 경우, 인명과 재산 피해를 막기 위해, 생장의 특성과 줄기의 건전상태에 대한 정보는 매우 중요하다.

2. 스트레스(stress)

수목에 스트레스를 주고 있는 요인이 무엇인지를 규명하는 것은 적절한 대응책을 미리 마련하는 데 필수적이다. 스트레스는 물리적, 생리적, 생물적, 기상적, 토양적 요인 혹은 여러 가지 복합적인 요인에 의해 생길 수 있다. 진단(診斷, diagnosis)을 통해 스트레스 요인을 찾아내는 것은 수목 외형의 파괴와 건강을 해칠 수 있는 가능성을 판단하는 데 필요한 단계일 뿐만 아니라, 피해원인을 확실하게 제거하여 피해가 반복되지 않게 하기 위해 필수적이다.

진단에는 고객에게 질문을 통해 피해의 발단 배경에 관한 정보를 취득하고, 전문적 지식을 동원하여 문제를 파악하고, 수목에 미치는 영향의 수준을 판단하는 과정이 포함되어 있다. 첫 번째 질문은 피해가 처음 나타난 시기이며, 그다음은 최근 있었던 작업내용(예: 이식, 시비, 수간주사, 약제 살포)과 기상이변(태풍, 늦서리) 등이다. 이런 예비정보를 갖고 병징(symptom)과 비정상적인 특징을 조사하면 피해원인을 규명할 수 있는 가능성이 더 높아진다(그림 12-5). 관리지역 내 여러 나무(같은 수종 혹은 다른 수종) 간에 그리고 한 개체 내에서 병징이 전개되는 양상(pattern)을 면밀히 조

그림 12-5

이식 후 봄철 가뭄에 관수하지 않아 수분스트레스로 죽은 메타세쿼이아(A)와 느티나무(B)

사하면 스트레스의 원인이 생물적인 요인(전염성 병, 해충)인지 아니면 무생물적 요인(토양, 기상, 인위적 피해 등)인지를 판단할 수 있다. 불규칙한 패턴(random)은 대부분 생물적 요인에 의해 생기며, 수종과 관계없이 나타나며 규칙적으로 균일한 패턴은 무생물적 요인에 의해 생긴다.

3. 개입과 조정(intervention)

고객의 요청에 따라서 정당한 이유 없이 혹은 정확한 진단 없이 막연한 효과를 기대하면서 단순하게 약제 살포를 처방하는 것은 PHC 프로그램이 아니다. 당장 대응(대처)하거나 어떤 처리가 필요없다고 판단될 경우에는 적절대응과정(ARP)이 다시 필요해질 때까지 모니터링을 계속한다. 그러나 대응이 필요할 때에는 구체적인 대응의 범위, 수준, 방법을 결정해야 한다.

대응하는 관리법은 관리지역의 환경을 변경하거나, 스트레스를 만드는 요인을 물리적으로 제거하거나, 화학적 처리(시비, 도포)로 수목을 돕거나, 약제로 스트레스 요인을 제거하거나, 천적을 이용하거나, 법적 규제를 통해 유발 요인을 억제하는 것 등을 나열할 수 한다. 기타 더 자세한 관리법은 수목관리전문가(나무의사), 나무병원, 국립나무병원, 지자체 공립나무병원, 대학교 수목진단센터 등 전문기관을 통해 자문을 받을 수 있다.

4. 평가

대응관리의 결과를 평가하는 것은 그 대응이 적절하고 성공적이었는지를 판단하기 위해 그리고 ARP를 반복하기 위해 필요하다. 이러한 판단과 평가는 모니터링을 지속해서 수행함으로써 가능해진다. 이러한 평가와 모니터링에 대한 내용을 보고서의 형태로 기록으로 남기는 것은 PHC 프로그램을 효율적으로 수행하면서 좀 더 발전된 프로그램으로 진화시키기 위해 필요한 것이다.

5. PHC 프로그램의 국내 응용

국내에서는 아직 식물건강관리(PHC) 프로그램을 조경수 관리에서 응용하지 않고 있는데, 이에 대한 교육과 홍보가 마련되지 않았기 때문이다. 현시점 국내에서 조경수에 응용할 수 있는 식물건강관리(PHC) 프로그램의 초보단계는 조경수관리대장과 모니터링 업무일지를 작성하면서 체계적으로 수목을 관리하는 것이다. 한국의 경우 조경수 관리 담당자가 수시로 교체되는 경향이 있다. 업무의 연계성, 전문성, 효율성, 학습 및 경험 효과를 높이기 위해 우선으로 해야 할 업무는 가로수와 공원수 등의 수목을 대상으로 고유의 개체번호를 부여하고, 개체별로 관리대장을 만들어 모든 관리역사를 기록으로 보관하는 것이다. 모니터링 업무일지에는 사업장의 주기적인 정찰(순찰, scouting)을 통해 병해충의 발생 상황과 매일 기상상태도 함께 기록함으로써 기상스트레스에 대비할 수 있다. 개체별 조경수관리대장과 업무일지는 업무의 인수인계와 외부의 수목관리전문가가 후에 관리업무를 평가하고 개선하는 데 필요할 뿐만 아니라 피해원인 규명에도 도움이 된다.

12-4 건강증진을 위한 수목관리

천연으로 종자가 떨어져 자라는 나무는 그 지역에 적응하면 건강하게 자라고 적응하지 못하면 도태된다. 적자생존의 자연법칙이 적용되기 때문이다. 그러나 조경수(landscape tree)의 경우 인간이 개입하기 때문에 조경수의 건강은 어떤 수목을, 어떤 곳에, 어떻게 심어, 어떻게 가꾸는가에 따라서 크게 영향을 받는다. 수목은 자연적인 환경에서 자랄수록 건강해지며, 인간에 의해 변형된 환경에서는 건강하게 자라지 못한다. 자연적인 환경이란 건강한 숲에서 볼 수 있는 환경, 즉 숲의 토양과 기상상태를 말한다. 따라서 우리는 숲의 자연환경을 그대로 재현할 수 있는 방법으로 수목을 가꾸면 수목이 건강하게 자랄 수 있다는 기본 개념을 이해해야 한다. 다음에 열거한 항목들은 수목을 건강하게 키우는 데 꼭 지켜야 할 기본 방향에 해당하며, 건강을 위한 수목의 생리학적 접근이라고 할 수 있다.

12-4-1 수종 선정

수목은 오랜 세월 진화하면서 그 지역에 적응하기 위한 고유의 생리적 특성이 있다. 내한성, 내음성, 내건성, 내습성, 내공해성, 내조성, 내척박성 등은 각 수종의 고유 특성이며, 이를 기초로 하여 수종을 선택해야 한다. 조림학에서 이야기하는 적지적수(適地適樹, right trees on right site)의 개념을 살려 추운 곳, 그늘진 곳, 건조한 곳, 습한 곳에는 그 환경에 맞는 수종이나 품종을 선정해야 한다. 이를 무시하고 억지로 저항성이 없는 수종을 심으면 이로 인한 각종 피해가 발생하면서 수목의 건강이 나빠진다.

12-4-2 햇빛관리

국내에서 자라는 대부분 수종은 그늘보다 햇빛을 더 선호한다. 음수(陰樹, shade tolerant tree)는 그늘에서도 자라는 내음성이 있는 수종이지만, 어린 시절을 제외하면 햇빛에서 더 잘 자란다. 양수(陽樹, shade intolerant tree)는 그늘에서는 자랄 수 없는 수종으로서 당연히 햇빛을 더 좋아한다. 모든 수목의 건강은 햇빛을 받은 만큼 증진된다. 광합성으로 만든 에너지를 이용해 각종 재해에 대한 저항물질을 생산하기 때문이다. 광합성을 수행한 만큼 체내에 설탕을 축적하여 추위에 대한 내한성(耐寒性, cold hardness)을 높이며, 항산화물질(antioxidant)을 생산하여 내공해성을 높이고, 항균성을 가진다.

화관목은 예쁜 꽃을 감상하기 위해 심는데, 광합성을 수행한 만큼 꽃눈 생산이 촉진된다. 따라서 햇빛을 많이 받을 수 있도록 길러야 한다(그림 4-22 참조). 그늘에 심거나 식재 간격이 좁으면 꽃을 제대로 감상할 수 없으며, 더불어 나무의 건강에도 좋지 않다.

12-4-3 수형(樹形, tree form) 조절

나무가 자라면서 어떤 수형을 갖추는가는 수목의 건강과 수명에 절대적인 영향을 미친다. 수형은 기본적으로 수종 고유의 유전적인 특성이지만 조경수의 경우 인간이 수형을 바로잡아 주면 건강하고 아름다운 모양을 갖추게 된다. 교목이라면 원줄기, 즉 주간(主幹, main stem)을 1개 가진 단간(單幹, single stem)을 가지도록 유도해야 하며, 원줄기를 곧게 세우고 골격지(骨格枝, scaffold branch)가 적절한 간격을 두고 발달하도록 유도한다(그림 12-6 A). 잣나무와 전나무처럼 원추형(圓錐形, excurrent form)의 수형을 갖는 경우 원줄기가 곧게 자라다가 어느 지점에서 줄기가 둘 혹은 여러 개로 갈라지면, 세월이 경과하면서 갈라진 자리에서 굵은 줄기끼리 '아귀다툼'을 하면서 서로 붙어버린다.

맹아력이 강한 활엽수는 침엽수보다 더 많이 가지를 치면서 자라기 때문에 한 곳에서 가지가 여러 개 발생하는 것을 조절해서 '아귀다툼'을 미리 방지해야 한다(그림 12-6 B). 그대로 두면 나중에 줄기끼리 서로 붙으면서 수피에 상처가 생겨 수명이 짧아진다. 위와 같은 현상을 방지하기 위해 조경수의 기본 수형에 대한 교육을 강화하고, 주기적으로 수형을 가다듬는 전정(剪定, 가지치기)

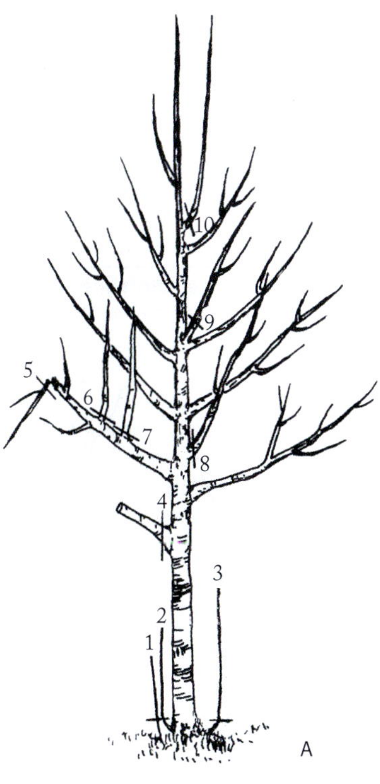

그림 12-6

수형 조절. A: 조경수의 가장 바람직한 수형은 원줄기를 하나로 유지하고 곧게 자라면서 일정한 간격으로 골격지가 발달한 형태이며, 이런 나무는 건강하게 오래 살 수 있다. 번호가 붙어 있는 가지는 제거 대상이다(이경준과 이승제, 2011). B: 지상 2m 높이에서 두절작업을 하여 한 곳에서 10개 이상의 줄기로 갈라져 아귀다툼을 하고 있는 느티나무. 세월이 경과하면서 줄기들이 굵어지는 과정에서 서로 맞닿아 썩는다.

을 실시해야 한다.

12-4-4 토양관리

수목의 뿌리는 계속 자라면서 숨을 쉬기 때문에 산소를 많이 요구한다. 뿌리에 산소가 원활하게 공급되려면 토양의 통기성과 배수성이 좋아야 한다. 진흙과 같이 통기성과 배수성이 나쁜 토양에서 자라거나 산소공급을 방해하는 환경(배수불량, 답압)이 조성되면 뿌리의 생장이 둔화되면서 나무의 건강이 서서히 나빠진다. 기존에 나무가 자라고 있는 곳에 흙을 붓는 복토(覆土)를 하거나 나무를 깊게 심는 심식(深植)을 실시하면 산소공급이 저조해서 뿌리가 숨을 쉬지 못해 건강이 나빠진다.

배수(drainage)가 잘 되지 않는 토양의 경우 배수를 철저히 하여 장마철에 뿌리가 썩는 것을 방지하고, 겨울철에 토양의 결빙을 최소화한다. 모래가 많은 토양의 경우 봄, 가을, 겨울의 건조기에는 관수를 해야 한다. 특히 요즘 나타나는 따뜻한 겨울에 가뭄이 함께 올 때 관수해야 한다. 오래된 고목에서 노출된 뿌리는 살아서 숨을 쉬고 있으므로 흙으로 덮으면 안 된다. 등산로변의 노출된 뿌리도 같은 원리로 흙을 덮으면 안 된다.

수목에 가장 좋은 토양은 자연상태로 그대로 유지하는 것이며, 토양의 표면과 높이를 변경시키지 않고 그대로 두는 것이다. 대신 토양 표면을 유기물로 된 재료로 멀칭(mulching)하는 것은 토양 유실 방지, 잡초 억제, 토양미생물 활성화, 온도 완화, 토양의 물리적, 화학적 성질 개량 등의 효과를 가져와 뿌리생장에 도움이 된다. 가을에 떨어진 낙엽을 그대로 두면 멀칭 효과가 있다.

토양분석(soil analysis)은 토양 입자의 크기, 무기물의 함량, 산도 등이 수목생장에 적합한지를 조사하는 작업인데, 수목의 영양상태를 간접적으로 파악하거나 수목을 식재할 때 나무가 얼마나 잘 자랄 수 있는지를 예측하는 기준으로도 쓰인다. 표 12-1에 표시한 기준에 따라서 어떤 지역의 토양이 조경수 생장에 적합한지를 점검할 수 있다. 조경수는 일반 농작물보다 천천히 자라기 때문에 조경수의 생장에 적합한 무기양분의 함량 기준이 농작물보다 훨씬 낮은 편이다. 화관목과 속성수일수록 더 비옥한 토양을 요구하며, 천천히 자라는 수목은 비옥하지 않은 토양에도 잘 적응한다. 농작물에서 효과가 빨리 나타나는 화학비료를 조경수 관리에서는 잘 사용하지 않으며, 대신 퇴비, 부엽토, 유기질 비료를 투입하여 토양의 물리적 및 화학적 성질을 개선하는 것이 바람직하다.

표 12-1 조경수 식재에 적합한 토양의 물리적 및 화학적 성질 기준

항목	토성	산도 (pH)	유기물	총 질소	유효인산	양이온치환 용량(CEC)	치환성 K^+	치환성 Ca^{++}	치환성 Mg^{++}	전기전도도 (EC)	염분 농도
단위			%	%	mg/kg	cmol/kg	cmol/kg	cmol/kg	cmol/kg	dS/m	%
함량	사질양토~양토	5.5~6.5	3.0 이상	0.1 이상	50~100	10~20	0.25~1.0	2.5~5.0	0.5~2.0	0.5 미만	0.05 미만

12-4-5 하층식생(下層植生, understory vegetation) 관리

교목 밑에 다른 나무나 풀을 심는 것은 교목의 건강에 부정적인 영향을 끼친다. 하층식생의 뿌리가 토양의 통기성을 방해하고 토양 산소를 먼저 이용하며, 비가 적게 오거나 관수를 충분히 하지 않을 경우 겉흙에 있는 수분을 관목이나 잔디가 모두 흡수하기 때문에 뿌리를 깊게 뻗는 교목에 도움이 되지 않는다. 비료도 같은 원리로서 겉흙에 비료를 주어도 관목이나 풀이 먼저 흡수한다. 교목 밑에 어떤 식물도 식재하지 말고 맨땅으로 그대로 두거나, 유기물 멀칭으로 토양을 덮는 것이 더 바람직하다.

12-4-6 균근(菌根, mycorrhiza) 활용

균근은 수목 뿌리가 토양 곰팡이와 공생하는 형태를 말한다. 곰팡이는 땅속으로 균사를 뻗어 무기양분과 수분을 흡수하면서 수목 뿌리 속으로 들어가 이를 전달하고, 수목 뿌리는 곰팡이에 탄수화물을 제공하여 서로 도우면서 살아간다. 균근은 크게 세 가지로 나눈다(표 12-2). 외생균근(外生菌根, ectomycorrhiza)은 곰팡이의 균사가 뿌리 속까지 침투하되 세포 밖에서만 자라는 형태를 의미한다. 균사가 기주 뿌리의 표면을 감싸 균투(菌套, fungal mantle)를 형성하여 뿌리를 보호하고(그림 12-7 A), 뿌리 속에서는 세포간극에 머물면서 하티그망(Hartig net)을 형성하는 것이 특징이다(그림 12-7 B). 수목 중에서 소나무과, 참나무과, 버드나무과, 자작나무과에 속하는 수목이 외생균근을 형성한다. 관련되는 곰팡이는 자낭균과 담자균으로서 숲 속에서만 발견되는 버섯 중에서 땅 표면에서 발생하는 각종 버섯이 해당된다. 송이버섯, 광대버섯, 무당버섯, 젖버섯, 싸리버섯, 그물버섯, 비단그물버섯, 알버섯 등이 산림에서만 관찰되는 균근 곰팡이(mycorrhizal fungi)이다(그림 12-9).

내생균근(內生菌根, endomycorrhiza)은 균사가 뿌리 속의 세포 안으로 침투하면서 자란다(그림

표 12-2 균근의 분류, 형태, 기주범위, 관련 곰팡이의 특징(○는 긍정, ×는 부정이다)

균근의 분류	형태적 특징			기주범위	관련 곰팡이 종류
	균사의 뿌리 내 침투	균사의 세포 내 침투	고유의 특징		
외생균근	○	×	균투, 하티그망	소나무과, 참나무과, 버드나무과, 자작나무과, 피나무과	자낭균, 담자균(버섯을 형성하며, 숲 속 땅 위에서 발생함)
내생균근	○	○	가지모양균사	초본류, 작물, 과수, 대부분 산림수목(위의 5개과 제외)	접합자균
내외생균근	○	○	어린 묘목 시절에만 나타남	소나무류의 묘목	외생균근 곰팡이

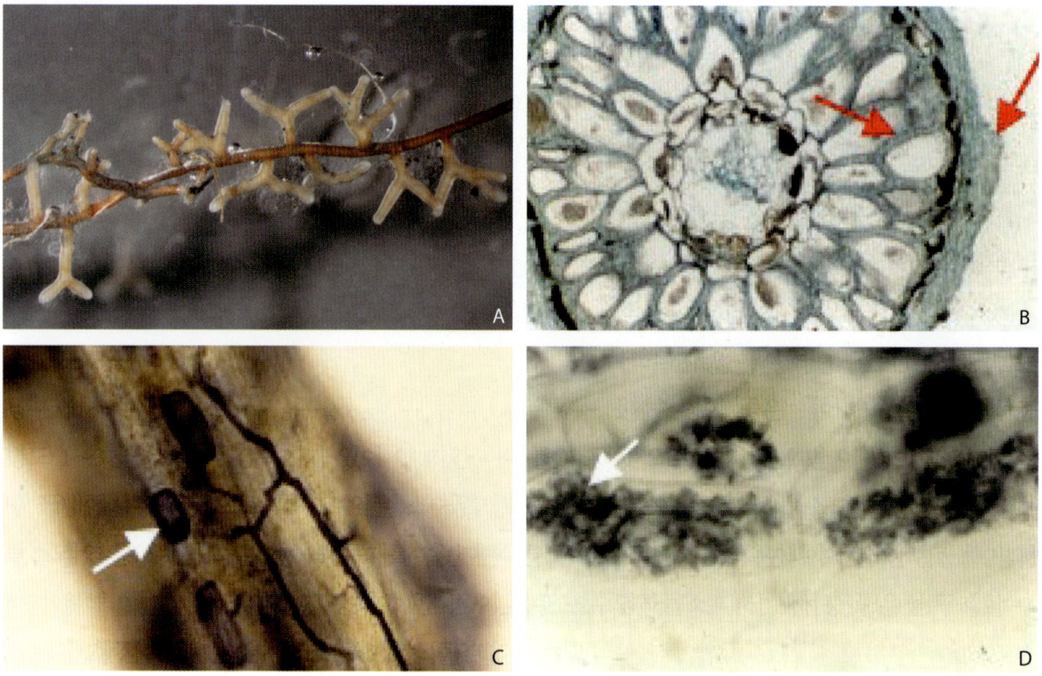

그림 12-7

균근의 형태. A: 소나무 가는 뿌리에 형성된 외생균근(뿌리 끝이 Y자로 갈라지고 직경이 굵어진다), B: 균근을 형성한 잣나무의 가는 뿌리의 횡단면(곰팡이의 균투와 하티그망이 푸른색으로 염색되어 있다), C: 호두나무 가는 뿌리에 형성된 내생균근의 균사와 소낭(vesicle), D: 물푸레나무의 뿌리 피층 안쪽에 형성된 가지모양균사(arbuscules)

12-7 C). 세포 속에서 가지모양균사(arbuscules)를 형성하는 것이 특징이며, 여기서 양분을 서로 교환한다(그림 12-7 D). 균사가 세포 안으로 들어가지만, 뿌리의 피층(皮層, cortex)까지만 들어가고 내피(內皮, endodermis) 안으로는 침투하지 않는 것이 병원균과 다른 점이며, 이런 점은 외생균근에도 해당된다. 초본류, 작물, 과수, 대부분 목본식물이 내생균근을 형성하며, 관련되는 곰팡이는 접합자균(Zygomycetes)이며, *Glomus*와 *Scutellospora*가 가장 대표적인 곰팡이이다.

산림토양에서 자라는 대부분의 목본식물은 균근을 형성한다. 균근은 수목에 다음과 같이 여러 가지 혜택을 주는데, 수목이 더 건강해지고 부적절한 환경에 대한 저항성을 증가시켜 결국 생장이 촉진된다.

1) 곰팡이가 뿌리 표면을 감싸고 있어 뿌리의 건조에 대한 저항성을 높인다.
2) 질소, 인, 황 등 무기물의 흡수를 촉진하는데, 특히 불용성 인을 수용성 인(soluble phosphate)으로 바꿔 주어 척박한 토양 혹은 한계토양(marginal soil)에서도 자라게 해 준다.
3) 산성과 알칼리성 토양 혹은 높은 온도의 토양으로부터 뿌리를 보호한다.
4) 토양 속 중금속 혹은 독극물의 흡수를 감소시켜 뿌리를 보호한다.
5) 곰팡이가 길항성 물질에 해당하는 항생제(예: diatretyne nitrile)를 생산하여 다른 병원성 미생

그림 12-8

균근(菌根, mycorrhiza)을 활용한 수목의 건강증진. A: 모래밭버섯 균근균을 인공접종한 리기테다소나무의 뿌리에 균근이 형성되고 세근이 많이 발달하여 건강한 모습, B: 토양소독으로 균근 형성을 억제하여 뿌리 발달이 빈약한 모습

물의 침입을 억제한다.

새로 개간한 땅에서 균근균이 없어서 균근 형성이 지연되어 수목이 자라지 못하는 경우가 자주 있다. 예를 들어 뉴질랜드에서는 20세기 초 미국에서 도입한 라디아타소나무 재배를 초기에 실패했는데, 균근 형성이 되지 않았기 때문이다. 국내에서 송이버섯은 모래 성분이 많고 배수가 잘되는 토양에서 주로 발견되는데, 척박한 토양에서도 소나무와 공생하면서 소나무가 건강하게 자라게 해 준다. 양묘장의 토양에 외생균근균을 인공적으로 접종하면 묘목의 생장을 촉진하고, 건강하게 기를 수 있다(그림 12-8).

산림에서 자연적으로 자라는 수목은 대부분 균근을 형성한다. 반면 토양 훈증을 실시했거나 인공 토양에서 자라는 수목은 초기에 균근 형성이 지연되어 수목생장이 저조해지는 경우가 가끔 있다. 이럴 경우 산림에서 부엽토를 가져오면 균근 곰팡이가 자연스럽게 도입되어 문제가 해결된다. 혹은 수목을 옮겨 심을 때 뿌리 발달을 촉진하기 위해 균근 곰팡이를 뿌리 주변에 넣어 주기도 한다.

그림 12-9 A~B

외생균근을 형성하는 곰팡이(담자균)의 자실체. A: 송이(*Tricholoma matsudake*), B: 광대버섯속 달걀버섯(*Amanita hemibapha*)

그림 12-9 C~J

외생균근을 형성하는 곰팡이(담자균)의 자실체. C: 청머루무당버섯(*Russula cyanoxantha*), D: 흰주름젖버섯(*Lactarius hygrophoroides*), E: 졸각버섯(*Laccaria laccata*), F: 그물버섯(*Boletus edulis*), G: 붉은비단그물버섯(*Suillus pictus*), H: 능이(*Sarcodon imbricatum*), I: 까치버섯(*Polyozellus multiplex*), J: 갈색털꾀꼬리버섯(*Cantharellus lutescens*)

그림 12-9 K~M

외생균근을 형성하는 곰팡이(담자균)의 자실체. K: 붉은싸리버섯(*Ramaria formosa*), L: 모래밭버섯(*Pitholitus tinctorius*), M: 알버섯속(*Rhizopogon* sp)

인용 및 참고 문헌

1. 강전유. 2001.『수목치료의술』. 나무사랑. p. 665.
2. 강전유. 2013.『나무의 피해 진단 및 처방 사례(2011-2012년)』. 한국수목보호기술자협회. p. 264.
3. 강전유, 이상길. 2008.『나무의 피해 진단 및 치료』. 생각하는 백성. p. 246.
4. 강전유, 이상길, 박형기, 이용규, 정호성, 김철웅. 2008.『나무병해도감』. 소담출판사. p. 288.
5. 강전유, 이상길, 박형기, 이용규, 정호성, 김철웅. 2008.『나무해충도감』. 소담출판사. p. 328.
6. 국립산림과학원. 2007.『신산림해충도감』. 국립산림과학원 연구신서 제25호. p. 458.
7. 김정한. 2012.「제16장 농약의 안전사용」. pp. 423-453.『조경수관리기술』(5차 수정판). 서울대학교 식물병원. p. 453.
8. 김창효(역자). 1985.『곤충생리학』. 石井象二郎 저. 향문사. p. 282.
9. 나용준. 2009.「제1장 전염성병」. pp. 1-211.『조경수병해충도감』(나용준, 우건석, 이경준 저). 서울대학교출판문화원. p. 578.
10. 나용준. 2012.「제6장 조경수의 병해관리」. pp. 157-198.『조경수관리기술』(5차 수정판). 서울대학교 식물병원. p. 452.
11. 나용준. 2012.「제14장 조경수의 외과수술」. pp. 361-383.『조경수관리기술』(5차 수정판). 서울대학교 식물병원. p. 453.
12. 나용준, 신현동, 이종규, 차병진. 1999.『수목병리학』. 향문사. p. 346.
13. 나용준, 우건석, 이경준. 2009.『조경수병해충도감』. 서울대학교출판문화원. p. 578.
14. 문성철, 이상길. 2014.『나무병해충도감』. 자연과 생태. p. 879.
15. 우건석(저자대표). 1988.『곤충분류학』. 집현사. p. 483.
16. 우건석. 2009.「제2장 해충」. pp. 213-459.『조경수병해충도감』(나용준, 우건석, 이경준 저). 서울대학교출판문화원. p. 578.
17. 우건석. 2012.「제7장 조경수의 해충관리-발생 예찰과 진단」. pp. 199-218.『조경수관리기술』(5차 수정판). 서울대학교 식물병원. p. 453.
18. 이경준. 2006.『한국의 천연기념물 노거수 편』. 아카데미서적. p. 383.
19. 이경준. 2009.「제3장 비전염성병」. pp. 461-543.『조경수병해충도감』(나용준, 우건석, 이경준 저). 서울대학교출판문화원. p. 578.
20. 이경준. 2021.『수목생리학』(전면개정판). 서울대학교출판문화원. p. 555.
21. 이경준. 2014.「제2장 조경수의 생육환경과 특성」. pp. 9-29.『조경수생산관리론』. 안봉원(집필대표). 문운당. p. 462.
22. 이경준, 송재도, 이규화. 2015.「새만금 간척지에서 36종 조경수의 양묘 가능성 검증과 내염성 분류」.『한국산림과학회지』104: 564-577.

23. 이경준, 이승제. 2022.『조경수식재관리기술』(전면개정판). 서울대학교출판문화원. p. 446.

24. 이경준, 한심희, 정용선. 1997.「20개 조경수종의 형성층 전기저항치의 수종간 차이와 계절적 변화」.『한국임학회지』86: 415–421.

25. 이경준. 2025.「형성층 전기저항을 이용한 이식 혹은 진정 강도를 달리한 조경수의 건강 진단」.『한국산림과학회지』114(2): 131–140.

26. 이규화 역. 2012.『수목관리학』. *Arboriculture*. 4th ed. R. W. Harris 외 2인 저. 이규화 역. 바이오사이언스출판. p. 592.

27. 이규화. 2012.「제15장 수목 위해 진단과 안전 관리」. pp. 385–421.『조경수관리기술』(5차 수정판). 서울대학교 식물병원. p. 453.

28. 이규화 역. 2013.『도해전정론』. *An Illustrated Guide to Pruning*. 3rd ed. E. F. Gilman 저. 월드사이언스. p. 480.

29. 이범영, 정영진. 1997.『한국수목해충』. 성안당. p. 459.

30. 이종규, 차병진, 신현동, 나용준. 2017.『신고 수목병리학』. 향문사. p. 342.

31. 이창복. 1980.『대한식물도감』. 향문사. p. 990.

32. 이필우. 1994.『한국산 목재의 구조 — 현미경적 해부』. 정민사. p. 321.

33. 제연호. 2012.「제9장 해충의 생물적 방제」. pp. 259–276.『조경수관리기술』(5차 수정판). 서울대학교 식물병원. p. 453

34. 조용섭(저자대표). 2002.『식물세균병학』. 서울대학교출판부. p. 455.

35. 최영연, 나용준. 1982.『식물선충학』. 향문사. p. 226.

36. 최창경, 장무웅, 이재열. 1996.『식물바이러스학』. 향문사. p. 325.

37. 한국곤충학회. 2000.『일반곤충학』(제2판). 정문각. p. 631.

38. 한국산지보전협회. 2006.「나무건강」.『나무교실자료 제3호 수목관리실무기술』. 한국산지보전협회. p. 196.

39. 한국식물병리학회. 2009.『한국식물병명목록』(제5판). p. 853.

40. 한국작물보호협회. 2014.『2014 작물보호제지침서』. 한국작물보호협회. p. 1439.

41. 한국잔디연구소. 2006.『조경수목전문관리기술』. 한국골프장경영협회. p. 345.

42. 현재선, 우건석. 1995.『곤충학』. 집현사. p. 440.

43. 홍기정 외. 2019.『수목해충학』. 향문사. p. 390.

44. 황병국(저자대표) 등. 2001.『식물의학』(개정판). 탐구당. p. 604.

45. 安盛博. 1992.『樹木医ハンドブック』. 牧野出版. p. 128.

46. 鈴木和夫(編著) 1999.『樹木醫學』. 朝倉書店. p. 325.

47. 日本綠化センタ. 2006.『最新·樹木医の手引き』(改訂3版). 財團法人 日本綠化Center. p. 559.

48. Agrios, G. N. 2005. *Plant Pathology*. 5th ed. Elsevier Academic Press, Burlington, MA. p. 922.

49. Berrang, P. and D. F. Karnosky. 1983. *Street Trees for Metropolitan New York*. NYBG Institute of Urban Horticulture. Millbrook, New York. p. 179.

50. Blanchard, R. O. and T. A. Tattar. 1997. *Field and Laboratory Guide to Tree Pathology*. 2nd ed. Academic Press, San Diego. Cal. USA. p. 358.

51. Boysen–Jensen, P. 1932. *Die Stoffproduktion der Pflanzen*. Gustav Fisher Verlag, Jena.

52. Callow, J. A. (ed). 1983. *Biochemical Plant Pathology*. John Wiley & Sons. Chichester, New York. USA. p. 484.
53. Chung, H. H. and R. L. Barnes. 1980. "Photosynthate allocation in *Pinus taeda*. III. Photosynthate economy: Its production, consumption, and balance in shoots during the growing season," *Can. J. For. Res*. 10: 348–356.
54. Ciesla, W. M. 2011. *Forest Entomology: A Global Perspective*. Wiley–Blackwell, West Sussex, UK. p. 416.
55. Costello, L. R., E. J. Perry, N. P. Matheny, J. M. Henry, and P. M. Geisel. 2003. *Abiotic Disorders of Landscape Plants: A Diagnostic Guide*. University of California Agriculture and Natural Resources Publication 3420. p. 242.
56. Davies, W. J., T. T. Kozlowski, W. R. Chaney, and K. J. Lee. 1973. "Effects of transpirating on physiological responses and growth of shade trees," *Proc. Int. Shade Tree Conf*. 48th: 22–30.
57. Dawson, P. A. 1998. *Handbook of Horticultural Students. Royal Horticultural Society*. Wisley. p. 454.
58. Dreistadt, S. H., J. K. Clark, and M. L. Flint. 2004. *Pests of Landscape Trees and Shrubs: An Integrated Pest Management Guide*. 2nd ed. Agriculture & Natural Resources Publication 3359. University of California, Oakland, CA.
59. Edmonds, R. L., J. K. Agee, and R. I. Gara, 2000. *Forest Health and Protection*. McGraw–Hill, Boston. p. 630.
60. Embleton, T. W., W. W. Jones, and R. G. Platt. 1975. "Plant nutrition and citrus fruit crop quality and yield," *Hort Science* 10: 48–50.
61. Esau, K. 1965. *Plant Anatomy*. 2nd ed. John Wiley & Sons Inc., New York.
62. Esau, K. 1977. *Anatomy of Seed Plants*. 2nd ed. John Wiley and Sons, New York, p. 550.
63. Evert, R. F. 2006. *Esau's Plant Anatomy*. 3rd ed. John Wiley & Sons, Inc., Hoboken, New Jersey. p. 601.
64. Gilman, E. F. 2011. *An Illustrated Guide to Pruning*. 3rd ed. Cengage Learning, Andover. p. 496.
65. Hartmann, H. T., D. E. Kester, F. T. Davies, Jr., and R. L. Geneve. 1997. *Plant Propagation: Principles and Practices*. 6th ed. Prentice–Hall, Inc., New Jersey, USA. 770p.
66. Harris, R. W., J. R. Clark, and N. P. Matheny. 2004. *Arboriculture*. 4th ed. Prentice Hall, Upper Saddle River, New Jersey, USA. p. 578. .
67. Hodges, J. D. 1967. "Patterns of photosynthesis under natural environmental conditions," *Ecology* 48: 234–242.
68. Holiday, P. 1998. *A Dictionary of Plant Pathology*. 2nd ed. Cambridge University Press, Cambridge, UK. p. 536.
69. International Society of Arboriculture. 1997. *Plant Health Care for Woody Ornamentals*. Savoy, Illinois, USA. p. 223.
70. Johnson, W. T. and H. H. Lyon. 1991. *Insects That Feed on Trees and Shrubs*. Second edition revised. Cornell University Press, Ithaca, N. Y. p. 560.
71. Karizumi, Noburo. 1979. *Illustrations of Tree Roots*. Seibundo Shinkosha Publishing Co., Tokyo. p. 1121.
72. Kinerson, R. S. 1975. "Relationships between plant surface area and repiraion in loblolly pine," *J. Appl. Ecol*. 12: 965–971.

73. Koch, G. W., S. C. Sillett, G. M. Jennings, and S. D. Davies. 2004. "The limits to tree height," *Nature* 428: 851–854.

74. Kozlowski, T. T. and S. G. Pallardy. 1997. *Physiology of Woody Plants*. 2nd ed. Academic Press, San Diego.

75. Kozlowski, T. T., P. J. Kramer, and S. G. Pallardy. 1991. *The Physiological Ecology of Woody Plants*. Academic Press, San Diego. p. 657.

76. Larcher, W. 1980. *Physiological Plant Ecology*. 2nd ed. Springer–Verlag, Berlin.

77. Larson, P. R. 1969. *Wood formation and the concept of wood quality*. Yale Sch. For. Bull. p. 74.

78. Lawrence, T., P. Norquay, and K. Liffman. 1993. *Practical Tree Management: An Arborists Handbook*. Inkata Press, Melbourne, Australia. p. 122.

79. Lewington, A. and E. Parker. 1999. *Ancient Trees: Trees That Live for a Thousand Years*. Collins & Brown Limited, London. p. 185.

80. Lilly, S. 1999. *Golf Course Tree Management*. Ann Arbor Press, Chelsea, Michigan, USA. p. 216.

81. Lilly, S. J. 2010. *Arborist' Certification Study Guide*. International Society of Arboriculture. Champaign, Illinois, USA. p. 352.

82. Little, S. and H. A. Somes. 1956, *Buds enable pitch and shortleaf pine to recover from injury*. U. S. For. Serv. NE Forest Exp. Sta. Sta. Pap. p. 81.

83. Loach, K. 1967. "Shade tolerance in tree seedlings. I. Leaf photosynthesis and respiration in plants raised under artificial shade," *New Phytol*. 66: 607–621.

84. Macdonald, B. 1986. *Practical Woody Plant Propagation for Nursery Growers*. B. T. Batsford Ltd., London, p. 669.

85. Manion, P. D. 1991. *Tree Disease Concepts*. 2rd ed. Prentice Hall. Englewood Cliffs, New Jersey. USA. p. 402.

86. Murneek, A. E. 1942. *Quantitative distribution of nitrogen and carbohydrates in apple trees*. Mon. Agric. Exp. Sta. Res. Bull. p. 348.

87. Pallardy, S. G. 2007. *Physiology of Woody Plants*. 3rd ed. Elsevier Inc., Amsterdam. p. 454.

88. Pallardy, S. G. and T. T. Kozlowski. 1980. "Cuticle development in the stomatal region of *Populus* clones," *New Phytol*. 85: 363–368.

89. Pisek, A., W. Larcher, W. Moser, and I. Pack. 1969. "Kardinale Temperaturbereiche der Photosynthese und Grenztemperaturen des Lebens der Blatter verschiedener Spermatophyten. III. Temperturabhangigkeit und optimaler Temperturabhangigkeit der Netto–Photosynthese," *Flora(Abt. B)* 158: 608–630.

90. Ralston, C. W. and A. B. Prince. 1965. "Accumulation of dry matter and nutrients by pine and hardwood forests in the lower Piedmont of North Carolina," in *Forest–Soil Relationships in North America*. C. T. Youngberg. ed. Oregon State Univ. Press, Corvallis, Oregon. pp. 77–94.

91. Rogers, B. L., L. P. Batjer, and A. H. Thompson. 1953. "Seasonal trend of several nutrient elements in Delicious apple leaves expressed on a percent and unit area basis," *Proc. Am. Soc. Hort. Sci.* 61: 1–5.

92. Salisbury, F. B. and C. W. Ross. 1992. *Plant Physiology*. 4th ed. Wadsworth Publ. Co., Beltmont,

California. p. 682.

93. Schomaker, C. E. and V. J. Rudolph. 1964. "Nutritional relationships affecting height growth of planted yellow-poplar in southeastern Michigan," *Forest Sci.* 10: 66-76.

94. Shigo, A. L. 1989. *Tree Pruning: A Worldwide Photo Guide.* Shigo and Trees, Associates, New Hampshire, USA. p. 208.

95. Siminovitch, D. and D. R. Briggs. 1953. "Studies on the chemistry of the living bark of the black locust tree in relation to frost hardiness. IV. Effects of ringing on translocation, protein synthesis and the development of hardiness," *Plant Physiol.* 28: 177-200.

96. Sinclair, W. A. and H. H. Lyon. 2005. *Diseases of Trees and Shrubs.* 2nd ed. Cornell University Press, Ithaca, N. Y. USA. p. 660.

97. Smith, W. H. 1990. *Air Pollution and Forests. Interaction between Air Contaminants and Forest Ecosystems.* 2nd ed. Springer-Verlag, New York. p. 618.

98. Tainter, F. H. and F. A. Baker. 1996. *Principles of Forest Pathology.* John Wiley & Sons Inc., New York. p. 805.

99. Taiz, L. and E. Zeiger. 2010. *Plant Physiology.* 5th ed. Simon & Schuster Inc., New York. p. 782.

100. Tattar, T. A. 1989. *Diseases of Shade Trees.* Revised Edition. Acad. Press, N. Y. p. 391.

101. USDA Forest Service. 1974. "Your Trees Trouble May Be You," *Agric. Inform. Bulletin* No. 372.

102. Wells, C. G., J. R. Jorgensen, and C. E. Burnette. 1975. "Biomass and mineral elements in a thinned loblolly pine plantation at age 16. U. S. For.," *Serv. Res. Pap. SE* 126.

103. Wikipedia. 2014. Wikipedia The Free Encyclopedia. http://wikipedia.org.

104. Young, R. A. ed. 1982. *Introduction to Forest Science.* John Wiley & Sons, New York. p. 554.

105. Yun, H. Y., S. G. Hong, A. Y. Rossman, S. K. Lee, K. J. Lee, and K. S. Bae. 2009. "The rust fungus *Gymnosporangium* in Korea including two new species, *G. monticola and G. unicorne,*" *Mycologia* 101: 790-809.

106. Zimmermann, M. H. and H. Ziegler. 1975. "Appendix III. List of sugars and sugar alcohols in sieve-tube exudates," vol I. Phloem Transport 480-504. in *Transport in Plants.* eds. M. H. Zimmermann and J. A. Milburn. Springer-Verlag, Berlin.

찾아보기

국문

ㄱ

ㄷ

ㅂ

ㅅ

ㅈ

ㅎ

영문

A

B

C

D

G

J

K

L

M

N

O

P

T

W

X

Y

Z

이경준(李景俊)

서울대학교 농과대학 임학과 학사
미국 University of Wisconsin 임학과 석사(수목생리학)
미국 University of Florida 임학과 박사 및 박사 후 과정(수목생리학)
산림청 임목육종연구소 전문직연구원
서울대학교 농업생명과학대학 산림과학부 조교수, 부교수, 교수
미국 University of Washington 국비파견 연구교수
서울대학교 식물병원 설립 및 초대원장
사단법인 한국임학회 회장
사단법인 한국산림유전생리학회 초대회장
사단법인 한국나무병원협회 초대회장
사단법인 한국환경복원녹화기술학회 부회장
사단법인 자연유산보존협회 부회장
사단법인 한국산림정책연구회 부회장
한국임업단체총연합회 부회장
문화재청 문화재전문위원 및 문화재위원회 위원
서울특별시 건설기술심의회 위원(조경분야)
아시아개발은행(ADB) 몰디브공화국 쓰나미 수목피해조사단장
(현) 서울대학교 식물병원 외래임상의 및 농업생명과학대학 산림과학부 명예교수
(현) 사단법인 한국밀원수조림육성협회 초대회장
(현) 한국산림정책연구회 회장
(현) 산림녹화기록물UNESCO기록유산등재추진위원회 위원장

주요 저서

『수목생리학』(서울대학교출판문화원), 『조경수 식재관리기술』(공저, 서울대학교출판문화원), 『조경수 병해충 도감』(공저, 서울대학교출판문화원), 『조경수생산관리론』(공저, 문운당), 『산림과학개론』(저자대표, 향문사), 『산림생태학』(공저, 향문사), 『임목육종학』(공저, 향문사), 『한국의 천연기념물 — 노거수 편』(아카데미서적), 『산에 미래를 심다』(서울대학교출판문화원), 『한국의 산림녹화, 어떻게 성공했나?』(기파랑), 『한국의 산림녹화 70년』(저자대표, 한국학중앙연구원), *Successful Reforestation in South Korea*(amazon.com), 『문답으로 배우는 조경수 관리지식』(향문사), 『산림녹화 숨은 이야기』(서울대학교출판문화원)